JN199990

Windowsパソコンで始める

コピペで動く 初めてのOpenCV画像処理

150プログラム付き

吉田 大海 著

CQ出版社

はじめに

●画像処理はAIの学習モデルを作る際に必須の技術

今やどんなSNSを開いても，AIが作成した精度の高いフェイク動画やきれいなイラストが目に飛び込んでくるようになりました．少し前まではAIが技術者の仕事を奪うと騒がれ，最後のとりでは感性の領域である芸術だと言われたりもしましたが，どうやらその攻略も着々と進んでいるように思われます．もはや生成AI全盛の時代…万能の域へと進むAIですが，知能であるがゆえの弱点があります．それは学習を必要とすることです．

AIはきれいなイラストやリアルな動画を生成できるように成長する過程で，膨大な量のデータ（画像や動画）を必要とします．しかも，学習させる際には，画像のサイズを統一したり，明るさや傾きを変えたりします．さらに機械学習であれば「画像からの特徴抽出」が必要になるでしょう．ここに画像処理が求められます．

工業に限らず，食品や医薬品の生産ラインでは，製品の品質を担保するために，必ず画像処理による検査が行われています．たとえば，筆者の知る実践研究例としてコーヒー豆の焙煎具合をAIに判定させる画像処理研究があります[注1]．そこでは，

- コーヒー豆の濃淡ヒストグラムを求める
- そのヒストグラムにしきい値処理を適用して使用するデータの割合を決める
- 画像内のコーヒー豆とその他をマスク処理する

など，多くの画像処理工程を経てからニューラル・ネットワークの学習モデルが完成します．これら画像処理によるデータ作成の精度はAIの性能に直結するため画像処理の知識が不可欠です．

●AIの性能を評価する際にも必須

さらにはAIの性能を最終的に評価する方法にも画像処理の知識が用いられます．画像において検出漏れがないかを評価する「再現率」や，反対に誤検出がないかを評価する「適合率」，これらは画像処理の代表的な評価法であり，本書でも解説していますが，そもそも画像処理に限らずAI性能を評価する代表的な評価指標にもなっています．

●画像処理だけでもできることは多数ある

ここまでは画像処理がAIの研究，実践において不可欠であることを説明してきました．そもそもAIを使用せずとも画像処理には素晴らしい実例が多数あります．

- 植物の病害を検出する
- 建築物のさびやヒビを検知する
- 医療画像から血管を強調する

注1：コーヒー豆の研究は，近畿大学とUCCの共同研究．
https://cir.nii.ac.jp/crid/1520292317610554496

このようなことが画像処理システムによって実現可能です．もちろん，AIを使用すれば汎化性能は大きく向上するのですが，使用環境が具体的に分かっているのであれば，それに合わせたチューニングを行うことで，AIに匹敵する精度を持ったシステムを実現できます．もちろん，そこに膨大な学習データは不要です．それはAI全盛かつビッグデータを活用する現代においては，むしろ魔法のような話ではないでしょうか．この魔法を使うのに必要なのは画像処理の知識と，それをどう生かすかという「人の知性」です．

●人の知性を画像処理によって表現する

例えできることが魔法的にすごいものでも，それらが知識として継承され，整理・体系化され，そして誰にでも何度でも再現できるものなら，これらにはもっと良い呼び方がありそうです．技術と呼ぶべきでしょう．いま間違いなく時代の中心となっている生成AIですが，それがまだ到達していないのが「人の知性」であること，そしてそれが読者の内側にあること，そして，その一部が画像処理技術によって外に持ち出され表現できること，何よりそれが想像よりも簡単で，楽しくて，実用的であることを知ってほしいと筆者は願っています．

2025年5月　吉田 大海

プログラムの入手先
https://interface.cqpub.co.jp/opencv-1/

目 次

第2部　動画像

第3部　応用事例

第4部　画像の評価

●初出一覧
本書は月刊誌Interfaceの記事を加筆・修正したものです．

第1部　静止画像
Interface2017年5月号［特集］　新・画像処理101

第2部　動画像
Interface2018年7月号［特別特集］　はじめての動画処理プログラム全集

第3部　第1章
Interface2024年9月号［特集］　現場プロの画像処理77　第3部第3章

第0部 画像処理を始める前に知っておきたいこと

イントロダクション

画像処理を始めてみませんか

●個人PCで無償で始められるから

本書では基本かつ主要なディジタル画像処理，動画処理を広く取り扱い，初学習者の方を意識しながら解説しています．また，それらはインターネットに接続したPCさえあれば，無償で体験できます．画像処理の体験には5,6万円で購入できるノート・パソコンがあれば十分です．

●プロも使っているライブラリOpenCVが無料で使える

使用するプログラミング言語はC，C＋＋です．そして画像処理ライブラリとしてOpenCVを使用します．それらの処理群はプロ目線において検査/検出/認識に分類されるメジャーな画像処理システムから最新のVR，AR，AI技術までを幅広く支え，構成しているパズル・ピースの集合体です．製品検査装置を作る人や研究所，研究室の人たちが試作や研究に利用しています．仕組みを理解し，それらを自在に組み合わせることができるようになったら，きっと読者だけの素晴らしいシステムを実現できます．

●人間だって毎日画像処理をしている

この文章を読んでいる皆さんは，とてもメジャーな画像処理を実行しています．その工程は大きく2つに分解すると，文字抽出と文字認識になりますが，この2つは専門の国際会議が開かれるほど大きな分野として成立しています．

文字抽出に限っても，ここからさらに基本的な画像処理へ分解できます．例えば，

- 濃淡値抽出
- ノイズ除去
- しきい値処理
- 輪郭検出

などで，それらを高精度かつ高速で実行した結果として，読者はこの紙面から文字を切り出すことに成功しています．

そもそも皆さんはどうやって本書を手に取ったのでしょうか．もしも今，書店で手に取っているとするなら，今朝，目覚めてから今に至るまでの行動を，目を閉じたまま再現できるでしょうか．その答えはNOだと思います．大量の情報を記憶できる大容量メモリが体内に無いでしょう．覚えきれないほどのたくさんの画像処理を人間は日常的に行っているのです．これら人間が行う画像処理をコンピュータに再現させる試みがディジタル画像処理の原点です．もちろん，画像生成AIや動画生成AIの技術も「人が日常的に行っている画像処理/動画処理のコンピュータによる再現」から始まっています．

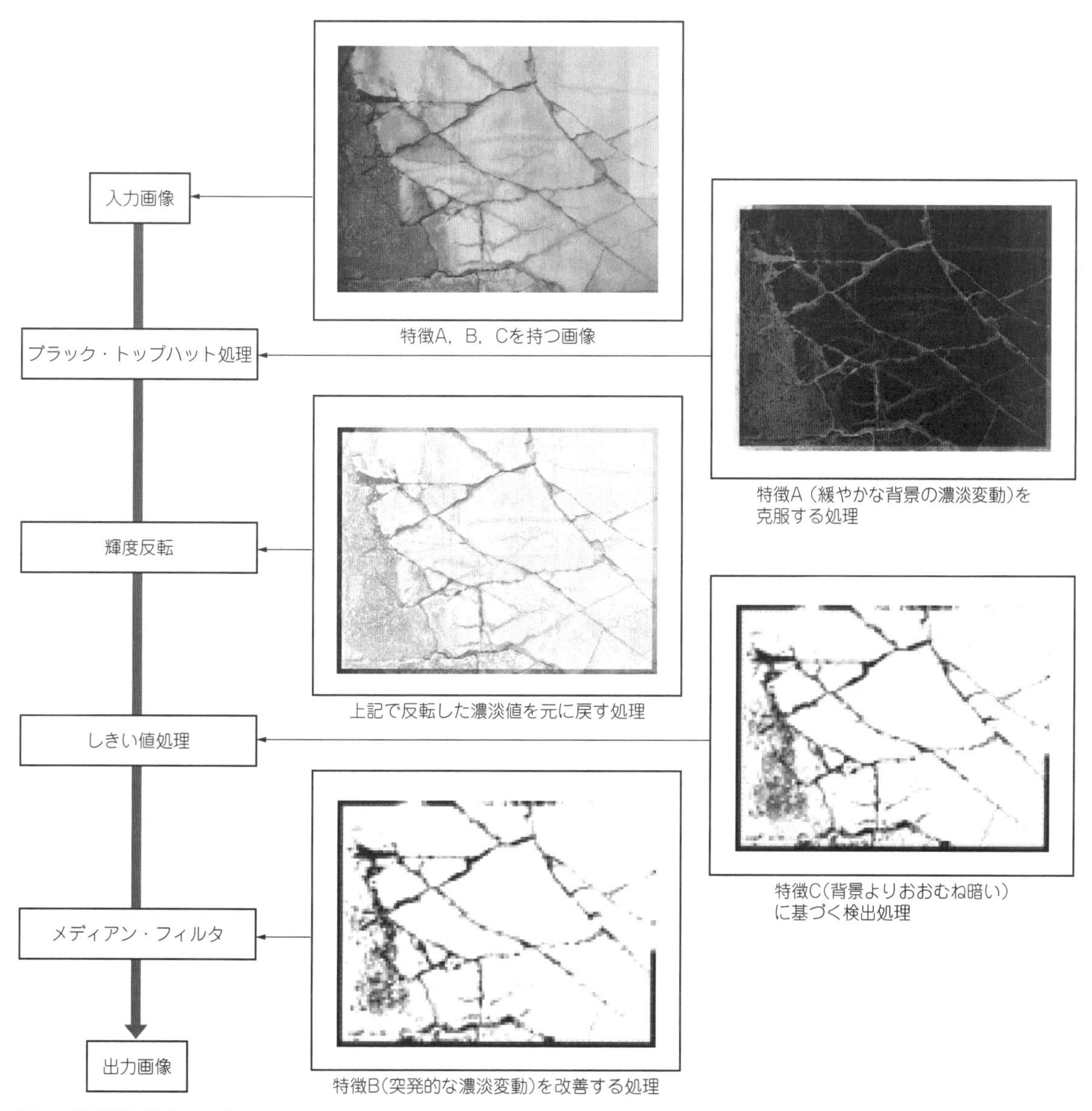

図1　ひび割れ検出の流れ
本書で紹介する画像処理を組み合わせて実現している（第3部第1章で解説する）

●今のディジタル画像処理…自動化に貢献

ディジタル画像処理のなかでも既に成熟し，世界に安定して役割を果たしている身近な技術例を挙げてみましょう．

- 防犯カメラ映像からの不審者検出
- 指紋による個人識別
- 文書画像からの文字抽出・認識

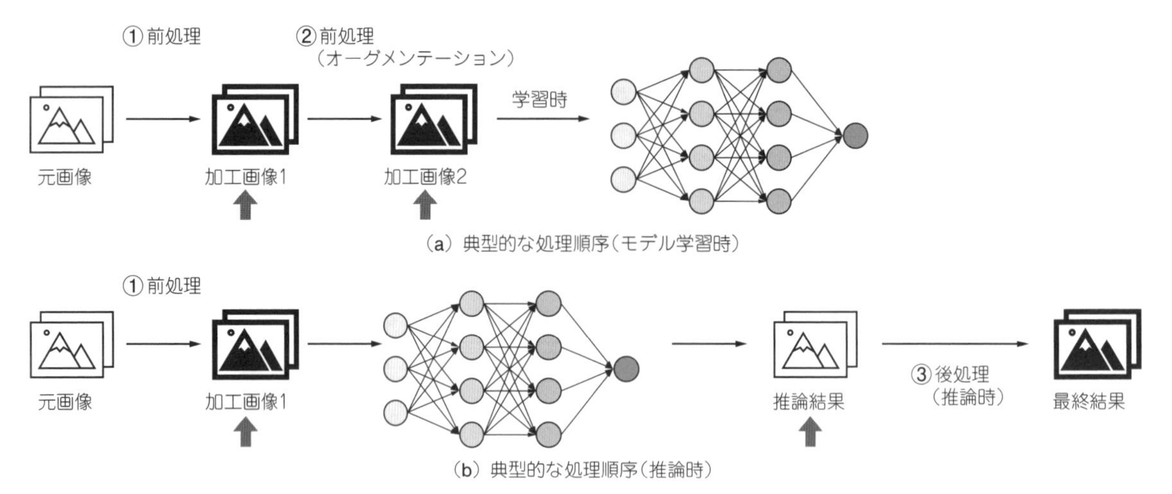

図2　深層学習の典型的な手順
深層学習を扱う人にも画像処理の知識は必須

- コンクリート画像からのひび割れ検出（**図1**）
- 車両搭載カメラによる先行車両認識
- 製造物や食品の出荷検査
- 倉庫における商品の集荷

いまや自動化され，社会を支えているこれらの技術を改めて見てみると，一昔前は作業従事者の方が目視・手動でそれらを行っていたであろうことが容易に想像できます．そして，これらディジタル画像処理によって自動化されたシステムは，多くの場合において先に述べた文字抽出と同じように，複数の基本的なディジタル画像処理に分解できます．

ちょうどそれらは難解なパズル，あるいは複雑な建築物と似ています．しかしその最小単位となる1つ1つの処理はとてもシンプルです．

AI技術も例外ではなく，それを構成する最小かつ主要な処理にはディジタル画像処理の基礎であるローパス・フィルタ（大域的情報の抽出または情報の抽象化）やしきい値処理（情報の取捨選択）を多くの工程に有しています．つまり，ディジタル画像処理を基礎から学び，その仕組みや設計思想を理解することは，この世界を支えている技術を理解するのはもちろんのこと，SFのような生成AI技術までを理解し，さらにその進化する先を占うことにつながっていくのではないでしょうか（**図2**）．

●これからの画像処理…AI，AR，VRの発展に貢献する

▶本物と偽物の区別があいまいに

もはやディジタル画像処理は，SFの世界に足を踏み入れたといっても過言ではありません．

- フェイク動画による面接の成りすまし
- 盛り過ぎて誰だか分からないフォトアルバム
- 画像生成AIが造ったモデルの広告起用

図3　ARにも画像処理の技術は必須

・動画生成AIによる故人との対話

既に証拠写真，証拠映像は意味をなさない時代になったと言えるでしょう．例えば今日，スマートフォンで見たSNSやニュース，そこで表示されていた写真や動画は真実でしょうか．それともディジタル画像処理によって造られた読者だけの現実でしょうか….

▶よりリアルなVR，ARの時代が来そう

自分だけの現実という表現は独特に聞こえるかもしれませんが，近年の代表的なディジタル画像処理技術であるVR（仮想現実），AR（拡張現実）のスタート地点はそこにあります．VRは自分だけの現実を提供する技術です．例えば自身が望むファンタジーな世界やそこで過ごした体験を現実化します．

ARは個人に都合の良い現実を提供する技術です．例えば初めて観光に来た街で，自身が進むべき道を視界に強調表示してみせるなど，望んだ情報を現実化します（**図3**）．あるいはその反対に，不要な現実を消去するDR（減損現実）という技術もあります．その具体例としては，音声処理のノイズ・キャンセリング技術が1番分かりやすいかもしれませんが，ディジタル画像処理技術で言えばインペインティング（不用な人物や建物を見た目に違和感なく消してしまう）技術です．広く言えば，顔の染みやしわを消す加工も該当すると言えます．

▶ディジタル処理によって作られた画像がSNSを占拠している

このように現実をプライベート化するという考え方は，ディジタル画像処理分野では一般的なものですが，今はSNS全盛の時代です．ディジタル画像処理によって生成された無数のユーザだけの現実が，即座に世界中で共有されるようになりました．その結果，「何が真実か分からなくなってしまう，誰かの現実が私の現実を浸食する」ということが起きています．その具体例こそ，冒頭に挙げたものです．多くの現実は，いまやディジタル画像処理が造っています．

●ディジタル画像時代の一般常識として身につけてほしい

スマホ，テレビ，街角のディスプレイ，どれをとってもデジタル画像処理された映像を目にしていることになります．いよいよ本物/偽物を見分ける目を持たないと時代に取り残される世界がきました．画像処理技術を日常や仕事に取り入れ、日常をより豊たかにすることはもちろんですが，このディジタル画像処理時代を過ごすための一般常識として，画像処理の知識・技術をぜひ本書で身につけてください．

第0部

第1章

150プログラムの中身

本書で取り上げる画像処理プログラムを**表1**, **表2**, **表3**, **表4**に示します.

●第1部 静止画像の画像処理

第1部では静止画像を対象とした画像処理を紹介します(**表1**). 基礎的な濃淡値処理を始めとして, しきい値処理や拡大縮小, エッジ検出などの空間フィルタリング, 画像の合成から分析まで幅広く網羅しています.

表1 まずはここから! 基本の画像処理

番号	内容
1-1	B/G/Rの入れ替え
1-2	セピア・カラー処理
1-3	グレー化処理
1-4	輝度反転
1-5	ポスタリゼーション
1-6	ソラリゼーション
1-7	モザイク画像処理

(a) 第1章:色の変換

番号	内容
2-1	バイアス調整
2-2	γ補正
2-3	折れ線トーンカーブ処理
2-4	正弦波揺らぎ
2-5	コントラスト伸長
2-6	ヒストグラム平坦化

(b) 第2章:明るさの調整

番号	内容
3-1	ヒストグラム描画
3-2	YIQ変換のY画像
3-3	YIQ変換のI画像
3-4	YIQ変換のQ画像
3-5	YCbCrのCb画像
3-6	YCbCrのCr画像
3-7	HSV変換のH画像
3-8	HSV変換のS画像
3-9	HSV変換のV画像

(c) 第3章:色フォーマット変換

番号	内容
4-1	回転変換
4-2	スキュー変換(水平)
4-3	スキュー変換(垂直)
4-4	サイン揺らぎ(水平)
4-5	サイン揺らぎ(垂直)
4-6	上下反転画像
4-7	左右反転画像
4-8	平行移動(水平)
4-9	平行移動(垂直)

(d) 第4章:変形/移動

番号	内容
5-1	ガウス補間拡大
5-2	最近傍補間拡大
5-3	線形補間拡大
5-4	ニアレスト・ネイバー補間(拡大/縮小)
5-5	バイキュービック補間(拡大/縮小)
5-6	バイリニア縮小

(e) 第5章:拡大/縮小

番号	内容
6-1	平均値フィルタ
6-2	中央値フィルタ
6-3	最小値フィルタ
6-4	最大値フィルタ
6-5	ガウシアン・フィルタ
6-6	特定方向への平滑化

(f) 第6章:ぼかし(ローパス)

プログラムは本書サポート・ページから入手できます.
https://interface.cqpub.co.jp/opencv-1/

表1 まずはここから！基本の画像処理(つづき)

番 号	内 容
7-1	横方向の1次微分
7-2	縦方向の1次微分
7-3	横方向の2次微分
7-4	縦方向の2次微分
7-5	ラプラシアン・フィルタ
7-6	ハイパス・フィルタ(平均値フィルタ)
7-7	ハイパス・フィルタ(ガウシアン)
7-8	DOGフィルタ
7-9	プリューウィット・フィルタ(横)
7-10	プリューウィット・フィルタ(縦)
7-11	ソーベル・フィルタ(横)
7-12	ソーベル・フィルタ(縦)
7-13	ロバーツ・フィルタ(横)
7-14	ロバーツ・フィルタ(縦)
7-15	自己商フィルタ

(g) 第7章：輪郭の検出(ハイパス)

番 号	内 容
8-1	ダイレーション
8-2	エロージョン
8-3	オープニング
8-4	クロージング
8-5	ブラック・トップハット
8-6	ホワイト・トップハット
8-7	コンディショナル・ダイレーション

(h) 第8章：拡大縮小によるノイズ除去

番 号	内 容
9-1	しきい値による2値化処理
9-2	マスキング処理
9-3	判別分析法
9-4	モード法
9-5	Pタイル法
9-6	グロウカット
9-7	レベル・スライス2値化法
9-8	局所平均2値化法

(i) 第9章：ターゲット抽出

番 号	内 容
10-1	HDR合成
10-2	αブレンディング
10-3	ホワイト・ノイズの平滑化
10-4	ハイブリット・イメージ
10-5	ポアソン合成
10-6	鮮鋭化フィルタ
10-7	バイアス消去処理
10-8	簡単なインペインティング
10-9	高解像度化

(j) 第10章：合成

番 号	内 容
11-1	電子透かし
11-2	レベル表示画像
11-3	ガウシアン・ピラミッド
11-4	ラプラシアン・ピラミッド
11-5	局所フラクタル次元
11-6	平均隣接数
11-7	ブランケット法によるフラクタル次元
11-8	テンプレート・マッチング
11-9	ヒルディッチの細線化

(k) 第11章：分析

番 号	内 容
A-1	ホワイト・ノイズによるハーフトーニング
A-2	ハーフトーン型ハーフトーニング
A-3	ベイヤー型ハーフトーニング
A-4	フロイドスタインバーグ型誤差拡散法
A-5	バークス型誤差拡散法

(l) Appendix1：白黒の粗密 濃淡表現

番 号	内 容
B-1	ポスター風画像
B-2	鉛筆画風ハッチング
B-3	鉛筆画風クロス・ハッチング
B-4	鉛筆画風ブレンディング
B-5	ペンシル・ストローク・マップ
B-6	鉛筆画風変換

(m) Appendix2：特殊加工

●第2部 動画像の画像処理

第2部は動画像を対象とし，フレーム間差分や時空間フィルタ，ディゾルブなど時間軸情報を利用した画像処理を中心に解説します(**表2**)．さらに，動画の部分切り出しや逆再生など動画の分析/加工に便利な処理まで幅広く取り扱っています．

表2 動画像の画像処理

番 号	内 容
1-1	フレーム切り出し
1-2	動画作成
1-3	モノクロ動画
1-4	部分切り出し
1-5	高速再生
1-6	低速再生
1-7	逆再生
1-8	拡大/縮小
1-9	任意サイズの切り取り
1-10	動画並列出力

(a) 第1章：基本動画処理

番 号	内 容
2-1	フレーム間差分
2-2	局所時間平均値フィルタ
2-3	局所時間中央値フィルタ
2-4	局所時間最小値フィルタ
2-5	局所時間最大値フィルタ
2-6	局所時間差分鮮鋭化フィルタ

(b) 第2章：動きや明るさの変化検出

番 号	内 容
3-1	全時間平均画像
3-2	全時間最小画像
3-3	全時間最大画像
3-4	全時間最頻値画像

(c) 第3章：全体の特徴を知る

番 号	内 容
4-1	時空間中央値フィルタ
4-2	時空間最小値フィルタ
4-3	時空間最大値フィルタ
4-4	時空間ラプラシアンフィルタ
4-5	時空間鮮鋭化フィルタ

(d) 第4章：時空間フィルタの世界

番 号	内 容
5-1	背景差分による異物検出
5-2	パーティクルフィルタ

(e) 第5章：物体検出

番 号	内 容
6-1	合成処理
6-2	ディゾルブ
6-3	ライフ・ゲーム
コラム	平滑化を伴うエッジ抽出

(f) 第6章：特殊な効果

番 号	内 容
	テストプログラム
	入力動画セット

(g) 共通

●第３部 画像処理の応用例

第3部では応用事例を紹介します(**表3**). 第1部で解説した複数の基本画像処理を組み合わせて作成した画像処理システムや, VR/ARに欠かせないステレオ画像を対象とした画像処理など, 少しだけ高度な画像処理をピックアップしています.

表3 画像処理の応用例

章番号	内 容
1	基礎画像処理を組み合わせるだけ! ひび割れ検出
2	HSV表色系を使用した領域抽出
3	マーカにシールを利用したカメラ位置のずれ検知
4	2枚の画像を任意の横サイズでステレオ画像化する
5	ステレオ画像から距離計測…SADによるステレオ・マッチング
6	垂直成分を手がかりとした水平エッジ付きSADによるステレオ・マッチング
7	立体感最大のエッジ検出結果を獲得する「視差情報評価に基づくケニー・エッジ検出」
8	カメラとフレーム間差分を使用した動き検知

●第４部 画像の評価

第4部では画像の評価方法を紹介します(**表4**). 領域抽出結果のノイズ評価方法, 画質の評価方法, 動画像の評価方法について解説します.

表4 画像の評価方法

番 号	内 容
1-1	適合率
1-2	再現率
1-3	F値
1-4	正解率

(a) 第1章：領域抽出結果のノイズ評価

番 号	内 容
2-1	RMSE
2-2	PSNR
2-3	輝度のRMSE
2-4	彩度のRMSE
2-5	色相のRMSE

(b) 第2章：画質の評価方法

第0部

第2章 開発環境の構築と新規プロジェクトの作成方法

本章では，プログラムを実行するために必要なソフトウェアのインストールなどの開発環境を構築をします．その後，新しいプロジェクトを作成して実際にプログラムを実行してみます．

●サポート・ページのご案内

以下に示す開発環境は，ツールの提供元による更新が行われると，示した手順通りにインストールできないことがあります．次の本書サポート・ページにてフォローしていきます．

`https://interface.cqpub.co.jp/opencv-1/`

2-1 開発環境の構築

本書の画像処理環境では，Visual Studio 2022とOpenCV（バージョン4.7.0）を使用します．いずれも無料で入手可能です．次の手順に従って環境を構築します．ただし，インターネットに接続したWindows PCが必要になるため，あらかじめ準備しておいてください．

●Visual Studio 2022

▶ステップ1…インストーラの入手

インターネットで「VisualStudio2022」と検索すると，マイクロソフトのウェブ・ページからVisual Studio Communityに誘導されます．ここで「ダウンロード」をクリックし，`VisualStudioSetup.exe`を入手してください．

▶ステップ2…インストール

入手した`VisualStudioSetup.exe`を実行すると，**図1**のような画面が現れます．ここで「C++によるデスクトップ開発」を選択してインストールします．

▶ステップ3…PCの再起動

インストールが完了したらPCの再起動を促されます．問題がなければ指示に従い，PCを再起動してください．

以上でVisual Studio2022のインストールは完了ですが，継続して利用するためにはマイクロソフト・アカウントによる認証（無料）が求められます．お持ちでない場合はこの機会にアカウントを取得しておきましょう．

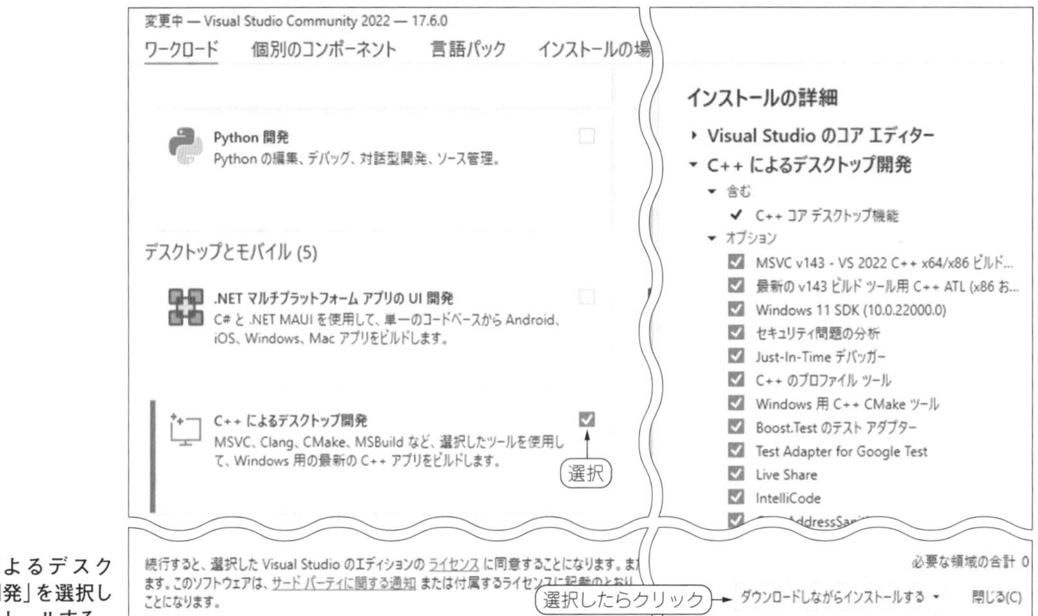

図1
「C++によるデスクトップ開発」を選択してインストールする

●OpenCV（バージョン4.7.0）

▶ステップ1…インストーラの入手

インターネットで次のウェブ・ページにアクセスします．

```
https://opencv.org/releases/
```

OpenCV - 4.7.0にある「Windows」を選択し，ダウンロードすればopencv-4.7.0-windows.exeが入手できます．おそらく最新バージョンでも動きますが，動作確認済みはこのバージョンです．

▶ステップ2…インストールとフォルダの移動

入手したopencv-4.7.0-windows.exeを実行すると，opencvというフォルダが生成されます．このフォルダを丸ごとCドライブの直下に入れます．もし，フォルダを入れる場所を変える場合は，後述のパスをそれに合わせて変更してください．

▶ステップ3…環境変数の設定

環境変数の設定を行います．まず，システムの環境変数は次の手順で見つけることができます．

1. Windows内で「コントロール パネル」と検索して起動する．
2. 「システムとセキュリティ」→「システム」→「システムの詳細設定」と進む．
3. 「システムのプロパティ」の詳細設定から[環境変数]を選択する．

「システムの環境変数」の「Path」を選択して[編集]をクリックすると，「環境変数名の編集」が立ち上がります．そこで「新規」を選び，

```
C:¥opencv¥build¥x64¥vc16¥bin
```

と記述し[OK]をクリックします．環境変数の設定は以上です．

2-2 新規プロジェクトの作成手順

画像処理を行うためのプロジェクトを作成します.

●ステップ1…Visual Studioを起動して新規プロジェクトの作成を始める

Visual Studio 2022を実行すると，**図2**のようにプロジェクト作成画面が開きます.「開始する」にある[新しいプロジェクトの作成(N)]を選択します.

●ステップ2…アプリの種類を選ぶ

図3の画面では[コンソール アプリ]を選択します. このとき，その下が「C++」となっていることを確認してください.

●ステップ3…プロジェクト名やプロジェクト・フォルダの場所を指定する

図4のような「新しいプロジェクトを構成します」という画面では，プロジェクト名や場所を指定します. 今回はそのまま,「ConsoleApplication1」という名前にしています. 最後に[作成]をクリックすると,

図2 プロジェクト作成画面から新しいプロジェクトを作成する

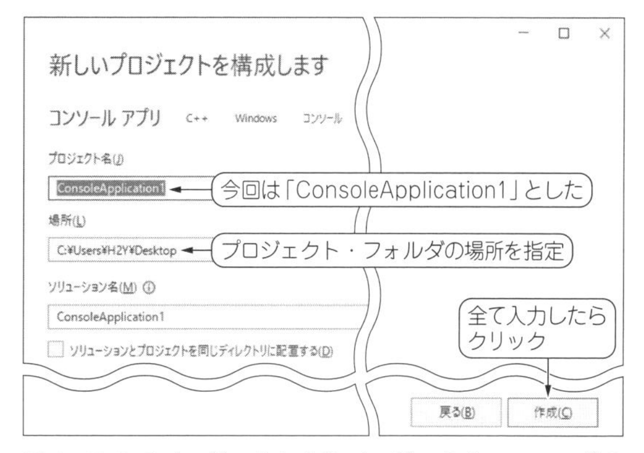

図4 ここでプロジェクト名やプロジェクト・フォルダの場所を指定する

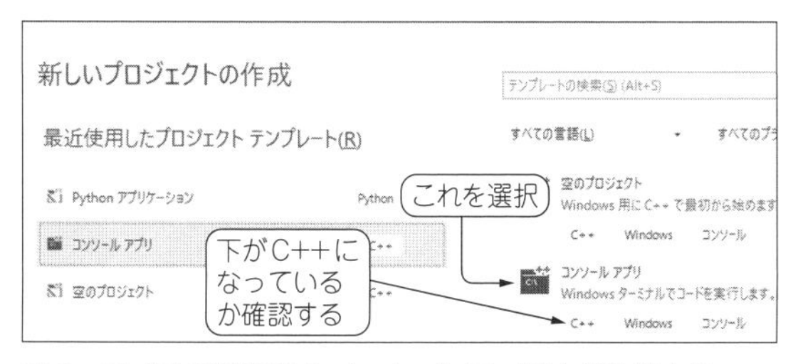

図3 アプリの種類は「コンソール アプリ」を選択する

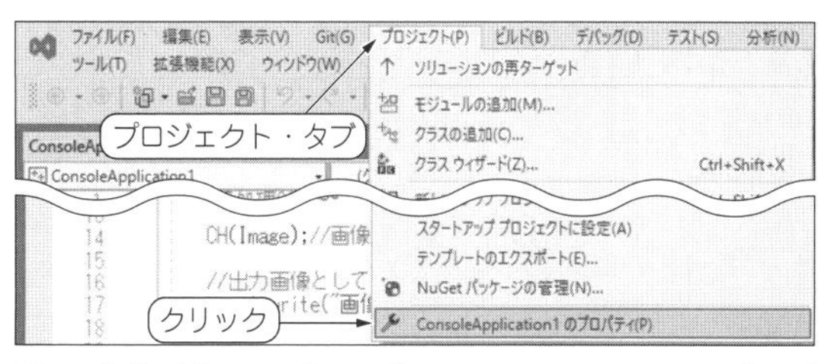

図5 「プロジェクト」から「ConsoleApplication1のプロパティ」をクリック

Visual Studioのメイン画面が表示されます.

●ステップ4…ライブラリとインクルード・フォルダの追加

画面上部の[プロジェクト]から[ConsoleApplication1のプロパティ]をクリックします(**図5**).「ConsoleApplication1プロパティ ページ」では「リンカー」の「全般」にある「追加のライブラリ」に次を入力します(**図6**).

```
C:¥opencv¥build¥x64¥vc16¥lib
```

「C/C++」の「全般」にある「追加のインクルードディレクトリ」に次を入力します(**図7**).

```
C:¥opencv¥build¥include
```

もし, opencvフォルダの場所がCドライブ以外の場合は, 上記の内容もそれに合わせて変更して入力してください.

●ステップ5…デバッグ構成からリリース構成に変更する

Visual Studioのメイン画面上部の[プロジェクト]下にある欄は, 最初は[Debug]になっていますが, これを[Release]に変更しておきます(**図8**). Debug作業を行うとき以外でこのように設定しておくと実行速度が速くなります.

Debugモードと Releaseモードは, 開発のどの段階でプログラムを使用するかによって使い分けます.

開発段階…Debugモードでプログラムを作成し, バグを修正していく
プログラムの完成…Releaseモードでビルドし, 実行速度を向上させ, 配布用の実行ファイルを作成する

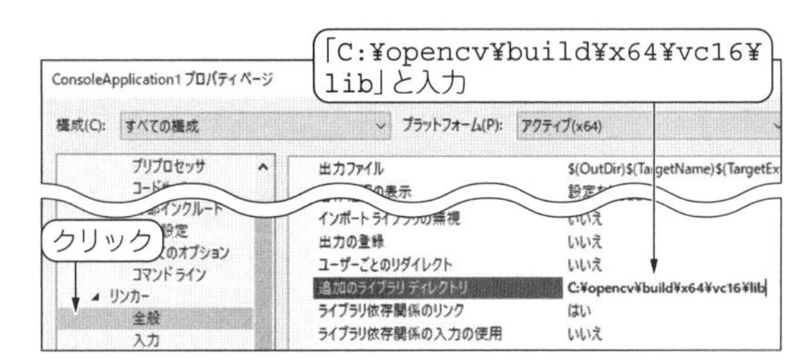

図6 「リンカー」の「全般」からライブラリを追加する
opencvフォルダをCドライブ以外に入れた場合は入れた場所に合わせて変更する

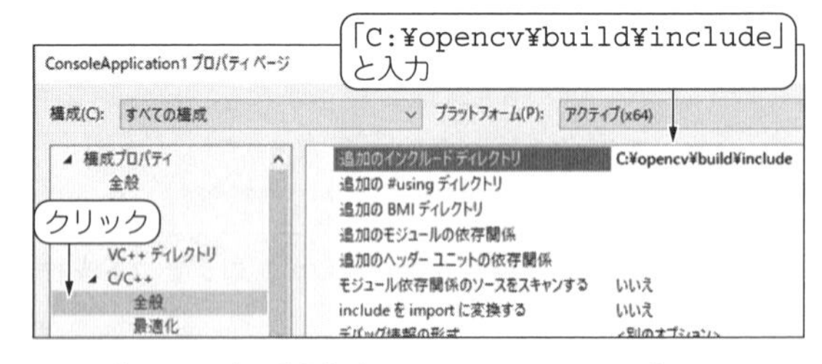

図7 「C/C++」の「全般」からインクルード・ディレクトリを追加する
opencvフォルダをCドライブ以外に入れた場合は入れた場所に合わせて変更する

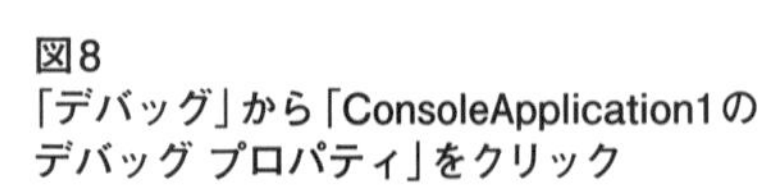
図8
「デバッグ」から「ConsoleApplication1のデバッグ プロパティ」をクリック

●ステップ6…依存ファイルを追加する

画面上部の[デバッグ]から[ConsoleApplication1のデバッグ プロパティ]を選択します(**図8**). すると,「ConsoleApplication1 プロパティ ページ」が開きます(**図9**). ここの「リンカー」の「入力」にある「追加の依存ファイル」の先頭に, 次を追加します.

```
Debugのとき：opencv_world470d.lib;
Releaseのとき：opencv_world470.lib;
```

2-3 プログラムの実行手順

●ステップ1…プログラムの記述

プログラムを本書ウェブ・ページからダウンロードして**図10**のように記述してみましょう. ここでのプログラム例は画像をグレー化して保存するものです. プログラムの内容については次章で詳しく説明します.

●ステップ2…画像を用意しフォルダに入れる

画像を用意します. 作成したプロジェクト・フォルダ`ConsoleApplication1`の中に, さらに`ConsoleApplication1`というフォルダがあります. そこに画像フォルダを作成し(**図11**), その中に画像ファイルを入れます. 画像ファイルの名前は入力画像 .bmpとし, ファイルの種類は24ビットマップ形式としてください. ここで, JPEGなどの画像ファイルを使ってしまうと不正確な画像処理の原因となるため, 気をつけてください.

●ステップ3…プログラムの実行

画面上部のデバッグの下にある, 緑色の三角で描かれたアイコンをクリックします(**図10**). これでプログラムの内容が実行されます. ここまでの手順が正しくできていれば, エラーなく終了します.

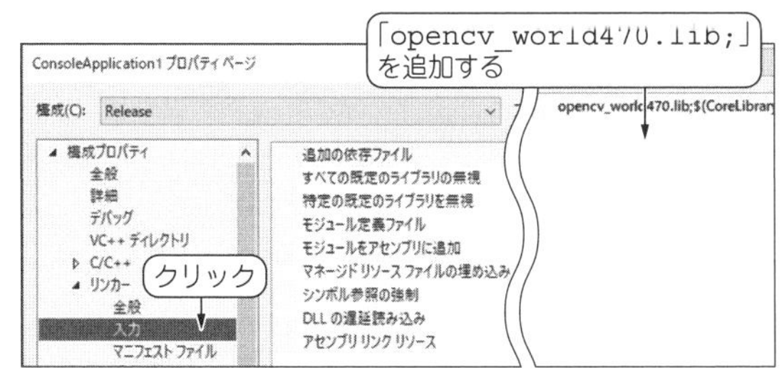

図9 「追加の依存ファイル」の先頭に「**opencv_world470.lib;**」を追加する

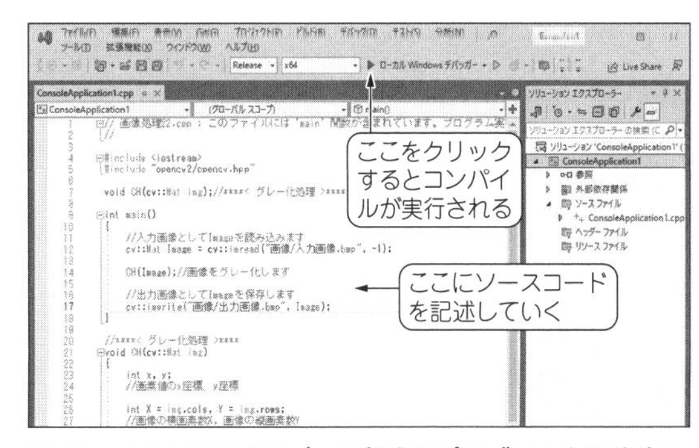

図10 メイン画面のエディタ部分にプログラムを記述する

●ステップ4…処理結果の確認

正しく実行できていると，先ほど作成した画像フォルダの中にグレー化した画像，出力画像.bmpが生成されているはずです(**図12**).

図11　プロジェクト・フォルダ(ConsoleApplication1)の中に画像フォルダを作成する
ConsoleApplication1というフォルダの中にさらにConsoleApplication1フォルダがあるので注意

図12　エラーなく実行されると画像フォルダの中に出力画像が生成される

第0部

第3章 画像処理プログラムの基本構造

プログラムの入手先は
https://interface.cqpub.co.jp/opencv-1/

プログラムは**リスト1**のスタイルを基本にしています．記述スタイルの共通化を図りつつ，処理内容を理解しやすくするために，シンプルな記述を心がけています．使用する変数などもできる限り共通にしています．

画像データは，カラー画像もグレー画像も，24ビットのBMP形式で統一しています．　画像処理技術とは直接関係のない画像ファイルの入力，出力，複製を簡素にするため，オープンソースのライブラリ(OpenCV)を利用しています(**表1**)．

●メイン処理

▶①画像ファイルの読み込み(OpenCV)

処理対象の画像データは，画像フォルダにある入力画像.bmpとします．画像情報をcv::Mat型のImageという変数で取得します(**リスト1の①**)．

複数の画像を使う場合は，画像ファイルを入力画像2.bmp，変数をImage2のようにして追加しています．

▶②画像処理関数の呼び出し

各画像処理は，関数として作成しています．メイン処理からは，画像データの構造体変数を引き数として，処理関数を呼び出します(**リスト1の②**)．

▶③画像ファイルへの書き出し(OpenCV)

処理結果の画像データは，画像フォルダにある出力画像.bmpに出力します．書き出す画像情報はcv::Mat型のImageという変数に入れておきます(**リスト1の③**)．

●画像処理関数

▶④変数宣言

画像データは，cv::Mat型の変数imgで受け取ります．複数の画像を使う場合は，変数をimg2のように増やしていきます．ソースコードをシンプルにするために，cv::Mat型の持つ各データは，いったんローカル変数に読み込んでいます(**リスト1の④**)．本書で共通で使っている変数は**表2**の通りです．

▶⑤画像全体を処理するためのループ

画像データ全体に対して処理を行うためのループです(**リスト1の⑤**)．本書に掲載しているリストは主にこのループの部分です．

リスト1　プログラムのスタイル(画像処理：グレー化を例に)

```
//宣言部
#include <iostream>
#include "opencv2/opencv.hpp"

//画像処理関数の宣言：ここではグレー化
void CH(cv::Mat img);//グレー化処理

//メイン処理
int main()
{
        //①入力画像の読み込み
        cv::Mat Image = cv::imread("画像/入力画像.bmp", -1);

        //②画像処理関数の呼び出し
        CH(Image);

        //③出力画像への書き出し
        cv::imwrite("画像/出力画像.bmp",Image);


}

//画像処理関数の中身
//****< グレー化処理 >****
void CH(cv::Mat img)
{
        //④変数宣言
        int x, y;
        //画素値のx座標　画素値のy座標

        int B, G, R, P;

        int X=img.cols,Y=img.rows;
        //画像の横幅　画像の縦幅

        //⑤画像全体を処理するためのループ
        for (y = 0; y < Y; y++) {
                for (x = 0; x <X; x++) {

                        //⑥入力画像から処理対象とする画素値を読み込む
                        B = img.at<cv::Vec3b>(y, x)[0];
                        G = img.at<cv::Vec3b>(y, x)[1];
                        R = img.at<cv::Vec3b>(y, x)[2];

                        //⑦画像処理のための計算
                        P = cvRound(0.298912*R + 0.586611*G + 0.114478*B);


                        //⑧画像処理後の画素値を出力画像として書き込む
                        img.at<cv::Vec3b>(y, x)[0] = P;
                        img.at<cv::Vec3b>(y, x)[1] = P;
                        img.at<cv::Vec3b>(y, x)[2] = P;


                }
        }


}
//****< グレー化処理 >****
```

▶⑥入力画像から処理対象とする画素値を読み込む

空間座標(x, y)の画素値をcv::Mat型から読み込みます(**リスト1の⑥**)．1画素ごとの処理では，Bに青，Gに緑，Rに赤の画素値を読み込んでいます．

表1　読み込み，書き出し，複製の記述例

用　途	記述例	説　明
画像データの読み込み	cv::imread("画像/入力画像.bmp", -1);	画像フォルダに保存されている入力画像.bmpを読み込む
画像データへの書き出し	cv::imwrite("画像/出力画像.bmp",Image);	Image内のデータを画像フォルダ内に出力画像.bmpという名前で書き出す
画像データの複製	cv::Mat Image2=Image.clone();	cv::Mat型でImage2を宣言し，中のデータはImageから複製する

表2　本書で共通して利用している変数

項　目		変　数
画像の横サイズ		img->width
画像の縦サイズ		img->height
(*x*，*y*)座標の画素値にアクセス	B(青)	img.at<cv::Vec3b>(y, x)[0];
	G(緑)	img.at<cv::Vec3b>(y, x)[1];
	R(赤)	img.at<cv::Vec3b>(y, x)[2];

▶⑦画像処理のための計算

実際の演算処理が入ります(**リスト1**の⑦)．1行で済んでしまう処理もあります．複数の処理の組み合わせで実現している場合は，本書の中で作成している別の処理を関数として呼び出している場合があります．

▶⑧処理後の画素値を出力画像として書き込む

空間座標(x，y)の画素値をcv::Mat型へ書き込みます(**リスト1**の⑧)．グレー・スケール画像として出力する場合は，B/G/Rに同じデータを書き込みます．

*　　　　　*

次ページのコラム**表A**に示すのは，画像処理プログラムを作成する際に，頻繁に使用するプログラムの早見表です．必要に応じて参照してください．

Column　自作に便利！画像処理プログラムの早見表

表A　プログラムの早見表

バージョン：Visual Studio 2022/OpenCV（ver.4.7.0）		
項　目	プログラム	説　明
画像の宣言方法	cv::Mat img;	画像データを格納するためのimgをcv::Mat型で宣言する
画像の読み出し方法	img = cv::imread("画像/入力画像.bmp", -1);	画像フォルダ内にある入力画像.bmpのデータを読み出し，cv::Matで宣言されたimgに格納する
画像の保存方法	cv::imwrite("画像/出力画像.bmp", img);	cv::Matで宣言されたimg内の画像データを画像フォルダ内に出力画像.bmpとして保存する
画像の縦横サイズの取得方法	int X = img.cols, Y = img.rows;	cv::Matで宣言されたimgの横サイズ/縦サイズを，それぞれ整数型のX，Yに格納する
24ビットBMPのカラー画像に対して，(x, y)座標の画素にある画素値（BGR値）へのアクセス方法	B = img.at<cv::Vec3b>(y, x)[0]; G = img.at<cv::Vec3b>(y, x)[1]; R = img.at<cv::Vec3b>(y, x)[2];	cv::Matで宣言されたimgの(x, y)座標の画素を対象にBGR値をそれぞれ整数型(int)のB，G，Rに代入する．画素値に格納したいときはimg.at<cv::Vec3b>(y, x)[0]＝B;などとすればB値を変更できる
画像の複製方法	img2 = img.clone();	cv::Matで宣言されたimg，img2に対して，imgに格納された画像データをimg2内に格納する
画像の型変換（24ビットBMPカラー形式から8ビット・グレー・スケール形式へ）	cvtColor(img, gry, cv::COLOR_RGB2GRAY);	cv::Mat型のimg（24ビットBMPカラー形式）を8ビット・グレー・スケール形式へ変換し，cv::Mat型のgryに格納する．画素値へのアクセス方法が変わるため要注意
画像の型変換（8ビット・グレー・スケール形式から24ビットBMPカラー形式へ）	cvtColor(gry, img, cv::COLOR_GRAY2BGR);	cv::Mat型のgry（8ビット・グレー・スケール形式を24ビットBMPカラー形式へ変換し，cv::Mat型のimgに格納する．画素値へのアクセス方法が変わる点，また色がカラー化されるわけではない点に要注意
画像の型変換（24ビットBMPカラー形式からHSV形式へ）	cvtColor(img, img, cv::COLOR_BGR2HSV);	H・S・Vの順に[0][1][2]に値が格納されている．値域はHが（0～179），SとVが（0～255）
画像の型変換（HSV形式からへ24ビットBMPカラー形式へ）	cvtColor(img, img, cv::COLOR_HSV2BGR);	HSV形式からBGR形式に戻す．戻さないと画像保存などもできないため注意
8ビット・グレー・スケール形式の画像に対して，(x, y)座標の画素にある画素値へのアクセス方法	P = img.at<uchar>(y, x);	cv::Matで宣言されたimgの(x, y)座標の画素を対象に画素値を整数型(int)のPに代入している
画像をPCモニタに表示する（キー入力で終了）	cv::imshow("画像表示", img); cv::waitKey();	cv::Matで宣言されたimgを画像表示という名前のウィンドウに表示し続け，キー入力で終了する．注：cv::waitKey();はなくてもよいが表示後すぐに消えてしまう
PCの内蔵カメラや接続済みのUSBカメラを起動する	cv::VideoCapture USBcam(0);	USBcamにcv::Mat型で扱えるカメラ画像が取得される
カメラ映像を処理し続ける	while (USBcam.read(img)) {/*画像処理*/}	USBcamが取得しているカメラ画像をimgに格納し，画像処理し続ける．break文と組み合わせて終了条件（whileを抜ける）を入れて置くこと
カメラ映像を処理中に特定のアクションを入れる	上記のwhile文内でint act = cv::waitKey(1);if (act =='q') {/*アクション内容*/}	[q]キーを押すことで，アクション（画像保存など）を割り込みさせられる．別のキーももちろん可能

第0部

第4章
動画像処理プログラムの基本構造

動画像処理のプログラムは**リスト1**のスタイルを基本にしています．記述スタイルの共通化を図りつつ，処理内容を理解していただきやすくするために，シンプルな記述を心がけています．使用する変数などもできる限り共通にしています．画像データは，動画はAVI形式，静止画は24ビットのBMP形式で統一しています．

動画処理技術とは直接関係のない動画ファイル/画像ファイルに関して，入力と出力，複製を簡素にするため，オープンソースのライブラリ(OpenCV)を利用しています．

●メイン処理

以下，**リスト1**について説明します．

▶①，画像ファイルの読み込み(OpenCV)

処理対象の動画データは，videoフォルダにある入力動画`.avi`を基本とします．そこから動画情報を`cv::VideoCapture`構造体の`cap`という変数で取得します(**リスト1**の①)．

複数の動画を使う場合は，画像ファイルを入力動画`2.avi`，構造体変数を`cap2`のようにして追加します．

また，処理に当たって静止画を併用する場合は，videoフォルダの 入力画像`.bmp`などとし，`cv::Mat`型の`Image`などの変数で読み込むものとします．

▶②，動画処理関数の呼び出し

各動画処理は，関数として作成しています．メイン処理からは，動画データの構造体変数を引き数として，処理関数を呼び出します(**リスト1**の②)．

●動画処理関数

▶③変数の宣言

ここでは動画の横幅・縦幅・フレーム数などの情報を取得し，変数に代入しておきます．

▶④フレーム処理用の画像を宣言

動画から切り出したフレームを格納する`cv::Mat`型の構造体変数`img`を宣言しておきます．

▶⑤動画出力先構造体の宣言

あらかじめ処理結果の出力先となる`cv::VideoWriter`構造体の`writer`を宣言しておきます(**リスト1**の⑤)．

▶⑥動画全体を処理するためのループ

動画処理関数では，動画データから1フレームずつ切り出しながら処理を行います(**リスト1**の⑥)．

リスト1　本書で紹介する動画像処理プログラムの基本構造

```
#include <iostream>
#include "opencv2/opencv.hpp"

void CH(cv::Mat img);//****< グレー化処理 >****

//動画処理関数の宣言：ここではフレーム単位処理
void FV(cv::VideoCapture vid);//****< フレーム単位処理 >****//

int main()
{
	//①入力動画の読み込み
	cv::VideoCapture cap("video/入力動画.avi");

	//②動画処理関数の呼び出し
	FV(cap);

}

//動画処理関数の中身
//****< フレーム単位処理 >****//
void FV(cv::VideoCapture vid)
{
	//③変数の宣言
	int X = vid.get(cv::CAP_PROP_FRAME_WIDTH); //動画の横幅
	int Y = vid.get(cv::CAP_PROP_FRAME_HEIGHT); //動画の縦幅
	int Z = vid.get(cv::CAP_PROP_FRAME_COUNT); //フレーム数
	int FPS = vid.get(cv::CAP_PROP_FPS); //フレームレート
	#define set cv::VideoWriter::fourcc('I', 'Y', 'U', 'V')//デフォルトの圧縮法を適用

	//④フレーム処理用の画像を宣言
	cv::Mat img;

	//⑤出力動画の書き出し
	cv::VideoWriter writer("video/出力動画.avi", set,FPS, cv::Size(X, Y), true);
	//動画の保存：フレームの圧縮法・横・縦・フレームレートを設定する。現在値は入力動画から読み取った値

	//⑥動画全体のフレームを処理するためのループ
	for (int t = 0; t < Z; t++)
	{
		//⑦入力動画から1フレームをimgに読み込む
		vid >> img;

		//⑧imgを画像処理関数で処理する
		CH(img);

		//⑨画像処理されたimgを出力動画へ書き込む
		writer << img;
		//出力フレームの書き込み

	}

}
//****< フレーム単位処理 >****//

//画像処理関数の中身
//****< グレー化処理 >****
void CH(cv::Mat img)
{
	//変数宣言
	int x, y;
	//画素値のx座標　画素値のy座標

	int B, G, R, P;

	int X = img.cols, Y = img.rows;
	//画像の横幅　画像の縦幅

	//画像全体を処理するためのループ
	for (y = 0; y < Y; y++) {
		for (x = 0; x < X; x++) {
```

```
                    //入力画像から処理対象とする画素値を読み込む
                    B = img.at<cv::Vec3b>(y, x)[0];
                    G = img.at<cv::Vec3b>(y, x)[1];
                    R = img.at<cv::Vec3b>(y, x)[2];

                    //画像処理のための計算
                    P = cvRound(0.298912 * R + 0.586611 * G + 0.114478 * B);


                    //画像処理後の画素値を出力画像として書き込む
                    img.at<cv::Vec3b>(y, x)[0] = P;
                    img.at<cv::Vec3b>(y, x)[1] = P;
                    img.at<cv::Vec3b>(y, x)[2] = P;


            }
        }


}
//****< グレー化処理 >****
```

▶⑦動画データから1フレーム分取り出す

1フレーム分のデータをcv::Mat型の 構造体変数imgに読み込みます(**リスト1**の⑦). 時間を考慮した処理(複数のフレームを用いる処理)では, 必要なフレーム数分のcv::Mat型の構造体変数を用意します.

▶⑧画像処理関数の呼び出し

このimgに対して必要な処理を行います(**リスト1**の⑧). 実際の処理は画像処理関数の中で行います. ここでは例として画像のグレー化を行います.

▶⑨1フレーム分のデータを出力動画ファイルに書き出す

画像処理結果をcv::VideoWriter型のwriterという構造体変数に書き込みます. これにより, 動画ファイルが出力されます. 出力先は動画の場合, videoフォルダにある出力動画.aviです.

第0部

第5章 ウェブ・カメラでリアルタイム画像処理，プログラムの基本構造

本書で紹介している画像処理や一部の動画処理は，PCに接続したウェブ・カメラやノートPCに備え付けのカメラから取得した画像に対しても適用できます．ここでその基本構造を紹介しましょう．このプログラムを雛形に「監視カメラからの不審者検知」や「雨天検知」などのリアルタイム画像処理にチャレンジしてみませんか．

●メイン処理

▶①カメラの起動（リスト1の①）

`cv::VideoCapture`でカメラを起動します．ここで`CAMERA()`は変数名です．`()`内には引数を入れ，複数ある場合は数字を1, 2と増やしていきましょう．

▶②変数の定義（リスト1の②）

`CAMERA`が取得するフレーム用の構造体変数や，カメラの終了や画像保存を行うための変数を定義しています．

▶③カメラのフレームを処理するためのループ（リスト1の③）

起動したカメラのフレーム（画像）を処理するためのループです．カメラを終了するまで最新（リアルタイム）のフレームを変数`img`へ取得するループです．

▶④フレームの画像処理（リスト1の④）

`img`に取得したフレームを画像処理関数で画像処理します．グレー化する画像処理を例にしています．

▶⑤処理したフレームの表示（リスト1の⑤）

画像処理した`img`を画面に表示します．ウィンドウは`cv::imshow()`で作成し，引数はウィンドウ名，表示する画像です．ここではウィンドウ名が「処理したフレームの表示」画像はimgです．

▶⑥キー入力によるカメラとプログラムの終了（リスト1の⑥）

`q`キーを押すとカメラとプログラムが終了するようにしています．具体的には，`while`ループを抜け，画像表示用のウィンドウ，カメラを起動していた`CAMERA`が終了します．

▶⑦キー入力によるカメラフレームの画像保存（リスト1の⑥）

`s`キーを押すと，そのときの`img`内の画像を出力画像として保存するようにしています．画像が上書きされないよう，その都度，保存する画像にはナンバが割り当てられます．

リスト1　ウェブ・カメラから取得した画像をリアルタイムに処理するプログラム

```
//宣言部
#include <iostream>
#include "opencv2/opencv.hpp"

//画像処理関数の宣言：ここではグレー化
void CH(cv::Mat img);//グレー化処理

//メイン処理
int main()
{
	//①カメラの起動
	cv::VideoCapture CAMERA(0);

	//②変数の定義
	cv::Mat img;//カメラから取得したフレーム用
	int key;//操作キーの定義
	int no = 1;//保存する画像のナンバー

	//③カメラのフレームを処理するためのループ
	while (CAMERA.read(img)) {

		//④フレームの画像処理
		CH(img);

		//⑤処理したフレームの表示
		cv::imshow("処理したフレームの表示", img);

		//②変数の定義
		key = cv::waitKey(1); //キー入力を一定時間受け付け
		std::ostringstream opn; // フレームを保存ナンバー
		opn << no;//ossにナンバーを代入

		//⑥qを押したらカメラとプログラムを終了
		if (key == 'q') {

			cv::destroyWindow("処理したフレームの表示"); //ウィンドウを閉じる
			CAMERA.release();
			break; //whileループから抜ける
		}

		//⑦sを押したら処理したフレームを出力画像として保存
		if (key == 's') {

			cv::imwrite("video/出力画像No" + opn.str() + ".bmp", img);
			printf("%d枚目を保存\n", no);
			no++;
		}


	}

}

//画像処理関数の中身
//****< グレー化処理 >****
void CH(cv::Mat img)
{
	//変数宣言
	int x, y;
	//画素値のx座標　画素値のy座標

	int B, G, R, P;

	int X = img.cols, Y = img.rows;
	//画像の横幅　画像の縦幅

	//画像全体を処理するためのループ
	for (y = 0; y < Y; y++) {
		for (x = 0; x < X; x++) {
			//入力画像から処理対象とする画素値を読み込む
```

```
                B = img.at<cv::Vec3b>(y, x)[0];
                G = img.at<cv::Vec3b>(y, x)[1];
                R = img.at<cv::Vec3b>(y, x)[2];

                //画像処理のための計算
                P = cvRound(0.298912 * R + 0.586611 * G + 0.114478 * B);


                //画像処理後の画素値を出力画像として書き込む
                img.at<cv::Vec3b>(y, x)[0] = P;
                img.at<cv::Vec3b>(y, x)[1] = P;
                img.at<cv::Vec3b>(y, x)[2] = P;


            }
        }


}
//****< グレー化処理 >****
```

第0部

第6章 画像の基礎知識

6-1 静止画像

●画像は画素の集合体

コンピュータの壁紙を探すときや，モニタの画質設定をする際に，1920 × 1200や3840 × 2160といった数字を目にします．この数字は「この画像は幾つの画素が集まってできているのか」を示しています．つまり，画像は画素の集合体です．

画素は，画像の最小構成単位です．ピクセルやドットと呼ばれることがあります．

実際の画像データの例を**図1**に示します．拡大部を見ると，画像を構成しているのが色を持った格子状の点だということが分かります．この格子状の点が画素です．

●九九表のようなマトリックス状

画素は色だけでなく，空間座標を持っています．空間座標とは，自分（画素）が画像内でどの位置にいるのかを示しており，(x, y)の形式で表すことができます．ここで，xは水平軸，yは垂直軸です．そして原点(0, 0)となる座標は，画像の左上です．水平軸はそこから右に進み，垂直軸は下に進みます．最後の画素は画像の右下頂点$(X-1, Y-1)$となります．ここで，Xは画像の横サイズ，Yは縦サイズです（**図2**）．

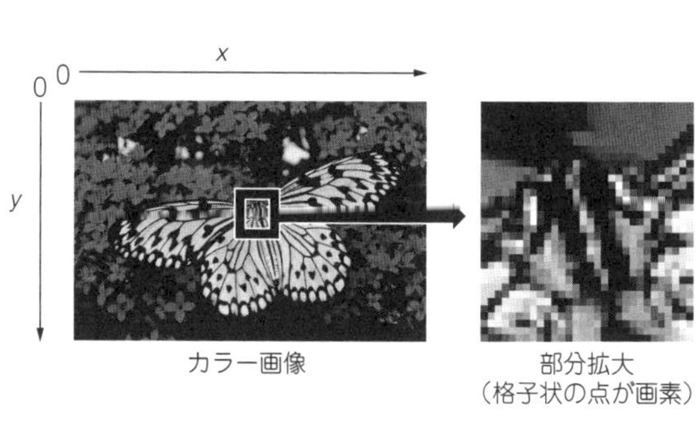

図1　画像は画素の集合体

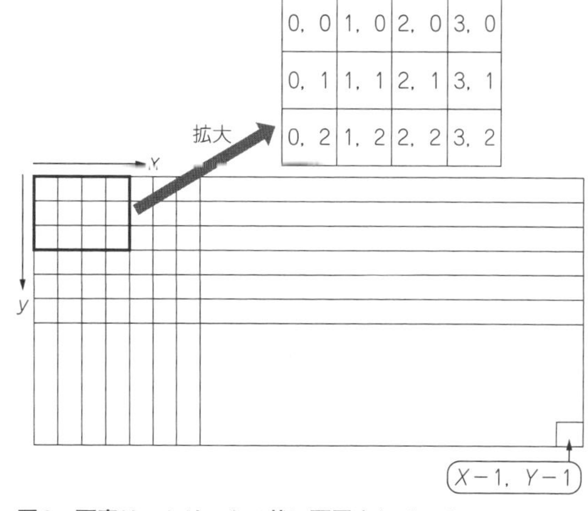

図2　画素はマトリックス状に配置されている

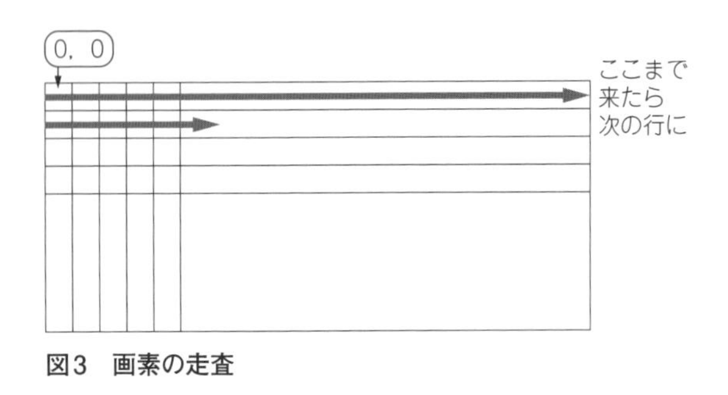

図3　画素の走査

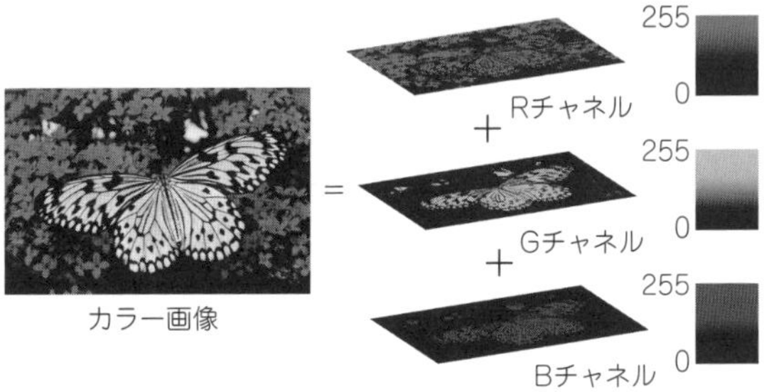

図4　R/G/Bの3チャネルがそれぞれの強さで光ることで色合いを表現できる
例えばR/G/Bが8ビットであれば1677万色を表現できる

画像処理で1画素ずつ順番に処理していくときは，(0，0)からスタートし，(1，0)，(2，0)，…と，まずは水平に処理していきます．そして画像の端($X-1$，0)に到達すると，1画素分だけyを進め，同じように(0，1)，(1，1)，(2，1)，…，($X-1$，1)と進めて処理していきます．このような進み方で画素を走査していく方法を順方向ラスタ走査と呼びます(**図3**)．画像処理では，多くの場合この順番で画素を走査していきます． 本特集のプログラムも同様です(第3章リスト1 の⑤の2 重ループ部分)．

●たったの3チャネルが作る1677万色

カラー画像の色は，光の3原色といわれる赤(R)，緑(G)，青(B)の3チャネルがそれぞれ異なる強さで光り，混じり合うことで表現されます(**図4**)．例えば黄色はRとGチャネルが強く光ることで表現され，紫色はRとBが強く光ることで表現されます．R，G，Bが均等な強さで光った場合，灰色に表現されます．

各チャネルが持つ光の強さは，256段階で表現されるのが一般的です．つまり，0 ～ 255 のスケールです．そうすると，表現できる色はR/G/Bの強度の組み合わせで，256 × 256 × 256 ＝ 16,777,216色となります．この色数は人間の目にとって極めて自然な色表現ができる数であるため，フルカラーとも呼ばれます．

6-2　動画像

第2部で紹介する動画像の処理は，静止画像の処理だけでできることを可能な限り省いています．言い換えると，動画でしかできない処理を中心に扱っています．一般的な動画処理の解説書で取り上げられることがなく，論文にさえほとんど見ないようなマニアックな処理も含まれています．第1部で学ぶ静止画像の処理を，動画のフレームに適用していくとどうなるかという好奇心を持つことができれば，動画処理の幅は一気に広がることでしょう．

●時間の概念をいかにうまく使うか

動画であっても，シーンによってはほとんど動きのないことがあります．このような場合，全てのフレームを正直に処理していくのは，処理コストがもったいないと感じます．

図5
動画像は静止画像の集合
時間あたりのフレーム数が多いほど滑らかな動きを再現できる

例えば，前のフレームと情報がほとんど変化しないのであれば，その情報が流用できないだろうか，変化した部分だけを新たに変換すればよいのではないか，とすぐに思いつきます．そう考えていくと動画処理のパズルが始まります．

それでは具体的には，どうやって似たフレームを検出するのでしょうか．どうやって情報を流用するのでしょうか．どの程度のコストが削減できるのでしょうか．動画処理には面白い問題がたくさんあります．動画からの動き検出や動画の主要情報の抽出など具体的な目標を立て，それを実現する方法を考えてみると，パズル的な面白さがあります．

●動画は静止画像の集合体

テレビ番組や映画を見ているとき，気になるシーンで一時停止をしたことがないでしょうか．このとき，画面に静止画として表示されているシーンをフレームといいます．全ての動画は，このフレームと呼ばれる静止画を単位時間当たり一定の頻度で切り替えて表示することで実現しています(**図5**)．

例えば，映画では1秒間に30枚，アニメでは24枚，ゲームでは30～60枚を切り替えて表示することが多いようです．この1秒間に何枚のフレームを切り替えるかという指標をfps(フレーム/秒)と呼びます．このことから，動画はフレームの集合体，つまり，画像の集合体ということができます．

動画処理では，動画を構成する全てのフレームに対して処理を行うことになります(0部第4章リスト1の⑥のループ部分)．これは，1フレームに対する単純な静止画処理ではなく，複数のフレームを用いる，つまり時間の経過を考慮した処理になることが多く，これが動画処理の特徴と言えます．また，動画を構成するフレームは静止画像と考えることができるため，動画処理においては静止画像における画像処理の知識が不可欠です．動画処理に挑む前に，静止画像の画像処理の知識を充実させておきましょう．

第1部　静止画像

第1章
色の変換

1-1　大胆に色を変える「B/G/Rの入れ替え」　収録フォルダ：BGR入れ替え処理

画像の色を，全体のバランスを維持したまま変更するのは本来難しい処理となります．B/G/Rの入れ替え処理は，簡単な操作で実現できる上に，色を大胆に変更できます．しかも，各チャネルに格納されている値には変更を加えないため，全体のバランスを維持できます．

●仕組み

B/G/Rの入れ替えの仕組みを**図1**に示します．各チャネル強度を交換すると，出力するB/G/Rの画素値そのものは変化するため色は変わるものの，チャネルの値自体はそのままのため，色の関係は保存されます．従って，全体のバランスを維持したまま色の変更を行うことができます．

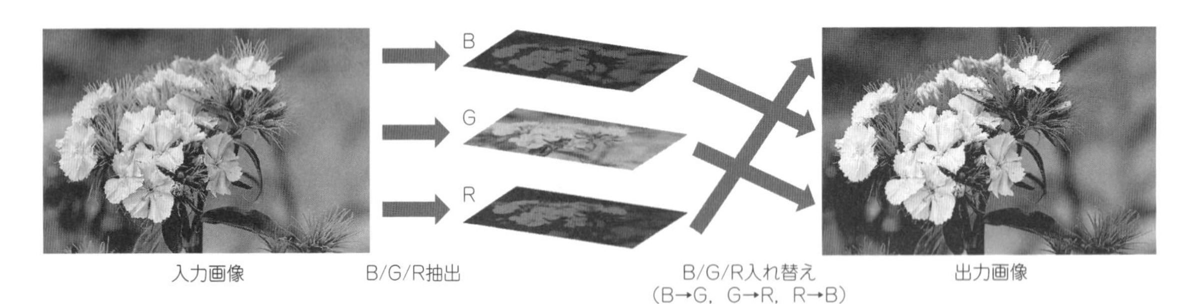

図1　B/G/Rの入れ替え…全体のバランスを維持したまま色の変更ができる

リスト1　B/G/Rの入れ替えのプログラム(抜粋)

```
for (y = 0; y < Y; y++) {
  for (x = 0; x < X; x++) {
    //入力画像から画素値を読み込む
    p[0] = img.at<cv::Vec3b>(y, x)[0]; //B(青色)
    p[1] = img.at<cv::Vec3b>(y, x)[1]; //G(緑色)
    p[2] = img.at<cv::Vec3b>(y, x)[2]; //R(赤色)

    //BGRの画素値を入れ替えて出力画像として書き込む
    img.at<cv::Vec3b>(y, x)[0] = p[2];  //Bへ代入
    img.at<cv::Vec3b>(y, x)[1] = p[0];  //Gへ代入
    img.at<cv::Vec3b>(y, x)[2] = p[1];  //Rへ代入
  }
}
```

第1部第1章のカラー画像はこちらから
https://interface.cqpub.co.jp/opencv-11/

●実行結果

B/G/Rの入れ替えを行うプログラムを**リスト1**に示します．実行結果は**図1**に示した通りです．

今回の例では植物の画像を用いており，葉の緑色が出力結果では赤色になり，また花の薄桃色が薄青に変化するなど，大きく画像の印象が変化しています．その一方で，明るさや輪郭の情報，ボケているところとそうでないところは変化せず，全体のバランスは維持されています．

B/G/R入れ替えによる画像の効果は，どのチャネルをどのチャネルに入れるかという点と，どの画像に対して適用するかによって大きく変わります．いろいろな画像に試して，その効果を確認してみましょう．

1-2 ノスタルジックな雰囲気に変える「セピア・カラー処理」

収録フォルダ：セピアカラー

セピア・カラー処理とは，画像を淡い褐色に変換する処理です．

そもそもセピア(Sepia)とはコウイカを意味する用語でしたが，後にインクとして用いられるイカスミを指す言葉となりました．このセピア(インク)はモノクロ写真や新聞に用いられていましたが，時間経過によって退色し，淡い褐色に変化するという特徴がありました．そのせいで，今ではセピア・カラーを懐古色として楽しむこともあります．

●仕組み

画像をセピア・カラーに変換する仕組みを**図2**に示します．

セピア・カラー処理は，まず何色をセピア・カラーとして表現するかを決定します．退色したモノクロ写真を再現するのが目的の場合は，B/G/Rの各チャネルを平均した明度を用いるのが適当です．

グレー画像の明度をAとすると，

$$B = 0.55 \times A$$
$$G = 0.8 \times A$$
$$R = A$$

図2　セピア・カラー処理…B/G/Rを平均した明度にチャネルごとの係数を掛ける

リスト2　セピア・カラー処理のプログラム(抜粋)

```
for (y = 0; y < Y; y++) {
  for (x = 0; x < X; x++) {
    //入力画像から画素値を読み込む
    p[0] = img.at<cv::Vec3b>(y, x)[0];//B
    p[1] = img.at<cv::Vec3b>(y, x)[1];//G
    p[2] = img.at<cv::Vec3b>(y, x)[2];//R

    // B/G/Rの平均
    S = 0.33 * p[0] + 0.33 * p[1] + 0.33 * p[2];

    //画素値を出力画像として書き込む
    //セピア・カラーへの変換パラメータを掛けてBへ代入
    img.at<cv::Vec3b>(y, x)[0] = 0.55 * S;
    //セピア・カラーへの変換パラメータを掛けてGへ代入
    img.at<cv::Vec3b>(y, x)[1] = 0.8 * S;
    //セピア・カラーへの変換パラメータを掛けてRへ代入
    img.at<cv::Vec3b>(y, x)[2] = S;
  }
}
```

と計算してB/G/Rに格納することで，セピア・カラーを実現できます.

ここから，さらに赤みを増したい場合はRの係数を大きくし，黄みを増したい場合はRとG両方の係数を大きくします.

●実行結果

セピア・カラー処理を行うプログラムを**リスト2**に示します．実行結果は**図2**に示した通りです.

画像が淡い褐色のセピア・カラーに変換されているのが確認できます.

今回はセピア・カラーとして表現する色を，B/G/Rの平均としていますが，他の明るさを示すグレー値(HSVにおけるV)や，単純に1つのチャネルの値を採用すると，入力画像によっては質感の異なる出力結果が得られます.

1-3　カラー画像を白黒にする「グレー化処理」　収録フォルダ：グレー化処理(明度)

カラー写真をモノクロ写真のようにグレーに変換する処理をグレー化といいます．画像カラー表現が豊かになった今でも，シルエットをストレートに見せるモノクロ画像は人気があります．本処理では簡単にモノクロ画像を生成する処理を紹介します.

●仕組み

一般的なカラー画像は，光の3原色と呼ばれるB(青)，G(緑)，R(赤)の3チャネルに分解できます．この3チャネルがさまざまな強度で光ることを，われわれは色の違いとして認識します．つまり色とは，B/G/Rの強度パターンの組み合わせ方と考えることができます．また，B/G/Rの各チャネルは0～255の強さ，すなわち8ビットの情報量でよく表現されます．このことから，カラー画像を無劣化で保存するには1画素当たり24ビット(8ビットが3チャネル分)の情報量が必要となり，一般的には24ビットのBMP形

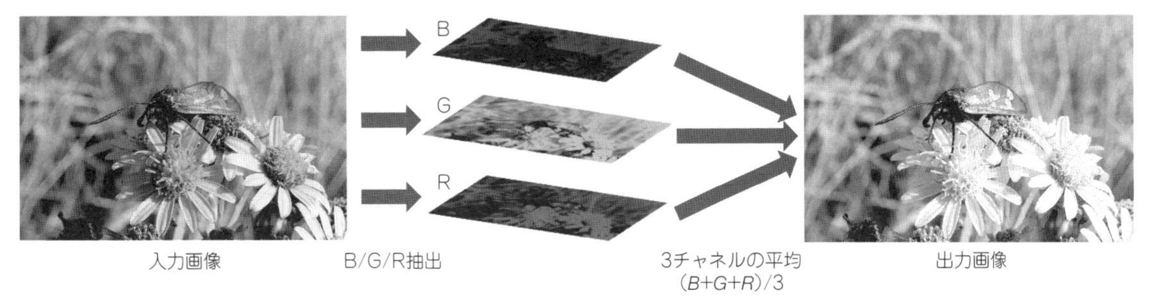

図3　グレー化処理…画像から各チャネルを抽出して，互いに等しくなるように変換する

リスト3　グレー化処理のプログラム（抜粋）

```
for (y = 0; y < Y; y++) {
  for (x = 0; x < X; x++) {
    //入力画像から画素値を読み込む
    B = img.at<cv::Vec3b>(y, x)[0];
    G = img.at<cv::Vec3b>(y, x)[1];
    R = img.at<cv::Vec3b>(y, x)[2];

    P = cvRound(0.114 * B + 0.587 * G + 0.299 * R);//BGRから輝度値を計算

    //出力画像へPを画素値として書き込む
    img.at<cv::Vec3b>(y, x)[0] = P;
    img.at<cv::Vec3b>(y, x)[1] = P;
    img.at<cv::Vec3b>(y, x)[2] = P;
  }
}
```

式が用いられます．

ディジタル画像において「色がある」とは「B/G/Rの各チャネルが互いに異なる値を持つこと」と言い換えることできます．反対に，モノクロ画像のように「色がない」とは，「B/G/Rが互いに等しい値を持つこと」です．従って，カラー画像からグレー画像を作成するには，画像から各チャネルの画素値を抽出して，互いに等しくなるように変換します．

各チャネルを等しくする仕組みを**図3**に示します．画像の明るさを示す明度を用いるのが一般的です．各チャネルの平均から得られます．すなわち，求めたい画素位置が$(x,\ y)$ならば，

$\{B(x,\ y) + G(x,\ y) + R(x,\ y)\}\ /3$

によって得られます．

●実行結果

グレー化を行うプログラムを**リスト3**に示します．実行結果は**図3**に示した通りです．

出力結果から，画像がモノトーンのグレー画像に変換されているのが確認できます．またグレー化後の明るさは，おおむね入力画像の持つ明るさを反映できていることが分かります．

今回はB/G/Rの平均値を用いる明度を使用していますが，その他にもグレー化処理に適した変換方法が幾つかあります．例えばB/G/Rの最大値をとるもの，各チャネルに異なる係数を掛けるものなどがあります．画像によってどんな違いがあるか，確認してみましょう．

1-4　ネガポジを反転する「輝度反転」

収録フォルダ：輝度反転

画像の輝度反転とは，白色を黒色にし，黒色を白色に変換する処理です．ちょうど写真のネガのようになり，明るいところと暗いところが逆転して表示されます．この処理はテレビ番組でたびたび使われており，何か衝撃的なシーンを演出したいときに，より効果的に表現できます．

●仕組み

輝度反転の仕組みを**図4**に示します．画像の画素値が0～255の値をとる場合，輝度反転画像の画素値は入力画像の画素値を255から引いて得ることができます．

図4では情景画像と市松模様を例に輝度変換を示しています．情景画像の方はネガ写真のようになり，市松模様は白と黒が反転して出力されているのが確認できます．

一般に，輝度反転処理はグレー画像を対象（もしくはカラー画像をグレー化後）とした処理ですが，当然，カラー画像に実施することもできます．その場合は，B/G/Rの各チャネルに輝度反転処理を適用することで実現できます．

●実行結果

輝度反転を行うプログラムを**リスト4**に示します．実行結果は**図4**に示した通りです．

今回の例は海岸から海に向いた大砲が写った画像ですが，輝度反転処理によって明るい空や石垣が暗くなり，反対に黒色の大砲は白く変換されています．一方で，もともと灰色（中間色）である海の色は輝度反転後もあまり変化していません．ここから，輝度反転の効果はより黒に近い，もしくは白に近いほど大きな効果が得られることが分かります．

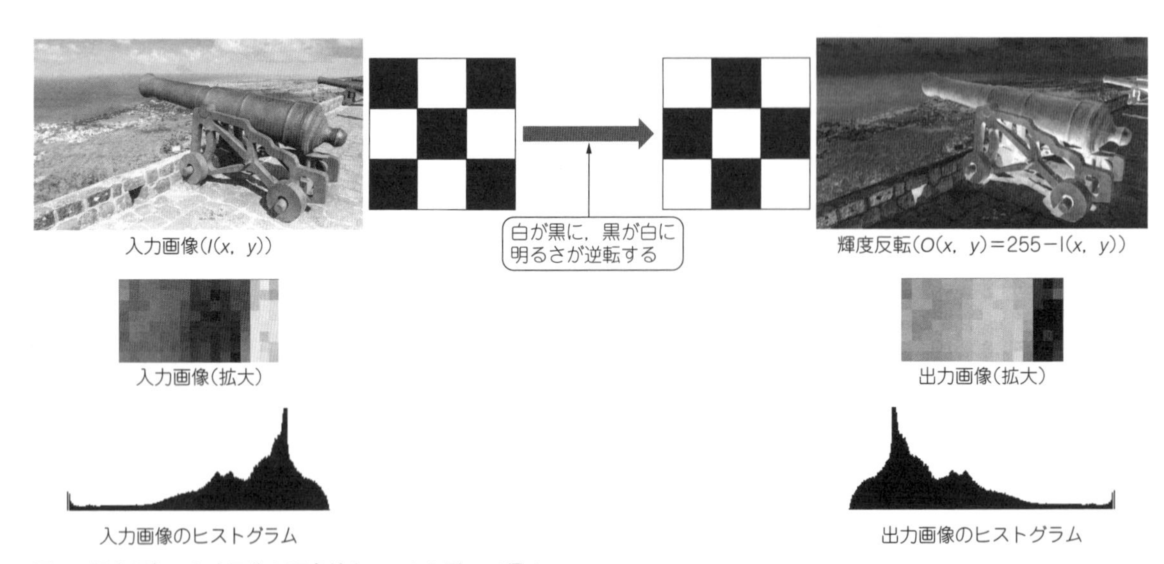

図4　輝度反転…入力画像の画素値を255から引いて得る

リスト4　セピア・カラー処理のプログラム(抜粋)

```
for (y = 0; y < Y; y++) {
  for (x = 0; x < X; x++) {
    //入力画像から画素値を読み込む(モノクロなので1色分でよい)
    p[0] = img.at<cv::Vec3b>(y, x)[0];//B

    //輝度反転
    p[3] = 255 - p[0];

    //画素値を出力画像として書き込む(B/G/R 全て同じデータ)
    img.at<cv::Vec3b>(y, x)[0] = p[3];  //Bへ代入
    img.at<cv::Vec3b>(y, x)[1] = p[3];  //Gへ代入
    img.at<cv::Vec3b>(y, x)[2] = p[3];  //Rへ代入
  }
}
```

輝度反転はカラー画像でも実現できます．この効果がカラーの場合はどんな影響を与えるのか，確認してみましょう．

1-5　色数を減らす(ポスター風に変換する)「ポスタリゼーション」

収録フォルダ：ポスタリゼーション

実写の画像と手描きの画像の大きな違いを1つ挙げるなら，色のバリエーションがあります．色ヒストグラムで確認するとよく分かりますが，写真によって得られた画像は色のバリエーションが多く，手描きのポスターでは比較的少ない限られた色数で作成されます．すなわち，色数を減らすことで，ポスター風に画像を変できます．

●仕組み

カラー写真やモノクロ写真の色数は，1チャネルあたり8ビットが一般的です．つまり，256種類あります(カラーの場合は3チャネルのため，色の組み合わせが256^3)．このように，チャネルが表現できる色数を量子化と呼びます．ポスタリゼーション(Posterization)は，この量子化数を減らす処理です．

ポスタリゼーションの仕組みを**図5**に示します．量子化の一定区間をその中央値に置き換えることで実現します．具体的には，量子化の区間t_1からt_2の間の色を，全て$(t_1 + t_2)/2$に置き換えるという操作です．

●実行結果

ポスタリゼーションを行うプログラムを**リスト5**に示します．実行結果は**図5**に示した通りです．

入力画像に対して出力画像は，量子化数(色数)が少なくなり，写真からポスター風に変更されています．この例では量子化数を5にして処理していますが，他の値に変えることで質感が大きく変わります．さまざまな値に設定して，どんな出力結果が得られるか確認してみましょう．

入力画像

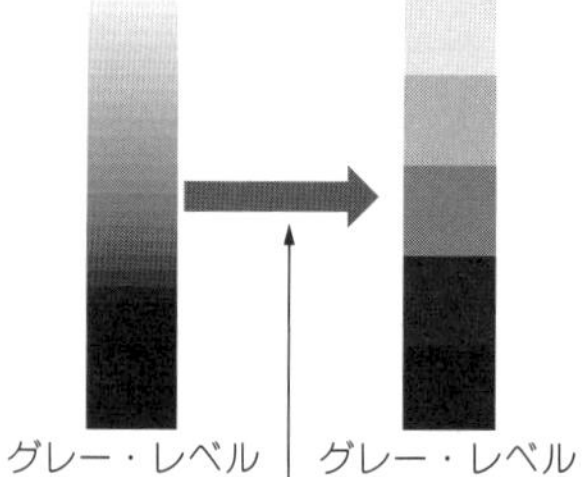
グレー・レベル（256段階）　グレー・レベル（5段階）

色数を減らすことで，実写感を減らす

ポスタリゼーション

入力画像（拡大）

出力画像（拡大）

入力画像のヒストグラム

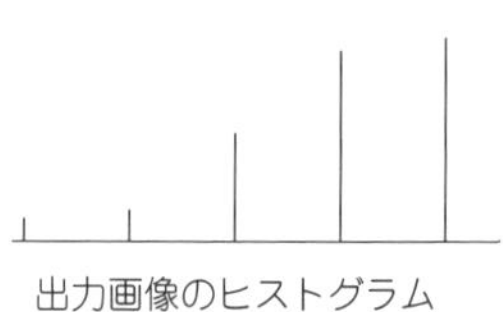
出力画像のヒストグラム

図5　ポスタリゼーション…量子化の一定区間をその中央値に置き換える

リスト5　ポスタリゼーションのプログラム（抜粋）

```
for (y = 0; y < Y; y++) {
  for (x = 0; x < X; x++) {

    //入力画像から画素値を読み込む(モノクロなので1色分でよい)
    p[0] = img.at<cv::Vec3b>(y, x)[0];//B

    for (l = 0; l < q; l++){
      t1 = l * ((255) / (q));
      t2 = (l + 1) * ((255) / (q));
      if (t1 <= p[0] && p[0] < t2) {
         p[0] = (t1 + t2) / 2;
      }
    }

    //画素値を出力画像として書き込む(B/G/R　全て同じデータ)
    img.at<cv::Vec3b>(y, x)[0] = p[0];  //Bへ代入
    img.at<cv::Vec3b>(y, x)[1] = p[0];  //Gへ代入
    img.at<cv::Vec3b>(y, x)[2] = p[0];  //Rへ代入
  }
}
```

1-6 コントラストの改善が可能な画素値差表現「ソラリゼーション」

収録フォルダ：ソラリゼーション

ソラリゼーション(Solarization)は，画素値と画素値の差を強調する処理の1つです．結果として画素値そのものの情報が消失されるユニークな処理です．

出力結果の面白さも併せて，映像効果として使用されることがしばしばあります．また，カラー画像で各チャネルに対して利用すると，いっそう不思議な画像が出来上がります．

●仕組み

ソラリゼーションの仕組みを**図6**に示します．入力画像の画素値を線形変換する処理です．似た構造の処理としては折れ線トーンカーブ処理があり，その中の特殊なものがソラリゼーションであるともいえます．

具体的に特殊な点は，途中で線形変換の傾きがプラスからマイナスに(右上に上がっていくものが右下に下がっていく)変化する点です．この構造によって起きる大きな変化は，異なる画素値を持つ画素が，同じ画素値で出力されてしまう点です．従って，思わぬところで別々の領域が混ざってしまい，構造が崩れてしまうことがあります．一方で，傾きが変化するまでの画素は，互いの大きさ関係を維持しつつその間隔を大きくできるため，コントラストの改善が期待できます．

●実行結果

ソラリゼーションを行うプログラムを**リスト6**に示します．実行結果は**図6**に示した通りです．

図の例では，ソラリゼーションをカラー画像に，すなわち，B/G/Rの各3チャネルに適用しています．その結果，入力画像は一部が色の反転を起こし，不思議な画像となっています．

今回は画素値127の値で一度だけ折り返していますが，複数回折り返すソラリゼーションも存在します．画像がどのように変化するのか，確認してみましょう．

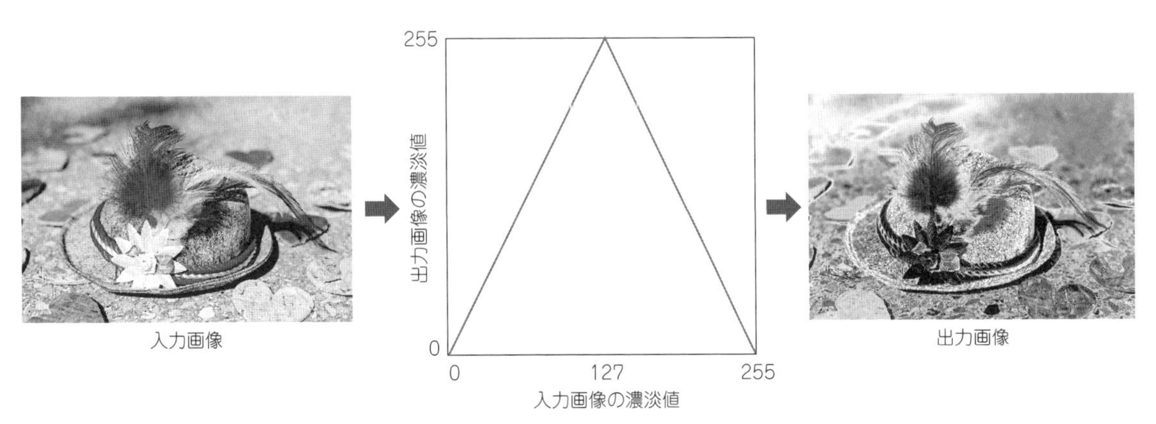

図6 ソラリゼーション…入力画像の画素値を線形変換する

リスト6　ソラリゼーションのプログラム（抜粋）

```
for (y = 0; y < Y; y++) {
  for (x = 0; x < X; x++) {

    //入力画像から画素値を読み込む
    p[0] = img.at<cv::Vec3b>(y, x)[0];//B
    p[1] = img.at<cv::Vec3b>(y, x)[1];//G
    p[2] = img.at<cv::Vec3b>(y, x)[2];//R

    if (p[0] <= 127) {
      p[0] = 2 * p[0];
    }
    else {
      p[0] = 255 * 2 - 2 * p[0];
    }
    if (p[1] <= 127) {
      p[1] = 2 * p[1];
    }
    else {
      p[1] = 255 * 2 - 2 * p[1];
    }
    if (p[2] <= 127) {
      p[2] = 2 * p[2];
    }
    else {
      p[2] = 255 * 2 - 2 * p[2];
    }

    //画素値を出力画像として書き込む
    img.at<cv::Vec3b>(y, x)[0] = p[0];  //Bへ代入
    img.at<cv::Vec3b>(y, x)[1] = p[1];  //Gへ代入
    img.at<cv::Vec3b>(y, x)[2] = p[2];  //Rへ代入
  }
}
```

1-7　モザイクをかける「モザイク画像処理」

収録フォルダ：モザイク画像処理

モザイク画像処理とは，テレビやインターネットなどで，画像に秘匿性を付加するためによく用いられる処理です．例えば，誰が写っているか，どこで撮っているか，など個人特定につながる情報を伏せつつ状況を伝えたいときに，モザイク画像処理は有用です．その他，出力画像の面白さからアートとして用いられることもあります．

●仕組み

画像からモザイク画像を生成する手順は幾つかあります．最も簡単な方法を**図7**に示します．

画像を画素ではなくブロック単位（図では3×3）で考えて，色の変換を行います．ブロック内の画素の平均値を計算し，その値をブロック内の全ての画素に代入していきます．

画像をぼかす際に用いられる平均値フィルタ（第6章参照）はこの処理を少し改変するだけで作成できます．

●実行結果

モザイク画像処理のプログラムを**リスト7**に示します．実行結果は**図7**に示した通りです．

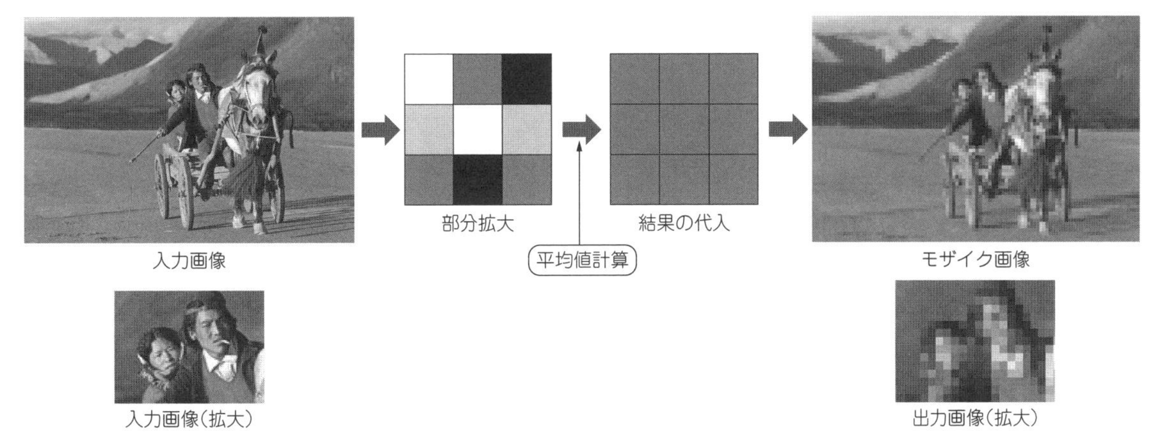

図7　モザイク画像処理…ブロック単位で色を変換する

リスト7　モザイク画像処理のプログラム(抜粋)

```
for (y = (w - 1) / 2; y < Y; y = y + w) {
  for (x = (w - 1) / 2; x < X; x = x + w) {
    //入力画像から画素値を読み込む
    for (j = y - (w - 1) / 2; j <= y + (w - 1) / 2; j++) {
      for (i = x - (w - 1) / 2; i <= x + (w - 1) / 2; i++) {
        if (i >= 0 && j >= 0 && i < X && j < Y) {
          p[0] = img2.at<cv::Vec3b>(j, i)[0];
          s = s + p[0];//画素値の加算
        }
      }
    }

    s = s / (w * w);//総数で割り算
    p[1] = s;
    s = 0;

    //画素値を出力画像として書き込む(B/G/R 全て同じデータ)
    for (j = y - (w - 1) / 2; j <= y + (w - 1) / 2; j++) {
      for (i = x - (w - 1) / 2; i <= x + (w - 1) / 2; i++) {
        img.at<cv::Vec3b>(j, i)[0] = p[1];  //Bへ代入
        img.at<cv::Vec3b>(j, i)[1] = p[1];  //Gへ代入
        img.at<cv::Vec3b>(j, i)[2] = p[1];  //Rへ代入
      }
    }
  }
}
```

入力画像では，乗り物になった女性や男性の表情が細かく確認できます．これに対しモザイク画像では，詳細さが消去され，2人の人物が乗り物に乗っているとしか分からなくなっています．

今回はブロックのサイズを3×3，値をブロック内平均値を用いてモザイク画像を作成していますが，サイズをより大きくしたり，値に中央値を用いることで画像の雰囲気が変わります．手動で調整するのもよいですが，例えば画像サイズからブロック・サイズを，ヒストグラムから値を自動決定するなどしても面白いと思います．

第1部　静止画像

第2章

明るさの調整

2-1　直線的に明るさを増減する「バイアス調整」

収録フォルダ：バイアス調整

画像を明るくしたり，暗くしたりする最もシンプルな方法は，画像の全画素に同じ数を加えることです．画像データでは，画素値が大きいほど画像は明るくなり，画素値が小さいほど画像は暗くなります．従って，画素値に正の定数を加えると画像は明るく，負の定数を加えると画像は暗くなります．

●仕組み

画像のバイアス調整の仕組みを**図1**に示します．画像から画素値を抽出し，変更後，再度格納して画像に保存するという，画像処理の最も基本的な操作ができれば実現できます．

図1では，画素値に70を加えています．全ての画素に70を加えることで，直線全体が，切片を与えられた1次関数のように位置を上げています．

この例では入力画像において186以上の画素値を持つ画素は，出力結果で256以上の値をとってしまいます．従って，「256以上の画素は全て255にする」というクリッピング処理が必要になります．

●実行結果

バイアス調整処理のプログラムを**リスト1**に示します．結果は**図1**に示した通りです．

今回の例ではバイアスを70としているため，画像全体が明るくなっています．一方で，画素値が186以上の画素は白つぶれとなっているのも確認できます．この白つぶれは一般的に弊害となるものですが，被写体のささいな汚れや傷を消去する効果を狙って，意図的に行う場合もあります．

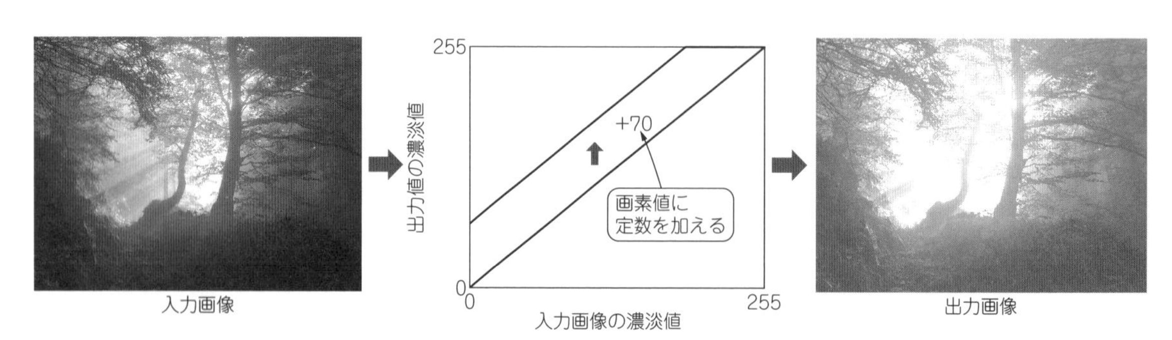

図1　バイアス調整…画素値に定数を加える

リスト1　バイアス調整処理のプログラム（抜粋）

```
for (y = 0; y < Y; y++) {
  for (x = 0; x < X; x++) {
    //入力画像から画素値を読み込む（モノクロなので1色でよい）
      p[0] = img.at<cv::Vec3b>(y, x)[0]; //Bの画素値
      //バイアス調整
      //b：バイアス
      P = p[0] + b;
      if (P > 255) {
         P = 255;
      }
      if (P < 0) {
        P = 0;
      }
      p[0] = P;

      //画素値を出力画像として書き込む（B/G/R 全て同じデータ）
      img.at<cv::Vec3b>(y, x)[0] = p[0];  //Bへ代入
      img.at<cv::Vec3b>(y, x)[1] = p[0];  //Gへ代入
      img.at<cv::Vec3b>(y, x)[2] = p[0];  //Rへ代入
  }
}
```

2-2　明るすぎたり暗すぎたりする時に有効「γ補正」　収録フォルダ：γ変換

γ（ガンマ）補正は，画像の明るさを手軽に調整できる処理の1つです．画像が明るすぎたり暗すぎたりした場合に，γ補正は有用な処理になります．

身近な例では，PC用のディスプレイではそれぞれ独自のγ補正が行われています．そのため，入力画像と出力画像の画素値が異なります．従って，多くの人に同じディジタル画像を送信しても，受信者は異なった明るさの画像を見ることになります．γ補正はこれらを統一することもできます．

●仕組み

入力画像に対するγ補正の仕組みを**図2**に示します．

$O(x,\ y)$が求めたい出力画像の画素値であり，$I(x,\ y)$が入力画像の画素値です．式のγが明るさを調整する変数であり，γが1.0で明るさがそのまま，大きくすると明るくなり，小さくすると暗くなります．画像がγに応じてどう変化するのかは，**図2**の出力画像の通りです．

仕組みについて詳細に見てみましょう．例えばγが0.2の場合，入力画像の画素値0～150程度までが，出力画像では0～50程度に変換されています．つまり，画像の明るさはほとんどが3分の1程度になります．それ以降は急激に上昇し，つじつまを合わせるように入力画像の255と出力画像の255が対応しています．ただし，その急激な変化も対数関数で滑らかなカーブを描いているため，出力結果は自然な画像となります．

●実行結果

入力画像にγ補正を行うプログラムを**リスト2**に示します．結果は**図2**で示した通りです．

γ＝0.3の出力結果では，画像の明るさは暗くなっていますが，バイアスを加えるなどの処理に比べて自然な出力結果になっています．

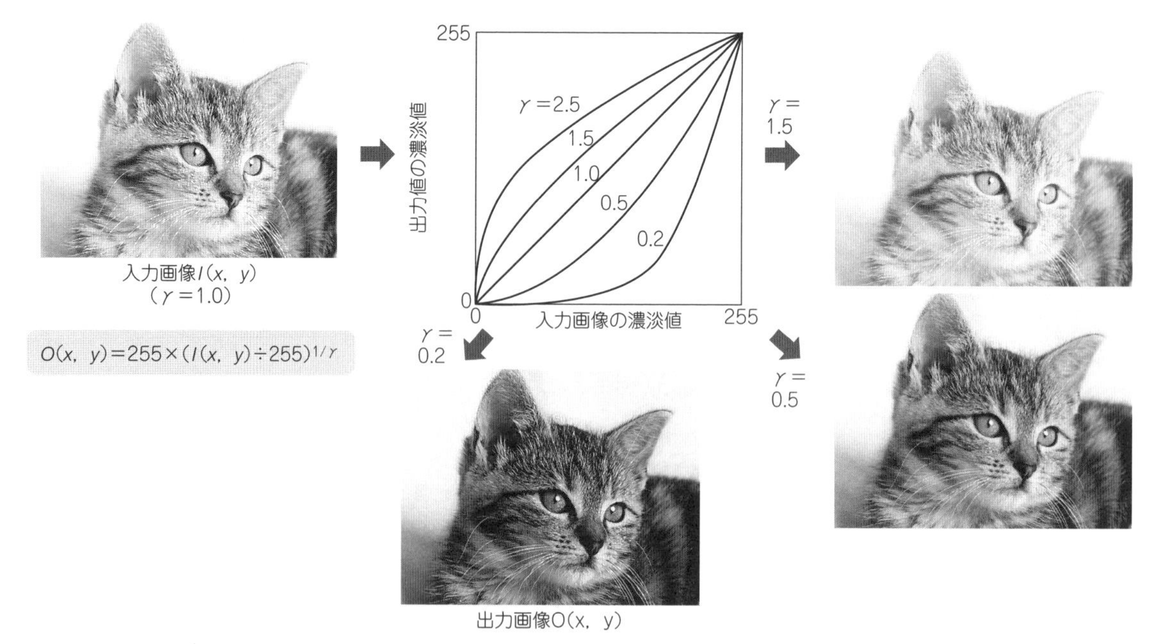

図2　γ補正…γ値を指定する対数関数により画素値を変換することで明るさを調整する

リスト2　γ補正のプログラム（抜粋）

```
for (y = 0; y < Y; y++) {
  for (x = 0; x < X; x++) {
    //入力画像から画素値を読み込む(モノクロなので1色でよい)
    p[0] = img.at<cv::Vec3b>(y, x)[0]; //Bの画素値

    //γ補正
    p[3] = 255.0 * pow((double(p[0]) / 255.0), 1.0 / g);

    //画素値を出力画像として書き込む(B/G/R 全て同じデータ)
    img.at<cv::Vec3b>(y, x)[0] = p[3];  //Bへ代入
    img.at<cv::Vec3b>(y, x)[1] = p[3];  //Gへ代入
    img.at<cv::Vec3b>(y, x)[2] = p[3];  //Rへ代入
  }
}
```

今回はグレー画像を対象としていますが，カラー画像に対して実施することも可能です．B, G, Rの各チャネルにそれぞれ異なったγ補正を実施した場合，どのような出力結果になるか．確認してみましょう．

2-3 1次関数による濃淡調整「折れ線トーンカーブ処理」

収録フォルダ：折れ線トーンカーブ

画像の明るさ調整する上で，折れ線トーンカーブ処理は手軽かつ効果的な処理の1つです．設定する値は基本的に2つあり，それによって画像を明るくすることも暗くすることもできます．さらに，明るいところと暗いところを逆転することもできます．

●仕組み

折れ線トーンカーブ処理の仕組みを**図3**に示します．1次関数によって画素値を変換する処理です．

設定するパラメータは傾きとなるa，切片となるbです．各パラメータの効果について説明します．

傾きaは1よりも大きく設定することで画像は明るくなります．そして1より小さくすると暗くなりま

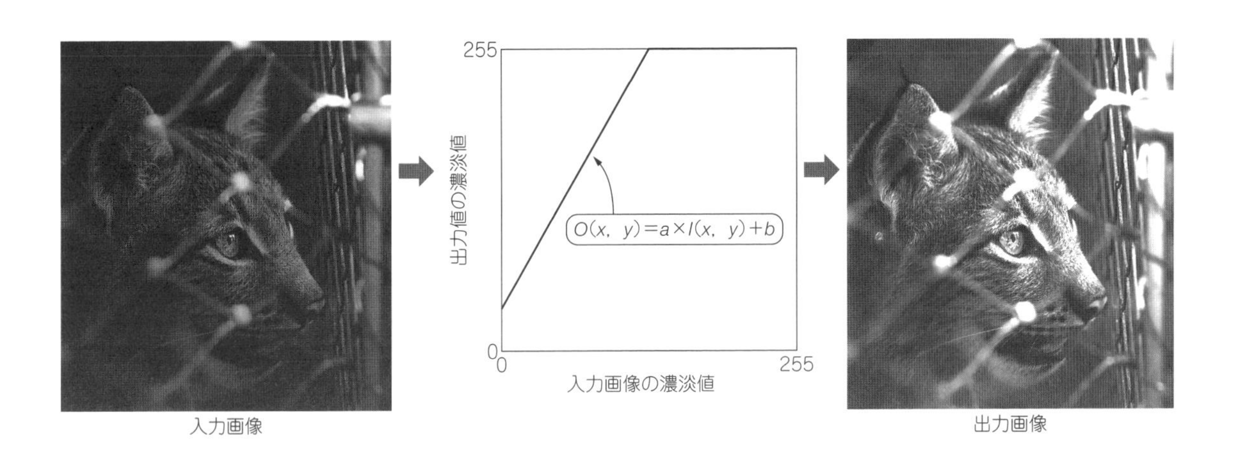

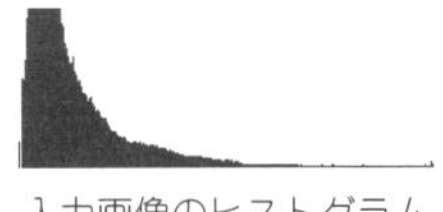
入力画像のヒストグラム

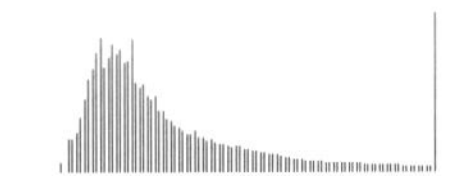
出力画像のヒストグラム

図3 折れ線トーンカーブ処理…1次関数により画素値を変換することで明るさを調整する

リスト3 折れ線トーンカーブ処理のプログラム（抜粋）

```
for (y = 0; y < Y; y++) {
  for (x = 0; x < X; x++) {
    //入力画像から画素値を読み込む(モノクロなので1色でよい)
    p[0] = img.at<cv::Vec3b>(y, x)[0]; //Bの画素値

    //折れ線トーンカーブ
    a: 傾き, b: バイアス
    P = a * p[0] + b;
    if (P > 255) {
      P = 255;
    }
    if (P < 0) {
      P = 0;
    }
    p[0] = P;

    //画素値を出力画像として書き込む
    img.at<cv::Vec3b>(y, x)[0] = p[0];  //Bへ代入
    img.at<cv::Vec3b>(y, x)[1] = p[0];  //Gへ代入
    img.at<cv::Vec3b>(y, x)[2] = p[0];  //Rへ代入
  }
}
```

すが，マイナスになると明るいところと暗いところが逆転します．

切片bは，プラスの場合は画像全体が明るくなり，マイナスの場合は画像全体が暗くなります．

●実行結果

折れ線トーンカーブ処理のプログラムを**リスト3**に示します．実行結果は**図3**に示した通りです．

今回の例では全体的に暗い写真を対象としているので，明るく出力するのを目標に変換しています．今回用いたパラメータは，$a = 2.5$，$b = 20$です．つまり，まず画像全体は傾きaによって2.5倍の明るさになり，さらにbによって画素値20ぶんだけ明るくなっています．結果，被写体である猫の様子がより詳細に確認できるようになりました．もし，画像の明るいところと暗いところを反転させる場合はaをマイナスにしますが，その場合は設定するbの値を十分大きくする必要があります．

2-4 さざ波のような揺れエフェクト「正弦波揺らぎ」

収録フォルダ：サイン揺らぎ（濃淡）

画像の濃淡に正弦波揺らぎを付加する処理は，映像エフェクトの中でも比較的シンプルかつメジャーな処理です．水面の画像であれば波によって動きを演出し，野山のような自然植物の画像においては，ムラのある明るさが優しい木漏れ日のように見えます．

付加する正弦波の振幅や周波数を調整することで，画像は大きく変化します．意図せずに発生する例としては，古く傷んだブラウン管テレビの映像にこのようなエフェクトがかかることがあります．

●仕組み

正弦波で濃淡値に揺らぎを加える仕組みを**図4**に示します．

角度が空間座標の関数になるようにします．具体的には，例えば画像に縦じまの揺らぎを作る場合は，水平方向（x方向）に進むにつれて角度が0～360°に向けて進行するようにします．

このとき，設定すべき値は2つあります．1つが周波数です．周波数は，画像初めから画像終わりまでに正弦波による揺らぎを幾つ発生させるかを設定するものです．もう1つは振幅です．振幅は，正弦波による揺らぎの大きさを設定するものです．この2つを設定することで，画像に正弦波の揺らぎを発生させることができます．

●実行結果

正弦波揺らぎを加えるプログラムを**リスト4**に示します．実行結果は**図4**に示した通りです．

加えた正弦波は水平方向を向き，周波数は5，振幅は最大で画素値を0.5倍に揺らすように設定しています．出力結果から，濃淡の縦じまが画像に発生していることが確認できます．今回は水平方向に正弦波を発生させていますが，垂直方向にも対角方向にも可能です．また，正弦波だけでなく余弦波や正接（tan）にした場合にどんな変化が起きるのか．確認してみましょう．

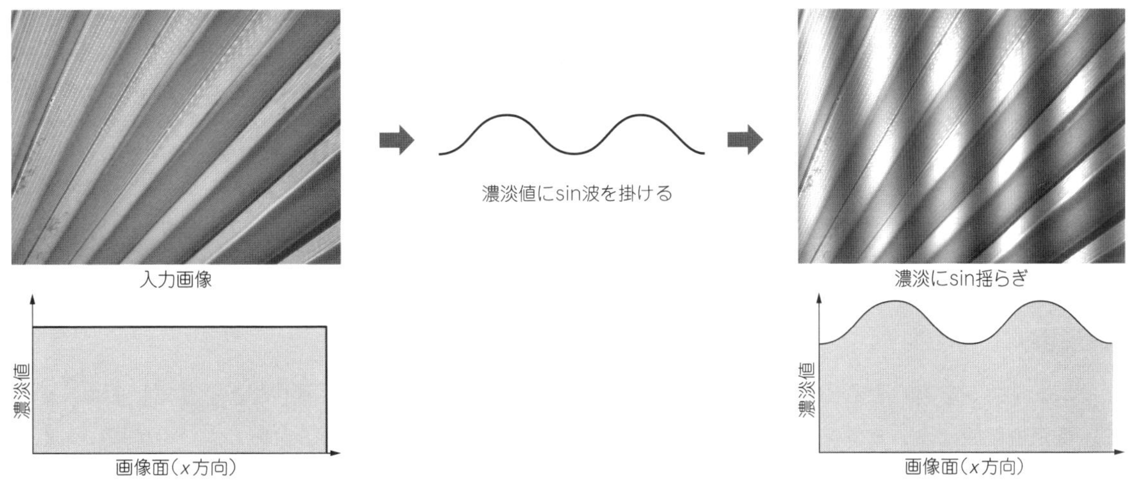

図4　正弦波揺らぎ…sin関数によりさざ波のような濃淡の揺れを作る

リスト4　正弦波揺らぎのプログラム(抜粋)

```
for (y = 0; y < Y; y++) {
  for (x = 0; x < X; x++) {
    //入力画像から画素値を読み込む(モノクロなので1色でよい)
    p[0] = img.at<cv::Vec3b>(y, x)[0]; //Bの画素値

    S = (A * sin((double(f) * 2.0 * 3.14 * x) / X) + A / 0.5) * p[0];
    if (S > 255) {
      S = 255;
    }
    if (S < 0) {
      S = 0;
    }

    //画素値を出力画像として書き込む(B/G/R 全て同じデータ)
    img.at<cv::Vec3b>(y, x)[0] = S;  //Bへ代入
    img.at<cv::Vec3b>(y, x)[1] = S;  //Gへ代入
    img.at<cv::Vec3b>(y, x)[2] = S;  //Rへ代入

  }
}
```

2-5 シンプルなコントラスト改善法「コントラスト伸長」

収録フォルダ：コントラスト伸長

コントラスト伸長処理は，画像の濃淡ヒストグラムにおける任意の値域を拡張することで，その領域のコントラストを改善する処理です．撮影した写真が黒つぶれしてしまったり，白飛びしてしまったりしたときに，その値域にコントラスト伸長を適用すれば，見やすくできるかもしれません．

●仕組み

コントラストを高くすることと，画素値と画素値の差を大きくすることは同じことを意味します．従って，特定の値域においてコントラストを改善する場合は，濃淡ヒストグラムにおいて，その値域にあるビンの間隔を開けるように再配置することで実現できます．

コントラスト伸長の仕組みを**図5**に示します．まず伸長する値域外のビンをカットします．次に，空いたスペースを敷き詰めるように濃淡ヒストグラムを伸長すれば完了です．伸長後のヒストグラムでは，ビン同士の間隔が広がっていることが確認できます．

●実行結果

ヒストグラム伸長処理のプログラムを**リスト5**に示します．実行結果は**図5**に示した通りです．

今回の例では値域を$a = 70$から，$b = 200$までとしています．出力結果から画像のコントラスト改善が確認できます．具体的には背景の空はより明るくなり，そして手前の木々は黒くなり，領域ごとの差が確認しやすくなりました．

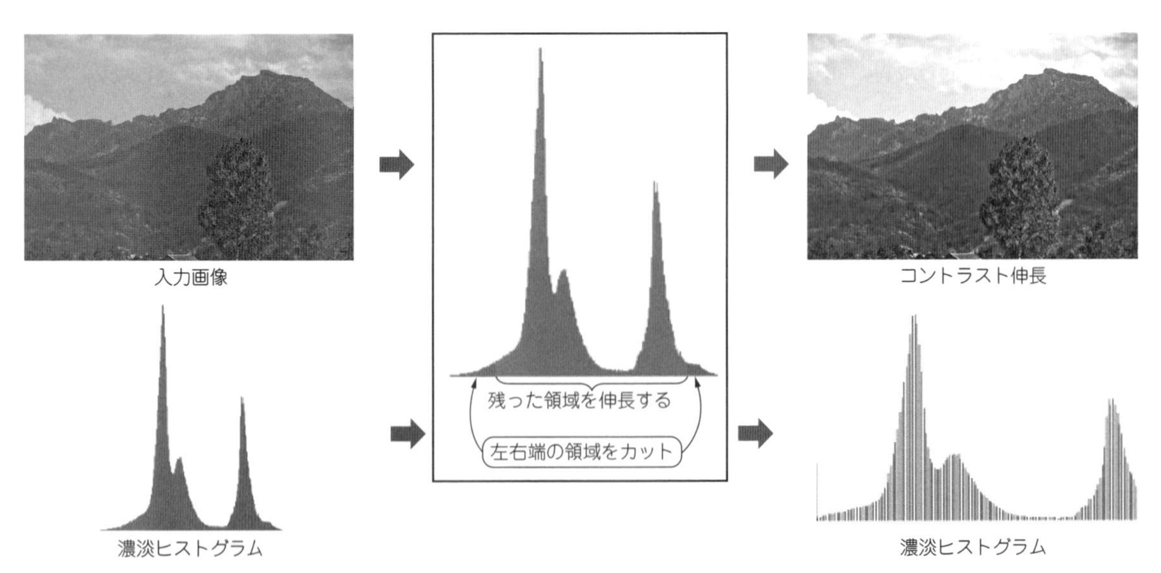

図5　コントラスト伸長…濃淡ヒストグラムにおける任意の値域を拡張してコントラストを改善する

リスト5　コントラスト伸長のプログラム(抜粋)

```
for (y = 0; y < Y; y++) {
  for (x = 0; x < X; x++) {
    //入力画像から画素値を読み込む(モノクロなので1色でよい)
    p[0] = img.at<cv::Vec3b>(y, x)[0]; //Bの画素値

    //コントラスト伸長
    if (a <= p[0] && p[0] <= b) {
      P = ((255.0) / double(b - a)) * (p[0] - a);
    }
    else {
      if (p[0] < a) {
        P = 0;
      }
      if (b < p[0]) {
        P = 255;
      }
    }

    p[0] = P;

    //画素値を出力画像として書き込む(B/G/R 全て同じデータ)
    img.at<cv::Vec3b>(y, x)[0] = p[0];  //Bへ代入
    img.at<cv::Vec3b>(y, x)[1] = p[0];  //Gへ代入
    img.at<cv::Vec3b>(y, x)[2] = p[0];  //Rへ代入
  }
}
```

コントラスト伸長は，指定していない領域を真っ白か真っ黒につぶしてしまう欠点も抱えていますが，そもそも画像全体のヒストグラムが偏っている場合は純粋に全体のコントラストを改善することができます．例えば照明の強い屋内で撮影した写真や，夜間に撮影した外の景色などです．いろいろな画像のヒストグラムを確認しつつ，コントラスト伸長を適用してみましょう．

2-6　最も優れたコントラスト改善法の1つ「ヒストグラム平坦化」

収録フォルダ：ヒストグラム平坦化

ヒストグラム平坦化処理は，数あるコントラスト改善法や明るさ調整法の中でも，最も優れた方式の1つです．この方式には設定すべきパラメータもなく，目立った欠点もなしに画像の量子化数を最大限に生かしてコントラストを改善できます．

●仕組み

画像のコントラストが悪く，かつその画像に改善の余地がある場合，その濃淡ヒストグラムには必ず偏りが見られます．つまり，画像のコントラストを改善するためにはヒストグラムの偏りを解消すればよいのです．その最善の方法は，ヒストグラムのビンを均等に分布させることです．

ヒストグラム平坦化の仕組みを**図6**に示します．濃淡ヒストグラムのビンが可能な限り均等になるよう再配置します．それにより，濃淡ヒストグラムの偏りが最も少ない状態となり，コントラストを改善できます．

●実行結果

ヒストグラム平坦化を行うプログラムを**リスト6**に示します．実行結果は**図6**で示した通りです．

入力画像では，風車と平原が全体的に黒つぶれしており，よく確認できない状態でしたが，ヒストグラム平坦化後では，風車の構造や平原との境界などが確認できるようになりました．また，風車の手前にある柵も見えるようになりました．

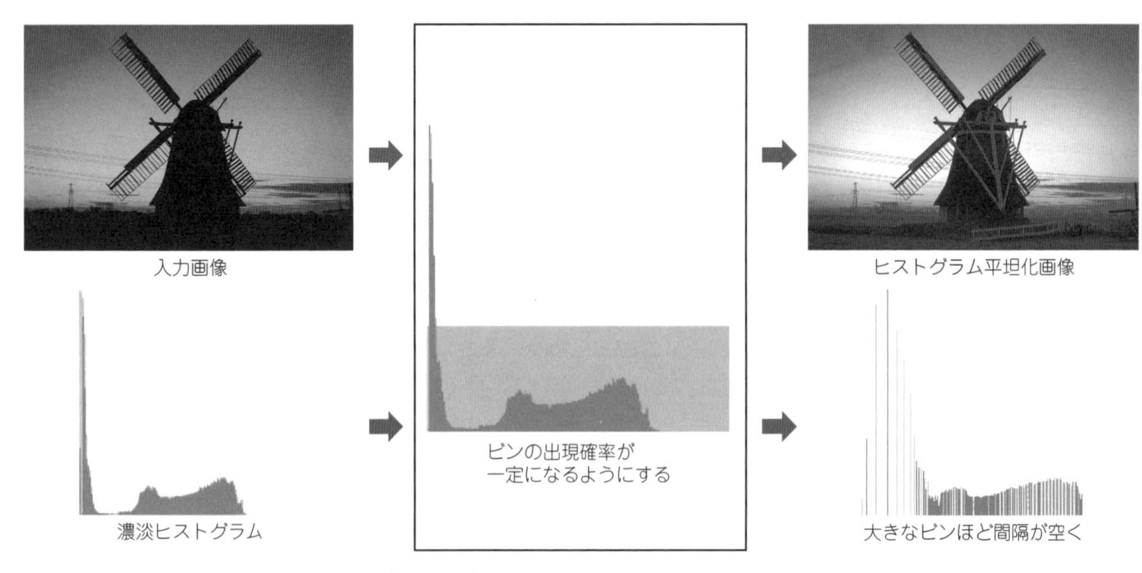

図6　ヒストグラム平坦化…濃淡ヒストグラムのビンが均等になるよう再配置してコントラストを改善する

リスト6　ヒストグラム平坦化のプログラム（抜粋）

```
//ヒストグラムの作成
for (i = 0; i < 256; i++) {
  for (y = 0; y < Y; y++) {
    for (x = 0; x < X; x++) {
      //入力画像から画素値を読み込む(モノクロなので1色でよい)
      p[0] = img.at<cv::Vec3b>(y, x)[0]; //Bの画素値
      if (p[0] == i) {
        hn[i]++;
      }
    }
  }
}

//ヒストグラムの平均値の計算
for (i = 0; i < 256; i++){
  S = S + hn[i];
  //ヒストグラムの総和
  ehn[i] = (double(S) * 255 / double(X * Y));
}

//ヒストグラムの平坦化
for (i = 0; i < 256; i++) {
  for (y = 0; y < Y; y++) {
    for (x = 0; x < X; x++) {
      //入力画像から画素値を読み込む(モノクロなので1色でよい)
      p[0] = img2.at<cv::Vec3b>(y, x)[0]; //Bの画素値

      if (p[0] == i){
        p[1] = ehn[i];
        //画素値を出力画像として書き込む(B/G/R 全て同じデータ)
        img.at<cv::Vec3b>(y, x)[0] = p[1];  //Bへ代入
        img.at<cv::Vec3b>(y, x)[1] = p[1];  //Gへ代入
        img.at<cv::Vec3b>(y, x)[2] = p[1];  //Rへ代入
      }
    }
  }
}
```

第1部　静止画像

第3章 色フォーマット変換

3-1 画像の濃淡がひと目でつかめる「ヒストグラム描画」

収録フォルダ：ヒストグラム描画

画像のヒストグラムは，どのぐらいの明るさの画素が，どのぐらいの割合で含まれているかという分布を示すグラフです．このデータは画像の性質を知るだけでなく，物体認識や画像2値化，コントラスト調整，ノイズ除去など多くの画像処理に活用できます．

●仕組み

濃淡ヒストグラム描画の方法を**図1**に示します．画像に含まれる同じ明るさ（一般的な8ビット画像なら画素値が0～255）の画素数をカウントします．そして横軸を明るさ，縦軸を画素数としてグラフとして描画すれば，濃淡ヒストグラムとなります．

このとき，ヒストグラムの各ビンの長さを描画画素数と対応する場合は，画像サイズに注意が必要です．画像サイズが大きいとビンが長くなるためです．ビンの長さは正規化した方がよいでしょう．

●実行結果

入力画像のヒストグラムを描画するプログラムを**リスト1**に示します．実行結果は**図1**に示した通りです．

画素値が50近辺の暗めのグレーと，150近辺の明るめのグレーに多くの画素があると確認できます．実際に入力画像を確認すると，明るめのグレーはカップ，暗めのグレーは背景部分であると推測できます．

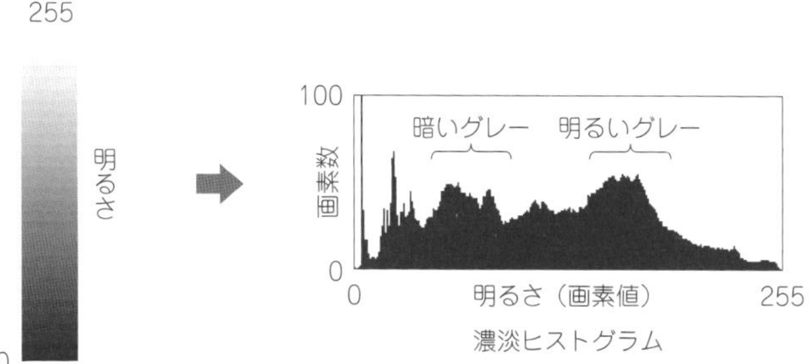

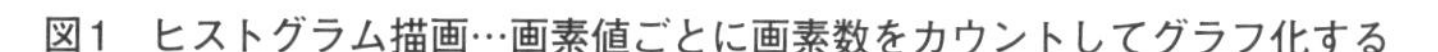

図1　ヒストグラム描画…画素値ごとに画素数をカウントしてグラフ化する

リスト1　ヒストグラム描画のプログラム(抜粋)

```
//ヒストグラムの値を獲得
for (h = 0; h < 256; h++) {
  for (y = 0; y < Y; y++) {
    for (x = 0; x < X; x++) {
      //入力画像から画素値を読み込む
      p[0] = img.at<cv::Vec3b>(y, x)[0];//Bの画素値
      if (p[0] == h) {
        pn[h]++;
      }
    }
  }
  if (maxpn < pn[h]) {
    maxpn = pn[h];//最大となるビンの画素数を獲得
  }
}

//ヒストグラム描画
for (h = 0; h < 256; h++) {
  for (y = Y2 - 1; y > Y2 - 1 - (pn[h]) * (100.0 / double(maxpn)); y--) {
    img2.at<cv::Vec3b>(y, h)[0] = 0;
    img2.at<cv::Vec3b>(y, h)[1] = 0;
    img2.at<cv::Vec3b>(y, h)[2] = 0;
  }
}
```

3-2　画像の明るさ強度を示す「Y画像」(YIQフォーマット等)

収録フォルダ：YIQ変換¥Y

人間の目は，色の変化よりも明るさの変化に対して敏感にできています．例えば，真っ暗な部屋の中に閉じ込められたとき，針の穴ほどの大きさでも光があればそれを見つけるのは難しくありません．しかし，明るい部屋の中で色を1カ所だけ変えられても見つけるのは難しくなります．YIQフォーマットのY画像は，そうした人間の目の特徴を踏まえて，明るさ強度を表現します．

●仕組み

Y画像を得る仕組みを**図2**に示します．

カラー画像は，B/G/Rの3色の光がさまざまな強さで混合することで表現されます．例えば全てが同

入力画像

$Y=0.3\times R+0.6\times G+0.1\times B$

輝度画像

図2　YIQのY画像…画像からB/G/Rを抽出しおよそ0.1/0.6/0.3の割合で混合する

リスト2　YIQ変換してY画像を得るプログラム（抜粋）

```
for (y = 0; y < Y; y++) {
  for (x = 0; x < X; x++) {
    //入力画像から画素値を読み込む
    p[0] = img.at<cv::Vec3b>(y, x)[0];//B(青色)
    p[1] = img.at<cv::Vec3b>(y, x)[1];//G(緑色)
    p[2] = img.at<cv::Vec3b>(y, x)[2];//R(赤色)

    //0.3×赤  +  0.6×緑  +  0.1×青→グレー色
    p[3] = 0.298912 * p[2] + 0.586611 * p[1] + 0.114478 * p[0];

    //画素値を出力画像として書き込む
    img.at<cv::Vec3b>(y, x)[0] = p[3];  //Bへ代入
    img.at<cv::Vec3b>(y, x)[1] = p[3];  //Gへ代入
    img.at<cv::Vec3b>(y, x)[2] = p[3];  //Rへ代入
  }
}
```

第1部第3章のカラー画像はこちらから
https://interface.cqpub.co.jp/opencv-13/

じ強さで光れば白色になり，Bが強ければ青っぽく，GとRが強ければ黄色っぽくなります．

明るさの強度とは，B/G/Rの大きさを指しますが，人間の目にとってB/G/Rは平等ではありません．一般にG＞R＞Bの順に敏感であり，その割合はおよそ0.6，0.3，0.1といわれています．従って，画像からB/G/Rを抽出し，この割合で混合することでY画像を作成できます．

$$Y = 0.298912 \times R + 0.586611 \times G + 0.114478 \times B$$

この係数はモノクロ・プリンタや写真，テレビ放送においても用いられています．

●実行結果

入力画像をY画像に変換するプログラムを**リスト2**に示します．実行結果は**図2**に示した通りです．

出力結果は自然なモノクロ画像となり，おおむね感じた通りの明るさ変換になっています．例えば，テーブルのブルーベリーは明るさが低くなっているのに対して，背景のぼやけた緑が明るくなっている点などが，人間の目の特性を考慮しているポイントの1つだといえます．

誌面ではモノクロなので，入力画像と出力画像はほぼ同じに見えます．カラーの画像はCD-ROMに収録していますので，確認してみてください．

3-3　人間の目に敏感な色変化を示す「I画像」（YIQフォーマット）

収録フォルダ：YIQ変換¥I

人間の目は，色の変化の中では，オレンジからシアンの変化について特に敏感です．I画像はその変化を示す画像です．昔のテレビ放送では，明るさ（Y画像）に次ぐ情報量を割いて伝送されていました．

I画像を得る仕組みを**図3**に示します．Rが大きく，GとBがマイナスになる係数を掛け合わせて得られます．従って，画像の赤みを評価しているともいえます．

$I=0.6\times R-0.27\times G-0.32\times B$

入力画像　　I画像

図3　YIQのI画像…画像からB/G/Rを抽出しおよそ−0.32/−0.27/0.6の割合で混合する

リスト5　YCbCr変換してCb画像を得るプログラム（抜粋）

```
// −0.17×赤 − 0.33×緑 + 0.5×青 → グレー色
p[3] = -0.16874*p[2] - 0.33126*p[1] + 0.5*p[0]+127;
```

入力画像をI画像に変換するプログラムを**リスト3**に示します．色によってはマイナスになることもあるため，オフセットとして127を加算しています．

実行結果は**図3**に示した通りです．ティーカップの付近にある赤い飾りや，背景の赤い花の領域で強度が強くなっていることが確認できます．従って，I画像は赤みの強い領域を評価するのに適しているといえるでしょう．

3-4 人間の目に鈍感な色変化を示す「Q画像」(YIQフォーマット)

収録フォルダ：YIQ変換¥Q

人間の目は，色の変化の中において，緑からマゼンダ（赤紫）の変化に対して鈍感です．Q画像はその変化を示す画像です．

Q画像を得る仕組みを**図4**に示します．Bが最大で，Gがマイナスになる係数を掛け合わせて得られます．Q画像は人間の目に対して鈍感かつ明るさの情報を間引いて作成されているため，視覚的には貢献する

$Q=0.2\times R-0.6\times G+0.3\times B$

入力画像　　Q画像

図4　YIQのQ画像…画像からB/G/Rを抽出しおよそ0.3/−0.6/0.2の割合で混合する

リスト4　YIQ変換してQ画像を得るプログラム(抜粋)

```
// 0.2×赤 - 0.6×緑 + 0.3× 青 → グレー色
p[3] = 0.212*p[2] - 0.528*p[1] + 0.311*p[0] + 127;
```

ことの少ない情報といえます.

入力画像をQ画像に変換するプログラムを**リスト4**に示します.実行結果は**図4**に示した通りです.テーブルに置かれた花瓶の淡い紫の花が,高い強度で出力されているのが確認できます.一方で,人間の目に強めの刺激を与える背景の白色光や白い花瓶は,弱い強度になっていることが確認できます.

3-5　JPEG画像の色差信号の1つ「YCbCrのCb画像」

収録フォルダ:CbCr変換¥Cb

代表的な画像圧縮方式であるJPEGは,明るさの保存に多くの情報量を割り当て,色は明るさとの差分である色差信号という形で高品質かつ低容量の画像形式を実現しました.Cbは,色差信号のうち「明るさと青色」の差を示すものです.

Cb画像を得るための仕組みを**図5**に示します.B(青)が正で大きく,G(緑)が負で大きな係数を掛けて足し合わせて得られます.人間の目が最も明るさとして認識しやすいGと,対象色であるBの差を見るような求め方になります.

入力画像をCb画像に変換するプログラムを**リスト5**に示します.色によってはマイナスになることもあるため,オフセットとして画素値には127を加算しています.

実行結果は**図5**に示した通りです.テーブルクロスの青い模様が最も強くなり,ボケた背景の黄色い部分が弱くなっていることが分かります.

入力画像

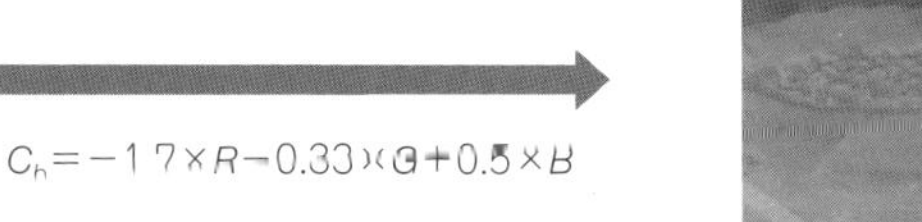

Cb画像

図5　YCbCrのCb画像…画像からB/G/Rを抽出し0.5/−0.33/−1.7の割合で混合する

リスト5　YCbCr変換してCb画像を得るプログラム(抜粋)

```
// −0.17×赤 − 0.33×緑 + 0.5×青 → グレー色
p[3] = -0.16874*p[2] - 0.33126*p[1] + 0.5*p[0]+127;
```

3-6 JPEG画像の色差信号の１つ「YCbCrのCr画像」

収録フォルダ：CbCr変換¥Cr

Crは，色差信号のうち「明るさと赤色」の差を示すものです．

Cr画像を得る仕組みを**図6**に示します．人間の目が最も明るさとして認識しやすいGと，対象色であるRの差を見るような求め方になります．

入力画像をCr画像に変換するプログラムを**リスト6**に示します．色によってはマイナスになることもあるため，オフセットとして127を加算しています．

実行結果は**図6**に示した通りです．テーブルに置かれたティーカップの赤い花飾りが，高い強度で出力されているのが確認できます．一方で，ブルーベリーの入った水色の器は低い強度で出力されているのが確認できます．すなわち，赤系統の色が高く出力され，シアン系統の色が低く出力されていることが分かります．

入力画像

$C_r = 0.5 \times R - 0.4 \times G - 0.1 \times B$

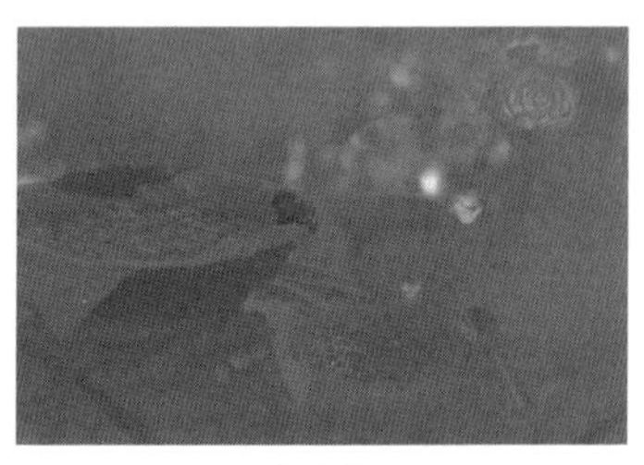

Cr画像

図6　YCbCrのCr画像…画像からB/G/Rを抽出し－0.1/－0.4/0.5の割合で混合する

リスト6　YCbCr変換してCr画像を得るプログラム（抜粋）

```
// 0.5×赤 － 0.4×緑 － 0.1×青 → グレー色
p[3] = 0.5*p[2] - 0.41869*p[1] - 0.081*p[0]+127;
```

3-7 「何色なのか」という色相を示す「H画像」(HSV表色系)

収録フォルダ：HSV変換¥H

画像の色を表現する方法は幾つかあります．よく知られている色の表現方法は，B/G/Rを使った加法混色です．しかし，表現したい色とB/G/Rの対応関係を判断するのは容易ではありません．

HSV表色系は人間の色彩感覚に近い優れた方法です．Hは色相（何色），Sは彩度（鮮やかさ），Vは明度（明るさ）をそれぞれ示しています．色相画像は明るさや鮮やかとは独立しているため，画像の純粋な色を知ることができます．

入力画像

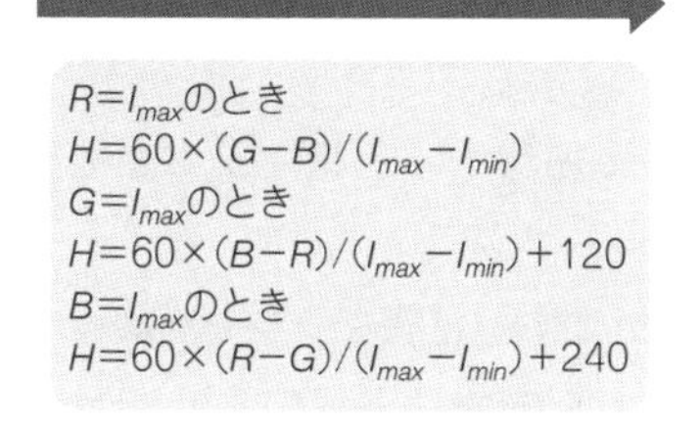

色相画像

R/G/Bからから色相の角度を計算し，対応する色を代入する．

図7　HSV変換のH画像…B/G/Rから色相の角度を計算する

リスト7　HSV変換してH画像を得るプログラム（抜粋）

```
for (y = 0; y < Y; y++) {
  for (x = 0; x < X; x++) {
    //入力画像から画素値を読み込む
    p[0] = img.at<cv::Vec3b>(y, x)[0];//B
    p[1] = img.at<cv::Vec3b>(y, x)[1];//G
    p[2] = img.at<cv::Vec3b>(y, x)[2];//R

    if (p[2] > p[1] && p[2] > p[0]){
      if (p[1] > p[0]) {
        H = 60 * (p[1] - p[0]) / (p[2] - p[0]);
      }
      else { H = 60 * (p[1] - p[0]) / (p[2] - p[1]);
      }
    }//R最大時

    if (p[1] > p[0] && p[1] > p[2]){
      if (p[0] >= p[2]) {
        H = 60 * (p[0] - p[2]) / (p[1] - p[2]) + 120;
      }
      else { H = 60 * (p[0] - p[2]) / (p[1] - p[0]) + 120;
      }
    }//G最大時

    if (p[0] > p[1] && p[0] > p[2]){
      if (p[1] > p[2]) {
        H = 60 * (p[2] - p[1]) / (p[0] - p[2]) + 240;
      }
      else {
        H = 60 * (p[2] - p[1]) / (p[0] - p[1]) + 240;
      }
    }//B最大時

    if(p[0]==p[1] && p[0]==p[2]){
      H=0
    }

    if (H < 0) {
      H = 360 + H;
    }

    //img2は色相マップを示す画像．x座標が角度に対応
    p[0] = img2.at<cv::Vec3b>(0, H)[0];//B
    p[1] = img2.at<cv::Vec3b>(0, H)[1];//G
    p[2] = img2.at<cv::Vec3b>(0, H)[2];//R

    //画素値を出力画像として書き込む
    img.at<cv::Vec3b>(y, x)[0] = p[0];  //Bへ代入
    img.at<cv::Vec3b>(y, x)[1] = p[1];  //Gへ代入
    img.at<cv::Vec3b>(y, x)[2] = p[2];  //Rへ代入
  }
}
```

●仕組み

色相画像であるH画像は，円のように循環する色相マップとその角度を用いることで，画像が何色なのかを定義できます．

色相マップと角度の関係を**図7**に示します．色相マップは赤から緑へ，緑から青へ，青から赤へと循環し，各色には0～359°の角度が対応しています．画像のB/G/Rからこの角度を計算することで，色相を知ることができます．

●実行結果

入力画像を色相を示すH画像に変換するプログラムを**リスト7**に示します．実行結果は**図7**に示した通りです．

出力結果に付けられた色は，角度に対応する色相マップの色を代入しています．入力画像においては，虫の色は黒と赤のように見えますが，出力結果から本当の色が青と赤であることが分かります．背景の草においても，赤が支配的な色であることが読み取れるようになりました．

このように，色が暗かったり，薄かったりして読み取りにくい画像であっても，色相画像に変換すると「それが何色なのか」という判断ができるようになります．

3-8 「鮮やかさ」である彩度を示す「S画像」(HSV表色系)

収録フォルダ：HSV変換¥S

画像の彩度とは，画像の鮮やかさを示す指標です．色や明るさに関係なく，その色が「それだけ鮮やかなのか」を判断することができます．

彩度の計算方法を**図8**に示します．画素を構成するB/G/Rの最大と最小の差によって定義できます．

B/G/Rが全て等しい場合に画像はモノクロとなり，そのバランスを崩したのがカラー画像です．従って，B/G/Rにおける最大と最小の差が大きいほど色が鮮やかということになります．

入力画像を彩度を示すS画像に変換するプログラムを**リスト8**に示します．実行結果は**図8**に示した通りです．出力画像の明るいところほど彩度が高いことを意味します．

入力画像

I_{max}=B，G，Rのうち最大
I_{min}=B，G，Rのうち最小
$S=(I_{max}-I_{min})/I_{max}$

彩度画像

図8　HSV変換のS画像…B/G/Rの最大と最小の差を求める

リスト8　HSV変換してS画像を得るプログラム（抜粋）

```
if(p[0] > p[1] && p[0]>p[2]){
  if( p[1] > p[2] ){
    S = 255*(p[0]-p[2])/p[0]; // BGRの順に大きい場合
  }else{
    S = 255*(p[0]-p[1])/p[0]; // BRGの順に大きい場合
  }
}  // B最大

    // G最大とR最大(省略)
```

3-9 「明るさ」である明度を示す「V画像」(HSV表色系)

収録フォルダ：HSV変換¥V

画像の明るさの指標には幾つかあり，例えば輝度は人間の目の感じ方を考慮した値になっています．一方，この明度は純粋な光の強さです．従って，実際に感じている明るさとはやや異なった結果になることもあります．

明度の計算方法を**図9**に示します．明度は，画素を構成するB/G/Rの最大値によって定義できます．従って，B/G/Rの中から最大値を選択するだけです．

入力画像を明度を示すV画像に変換するプログラムを**リスト9**に示します．実行結果は**図9**に示した通りです．出力画像の明るいところほど明度が高いことを意味します．

強い青と緑の光を含む画像に対しては，V画像はやや違和感を覚える結果になるかもしれません．

入力画像

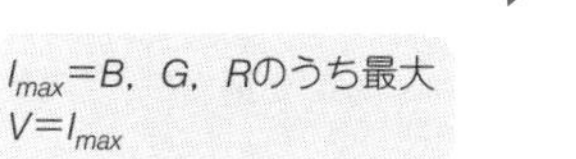

明度画像

図9　HSV変換のV画像…B/G/Rの最大を求める

リスト9　HSV変換してV画像を得るプログラム（抜粋）

```
if( p[0] > p[1] && p[0] > p[2]){ V = p[0];}  // B最大
if( p[1] > p[0] && p[1] > p[2]){ V = p[1];}  // G最大
if( p[2] > p[0] && p[2] > p[1]){ V = p[2];}  // R最大
```

第1部　静止画像

Appendix 1
白黒の粗密 濃淡表現

A-1 白黒の粗密で濃淡を表現する「ハーフトーニング(ホワイト・ノイズによる)」 収録フォルダ：疑似グレー化

ハーフトーニング(Halftoning)とは，白と黒の粗密を調整することで，さまざまな中間色を疑似的に表現する方法です．実社会で用いられている例としては，新聞の写真などがあります．

●仕組み

ホワイト・ノイズによるハーフトーニングの仕組みを**図1**に示します．非常にシンプルな方法の1つです．

濃淡画像に対して，注目画素ごとにしきい値を設定して2値化していきます．2値化の方法には，乱数を用いることで「画像が明るければ白になりやすくなる」という確率の考えを導入しています．つまり，画像の明るい場所ほど黒画素の出現確率が低く(黒画素が疎に)なり，逆に暗い場所は黒画素の出現確率が高く(黒画素が密に)なることで，ハーフトーニングの意図が実現されます．このとき，作成される画像全体の明暗が調整できるように，パラメータkを用います．kを小さく設定すれば暗くなり，kを大き

入力画像

注目画素$p(x,\ y)$における
しきい値$T(x,\ y)$は，

$T = (1-k) \times (1-(p(x,\ y))/255)$

kは0から1まで任意に決定．
(k＝小さいほど黒になりやすい)

$P(x,\ y)$=(乱数/乱数の最大値)

$P(x,\ y)$としきい値$T(x,\ y)$を比べて，
2値化

出力画像

グラデーション画像(濃淡)

2値化

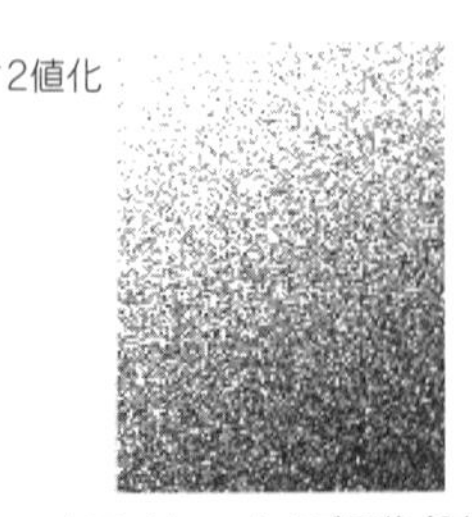

ホワイト・ノイズ画像(2値)

図1　ホワイト・ノイズによるハーフトーニング…確率の考えにより画像が明るければ白になりやすくなるように2値化する

リスト1　ホワイト・ノイズによるハーフトーニングのプログラム(抜粋)

```
for (y = 0; y < Y; y++) {
  for (x = 0; x < X; x++) {
    //入力画像から画素値を読み込む
    p[0] = img.at<cv::Vec3b>(y, x)[0]; //B(青色)

    //明るい画素を白にするかどうかを乱数で決める
    //k: 全体の明るさを調整するパラメータ
    T = (1.0 - k) * (1.0 - double(p[0]) / 255.0);
    P = double(rand() / double(RAND_MAX));

    if (P > T) {
      p[3] = 255;
    }
    else{
      p[3] = 0;
    }

    //画素値を出力画像として書き込む
    img.at<cv::Vec3b>(y, x)[0] = p[3];  //Bへ代入
    img.at<cv::Vec3b>(y, x)[1] = p[3];  //Gへ代入
    img.at<cv::Vec3b>(y, x)[2] = p[3];  //Rへ代入
  }
}
```

く設定すれば明るくなります．

●実行結果

ホワイト・ノイズによるハーフトーニングのプログラムを**リスト1**に示します．実行結果は**図1**に示した通りです．

A-2 濃度パターンを用いる代表的な濃淡表現「ハーフトーン型ハーフトーニング」

収録フォルダ：ハーフトーニング(ハーフトーン型)

ハーフトーニングとして，ディザ・パターンという濃度パターンを用いて局所ごとに2値化していく，ディザ(Dither)法が有名です．今回はそのディザ法のうち，ハーフトーン型というパターンを用いる方法を紹介します．

●仕組み

ハーフトーン型ハーフトーニングの仕組みを**図2**に示します．

ディザ法によるハーフトーニングでは，濃淡画像をパターン・サイズのブロックに分割し，ブロックごとに2値化して実現します．このときしきい値となるのは，各方式の定めたディザ・パターンを16倍して8を足したものを用います．

図ではハーフトーン型という4×4のパターンを用いる例を示しています．具体的なしきい値処理の方法は，例えばパターンの最も左上の場合では$10 \times 16 + 8 = 168$をしきい値とした2値化処理を行うことになります．

入力画像

パターンを16倍して
8足した値を
しきい値として2値化

10	4	6	8
12	0	2	14
7	9	11	5
3	15	13	1

ハーフトーン型の
パターン

出力画像

目元の拡大図

図2　ハーフトーン型ハーフトーニング…パターン・サイズのブロックに分割してブロックごとに2値化し，濃淡を表現する

リスト2　ハーフトーン型ハーフトーニングのプログラム（抜粋）

```
for (y = 0; y < Y; y++) {
  for (x = 0; x < X; x++) {
    //入力画像から画素値を読み込む
    p[x][y] = img.at<cv::Vec3b>(y, x)[0];//Bの画素
  }
}

//ハーフトーンのパターン
int b[4][4] = { {10,4,6,8},{12,0,2,14},{7,9,11,5},{3,15,13,1} };

for (y = 0; y < Y; y = y + 4) {
  for (x = 0; x < X; x = x + 4) {

    //ブロックごとに2値化(しきい値はパターン×16+8)
    for (j = 0; j < 4; j++) {
      for (i = 0; i < 4; i++) {
        if (p[x + i][y + j] < b[i][j] * 16 + 8) {
          p[x + i][y + j] = 0;
        }
        else {
          p[x + i][y + j] = 255;
        }
      }
    }
  }
}

for (y = 0; y < Y; y++) {
  for (x = 0; x < X; x++) {
    //画素値を出力画像として書き込む
    img.at<cv::Vec3b>(y, x)[0] = p[x][y];  //Bへ代入
    img.at<cv::Vec3b>(y, x)[1] = p[x][y];  //Gへ代入
    img.at<cv::Vec3b>(y, x)[2] = p[x][y];  //Rへ代入
  }
}
```

●実行結果

出力画像は，一見するとグレー・スケール画像のようですが，ハーフトーン型ハーフトーニングのプログラムを**リスト2**に示します．実行結果は**図2**に示した通りです．

出力画像は，一見するとグレー・スケール画像のようですが，拡大図を見ると，パターンで表現されていることが分かります．

パターンの値を変えたときにどのような変化が起きるのか実験してみるのも面白いでしょう．

A-3 濃淡を網目の2値パターンで表現する「ベイヤー型ハーフトーニング」

収録フォルダ：ハーフトーニング（ベイヤー）

ベイヤー（Bayer）型のハーフトーニングは，組織的ディザ法において最もオーソドックスな方法です．組織的ディザ法で得られるハーフトーニングは，2値による中間色の表現が，網目パターンのようになるのが特徴です．ホワイト・ノイズや誤差拡散法によるハーフトーニングと比較した場合は，細部を拡大したときに大きな違いを確認できます．

●仕組み

ベイヤー型ハーフトーニングの仕組みを**図3**に示します．

画像をパターン・サイズのブロックに分割し，各領域ごとにパターンの値に基づいてしきい値を設定し，2値化して実現します．この手続きは，ハーフトーン型ハーフトーニングと同様です．違いは2値化に用いるパターンの値です．

●実行結果

ベイヤー型ハーフトーニングのプログラムを**リスト3**に示します．実行結果は**図3**に示した通りです．

出力結果は2値画像ですが，中間色を疑似的に表現するパターンを用いることで，濃淡画像のように見えます．また，細部を拡大すると濃淡を表現する2値パターンは網目のようになっており，組織的ディザ法の特徴が確認できます．出力結果の品質は，画像が大きいほどより優れたものになります．

入力画像

出力画像

0	8	2	10
12	4	14	6
3	11	1	9
15	7	13	5

ベイヤー型のパターン

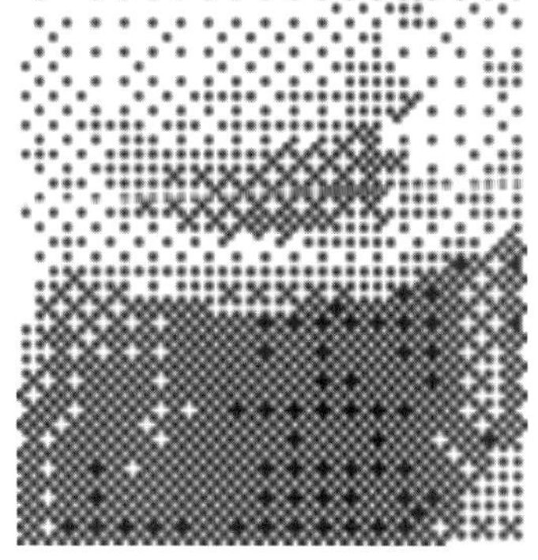

頭部の拡大図

図3 ベイヤー型ハーフトーニング…パターン・サイズのブロックに分割してブロックごとに2値化する

リスト3　ベイヤー型ハーフトーニングのプログラム(抜粋)

```
for (y = 0; y < Y; y++) {
  for (x = 0; x < X; x++) {
    //入力画像から画素値を読み込む
    p[x][y] = img.at<cv::Vec3b>(y, x)[0];//B
  }
}

//ベイヤー型のパターン
int b[4][4] = { {0,8,2,10},{12,4,14,6},{3,11,1,9},{15,7,13,5} };

for (y = 0; y < Y; y = y + 4) {
  for (x = 0; x < X; x = x + 4) {
    //ブロックごとに2値化(しきい値はパターン×16+8)
    for (j = 0; j < 4; j++) {
      for (i = 0; i < 4; i++) {
        if (p[x + i][y + j] < b[i][j] * 16 + 8) {
          p[x + i][y + j] = 0;
        }
        else {
          p[x + i][y + j] = 255;
        }
      }
    }
  }
}

for (y = 0; y < Y; y++) {
  for (x = 0; x < X; x++) {
    //画素値を出力画像として書き込む
    img.at<cv::Vec3b>(y, x)[0] = p[x][y];  //Bへ代入
    img.at<cv::Vec3b>(y, x)[1] = p[x][y];  //Gへ代入
    img.at<cv::Vec3b>(y, x)[2] = p[x][y];  //Rへ代入
  }
}
```

A-4 パターンを用いないハーフトーニング「フロイドスタインバーグ型誤差拡散法」

収録フォルダ：誤差拡散法(フロイドスタインバーグ)

誤差拡散法は，出力結果に周期的なパターンがなく，より自然な結果が得られるという特徴があります．

●仕組み

フロイドスタインバーグ(Floyd-Steinberg)型誤差拡散法の仕組みを**図4**に示します．

誤差拡散法は，名前の通りに2値化結果と元の画素値との差を誤差とし，それを周辺の画素に分散させつつハーフトーニングを行います．注目画素から見て右や下に誤差の一部を加算します．このとき，画素を操作する順番は順方向ラスタ走査(左上から右下)とします．

パターンを用いるハーフトーニングとの違いは，2値化を画素ごとに行うこと，2値化しきい値は固定(127)であること，そしてそれにより出力結果に周期的なパターンが生じず，自然な2値画像が得られる点です．

入力画像

注目画素(x, y)を
しきい値127で2値化.
2値化後の値と元の
画素値の差をeと
すると周辺画素を
以下のように更新

	(x, y)	$+\frac{5}{16}e$
$+\frac{3}{16}e$	$+\frac{5}{16}e$	$+\frac{3}{16}e$

フロイドスタインバーグの誤差拡散パターン

出力画像

頭部の拡大図

図4　フロイドスタインバーグ型誤差拡散法…画素値ごとに画素数をカウントしてグラフ化する

リスト4　フロイドスタインバーグ型誤差拡散法のプログラム(抜粋)

```
for (y = 0; y < Y; y++) {
  for (x = 0; x < X; x++) {
    //入力画像から画素値を読み込む
    p[0] = img.at<cv::Vec3b>(y, x)[0];//B
    P[x][y] = p[0];
  }
}

for (y = 0; y < Y; y++) {
  for (x = 0; x < X; x++) {
    temp = P[x][y];
    if (P[x][y] > 127) {
      P[x][y] = 255;
    }
    else{
      P[x][y] = 0;
    }
    e = temp - P[x][y];//誤差

    if ((x + 2) < X && (y + 1) < Y && (x - 2) >= 0 && (y - 1) >= 0){
      P[x + 1][y] = P[x + 1][y] + double(0.25) * e;
      P[x + 2][y] = P[x + 2][y] + double(0.125) * e;
      P[x - 2][y + 1] = P[x - 2][y + 1] + double(0.0625) * e;
      P[x - 1][y + 1] = P[x - 1][y + 1] + double(0.25) * e;
      P[x][y + 1] = P[x][y + 1] + double(0.25) * e;
      P[x + 1][y + 1] = P[x + 1][y + 1] + double(0.125) * e;
      P[x + 2][y + 1] = P[x + 2][y + 1] + double(0.0625) * e;
    }
  }
}

for (y = 0; y < Y; y++) {
  for (x = 0; x < X; x++) {
    //画素値を出力画像として書き込む
    img.at<cv::Vec3b>(y, x)[0] = P[x][y];  //Bへ代入
    img.at<cv::Vec3b>(y, x)[1] = P[x][y];  //Gへ代入
    img.at<cv::Vec3b>(y, x)[2] = P[x][y];  //Rへ代入
  }
}
```

●実行結果

フロイドスタインバーグ型誤差拡散法のプログラムを**リスト4**に示します．実行結果は**図4**に示した通りです．

出力結果は2値画像ですが，中間色が疑似的に表現され，濃淡画像のように見えます．また，細部を拡大すると，濃淡の表現は周期的なパターンではなく黒画素の粗密で表現されていることが分かります．結果，ディザ法に比べて自然なハーフトーニングとなっています．具体的には，画像の明るい部分を比較すると，より明らかな違いが確認できます．

A-5 緻密な濃淡表現を実現する「バークス型誤差拡散法」

収録フォルダ：誤差拡散法（バークス）

バークス型の誤差拡散法は，フロイドスタインバーグ型に比べてより広範囲に誤差を分散させるハーフトーニングです．そのため，中間色の表現がより自然なものになっています．反面，2値化時に参照する画素が増えており，計算時間が比較的大きくなります．

●仕組み

バークス型誤差拡散法の仕組みを**図5**に示します．

2値化後の誤差を，周辺に分散させつつハーフトーニングを行います．誤差を分散させる対象の画素は，水平方向には注目画素から2画素分まで参照します．これにより，誤差の分散がより細やかとなるため，フロイドスタインバーグ型と同系統ながらもより滑らかに中間色が表現できます．

●実行結果

バークス型誤差拡散法のプログラムを**リスト5**に示します．実行結果は**図5**に示した通りです．

入力画像

注目画素(x, y)をしきい値127で2値化
2値化後の値と元の画素値の差をeとすると周辺画素を以下のように更新

出力画像

	(x, y)	$+\frac{4}{16}e$	$+\frac{2}{16}e$
$+\frac{2}{16}e$	$+\frac{4}{16}e$	$+\frac{2}{16}e$	$+\frac{1}{16}e$

バークスの誤差拡散パターン

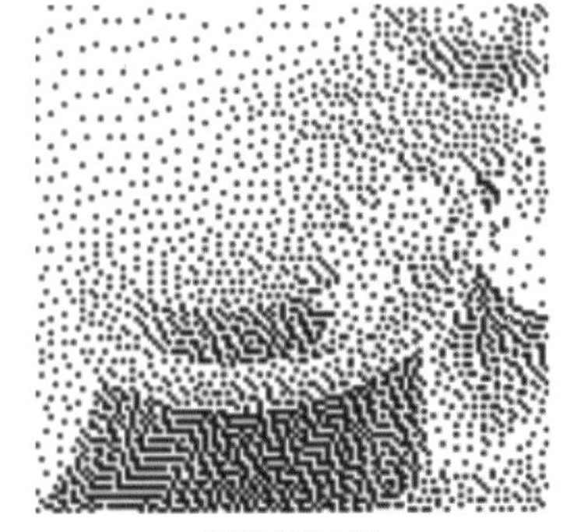
頭部の拡大図

図5　バークス型誤差拡散法…広範囲に誤差を分散させることで中間色の表現がより自然になる

リスト5　バークス型誤差拡散法のプログラム（抜粋）

```
for (y = 0; y < Y; y++) {
  for (x = 0; x < X; x++) {
    //入力画像から画素値を読み込む
    p[0] = img.at<cv::Vec3b>(y, x)[0];//B
    P[x][y] = p[0];
  }
}

for (y = 0; y < Y; y++) {
  for (x = 0; x < X; x++) {
    temp = P[x][y];
    if (P[x][y] > 127) {
      P[x][y] = 255;
    }
    else {
      P[x][y] = 0;
    }
    e = temp - P[x][y];//誤差

    if ((x + 1) < X && (y + 1) < Y && (x - 1) >= 0 && (y - 1) >= 0){
      P[x + 1][y] = P[x + 1][y] + double(0.3125) * e;
      P[x - 1][y + 1] = P[x - 1][y + 1] + double(0.1875) * e;
      P[x][y + 1] = P[x][y + 1] + double(0.3125) * e;
      P[x + 1][y + 1] = P[x + 1][y + 1] + double(0.1875) * e;
    }
  }
}

for (y = 0; y < Y; y++) {
  for (x = 0; x < X; x++) {
    //画素値を出力画像として書き込む
    img.at<cv::Vec3b>(y, x)[0] = P[x][y];  //Bへ代入
    img.at<cv::Vec3b>(y, x)[1] = P[x][y];  //Gへ代入
    img.at<cv::Vec3b>(y, x)[2] = P[x][y];  //Rへ代入
  }
}
```

中間色が疑似的に表現され，濃淡画像のように見えます．中間色の表現に周期的なパターンが出現しません．

画像の明るい部分をフロイドスタインバーグ型（**図4**）と比べてみると，より細かな中間色表現が確認できます．具体的には，帽子の上に広がる光の表現では，フロイドスタインバーグ型は白1色ですが，バークス型はより細かく濃淡を表現しているのが確認できます．一方で，コントラストという点ではハッキリしない表現ともいえるため，目的に応じて使い分けるのがよいかもしれません．

第1部　静止画像

第4章

変形/移動

4-1　水平/斜め/垂直に傾ける「回転変換」

収録フォルダ：回転変換

画像の回転変換処理は，画像を設定した角度に回転させる処理です．写真を撮影をしたときに，うまく水平に撮れなかったときは，この変換処理によって補正できます．

●仕組み

画像の回転処理の仕組みを**図1**に示します．入力画素の座標を (x, y) とすると，変換結果の座標 (x_2, y_2) は以下の式で求まります．

$$x_2 = x \times \cos\theta - y \times \sin\theta$$
$$y_2 = x \times \sin\theta - y \times \cos\theta$$

ただし，この式をそのまま適用すると画像の水平位置が大きく移動してしまうため，必要に応じて x_2 に $(Y-1) \times \sin\theta$ を加えるようにします（Y は縦方向の画素数）．

変換結果の座標 (x_2, y_2) は小数点になることがあります．このため切り捨てや切り上げによって空白になってしまう場所がでてきます．これを取り除きたい場合は，中央値フィルタ（第6章参照）などを適用します．

●実行結果

画像を回転するプログラムを**リスト1**に示します．実行結果は**図1**に示した通りです．

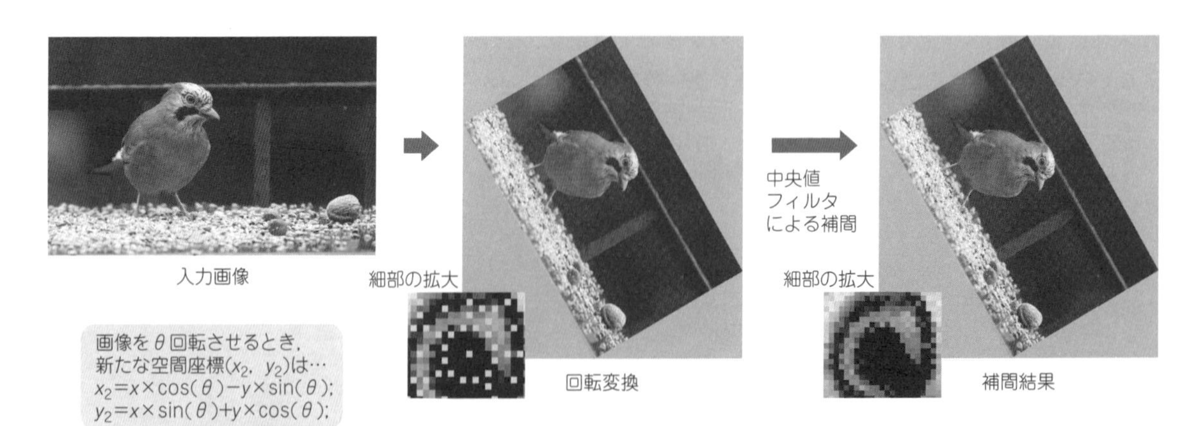

図1　回転変換…座標変換により画像を回転させることができる

リスト1　画像を回転するプログラム(抜粋)

```
for (y = 0; y < Y; y++) {
  for (x = 0; x < X; x++) {
    //入力画像から画素値を読み込む
    p[0] = img.at<cv::Vec3b>(y, x)[0];// img->imageData[img->widthStep * y + x * 3];  //B(青色)
    p[1] = img.at<cv::Vec3b>(y, x)[1];// img->imageData[img->widthStep * y + x * 3];  //G(緑色)
    p[2] = img.at<cv::Vec3b>(y, x)[2];// img->imageData[img->widthStep * y + x * 3];  //R(赤色)

    //回転変換
    x2 = cvRound(x * cos((2.0 * 3.14 * double(t)) / 360.0) - y * sin((2.0 * 3.14 * double(t)) / 360.0) +
                                                  (Y - 1) * sin((2.0 * 3.14 * double(t)) / 360.0));
    y2 = cvRound(x * sin((2.0 * 3.14 * double(t)) / 360.0) + y * cos((2.0 * 3.14 * double(t)) / 360.0));
    // +(X-1)*sin((2.0*3.14*double(t))/360.0));

    //画素値を出力画像として書き込む
    img2.at<cv::Vec3b>(y2, x2)[0] = p[0];// img2->imageData[img2->widthStep * y2 + x2 * 3] = p[0];     //Bへ代入
    img2.at<cv::Vec3b>(y2, x2)[1] = p[1];// img2->imageData[img2->widthStep * y2 + x2 * 3 + 1] = p[0]; //Gへ代入
    img2.at<cv::Vec3b>(y2, x2)[2] = p[2];// img2->imageData[img2->widthStep * y2 + x2 * 3 + 2] = p[0]; //Rへ代入
```

●実行結果

B/G/Rの入れ替えを行うプログラムを**リスト1**に示します．実行結果は**図1**に示した通りです．

今回の例では植物の画像を用いており，葉の緑色が出力結果では赤色になり，また花の薄桃色が薄青に変化するなど，大きく画像の印象が変化しています．その一方で，明るさや輪郭の情報，ボケているところとそうでないところは変化せず，全体のバランスは維持されています．

B/G/R入れ替えによる画像の効果は，どのチャネルをどのチャネルに入れるかという点と，どの画像に対して適用するかによって大きく変わります．いろいろな画像に試して，その効果を確認してみましょう．

4-2　ひずみ補正等に使える平行四辺形変換①「スキュー変換(水平)」

収録フォルダ：スキュー¥水平

水平方向のスキュー変換は，画像を横方向に傾かせて平行四辺形のようにする処理です．意図的にひずませたり，あるいは撮影条件や被写体の特性からひずんで見えてしまうものを補正したりする場合に利用できます．どの程度傾かせるかは設定する角度によって決めることができます．

水平方向のスキュー変換の仕組みを**図2**に示します．x座標に対して$(Y-y)\times\tan\theta$分のずれを与える

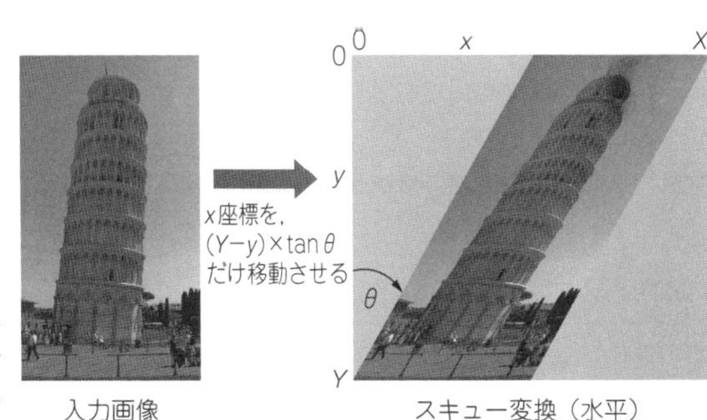

図2
スキュー変換(水平)…画像を横方向に傾かせて平行四辺形のようにする

リスト2　スキュー変換（水平）のプログラム（抜粋）

```
// 座標変換　tは角度
x2 = x+(Y-1-y) * tan((2.0*3.14*double(t))/360.0);
y2 = y;
```

ことで実現します（θは90°未満）.

出力画像の水平方向のサイズが$X + Y \times \tan\theta$になるので，結果を格納する配列はあらかじめ十分な大きさで用意する必要があります.

入力画像を水平方向にスキュー変換するプログラムを**リスト2**に示します．実行結果は**図2**に示した通りです.

4-3 ひずみ補正等に使える平行四辺形変換②「スキュー変換（垂直）」

収録フォルダ：スキュー¥垂直

垂直のスキュー変換は，画像を縦向きに傾かせて平行四辺形のようにする処理です．せん断とも呼ばれます.

垂直方向のスキュー変換の仕組みを**図3**に示します．y座標に対して$(X - x) \times \tan\theta$分のずれを与えることで実現します（$\theta$は90°未満）.

出力画像の垂直方向のサイズが$Y + X \times \tan\theta$になるので，結果を格納する配列はあらかじめ十分な大きさで用意する必要があります.

入力画像を垂直方向にスキュー変換するプログラムを**リスト3**に示します．実行結果は**図3**に示した通りです.

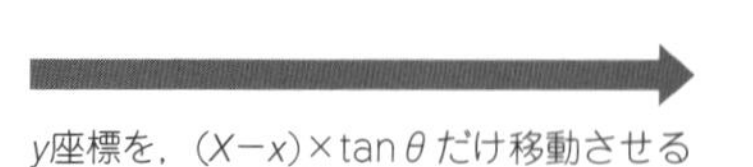

図3　スキュー変換（垂直）…画像を縦方向に傾かせて平行四辺形のようにする

リスト3　スキュー変換（垂直）のプログラム（抜粋）

```
// 座標変換　tは角度
x2 = x;
y2 = y +(X-1-x)*tan((2.0*3.14*double(t))/360.0);
```

4-4 水平方向に揺らめかせる「サイン揺らぎ（水平）」

収録フォルダ：サイン揺らぎ（縦横）¥横

画像の画素値はそのままに，空間座標に正弦波による規則正しい揺らぎを与えることで，画像を波のように揺らめかせる効果が得られます．画像が人工物のように直線的な形状を持つものなら，とても面白い結果が得られます．

水平方向に正弦波の揺らぎを与える仕組みを**図4**に示します．水平方向を軸として垂直の揺れを与えます．すなわち，空間座標では，yに正弦波を掛けることで実現します．このとき，正弦波の周波数は画像内で何回揺らすかに相当し，振幅はどれだけの大きさで揺らすかに相当します．

入力画像に対して水平方向にサイン揺らぎを加えるプログラムを**リスト4**に示します．実行結果は**図4**に示した通りです．

入力画像

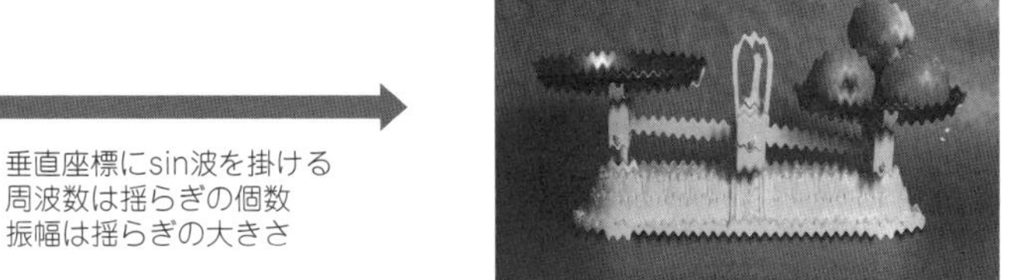

サイン揺らぎ（水平）
…振幅5画素，周波数50

図4　サイン揺らぎ（水平）…垂直座標に正弦波を掛ける

リスト4　サイン揺らぎ（水平）のプログラム（抜粋）

```
// サイン揺らぎ(水平)  f:周波数  A振幅
y2 = A+y+(A)*sin(((2.0*3.14)/double(X))*double(x*f));
```

4-5 垂直方向に揺らめかせる「サイン揺らぎ（垂直）」

収録フォルダ：サイン揺らぎ（縦横）¥縦

画像の画素値はそのままに，空間座標に正弦波による規則正しい揺らぎを与えることで，画像を波のように揺らめかせる効果が得られます．画像が自然物のように多様な形状を持つものに対してはあまり大きな変化は感じられませんが，人工物を対象にするととても面白い結果が得られます．

垂直方向に正弦波の揺らぎを与える仕組みを**図5**に示します．垂直方向を軸として水平の揺れを与えます．すなわち，空間座標ではxに正弦波を掛けることで実現します．このとき，正弦波の周波数は画像内で何回揺らすかに相当し，振幅はどれだけの大きさで揺らすかに相当します．

入力画像

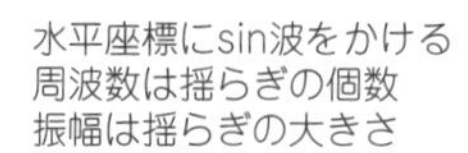

水平座標にsin波をかける
周波数は揺らぎの個数
振幅は揺らぎの大きさ

サイン揺らぎ（垂直）
…振幅10画素，周波数7

図5　サイン揺らぎ（垂直）…水平座標に正弦波を掛ける

リスト5　サイン揺らぎ（垂直）のプログラム（抜粋）

```
// サイン揺らぎ(垂直)  f:周波数  A振幅
x2 = A+x+(A)*sin(((2.0*3.14)/double(Y))*double(y*f));
```

入力画像に対して垂直方向にサイン揺らぎを加えるプログラムを**リスト5**に示します．実行結果は**図5**に示した通りです．

4-6　湖面に映る風景のように変換にする「上下反転画像」

収録フォルダ：上下反転

画像の上下反転処理は，湖面に映る被写体の，実物に対する位置関係を表す処理になります．反転処理は，画像の図形変換の中でも最もシンプルな処理の1つです．

入力画像

*x*軸で折り返すよう空間座標を移す．
$(x,\ y)$
↓
$(x,\ (Y-1)-y)$

*x*軸

Y：画像の縦サイズ

上下反転画像

図6　上下反転…x軸で折り返すように空間座標を変換する

リスト6　上下反転のプログラム（抜粋）

```
//上下を反転しながら画素値を出力画像として書き込む
img2.at<cv::Vec3b>(((Y - 1) - y), x)[0] = p[0]; //Bへ代入
```

入力画像を上下反転する仕組みを**図6**に示します．x軸で折り返すように空間座標を変換します．画像の垂直サイズがYの場合，最大の垂直座標は$(Y-1)$になる点に注意が必要です．

上下反転のプログラムを**リスト6**に示します．実行結果は**図6**に示した通りです．

上下反転処理は，左右反転処理と組み合わせて利用すると，$(y=x)$軸に折り返したような画像になります．

4-7　鏡に映したように変換する「左右反転画像」

収録フォルダ：左右反転

画像の左右反転処理は，画像を鏡に映したように左右を入れ替える処理です．鏡に映したものと実際に見えるものとのギャップを確認したいときや，鏡文字を使いたいときに使用します．

入力画像を左右反転する仕組みを**図7**に示します．y軸で折り返すように空間座標を変換します．画像の水平サイズがXの場合，最大の水平座標は$(X-1)$になる点に注意が必要です．

左右反転のプログラムを**リスト7**に示します．実行結果は**図7**に示した通りです．

図7では鳥の向いている方向，石の位置に大きな変化が見られます．入力画像が左右対称に近い場合は，左右反転を適用しても変化が目立ちません．

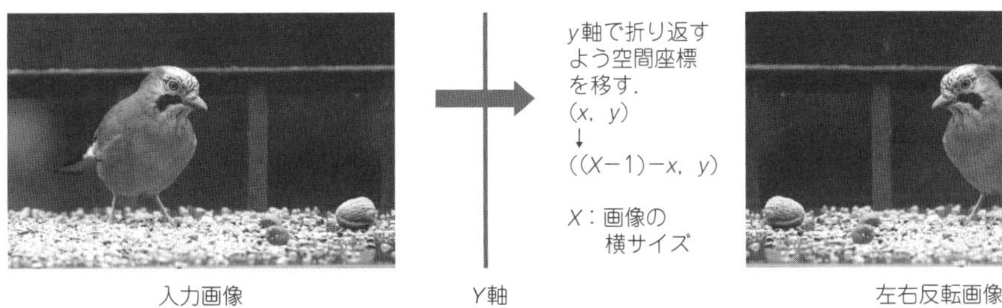

図7　左右反転…y軸で折り返すように空間座標を変換する

リスト7　左右反転のプログラム（抜粋）

```
//左右を反転しながら画素値を出力画像として書き込む
img2.at<cv::Vec3b>(y, ((X - 1) - x))[0] = p[0];  //Bへ代入
```

4-8 位置合わせするときのズレ補正①「平行移動（水平）」

収録フォルダ：平行移動¥横

複数の画像の位置合わせするときに，ズレを補正するために画像全体を移動する必要が出てくることがあります．

画像の平行移動を水平に行う仕組みを**図8**に示します．全画素の空間座標のxに対して，任意の値dを加えることで実現できます．dがマイナスの場合は左に，プラスの場合は右に移動します．

画像を水平方向に平行変換するプログラムを**リスト8**に示します．実行結果は**図8**に示した通りです．

移動によって画像サイズを超えた座標になる画素や，マイナスの座標を持つ画素が出てくることがあります．その場合の対処は幾つか方法がありますが，ここでは画像サイズを適宜変えることで画像全体を表示する方法を用いています．

入力画像

x座標を任意の値dだけ移動させる

平行移動（水平）

図8　平行移動（水平）…x座標に移動量を加える

リスト8　平行移動（水平）のプログラム（抜粋）

```
//移動しながら画素値を出力画像として書き込む　d：移動量
img2.at<cv::Vec3b>(y, x+d)[0] = p[0];  //Bへ代入
```

4-9 位置合わせするときのズレ補正②「平行移動（垂直）」

収録フォルダ：平行移動¥縦

画像の平行移動は，画像位置を調整するために必要な処理です．

画像の平行移動を垂直に行う仕組みを**図9**に示します．全画素の空間座標のyに対して，任意の値dを加えることで実現できます．dがマイナスの場合は上に，プラスの場合は下に移動します．

画像サイズからはみ出す画素の対処方法の1つに，画像の右端と左端，上端と下端がつながった空間（トーラス面）の適用があります．

入力画像を垂直方向に平行変換するプログラムを**リスト9**に示します．実行結果は**図9**に示した通りです．

入力画像

y座標を，任意の値dだけ移動させる．
画像サイズを超える座標は，
ループするように$(-(Y-1))$を加える

d

平行移動（垂直）

図9　平行移動（垂直）**…y座標に移動量を加える**

リスト9　平行移動（垂直）**のプログラム**（抜粋）

```
//移動しながら画素値を出力画像として書き込む　d：移動量
if (0 <= y + d && y + d < Y){
  img2.at<cv::Vec3b>(y+d, x)[0] = p[0];   //Bへ代入
}

//トーラス面の処理(画面の下にはみだす分は画面の上に移動)
if (Y <= y + d){
  img2.at<cv::Vec3b>((y - (Y - 1) + d), x)[0] = p[0];   //Bへ代入
}
```

第1部　静止画像

第5章

拡大/縮小

5-1　滑らかに拡大する「ガウス補間拡大」

収録フォルダ：ガウス補間拡大

出力結果を滑らかに拡大する方法としては，ガウス補間拡大が優秀です．見た目に自然で滑らかな出力結果が得られます．

●仕組み

ガウス補間拡大の仕組みを**図1**に示します．

拡大したいサイズを元のn倍とします．

出力画像として得たい画素の空間座標を(x, y)とします．入力画像の$(x/n, y/n)$の画素を中心とするブロックにガウス分布の係数を掛けて，総和をとった値が出力画像の画素値になります．

●実行結果

ガウス補間拡大のプログラムを**リスト1**に示します．実行結果は**図1**に示した通りです．

出力結果は2倍のサイズに拡大したものです．画像を拡大してみると，細部が滑らかな要素で構成されており，見た目にも自然な結果になっていることが分かります．

この滑らかさはガウシアン平滑化により出力結果を決定していることにあります．この方法は見た目には滑らかですが，2値(白黒)画像を拡大する場合は意図しない濃淡値(グレー)を生成してしまうため，注意が必要です．

入力画像

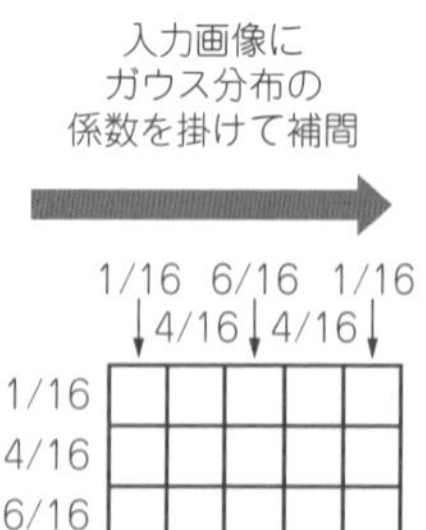

ガウス補完拡大(入力画像の縦横2倍)

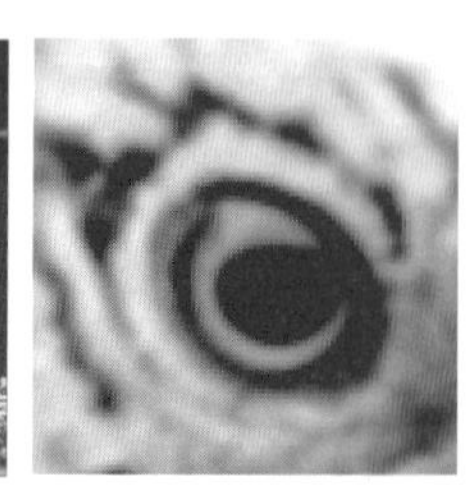

細部の拡大

図1　ガウス補間拡大…ガウシアン平滑化により見た目に自然で滑らか

リスト1　ガウス補間拡大のプログラム（抜粋）

```
// 入力画像から画素値を読み込みIP[y][y]に保存(省略)

// 係数:  1/16   4/16 6/16  4/16 1/16
//         = 0.0625 0.25 0.375 0.25 0.0625
double w[5]={0.0625,0.25, 0.375, 0.25, 0.0625};
                           // x+iのとき, wはw[i+2]を指定

// ガウス計算
for( y = 0; y < EY; y++){
  for( x = 0; x < EX; x++){

    for( i = -2; i <= 2; i++){
      for( j = -2; j <= 2; j++){
        P = P + (IP[(x+i)/2][(y+j)/2])*(w[i+2])*(w[j+2]);
      }
    }

    OP[x][y] =  P;
    P = 0;
  }
}

// 画素値を出力画像として書き込む(省略)
```

5-2 最もシンプルに同じ値でうめる「最近傍補間拡大」

収録フォルダ：最近傍補間拡大

画像の拡大の中でも最もシンプルな方法が最近傍補間拡大です．この方法の特徴は，新たに生成される画素が入力画像のコピーであるため，出力結果に一定の信頼性があります．しかし，見た目の自然さや滑らかさという点では他の方式に劣ります．

●仕組み

最近傍補間拡大の仕組みを**図2**に示します．

まず，拡大したいサイズの空白画像を用意します．ここではそのサイズを元のn倍とします．

次に，出力画像の画素の空間座標が$(x,\ y)$ならば，入力画像の$(x/n,\ y/n)$の画素をコピーします．

●実行結果

最近傍補間拡大のプログラムを**リスト2**に示します．実行結果は**図2**に示した通りです．

出力結果は2倍のサイズに拡大したものです．画像を拡大してみると，滑らかさがなくギザギザと角ばった要素で構成されています．これは最近傍補間拡大の特徴であり，見た目には不自然になります．しかし，入力画像の画素をそのまま使用するという利点により，2値画像の拡大には有効に働きます．例えば，QRコードを拡大対象としたときに，最も正常に認識できるのはこの方法になります．

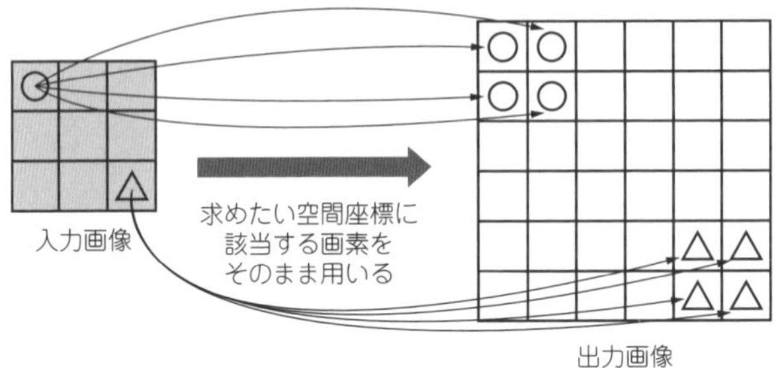

図2　最近傍補間拡大…元画像のコピーを増やすので信頼性がある

リスト2　最近傍補間拡大のプログラム(抜粋)

```
for (y = 0; y < Y; y++) {
  for (x = 0; x < X; x++) {
    //入力画像から画素値を読み込む
    p[0] = img.at<cv::Vec3b>(y, x)[1];//Bの画素値
    IP[x][y] = p[0];//配列に代入
  }
}

//最近傍補間
for (y = 0; y < EY; y++) {
  for (x = 0; x < EX; x++) {
    OP[x][y] = IP[x / 2][y / 2];
  }
}

//画素値を出力画像として書き込む
for (y = 0; y < EY; y++) {
  for (x = 0; x < EX; x++) {
    img2.at<cv::Vec3b>(y, x)[0] = OP[x][y];   //Bへ代入
    img2.at<cv::Vec3b>(y, x)[1] = OP[x][y];   //Gへ代入
    img2.at<cv::Vec3b>(y, x)[2] = OP[x][y];   //Rへ代入
  }
}
```

5-3 直線的に変化するようにうめていく「線形補間拡大」

収録フォルダ：線形補間拡大

線形補間拡大は，補間結果の滑らかさと理論のシンプルさが両立した補間拡大法です．ガウシアン・フィルタを使うガウス補間拡大と，入力画像の画素をそのまま使う最近傍補間拡大の中間のような出力結果

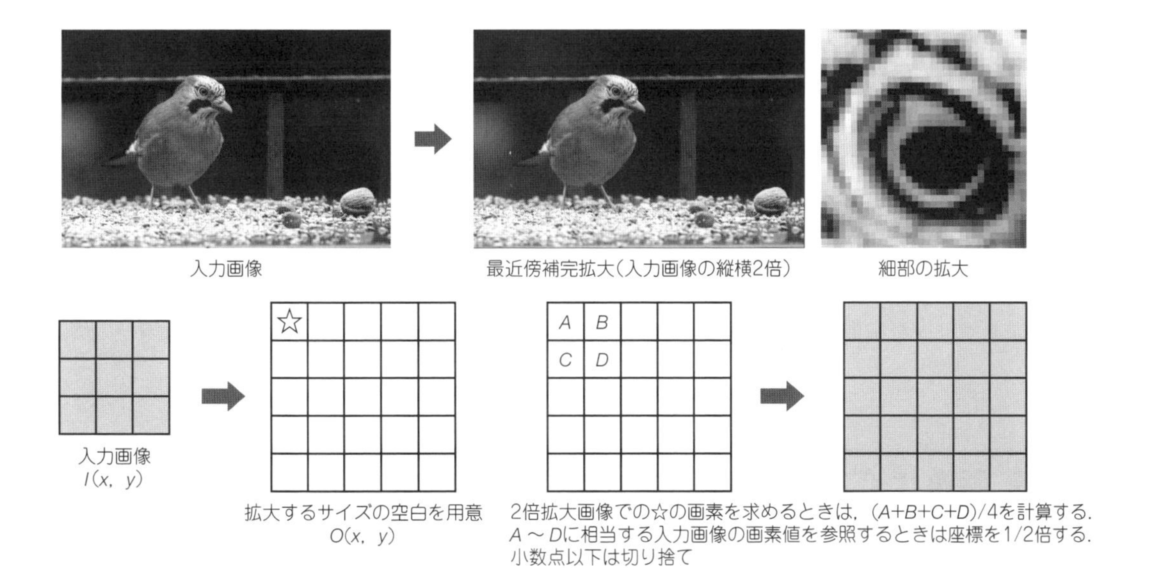

図3　線形補間拡大…画素値を直線的に補間していく

リスト3　線形補間拡大のプログラム（抜粋）

```
for (y = 0; y < Y; y++) {
  for (x = 0; x < X; x++) {
    //入力画像から画素値を読み込む
    p[0] = img.at<cv::Vec3b>(y, x)[1];//Bの画素値
    IP[x][y] = p[0];
  }
}

//線形補間(2倍)
for (y = 0; y < EY; y++) {
  for (x = 0; x < EX; x++) {
    OP[x][y] = 0.25 * IP[(x / 2)][(y / 2)] + 0.25 * IP[(x / 2)][(y / 2) + 1] + 0.25 * IP[(x / 2) + 1][(y / 2)]
                                                                            + 0.25 * IP[(x / 2) + 1][(y / 2) + 1];
  }
}

//画素値を出力画像として書き込む
for (y = 0; y < EY; y++) {
  for (x = 0; x < EX; x++) {
    img2.at<cv::Vec3b>(y, x)[0] = OP[x][y];   //Bへ代入
    img2.at<cv::Vec3b>(y, x)[1] = OP[x][y];   //Gへ代入
    img2.at<cv::Vec3b>(y, x)[2] = OP[x][y];   //Rへ代入
  }
}
```

が得られます．画像の拡大としては比較的よく目にする方法の1つです．

●仕組み

線形補間拡大の仕組みを**図3**に示します．

画素値を直線的に補間していきます．例えば，画素値3と画素値5の画素の間の画素を求める場合，その間に画素が1つしかなければ(3 + 5) /2という平均値が答えになります．複数の場合は，空間座標の距離に応じて重みが変化します．2倍サイズを扱う場合は平均と考えても問題ありません．画像は2次元座標を持つため，2点ではなく4点の平均を求めます．

●実行結果

線形補間拡大のプログラムを**リスト3**に示します．実行結果は**図3**に示した通りです．

出力結果は2倍のサイズに拡大したものです．画像を拡大してみると，細部のやや滑らかな濃淡変化に，線形補間拡大の特徴が確認できます．

最近傍補間拡大やガウス補間拡大との違いをより大きく確認したいときは，2値画像を対象にするとよいでしょう．

5-4 画像サイズの変更ならまずはこれ「ニアレスト・ネイバー補間（拡大／縮小）」

収録フォルダ：ニアレストネイバー補間

画像を大きくしたり小さくしたりするにはどうすればよいでしょうか．画像処理では画素単位で考える必要があります．例えば，100×100サイズの画像の画素数は1万ですが，縦横をそれぞれ2倍の大きさにするには200×200サイズで4万画素が必要です．つまり，3万画素が不足するわけですが，これを手持ちの1万画素から「補ないつつ間を埋める」ことを補間と言います．そして，この補間法で最も基本的な処理が，入力画像の画素をそのまま使用するニアレスト・ネイバー（Nearest Neighbor）補間です．

●仕組み

ニアレスト・ネイバー補間は，画像サイズの調整によって不足した画素を，入力画像からそのまま選択します．そして，その選択基準は「最も距離が近い」画素です．**図4**に具体的な選択式を示します．

生成する出力画像の画素値$O(x,\ y)$を求めたいときは，入力画像から$(x \times T_x,\ y \times T_y)$の空間座標にある画素値をそのまま選択して補間します．このとき，T_x，T_yはそれぞれ横・縦の「入力画像サイズ／出

$O(x,\ y) = I(x \times T_x,\ y \times T_y)$
T_x：入力画像の横サイズ÷出力画像の横サイズ
T_y：入力画像の縦サイズ÷出力画像の縦サイズ

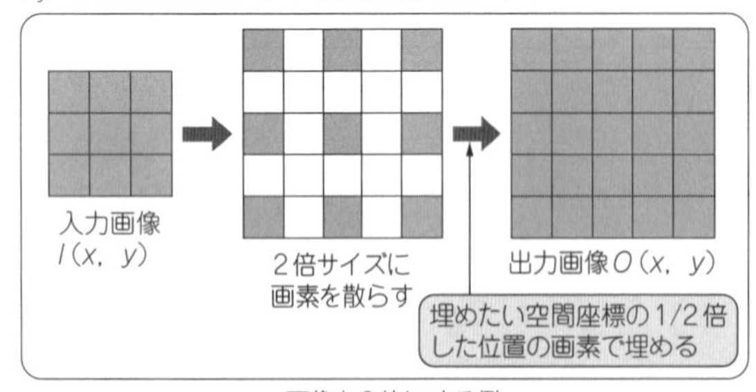

画像を2倍にする例

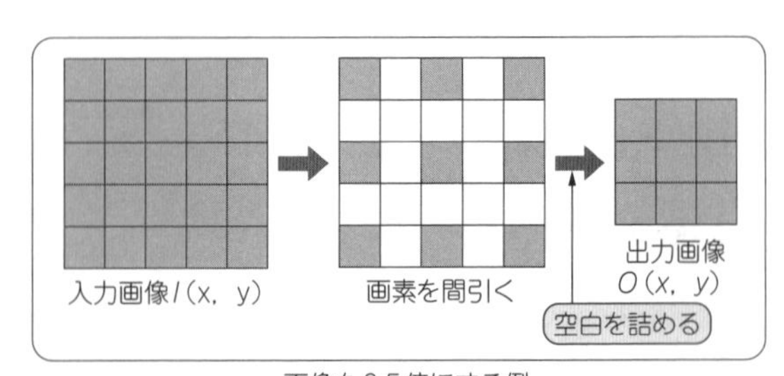

画像を0.5倍にする例

図4　ニアレスト・ネイバー補間…入力画像の画素をそのまま使用する

リスト4　ニアレスト・ネイバー補間プログラム(抜粋)

```
//画像の拡縮比率
Tx = double(X)/X2, Ty = double(Y)/Y2;
//任意サイズの画像を作成
cv::Mat img2 = cv::Mat(Y2, X2, CV_8UC3);

for (y2 = 0; y2 <Y2; y2++) {
    for (x2 = 0; x2 <X2; x2++) {
      //空間座標の縮尺を考慮して値を取得
      B = img.at<cv::Vec3b>(y2*Ty, x2*Tx)[0];
      G = img.at<cv::Vec3b>(y2*Ty, x2*Tx)[1];
      R = img.at<cv::Vec3b>(y2*Ty, x2*Tx)[2];

      //出力画像に対応する入力画像の画素値(最近傍)を
      //そのまま代入する
      img2.at<cv::Vec3b>(y2, x2)[0] = B;//B
      img2.at<cv::Vec3b>(y2, x2)[1] = G;//G
      img2.at<cv::Vec3b>(y2, x2)[2] = R;//R
    }
}
```

力画像サイズ」になります．例えば縦横2倍のサイズに変更したいときは$T_x = T_y = 0.5$となり，出力画素を求める式は，

$O(x,\ y) = I(x \times 0.5,\ y \times 0.5)$

となります．ピンとこない人は，$(x,\ y)$に具体的な数値を入れてみましょう．

ニアレスト・ネイバー補間の最大の特徴は，入力画像の画素値に変更を加えないという点です．それによって拡大画像は滑らかさに欠けてしまいますが，逆に画素値の情報が変化しないというメリットがあります．つまり，2値画像を2値画像のまま拡縮できるのはニアレスト・ネイバー補間のみです．

●実行結果

ニアレスト・ネイバー補間するプログラムを**リスト4**に示します．**図5**に入力画像と出力画像を示します．縦横比・サイズに画像を拡張/収縮したいときは，まずはニアレスト・ネイバー補間を試してみましょう．

(a) 入力

(b) 出力

図5　ニアレスト・ネイバー補間

5-5 画像サイズの変更を滑らかに「バイキュービック補間(拡大/縮小)」

収録フォルダ:バイキュービック補間

画像サイズを変更するためには，補間する画素の推定が必要なことは5-4 ニアレスト・ネイバー補間で述べました．バイキュービック(Bicubic)補間は，補間する画素の推定に16画素もの入力画素を使い，滑らかさや輪郭情報をsinc関数(正弦関数sin$x$を変数xで割った関数)の近似から高精度に推定する補間法です．「とりあえず自然に画像サイズを変えたい」のであれば，最初に検討すべき補間法です．

●仕組み

バイキュービック補間は，画像サイズの調整によって不足した画素を，入力画像における周辺画素16点の画素に対して距離に応じた重み付けを行い，推定します．この考え方はバイリニア補間とも共通しますが，バイリニア(Bilinear)補間は直線的な推定を行うのに対して，バイキュービック補間はsinc関数を用いた曲線的(なめらか)な補間を行います．

図6のh(t)は重みとなる係数を決定するための関数であり，sinc関数を近似したものですが，1つのパラメータを指定する必要があります．本処理では－1を推奨しますが，この値域は－0.5～－1.0の間で指定する必要があり，具体的には，**リスト5**の関数 `BQ(cv::Mat img, int X2, int Y2, double a);` におけるaです．この値は小さくなるほど補間結果がシャープになります．

●実行結果

バイキュービック補間プログラムを**リスト5**に示します．**図7**に入力画像と処理後の画像を示します．

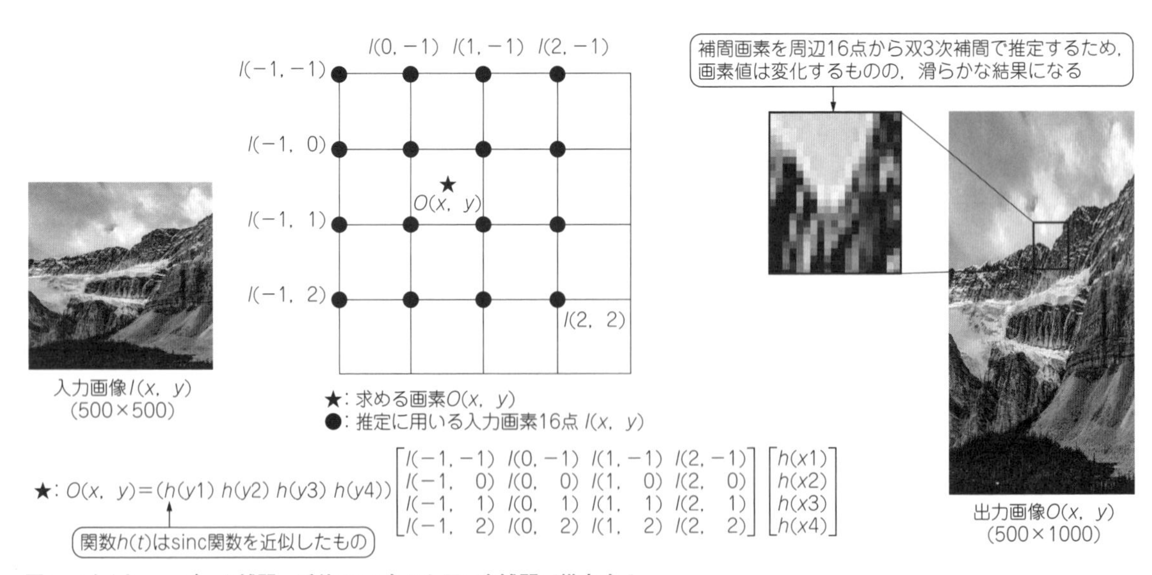

図6 バイキュービック補間…近傍の16点から双3次補間で推定する

リスト5 バイキュービック補間プログラム(抜粋)

```
for (y2 = 0; y2 < Y2; y2++) {
  for (x2 = 0; x2 < X2; x2++) {

    //(1/)----< 入力画像から画素値を読み込む >----

    x = int(floor(double(x2) * (double(X) / double(X2))));//元画像の座標を参照
    y = int(floor(double(y2) * (double(Y) / double(Y2))));//元画像の座標を参照

    if (y >= Y - 3) { y = Y - 3; }if (x >= X - 3) { x = X - 3; }if (y <= 0) { y = 0; }if (x <= 0) { x = 0; }

    dx = double(x2) * (double(X) / double(X2));//元画像を基準とした内挿点の小数点座標を参照
    dy = double(y2) * (double(Y) / double(Y2));//元画像を基準とした内挿点の小数点座標を参照

    //16近傍の代入/////////////////////////////
    for (c = 0; c < 3; c++) {
      for (i = 0; i < 4; i++) {
        for (j = 0; j < 4; j++) {
          if (y >= Y - 2) { y = Y - 2; }if (x >= X - 2) { x = X - 2; }if (y <= 1) { y = 1; }if (x <= 1)
                                                                                              { x = 1; }
          //境界問題を考慮

          b[i][j][c] = double(img.at<cv::Vec3b>(y + i - 1, x + j - 1)[c]);


        }
      }
    }


    //挿入画素値と16近傍画素の距離関係
    xn[0] = 1.0 + dx - double(x); xn[1] = dx - double(x); xn[2] = double(x) + 1.0 - dx; xn[3] = double(x) +
                                                                                              2.0 - dx;
    yn[0] = 1.0 + dy - double(y); yn[1] = dy - double(y); yn[2] = double(y) + 1.0 - dy; yn[3] = double(y) +
                                                                                              2.0 - dy;

    //h(yi)////h(xi)/
    for (i = 0; i < 4; i++)
    {
      if (abs(yn[i]) <= 1.0) { h1[i] = (a + 2.0) * abs((yn[i]) * (yn[i]) * (yn[i])) - (a + 3.0) * abs((yn[i])
                                                                                  * (yn[i])) + 1.0; }
      if (1.0 < abs(yn[i]) && abs(yn[i]) <= 2.0) { h1[i] = a * abs((yn[i]) * (yn[i]) * (yn[i])) - 5.0 * a *
                                         abs((yn[i]) * (yn[i])) + 8.0 * a * abs(yn[i]) - 4.0 * a; }
      if (2.0 < abs(yn[i])) { h1[i] = 0.0; }

      if (abs(xn[i]) <= 1.0) { h2[i] = (a + 2.0) * abs((xn[i]) * (xn[i]) * (xn[i])) - (a + 3.0) * abs((xn[i])
                                                                                  * (xn[i])) + 1.0; }
      if (1.0 < abs(xn[i]) && abs(xn[i]) <= 2.0) { h2[i] = a * abs((xn[i]) * (xn[i]) * (xn[i])) - 5.0 * a *
                                         abs((xn[i]) * (xn[i])) + 8.0 * a * abs(xn[i]) - 4.0 * a; }
      if (2.0 < abs(xn[i])) { h2[i] = 0.0; }
    }
    //h(yi)////h(xi)//

    for (c = 0; c < 3; c++) {
      for (k = 0; k < 4; k++) {
        th[k][c] = 0.0;
      }
    }

    //////////////////////////////////行列計算
    for (c = 0; c < 3; c++) {//色
      for (i = 0; i < 4; i++) {//行
        for (j = 0; j < 4; j++) {//列

          th[i][c] += h2[j] * b[i][j][c];

        }
      }
    }

    for (c = 0; c < 3; c++) {
```

```
        for (k = 0; k < 4; k++) {
          pxy[c] += th[k][c] * h1[k];
        }
      }

      //////////////出力画素の代入と初期化
      for (c = 0; c < 3; c++) {
        if (pxy[c] <= 0.0) { pxy[c] = 0.0; }if (pxy[c] >= 255.0) { pxy[c] = 255.0; }
        img2.at<cv::Vec3b>(y2, x2)[c] = uchar(pxy[c]);
        pxy[c] = 0.0;
      }
    }
  }
```

(a) 入力

(b) 出力

図7 バイキュービック補間

5-6 滑らかさと計算コストを両立した「バイリニア縮小」

収録フォルダ：バイリニア縮小

バイリニア(Bilinear)補間は，画像の拡大・縮小において最も一般的に用いられるアルゴリズムの1つです．注目画素の近傍画素を参照し，その平均を出力結果とすることで，滑らかな変換結果が得られます．また，計算コストが低いため高速に実行することができます．

●仕組み

バイリニア補間の仕組みを**図8**に示します．注目画素を含む4つの画素の平均を出力結果とします．すなわち，縮小することで失われる画素の平均的な画素値を求めることになります．これによって，縮小画像は輪郭付近も滑らかな結果になります．

一方で，入力画像が濃淡画像である場合は，基本的に元画素のどれとも一致しない出力結果となることに注意が必要です．

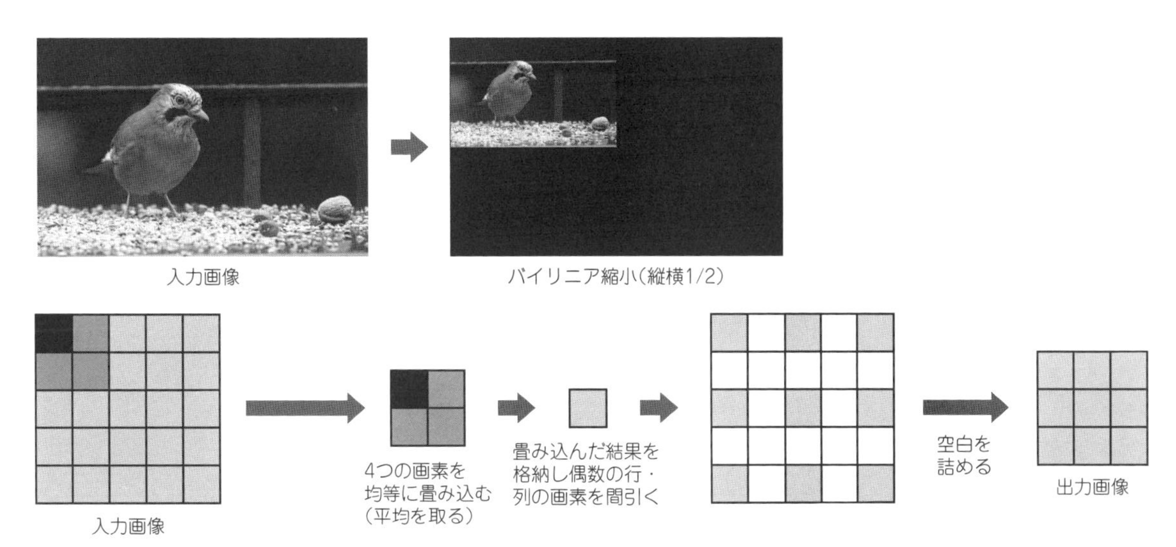

図8　バイリニア縮小…近傍画素の平均を画素値にして残して間引く

●実行結果

バイリニア縮小のプログラムを**リスト7**に示します．実行結果は**図8**に示した通りです．

出力結果は1/2倍のサイズに縮小したものです．画像から，入力画像が縦横1/2倍されているのが確認できます．

バイリニア縮小の特性は，最近傍縮小と比較することで分かりやすくなります．風景写真などを対象にすると，バイリニア縮小の方が自然な結果が得られるでしょう．一方で，2値画像を対象とするとバイリニアは新たな濃淡値を生成してしまいます．従って，QRコードのように白と黒の情報のみに意味がある画像に対しては，適用対象としない方がよいでしょう．

リスト7　バイリニア縮小のプログラム（抜粋）

```
for (y = 0; y < Y; y++) {
  for (x = 0; x < X; x++) {
    //入力画像から画素値を読み込む
    if (x < X - 1 && y < Y - 1){
      p[0] = img.at<cv::Vec3b>(y, x)[0];//B
      p[1] = img.at<cv::Vec3b>(y, x+1)[0];//B
      p[2] = img.at<cv::Vec3b>(y+1, x)[0];//B
      p[3] = img.at<cv::Vec3b>(y+1, x+1)[0];//B
      p[4] = 0.25 * p[0] + 0.25 * p[1] + 0.25 * p[2] + 0.25 * p[3];

      img.at<cv::Vec3b>(y, x)[0] = p[4];  //Bへ代入
      img.at<cv::Vec3b>(y, x)[1] = p[4];  //Gへ代入
      img.at<cv::Vec3b>(y, x)[2] = p[4];  //Rへ代入
    }
  }
}

//間引き～詰め
…略…
```

第6章

ぼかし(ローパス)

6-1　ボカしの基本「平均値フィルタ」

収録フォルダ：平均値フィルタ

平均値フィルタは，画像をピンぼけのようにボカすフィルタ処理です．この処理は，画像中の詳細さを消去したり，ノイズを低減したり，ギザギザと角ばった輪郭を滑らかにする効果があります．

●仕組み

平均値フィルタの仕組みを**図1**に示します．注目画素とその周辺画素の平均値を新たな画素値として代入することで実現します．具体的には，係数フィルタを画像に畳み込みます(積和をとる)．

画像に局所的な平均値を代入していくと，画像の局所的な最大値と最小値の差が小さくなり(平均に近づいていくため)，画像の大域的な情報が浮かび上がってきます．このような効果を，大域通過(ローパス)特性と呼びます．具体例を挙げると，画像ノイズは外れ値のような特性を持つことが多いため，このフィルタを適用すると平均外として消去されます．しかし同時に，画像の詳細さも大域的な観点から見るとノイズの一種となるため，同様に消去されてしまいます．

平均値を計算する範囲をウィンドウ・サイズもしくは走査窓と呼び，奇数で設定するのが一般的です．ウィンドウ・サイズを大きくすることで，平均値フィルタの効果は大きくなります．

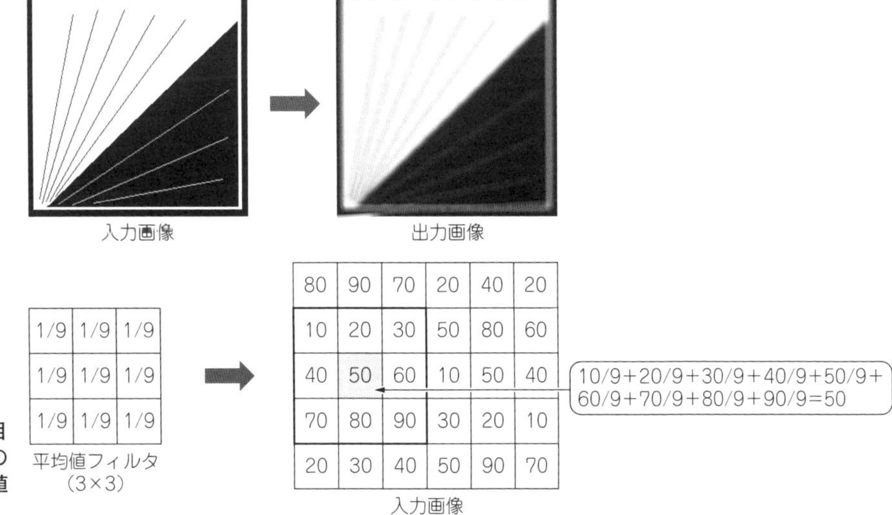

図1
平均値フィルタ…注目画素とその周辺画素の平均値を新たな画素値として代入する

リスト1　平均値フィルタのプログラム(抜粋)

```
for (y = 0; y < Y; y++) {
  for (x = 0; x < X; x++) {
    //ウィンドウ内の座標指定
    for (j = y - (w - 1) / 2; j <= y + (w - 1) / 2; j++) {
      for (i = x - (w - 1) / 2; i <= x + (w - 1) / 2; i++) {
        if (i >= 0 && j >= 0 && i < X && j < Y){
          //入力画像の読み込み
          p[0] = img.at<cv::Vec3b>(j, i)[0];
          s = s + p[0];//加算
        }
      }
    }

    s = s / (w * w);//ウィンドウ内の総数で割り算(平均値計算)
    p[1] = s; s = 0;

    img.at<cv::Vec3b>(y, x)[0] = p[1];  //Bへ代入
    img.at<cv::Vec3b>(y, x)[1] = p[1];  //Gへ代入
    img.at<cv::Vec3b>(y, x)[2] = p[1];  //Rへ代入
  }
}
```

●実行結果

平均値フィルタのプログラムを**リスト1**に示します．実行結果は**図1**に示した通りです．

このプログラムではwを変更することで，平均値フィルタのサイズを変更できます．

フィルタ処理を行う際には，画像の端部の処理(境界処理)に注意が必要です．境界処理には幾つか方法がありますが，ここでは簡単な「画像外の範囲は無視する」を採用しています．

6-2　インパルス・ノイズの除去に優れた「中央値フィルタ」

収録フォルダ：中央値フィルタ

中央値フィルタ(メディアン・フィルタ)は，平滑化フィルタの一種です．画像のエッジがボケない点が大きな特徴です．画像中のインパルス・ノイズを低減するのに最も高い効果を示すフィルタの1つです．

●仕組み

中央値フィルタの仕組みを**図2**に示します．注目画素とその周辺画素の画素値を並べ替えて，その中央値を新たな画素値として代入することで実現します．具体的には，フィルタ・サイズ内の画素を並べ替えて，その中央値を返すという操作を空間フィルタリングとして実現します．

画像内に存在する画素をそのまま使うため，他のフィルタに比べて出力結果の加工感が抑えられたものになります．その効果は，同じ平滑化フィルタでも平均値フィルタと比較するとより明らかに感じられます．

中央値を選択するということは外れ値を取り除くということなので，インパルス・ノイズ(とっぴな白の点)のある画像に適用すると，非常にきれいに除去できます．ただし，ノイズが密集して互いにくっつき，1つの領域になっている場合は除去できないため，注意が必要です．

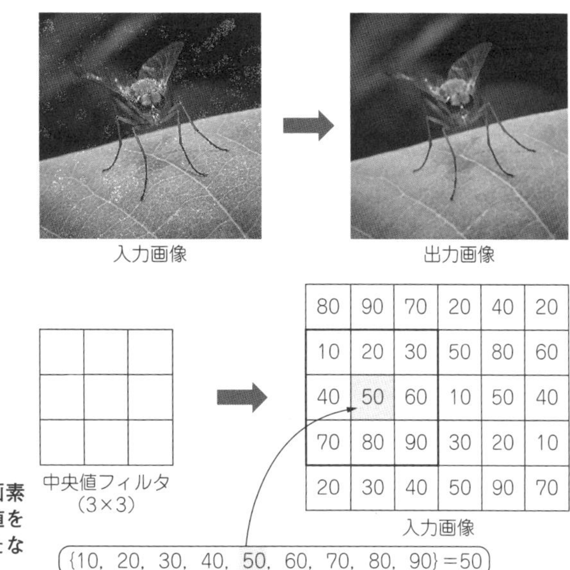

図2
中央値フィルタ…注目画素とその周辺画素の画素値を並べ替えて中央値を新たな画素値として代入する

リスト2　中央値フィルタのプログラム(抜粋)

```
for (y = 0; y < Y; y++) {
  for (x = 0; x < X; x++) {
    n = 0;//配列カウントの初期化 n=(w×w－1)2が中心番号

    //ウィンドウ内の座標指定
    for (j = y - (w - 1) / 2; j <= y + (w - 1) / 2; j++) {
      for (i = x - (w - 1) / 2; i <= x + (w - 1) / 2; i++) {
        if (i >= 0 && j >= 0 && i < X && j < Y) {
          p[n] = img.at<cv::Vec3b>(j, i)[0]; n++;
        }
        else {
          p[n] = 0;  n++;
        }
      }
    }

        //ソート
        sw = 1;
        while (sw > 0) {
          sw = 0;
          for (n = 0; n <= w * w - 1; n++){
            if (p[n] > p[n + 1]) {
              temp = p[n + 1];
              p[n + 1] = p[n];
              p[n] = temp;
              sw++;
            }
          }
        }

        //画素値を出力画像として書き込む(中央値はp[(w*w-1)/2])
        img2.at<cv::Vec3b>(y, x)[0] = p[(w * w - 1) / 2];  //Bへ代入
        img2.at<cv::Vec3b>(y, x)[1] = p[(w * w - 1) / 2];  //Gへ代入
        img2.at<cv::Vec3b>(y, x)[2] = p[(w * w - 1) / 2];  //Rへ代入
  }
}
```

●実行結果

中央値フィルタのプログラムを**リスト2**に示します．実行結果は**図2**に示した通りです．

入力画像にあったインパルス・ノイズがきれいに除去されています．全体的には変化は少なく，加工感も抑えられていることが確認できます．

中央値フィルタの効果はウィンドウ・サイズに応じて強くなります．しかしウィンドウ・サイズに応じて境界処理の影響も大きくなるため，小さなウィンドウ・サイズのフィルタを複数回適用することで，効果を強くする方がよいでしょう．

6-3 白いノイズを除去しやすい「最小値フィルタ」

収録フォルダ：最小値フィルタ

最小値フィルタは，中央値フィルタのようにウィンドウ内の画素を並べ替えて，その最小値を画素値として出力します．

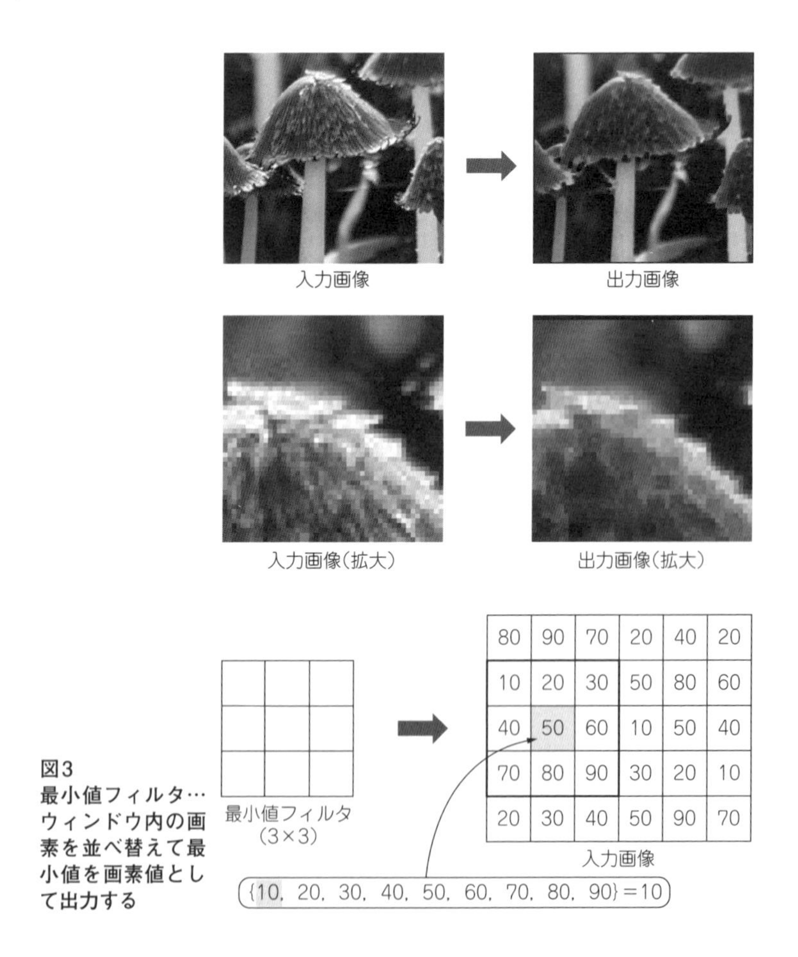

図3
最小値フィルタ…ウィンドウ内の画素を並べ替えて最小値を画素値として出力する

リスト3　最小値フィルタのプログラム（抜粋）

```
for (y = 0; y < Y; y++) {
  for (x = 0; x < X; x++) {
    n = 0;//配列カウントの初期化 n=(w×w−1)2が中心番号

    //ウィンドウ内の座標指定
    for (j = y - (w - 1) / 2; j <= y + (w - 1) / 2; j++) {
      for (i = x - (w - 1) / 2; i <= x + (w - 1) / 2; i++) {
        if (i >= 0 && j >= 0 && i < X && j < Y) {
          p[n] = img.at<cv::Vec3b>(j, i)[0];
          n++;
        }
        else{
          p[n] = 0;
          n++;
        }
      }
    }

    //ソート
    sw = 1;
    while (sw > 0) {
      sw = 0;
      for (n = 0; n <= w * w - 1; n++){
        if (p[n] > p[n + 1]) {
          temp = p[n + 1];
          p[n + 1] = p[n];
          p[n] = temp;
          sw++;
        }
      }
    }

    //画素値を出力画像として書き込む(最小値p[0])
    img2.at<cv::Vec3b>(y, x)[0] = p[0];  //Bへ代入
    img2.at<cv::Vec3b>(y, x)[1] = p[0];  //Gへ代入
    img2.at<cv::Vec3b>(y, x)[2] = p[0];  //Rへ代入
  }
}
```

単体で用いられるよりも他の処理と組み合わせて用いられることが多い処理です．

●仕組み

最小値フィルタの仕組みを**図3**に示します．注目画素とその周辺画素の画素値を並べ替えて，その最小値を新たな画素値として代入することで実現します．具体的には，フィルタ・サイズ内の画素を並べ替えて，その最小値を返すという操作を空間フィルタリングとして実現します．

●実行結果

最小値フィルタのプログラムを**リスト3**に示します．実行結果は**図3**に示した通りです．

入力画像は大域的に見れば暗くなり，局所的には周波数の高い領域（キノコの傘に見られるテクスチャ）ではその度合いが強くなっていることが確認できます．

このフィルタを繰り返し適用すると，徐々に極小値で塗りつぶされていきます．具体的には，白い領域を除去していきます．従って，画像に白いインパルス状のノイズが含まれる場合は，中央値フィルタと同様に有効に除去できるでしょう．

6-4 黒いノイズを除去しやすい「最大値フィルタ」

収録フォルダ：最大値フィルタ

最大値フィルタは，最小値フィルタとは逆に，ウィンドウ内の画素の最大値を画素値として出力します．単体で用いられるよりも他の処理と組み合わせて用いられることが多い処理です．

●仕組み

最大値フィルタの仕組みを**図4**に示します．注目画素とその周辺画素の画素値を並べ替えて，その最大値を新たな画素値として代入することで実現します．具体的には，フィルタ・サイズ内の画素を並べ替えて，その最大値を返すという操作を空間フィルタリングとして実現します．

●実行結果

最大値フィルタのプログラムを**リスト4**に示します．実行結果は**図4**に示した通りです．

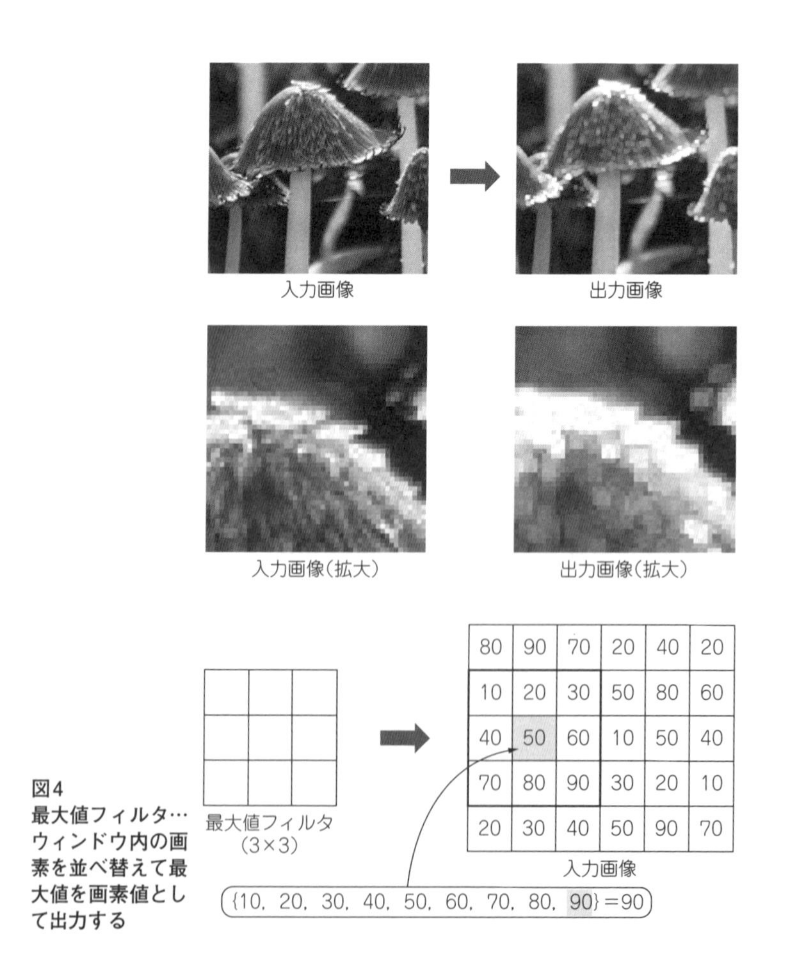

図4 最大値フィルタ…ウィンドウ内の画素を並べ替えて最大値を画素値として出力する

リスト4　最大値フィルタのプログラム(抜粋)

```
for (y = 0; y < Y; y++) {
  for (x = 0; x < X; x++) {
    int n = 0;//配列カウントの初期化 n=(w×w-1)2が中心番号
    //ウィンドウ内の座標指定
    for (j = y - (w - 1) / 2; j <= y + (w - 1) / 2; j++) {
      for (i = x - (w - 1) / 2; i <= x + (w - 1) / 2; i++) {
        if (i >= 0 && j >= 0 && i < X && j < Y) {
          //入力画像から画素値を読み込む
          p[n] = img.at<cv::Vec3b>(j, i)[0];
          n++;
        }
        else {
          p[n] = 0;
          n++;
        }
      }
    }

    //ソート
    sw = 1;
    while (sw > 0) {
      sw = 0;
      for (n = 0; n <= w * w - 1; n++){
        if (p[n] > p[n + 1]) {
          temp = p[n + 1];
          p[n + 1] = p[n];
          p[n] = temp;
          sw++;
        }
      }
    }


    //画素値を出力画像として書き込む(最大値はp[w*w-1])
    img2.at<cv::Vec3b>(y, x)[0] = p[(w * w - 1)];  //Bへ代入
    img2.at<cv::Vec3b>(y, x)[1] = p[(w * w - 1)];  //Gへ代入
    img2.at<cv::Vec3b>(y, x)[2] = p[(w * w - 1)];  //Rへ代入
  }
}
```

入力画像は大域的に見れば明るくなり，局所的には周波数の高い領域(キノコの傘に見られるテクスチャ)ではその度合いが強くなっていることが確認できます．

このフィルタを繰り返し適用すると，徐々にテクスチャ領域を極大値で塗りつぶしていきます．具体的には，黒い領域を除去していきます．従って，画像に黒いインパルス状のノイズが含まれる場合は，中央値フィルタと同様に有効に除去できるでしょう．

6-5　より自然にボカす「ガウシアン・フィルタ」

収録フォルダ：ガウシアンフィルタ

ガウシアン・フィルタは，平均値フィルタの係数に重み付けを行った平滑化フィルタです．その重みをガウス分布に従って決定することから，ガウシアン・フィルタといわれています．ガウシアン・フィルタもローパス特性を持つので，ノイズ除去や平滑化の効果があります．注目画素から遠ざかるほど平滑化係数が小さくなるため，平均値フィルタと比較してより自然な平滑化結果が得られます．

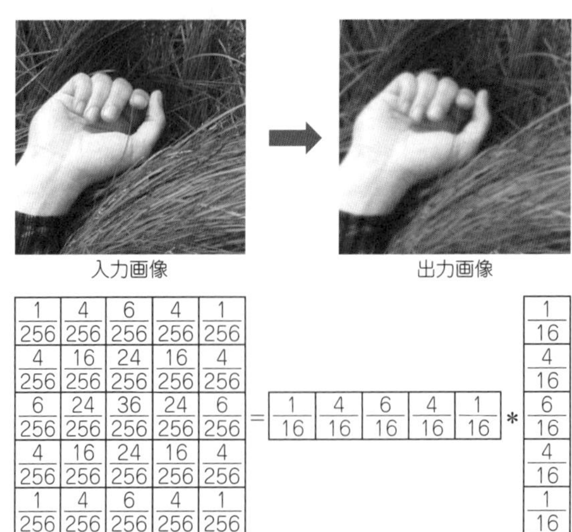

**図5
ガウシアン・フィルタ…ガウス分布の標準偏差σとフィルタ・サイズによって決まる重み付けをして画素値を計算する**

リスト5　ガウシアン・フィルタのプログラム（抜粋）

```
//横方向の畳み込み
for (y = 0; y < Y; y++) {
  for (x = 2; x < X - 2; x++) {
    p[0] = img.at<cv::Vec3b>(y, x-2)[0];
    p[1] = img.at<cv::Vec3b>(y, x-1)[0];
    p[2] = img.at<cv::Vec3b>(y, x)[0];
    p[3] = img.at<cv::Vec3b>(y, x+1)[0];
    p[4] = img.at<cv::Vec3b>(y, x+2)[0];

    s = (0.0625) * p[0] + (0.25) * p[1] + (0.375) * p[2] + (0.25) * p[3] + (0.0625) * p[4];
    p[5] = s;

    img2.at<cv::Vec3b>(y, x)[0] = p[5];  //Bへ代入
    img2.at<cv::Vec3b>(y, x)[1] = p[5];  //Gへ代入
    img2.at<cv::Vec3b>(y, x)[2] = p[5];  //Rへ代入
  }
}

//縦方向の畳み込み
for (y = 2; y < Y - 2; y++) {
  for (x = 0; x < X; x++) {
    p[0] = img.at<cv::Vec3b>(y-2, x)[0];
    p[1] = img.at<cv::Vec3b>(y-1, x)[0];
    p[2] = img.at<cv::Vec3b>(y, x)[0];
    p[3] = img.at<cv::Vec3b>(y+1, x)[0];
    p[4] = img.at<cv::Vec3b>(y+2, x)[0];

    s = (0.0625) * (double)p[0] + (0.25) * (double)p[1] + (0.375) * (double)p[2] + (0.25) * (double)p[3] +
                                                                              (0.0625) * (double)p[4];

    p[5] = s;

    img.at<cv::Vec3b>(y, x)[0] = p[5];  //Bへ代入
    img.at<cv::Vec3b>(y, x)[1] = p[5];  //Gへ代入
    img.at<cv::Vec3b>(y, x)[2] = p[5];  //Rへ代入

  }
}
```

●仕組み

ガウシアン・フィルタの仕組みを**図5**に示します．係数は，ガウス分布の標準偏差σとフィルタ・サイズによって決定します．

σが大きくなると，係数のバラツキが小さくなり，平均値フィルタに近づいてきます．σが小さくなると，係数のバラツキが大きくなり，0になると入力画像をそのまま出力するフィルタになります．

σとフィルタ・サイズは個別に設定することができますが，フィルタ・サイズが大きくなればσも大きくするのが一般的です．

●実行結果

ガウシアン・フィルタのプログラムを**リスト5**に示します．実行結果は**図5**に示した通りです．

画像が滑らかにボカされていることが確認できます．このプログラムでは，2次元フィルタを2つの1次元フィルタに分解し，順次適用することで実現しています．また，フィルタ・サイズはガウシアン・フィルタの中で使用頻度の高い5×5を用いています．

ガウシアン・フィルタの特性を確認したい場合は，画像にガウス性ノイズを付加して，その除去性能を他の平滑化フィルタと比較して確認するのがよいでしょう．

6-6 動きのあるボケを作り出す「特定方向への平滑化」

収録フォルダ：特定方向への平滑化

中央値フィルタやガウシアン・フィルタによる平滑化は，フィルタ係数が注目画素を中心として等方的に分布するものでした．この平滑化フィルタは，特定の方向のみに係数が存在します．それにより，画像を特定方向に指でこすったような，あるいは被写体ぶれ（モーション・ブラー；Motion Blur）のように動きのある効果が得られます．

●仕組み

特定方向への平滑化の仕組みを**図6**に示します．今回はフィルタの係数を，左上から右下へ，すなわち135°方向に平滑化するように設定しています．

具体的には，ウィンドウ内における空間座標を$(i,\ j)$とした場合，$i=j$を満たすもののみです．係数の重みは平均値フィルタと同様に均等です．こうすることで，135°方向への平滑化効果が画像に得られます．

今回は角度を135°としていますが，例えば$(i,\ j)$の条件でiを固定すると水平方向に，jを固定すると垂直方向に平滑化することができます．

●実行結果

特定方向への平滑化のプログラムを**リスト6**に示します．実行結果は**図6**に示した通りです．

1/5 1/5 1/5 1/5 1/5
斜め方向

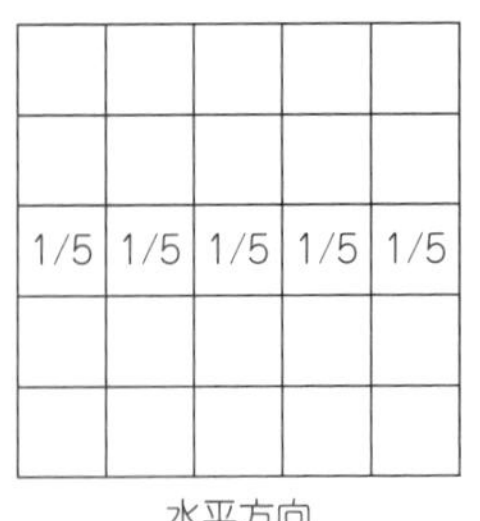

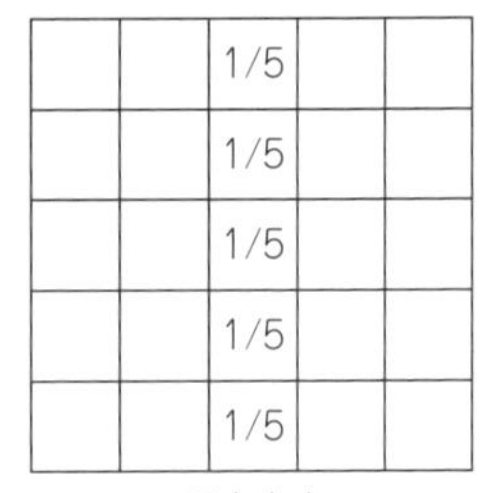

図6　特定方向への平滑化…特定の方向のみに係数を持たせる

リスト6　特定方向への平滑化のプログラム(抜粋)

```
for (y = 0; y < Y; y++) {
    for (x = 0; x < X; x++) {

      for (j = y - (w - 1) / 2; j <= y + (w - 1) / 2; j++) {
        for (i = x - (w - 1) / 2; i <= x + (w - 1) / 2; i++) {
          //境界処理
          if (i < 0) {
            p[0] = img.at<cv::Vec3b>(j, 0 - i)[0];
          }
          if (j < 0) {
            p[0] = img.at<cv::Vec3b>(0 - j, i)[0];
          }
          if (i > X - 1) {
            p[0] = img.at<cv::Vec3b>(j, (2 * (X - 1) - i))[0];
          }
          if (j > Y - 1) {
            p[0] = img.at<cv::Vec3b>((2 * (Y - 1) - j), i)[0];
          }

          p[0] = img.at<cv::Vec3b>(j, i)[0];

          if ((i - x) == (j - y)) {
            s = s + p[0];
          }//1方向のみ加算
        }
      }

      s = s / (w);//平均
      p[1] = s;
      s = 0;

      img2.at<cv::Vec3b>(y, x)[0] = p[1];  //Bへ代入
      img2.at<cv::Vec3b>(y, x)[1] = p[1];  //Gへ代入
      img2.at<cv::Vec3b>(y, x)[2] = p[1];  //Rへ代入
  }
}

//平滑化フィルタ処理
…略…
```

画像が135°方向に平滑化されていることが確認できます．輪郭検出(第7章参照)と併用すると，ノイズが少なくかつハッキリとした輪郭を検出できるようになります．ただし，検出するエッジの方向と平滑化する方向には相性があるため，出力結果に納得できない場合はエッジ方向ごとに平滑化方向を変化させるなど，より高度な処理も検討してみましょう．

第1部　静止画像

第7章

輪郭の検出（ハイパス）

7-1　基本的な縦方向輪郭検出「横方向の1次微分」

収録フォルダ：一次微分¥横

1次微分で画像の縦方向の輪郭を検出する仕組みを**図1**に示します．

画像の輪郭とは，簡単にいえば色や明るさの変わり目のことを指します．われわれはその変わり目がつながって長い線になっている場合に，輪郭として認識しています．

画像から色や明るさの変わり目を検出する場合は，画像を微分します．最も単純な微分は1次微分であり，特にディジタル画像の場合は引き算に近似されます．

1次微分で画像から縦方向の輪郭を検出するプログラムを**リスト1**に示します．実行結果は**図1**に示した通りです．

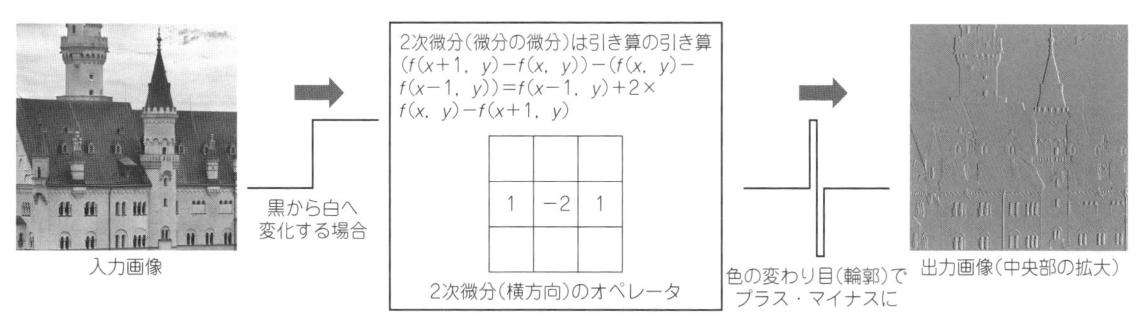

図1　横方向の1次微分…横方向で引き算を行うと縦方向の輪郭を検出できる

リスト1　横方向の1次微分のプログラム（抜粋）

```
//入力画像から隣り合う2画素の画素値を読み込む
p[0] = img2.at<cv::Vec3b>(y, x-1)[0];//Bの画素
p[1] = img2.at<cv::Vec3b>(y, x)[0];//Bの画素

//1次微分してグレー色を求める
P = p[1] - p[0] + 128;
if (P > 255) {
  P = 255;
}
if (P < 0) {
  P = 0;
}
p[3] = P;
```

7-2 基本的な横方向輪郭検出「縦方向の１次微分」

収録フォルダ：一次微分¥縦

画像から横方向の輪郭を検出する場合は，縦方向の1次微分を画像に適用します．

1次微分で画像の横方向の輪郭を検出する仕組みを**図2**に示します．

1次微分で画像の横方向の輪郭を検出するプログラムを**リスト2**に示します．実行結果は**図2**に示した通りです．

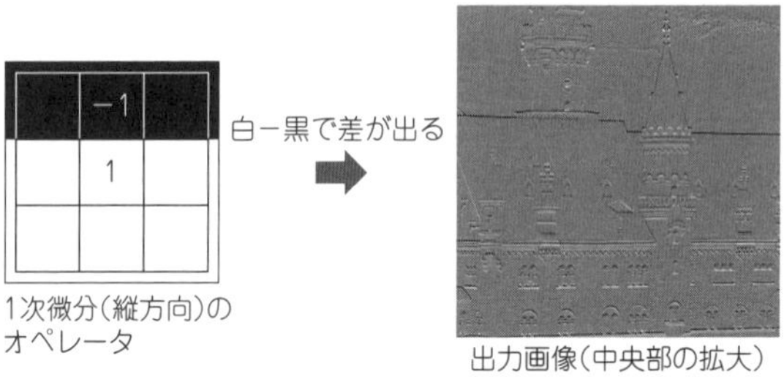

	−1	
	1	

1次微分（縦方向）のオペレータ

白ー黒で差が出る

出力画像（中央部の拡大）

図2 縦方向の1次微分…縦方向で引き算を行うと横方向の輪郭を検出できる

リスト2　縦方向の1次微分のプログラム（抜粋）

```
//入力画像から隣り合う2画素の画素値を読み込む
p[0] = img2.at<cv::Vec3b>(y-1, x)[0];//Bの画素
p[1] = img2.at<cv::Vec3b>(y, x)[0];//Bの画素
```

7-3 内外が分かる縦方向輪郭検出「横方向の２次微分」

収録フォルダ：二次微分¥横

2次微分でも輪郭を検出できます．1次微分とは異なり，輪郭では必ずプラスとマイナス両方のエッジが検出されます．2次微分で画像の縦方向の輪郭を検出する仕組みを**図3**に示します．

2次微分によって輪郭が検出できる仕組みは，基本的に1次微分と同じです．明るさの差分を計算し，その値を検出することで輪郭を検出しています．

1次微分と2次微分の違いは，検出される輪郭が必ずプラスとマイナスの値を持つ点です．しかも，プラスは画像の暗い方に，マイナスは画像の明るい方に発生するため，画像の外輪郭と内輪郭を容易に判断できます．

2次微分で画像の縦方向の輪郭を検出するプログラムを**リスト3**に示します．実行結果は**図3**に示した通りです．

白（プラス）と黒（マイナス）の値が必ず隣りあって検出されていることが確認できます．特に建物の窓は白い外壁とのコントラストが高いため，エッジのプラス/マイナスを分かりやすく確認できます．

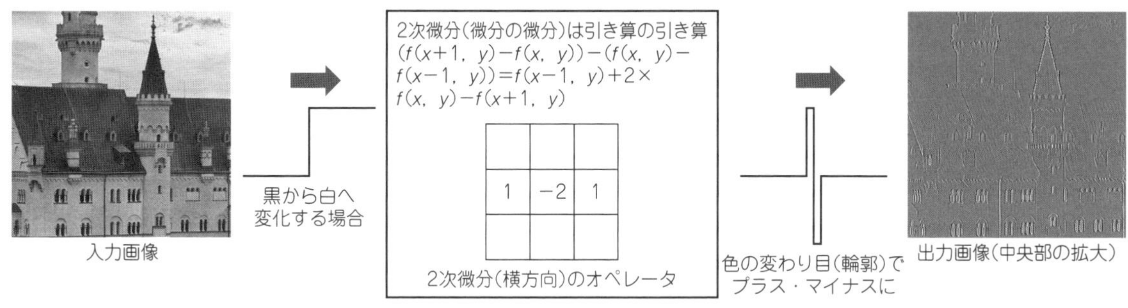

図3　横方向の2次微分…縦方向の内/外輪郭を検出できる

リスト3　ヒストグラム描画のプログラム(抜粋)

```
//入力画像から隣り合う3画素の画素値を読み込む
p[0] = img2.at<cv::Vec3b>(y, x-1)[0];//B
p[1] = img2.at<cv::Vec3b>(y, x)[0];//B
p[2] = img2.at<cv::Vec3b>(y, x+1)[0];//B

//2次微分してグレー色を求める
P = -2 * p[1] + p[0] + p[2] + 128;
if (P > 255) {
  P = 255;
}
if (P < 0) {
  P = 0;
}
p[3] = P;
```

7-4　内外が分かる横方向輪郭検出「縦方向の2次微分」

収録フォルダ：二次微分¥縦

縦方向の2次微分は,直交方向である横方向の輪郭をプラスのエッジとマイナスのエッジで検出します.

2次微分で画像の横方向の輪郭を検出する仕組みを**図4**に示します.

2次微分で画像の横方向の輪郭を検出するプログラムを**リスト4**に示します.

建物全体において,水平方向の輪郭が良好に抽出できています.

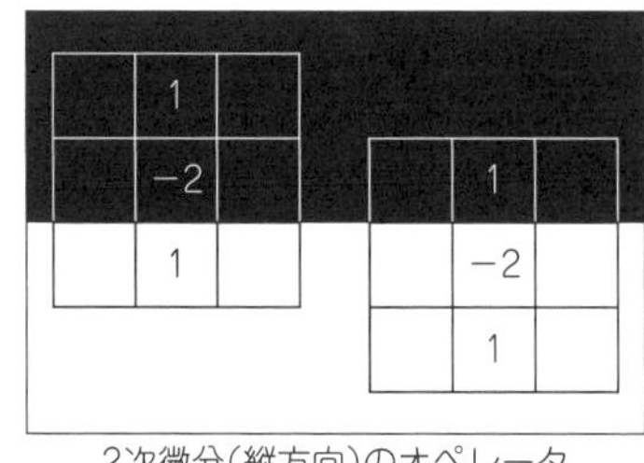

図4　縦方向の2次微分…横方向の内/外輪郭を検出できる

リスト4　ヒストグラム描画のプログラム（抜粋）

```
//入力画像から隣り合う3画素の画素値を読み込む
p[0] = img2.at<cv::Vec3b>(y-1, x)[0];//Bの画素
p[1] = img2.at<cv::Vec3b>(y, x)[0];//Bの画素
p[2] = img2.at<cv::Vec3b>(y+1, x)[0];//Bの画素
```

7-5 代表的な画像のエッジ検出器「ラプラシアン・フィルタ」

収録フォルダ：ラプラシアンフィルタ

ラプラシアン・フィルタは，画像のエッジ検出を代表する空間フィルタの1つです．横方向の2次微分フィルタと，縦方向の2次微分フィルタを組み合わせることで，縦と横両方の輪郭を良好に検出することができます．

ラプラシアン・フィルタは単独で利用されることも多いですが，画像強調や勾配情報の分析など，応用先も豊富な優れたフィルタです．

●仕組み

ラプラシアン・フィルタで画像の輪郭を検出する仕組みを**図5**に示します．

ラプラシアン・フィルタは横方向の2次微分フィルタと，縦方向の2次微分フィルタを組み合わせて実現します．具体的には，注目画素から見て上下左右に位置する画素との微分（差分）値を求めることで，方向に依存せず輪郭全体を検出できます．

●実行結果

ラプラシアン・フィルタで画像の輪郭を検出するプログラムを**リスト5**に示します．実行結果は**図5**に

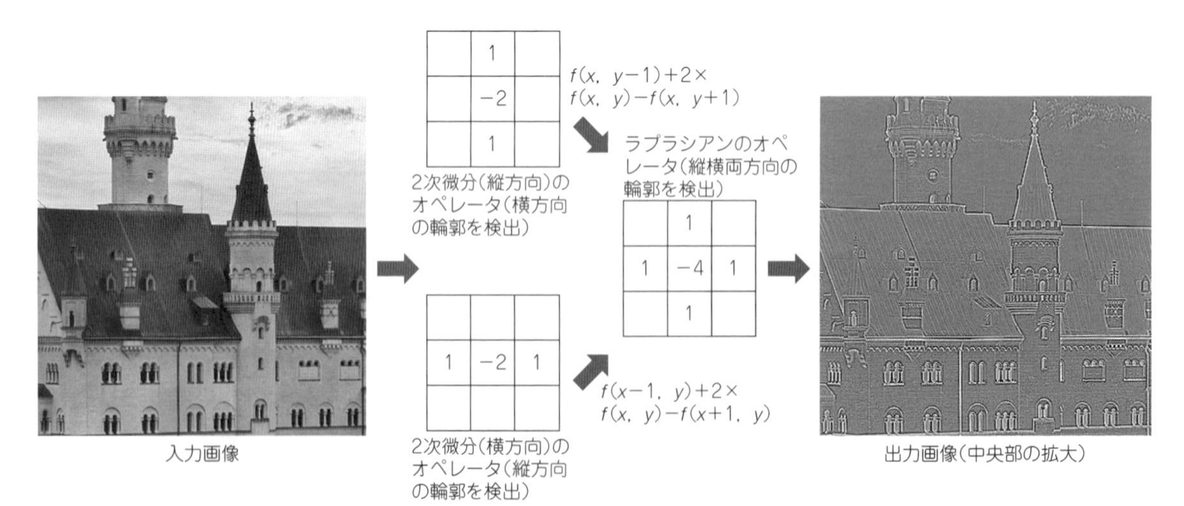

図5　ラプラシアン・フィルタ…横方向の2次微分フィルタと縦方向の2次微分フィルタの組み合わせ

リスト5　ラプラシアン・フィルタのプログラム（抜粋）

```
int l[5] = { 1,1,-4,1,1 };//ラプラシアンの係数

for (y = 1; y < Y - 1; y++) {
  for (x = 1; x < X - 1; x++) {
    //入力画像から画素値を読み込む
    p[0] = img2.at<cv::Vec3b>(y-1, x)[0];
    p[1] = img2.at<cv::Vec3b>(y, x-1)[0];
    p[2] = img2.at<cv::Vec3b>(y, x)[0];
    p[3] = img2.at<cv::Vec3b>(y+1, x)[0];
    p[4] = img2.at<cv::Vec3b>(y, x+1)[0];

    P = 0;
    for (i = 0; i < 5; i++) {
      P = P + l[i] * p[i];
    }
    P = P + 128;

    if (P > 255) {
      P = 255;
    }
    if (P < 0) {
      P = 0;
    }
    p[3] = P;

    //画素値を出力画像として書き込む
    img.at<cv::Vec3b>(y, x)[0] = p[3];  //Bへ代入
    img.at<cv::Vec3b>(y, x)[1] = p[3];  //Gへ代入
    img.at<cv::Vec3b>(y, x)[2] = p[3];  //Rへ代入
  }
}
```

示した通りです．

画像の輪郭が方向に関係なく検出できているのが確認できます．また，その輪郭は2次微分フィルタと同様に，白（プラス）と黒（マイナス）の値が必ず隣りあって検出されていることも確認できます．

本処理では，横方向と縦方向の微分を組み合わせていますが，さらに斜め2方向における2次微分フィルタを加えることもできます．どのように違いが出るのか，比較して確認してみましょう．

7-6　単純なエッジ検出方式「ハイパス・フィルタ（平均値フィルタ）」

収録フォルダ：ハイパス（平均値フィルタ）

ハイパス・フィルタとは，画像の高周波成分を抽出するフィルタのことをいいます．画像の高周波成分とは，輪郭（エッジ）や模様（テクスチャ）のことです．

平均値フィルタを用いて画像の輪郭を検出する仕組みを**図6**に示します．

最も単純なハイパス・フィルタは，入力画像から低周波成分を引くことで実現できます．最も単純に低周波成分を抽出する方法は平均値フィルタです．従って，入力画像と平均値フィルタを適用した画像の差分をとることで，画像の高周波成分を抽出できます．

平均値フィルタを用いて画像の輪郭を検出するプログラムを**リスト6**に示します．実行結果は**図6**に示した通りです．

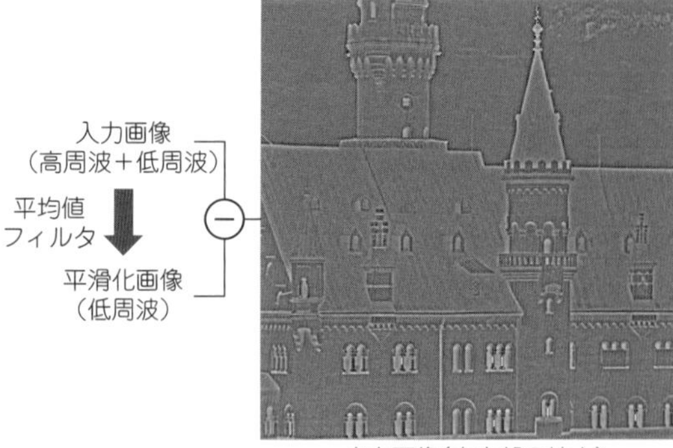

図6
平均値フィルタを利用する輪郭検出…入力画像と平均値フィルタを通した画像との差分をとるとハイパス・フィルタになる

リスト6　平均値フィルタを利用する輪郭検出のプログラム（抜粋）

```
AF(img, img2, s);//img2は平均値フィルタで平滑化された画像

for (y = 0; y < Y; y++) {
  for (x = 0; x < X; x++) {
    p[0] = img.at<cv::Vec3b>(y, x)[0];//B
    p[1] = img2.at<cv::Vec3b>(y, x)[0];
    p[2] = (p[0] - p[1] + 128);

    img.at<cv::Vec3b>(y, x)[0] = p[2];  //Bへ代入
    img.at<cv::Vec3b>(y, x)[1] = p[2];  //Gへ代入
    img.at<cv::Vec3b>(y, x)[2] = p[2];  //Rへ代入
  }
}
```

7-7 ガウシアン・フィルタの画像と差分をとるだけ「ハイパス・フィルタ（ガウシアン）」

収録フォルダ：ハイパス（ガウシアンフィルタ））

ハイパス・フィルタで用いる平滑化画像には，ガウシアン・フィルタを用いることもできます．ガウシアン・フィルタを用いて画像の輪郭を検出する仕組みを**図7**に示します．

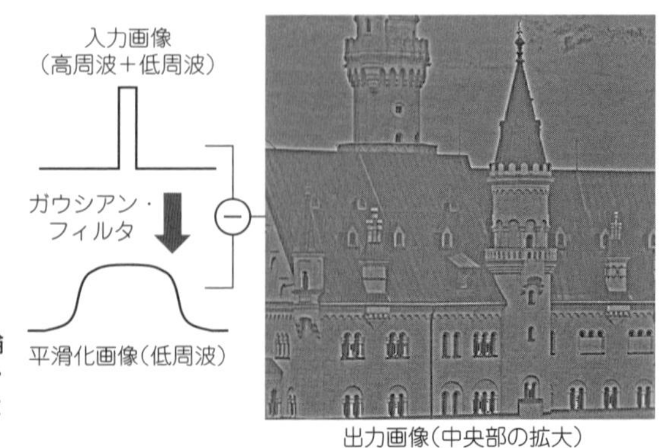

図7
ガウシアン・フィルタを利用する輪郭検出…入力画像とガウシアン・フィルタを通した画像との差分をとるとハイパス・フィルタになる

リスト7　ガウシアン・フィルタを利用する輪郭を検出のプログラム(抜粋)

```
GF(img2);//img2はガウシアン・フィルタで平滑化された画像

for (y = 0; y < Y; y++) {
  for (x = 0; x < X; x++) {
    p[0] = img.at<cv::Vec3b>(y, x)[0]; //B(青色)
    p[1] = img2.at<cv::Vec3b>(y, x)[0];
    p[2] = (p[0] - p[1] + 128);

    img.at<cv::Vec3b>(y, x)[0] = p[2];  //Bへ代入
    img.at<cv::Vec3b>(y, x)[1] = p[2];  //Gへ代入
    img.at<cv::Vec3b>(y, x)[2] = p[2];  //Rへ代入
  }
}
```

入力画像をガウシアン・フィルタで平滑化して低周波成分を作成します．そして，入力画像との差分を検出することで高周波成分を獲得します．

基本的な仕組みは，平均値フィルタを用いたものと同様です．

ガウシアン・フィルタを用いて画像の輪郭を検出するプログラムを**リスト7**に示します．実行結果は**図7**に示した通りです．

7-8　さまざまな周波数成分を抽出できる「DOGフィルタ」

収録フォルダ：DOGフィルタ)

DOG(Difference of Gaussian)フィルタは，画像から特定の周波数を抽出することができる優れたフィルタです．また，単純に周波数成分を抽出するだけでなく，多くの画像認識技術で用いられます．

●仕組み

DOGフィルタを用いて画像の輪郭を検出する仕組みを**図8**に示します．

DOGフィルタの基本的な仕組みは，ガウシアン・フィルタを用いたハイパス・フィルタと同様です．入力画像を2枚用意して，それぞれに強さの異なるガウシアン・フィルタを適用し，その差分を抽出します．その際，ダウン・サンプリングを行います．

ダウン・サンプリングは，解像度を落として縮小する手続きです．縮小された画像と縮小される前の画像では，含まれる情報が異なります．具体的には，縮小していくにつれて高周波成分は失われていきます．

この仕組みを利用し，各解像度の差分を抽出していくと，解像度によって高い周波数，中程度の周波数，低い周波数と，さまざまなスケールの周波数成分を抽出できます．

ただし，差分検出を行うときには空間座標を一致させる必要があるため，DOGフィルタとして用いる場合は画像の縮小を行わず，ガウシアン・フィルタによる平滑化のみを行います．

図8 DOGフィルタ…平滑化により高周波成分を除去していく

リスト8　DOGフィルタのプログラム（抜粋）

```
for( n = 0; n <= s; n++){
  GF(img); // ガウシアン・フィルタで平滑化
}
HG(img);    // ハイパス・フィルタ(ガウシアン) リスト7参照
```

●実行結果

DOGフィルタを用いて画像の輪郭を検出するプログラムを**リスト8**に示します．実行結果は**図8**に示した通りです．

適用したガウシアン・フィルタは，プログラムではs=3としているため4回になります．すなわち**図8**で示されている2回よりさらに2回平滑化を繰り返した後の成分を抽出していることになります．これは非常に周波数成分の低い領域であるため，出力結果も大域的な輪郭のみが抽出されています(誌面では分かりにくいかもしれない．ダウンロード・データに出力画像を収録している)．

ガウシアン・フィルタの適用回数を変えることで，画像から抽出できる成分を選択できます．

7-9 ノイズを低減しつつ縦方向の輪郭を検出する「プリューウィット・フィルタ(横)」

収録フォルダ：プリューウィットフィルタ¥横

画像から輪郭を検出するときは差分(微分)を使い，ノイズを低減するときは平滑化フィルタを適用するのが効果的です．プリューウィット・フィルタは，両者を組み合わせてノイズを低減しつつ輪郭を検出できます．

横方向のプリューウィット・フィルタを用いて画像の縦方向の輪郭を検出する仕組みを**図9**に示します．横方向の差分(微分)と，その直交方向である縦方向の平均値フィルタを組み合わせることで実現します．エッジは，プラスの値とマイナスの値を持つため，画素値にはオフセットとして128を加えます．

プリューウィット・フィルタを用いて画像の縦方向の輪郭を検出するプログラムはダウンロード・データに収録しています．

実行結果は**図9**に示した通りです．1次/2次の微分フィルタと比べると，輪郭が強く検出できています．

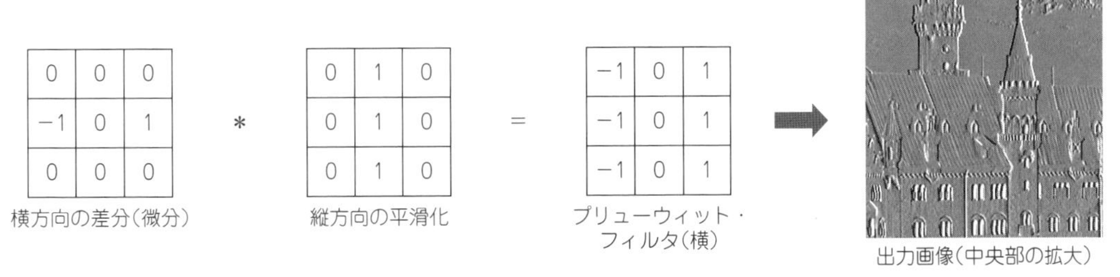

図9　横方向のプリューウィット・フィルタ…横方向の差分(微分)と縦方向の平均値フィルタの組み合わせ

7-10 ノイズを低減しつつ横方向の輪郭を検出する「プリューウィット・フィルタ(縦)」

収録フォルダ：プリューウィットフィルタ¥縦

画像から横方向の輪郭を，ノイズを低減しつつ検出する場合は，縦方向に微分するプリューウィット・フィルタが効果的です．

縦方向のプリューウィット・フィルタを用いて画像の横方向の輪郭を検出する仕組みを**図10**に示します．縦方向の差分(微分)と横方向の平滑化フィルタを組み合わせることで実現します．エッジは，プラスの値とマイナスの値を持つため，画素値にはオフセットとして128を加えます．

プリューウィット・フィルタを用いて画像の横方向の輪郭を検出するプログラムはダウンロード・データに収録しています．

実行結果は**図10**に示した通りです．1次/2次の微分フィルタと比べると，輪郭が強く検出できています．

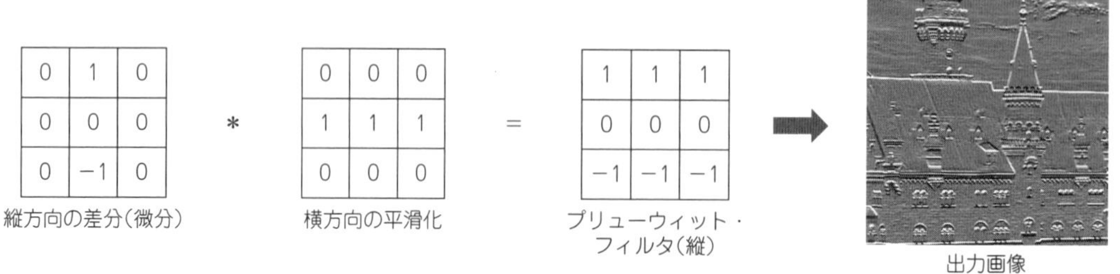

図10　縦方向のプリューウィット・フィルタ…縦方向の差分（微分）**と横方向の平滑化フィルタの組み合わせ**

7-11 縦方向の輪郭検出とガウシアン・フィルタを組み合わせた「ソーベル・フィルタ（横）」

収録フォルダ：ソーベルフィルタ¥横

平滑化と輪郭検出を組み合わせたフィルタにはプリューウィット・フィルタが標準的ですが，平滑化に平均値フィルタを用いている影響で，エッジを低減してしまうことがあります．ソーベル・フィルタでは，平滑化にガウシアン・フィルタを用いることで注目画素を強調します．それにより，低ノイズに加えて輪郭を強く検出できます．

ソーベル・フィルタを用いて画像の輪郭を検出する仕組みを**図11**に示します．

横方向のソーベル・フィルタは，横方向の差分（微分）と，その直交方向である縦方向のガウシアン・フィルタを組み合わせることで実現します．エッジは，プラスの値とマイナスの値を持つため，画素値にはオフセットとして128を加えます．

ソーベル・フィルタを用いて画像の輪郭を検出するプログラムはダウンロード・データに収録しています．実行結果は**図11**に示した通りです．

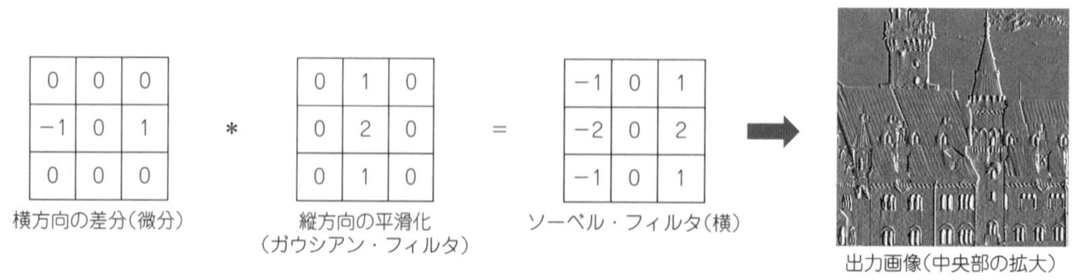

図11　ソーベル・フィルタ（横）**…横方向の差分**（微分）**と縦方向のガウシアン・フィルタの組み合わせ**

7-12 横方向の輪郭検出とガウシアン・フィルタを組み合わせた「ソーベル・フィルタ(縦)」

収録フォルダ:ソーベルフィルタ¥縦

ソーベル・フィルタ(縦)は,縦方向の差分(微分)とガウシアン平滑化を組み合わせた横方向の輪郭を検出するフィルタです.平滑化を用いた輪郭検出にはプリューウィット・フィルタがあり,仕組みはおおむね同じですが,ソーベル・フィルタは平滑化にガウシアン・フィルタを用いることで,より強く輪郭を検出できます.

ソーベル・フィルタを用いて画像の輪郭を検出する仕組みを**図12**に示します.

縦方向に微分するソーベル・フィルタは,横方向のエッジを検出できます.また,横方向に平滑化を行うことで,エッジへの悪影響を抑えつつノイズ低減が期待できます.また,平滑化にガウシアン・フィルタの係数を用います.エッジは,プラスの値とマイナスの値を持つため,画素値にはオフセットとして128を加えます.

ソーベル・フィルタを用いて画像の輪郭を検出するプログラムはダウンロード・データに収録しています.実行結果は**図12**に示した通りです.

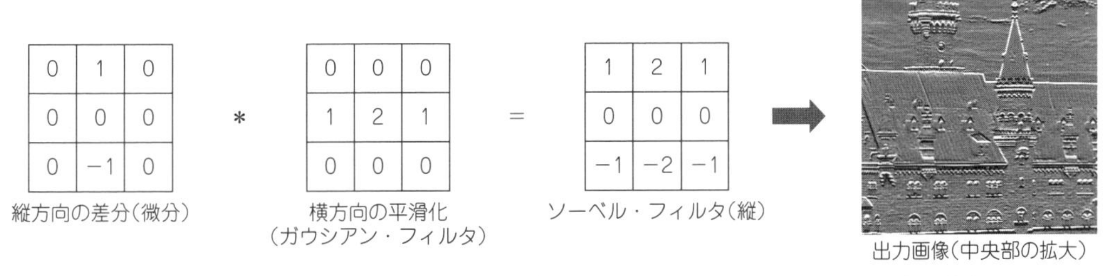

図12 ソーベル・フィルタ(縦)…縦方向の差分(微分)と横方向のガウシアン・フィルタの組み合わせ

7-13 画像から斜め方向(45°)の輪郭を検出する「ロバーツ・フィルタ(横)」

収録フォルダ:ソーベルフィルタ¥縦

ロバーツ・フィルタ(横)は,斜め方向(135°)方向に微分することで,斜め方向(45°)の輪郭を検出できるフィルタです.

ロバーツ・フィルタを用いて画像の斜め方向の輪郭を検出する仕組みを**図13**に示します.注目画素とその右下の画素との微分(差分)によって実現します.その方向がフィルタ係数の座標を結んでできる直線と,直交していることが分かります.この原理については,縦や横の微分フィルタと同様です.

ロバーツ・フィルタを用いて画像の斜め方向の輪郭を検出するプログラムはダウンロード・データに収録しています.実行結果は**図13**に示した通りです.

画像にはさまざまな方向に輪郭を持つ建造物が写っていますが,同じ斜めでも135°方向の輪郭はあまり抽出されていません．微分の方向は横，縦，斜めと分類してきましたが，例えば60°方向や30°方向といった他の角度も検出できます．

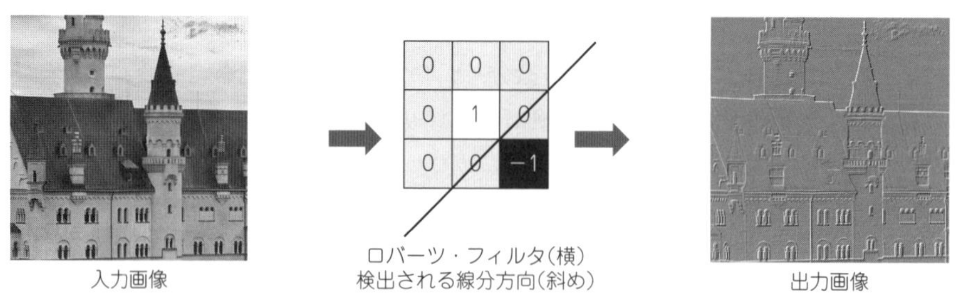

図13　ロバーツ・フィルタ（横）**…注目画素とその右下の画素との微分**（差分）

7-14 画像から斜め方向（135°）の輪郭を検出する「ロバーツ・フィルタ（縦）」

収録フォルダ：ロバーツフィルタ¥縦

ロバーツ・フィルタ（縦）は，斜め方向（45°）方向に微分することで，斜め方向（135°）の輪郭を検出できるフィルタです．

ロバーツ・フィルタを用いて画像の斜め方向の輪郭を検出する仕組みを**図14**に示します．

ロバーツ・フィルタ（縦）は，注目画素とその左下の画素との微分（差分）によって実現します．検出される直線方向がフィルタ係数の座標を結んでできる直線と，直交していることが分かります．この原理については，縦や横の微分フィルタと同様です．

ロバーツ・フィルタを用いて画像の斜め方向の輪郭を検出するプログラムはダウンロード・データに収録しています．実行結果は**図14**に示した通りです．

画像にはさまざまな方向に輪郭を持つ建造物が写っていますが，同じ斜めでも45°方向の輪郭はあまり抽出されていないことが分かります．この斜め方向に微分するという考え方で2次微分を作成し，縦と横の2次微分と組み合わせることで，より詳細にエッジの全体を検出できます．

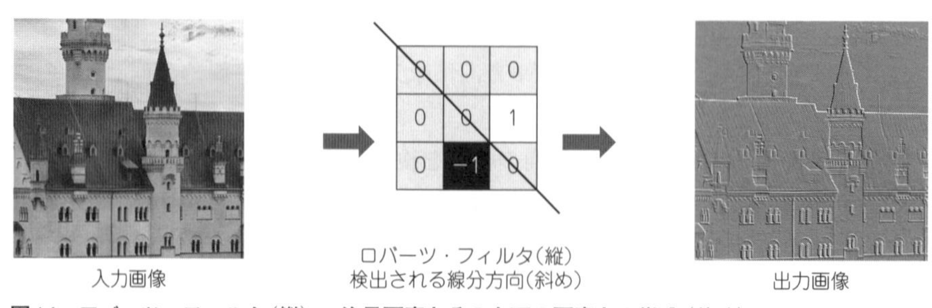

図14　ロバーツ・フィルタ（縦）**…注目画素とその右下の画素との微分**（差分）

7-15 大域的な濃淡の変動に強いエッジ検出「自己商フィルタ」

収録フォルダ：自己商画像

自己商フィルタは，比較的ユニークな輪郭検出方法です．画像全体の濃淡の変動に対して影響を受けにくくエッジを検出できます．また，出力結果がアート作品に見えることから，イラスト風変換に用いられることもあります．

●仕組み

自己商フィルタを用いて画像の輪郭を検出する仕組みを**図15**に示します．入力画像と平滑化画像の変化を基準にする点は他のフィルタと同様ですが，自己商フィルタは割り算で変化量を見ます．入力画像の画素値を平滑化画像の画素値で割り算し，その値を元に2値化することで実現します．エッジでは平滑化の変化が大きいのに対し，その他ではあまり変化しません．この性質から輪郭を検出できます．

平滑化にはガウシアン・フィルタなどを使用します．

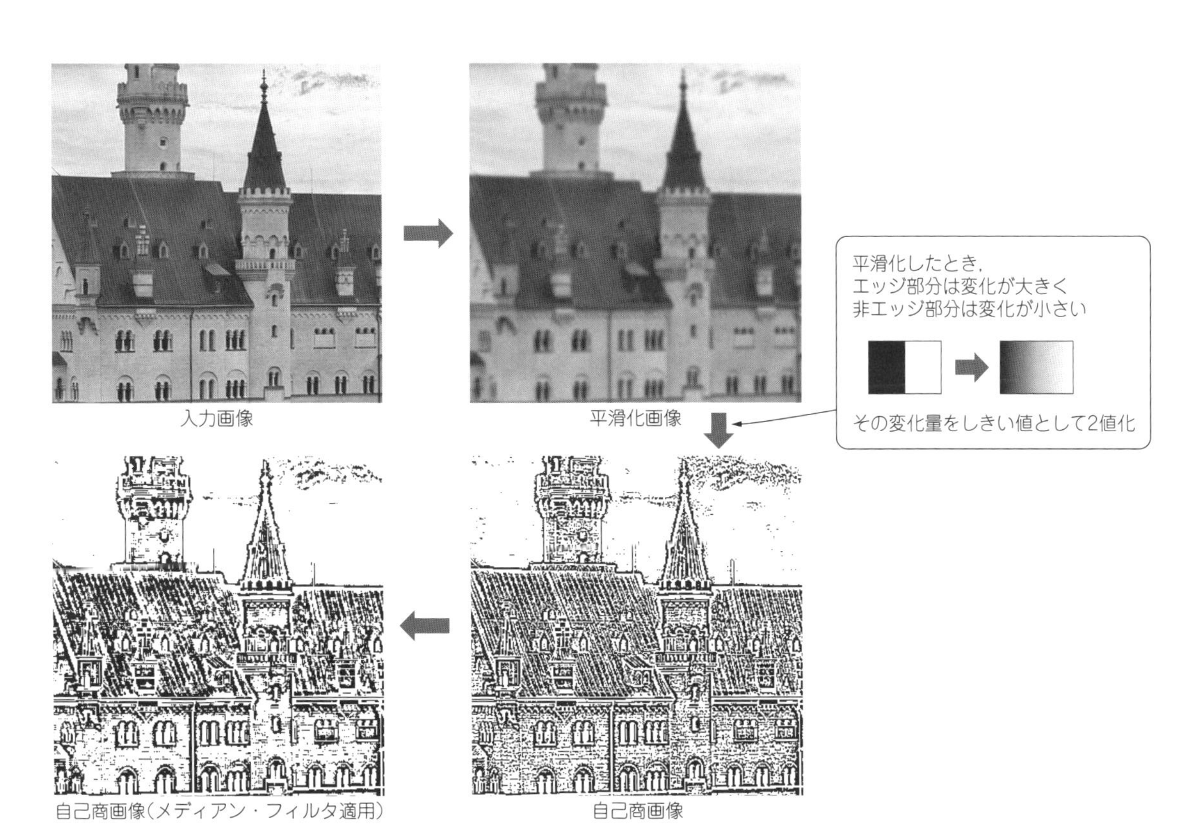

図15　自己商フィルタ…入力画像の画素値を平滑化画像の画素値で割り算し，その値を元に2値化する

リスト9　自己商フィルタのプログラム(抜粋)

```
for (f = 0; f < 2; f++) {
  GF(img2);  //平滑化処理
}

for (y = 0; y < Y; y++) {
  for (x = 0; x < X; x++) {
    //img: 入力画像, img2: 平滑化後の画像
    p[0] = img.at<cv::Vec3b>(y, x)[0];//入力画像のB値
    p[4] = img2.at<cv::Vec3b>(y, x)[0];//平滑化画像のB値

    //自己商画像を求める
    b = double(p[4]);
    n = double(p[0]);

    pn = b / n;  //(平滑化画像)/(入力画像)

    if (pn > t) {
      pn = 255.0;
    }
    else {
      pn = 0.0;
    }

    //pnを出力画像として書き出し(省略)
  }
}
```

●実行結果

自己商フィルタを用いて画像の輪郭を検出するプログラムを**リスト9**に示します．実行結果は**図15**に示した通りです．

出力結果では，やや過剰抽出気味ながらも全体の輪郭を検出できていることが分かります．

第1部　静止画像

第8章

膨張収縮によるノイズ除去

8-1　白い領域を膨張させて文字等を消せる基本「ダイレーション」

収録フォルダ：ダイレーション

ダイレーション(Dilation)は，モルフォロジー(Morphology)演算における基本処理の1つです．モルフォロジー演算とは，構造化要素という領域定義と集合演算を組み合わせた画像処理です．ダイレーションは膨張処理とも呼ばれており，白い領域を一回り「大きく」します．

ダイレーションは黒色の領域を消失させることができます．しかし，文字以外の部分でも全体的に輝度が上がってしまうなどの影響を与えるため，その点は注意が必要です．

●仕組み

ダイレーションの仕組みを図1に示します．入力画像を十字型の構造化要素に従って上下左右に動かします．作成した画像5枚(原点含めて)を全て含む画像がダイレーション結果になります．

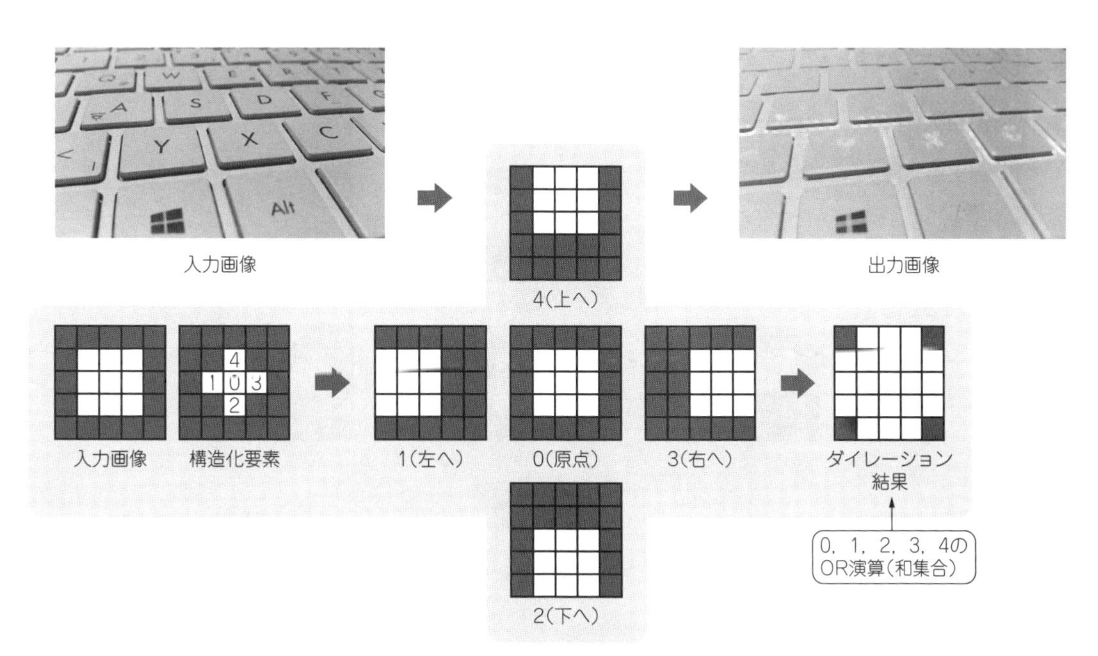

図1　ダイレーション…画像を構造化要素に従って動かして和集合を取ると膨張する

プログラムの入手先は
https://interface.cqpub.co.jp/opencv-1/

直観的にいうと，画像を構造化要素に従って動かし，その和集合を取るという処理になります．

●実行結果

ダイレーションのプログラムはダウンロード・データに収録しています．実行結果は**図1**に示した通りです．

入力画像に適用したダイレーションの構造化要素は，3×3の四角形であり，回数は2回です．入力画像はキーボードの写真ですが，出力画像においては文字が消失しています．これは，画像の白い領域が膨張した結果，黒色である文字の領域を埋めてしまったためです．

8-2 明るいノイズ(白領域)を収縮させて消せる「エロージョン」

収録フォルダ：エロージョン

エロージョン(Erosion)は，モルフォロジー演算における基本処理の1つです．収縮処理とも呼ばれており，白い領域を一回り「小さく」します．エロージョンにより白色の領域を消失させることができます．

●仕組み

エロージョンの仕組みを**図2**に示します．斜線型の構造化要素に沿って入力画像を動かします．作成した画像3枚(原点含めて)をその共通する部分のみを取ってきた画像がエロージョン結果になります．

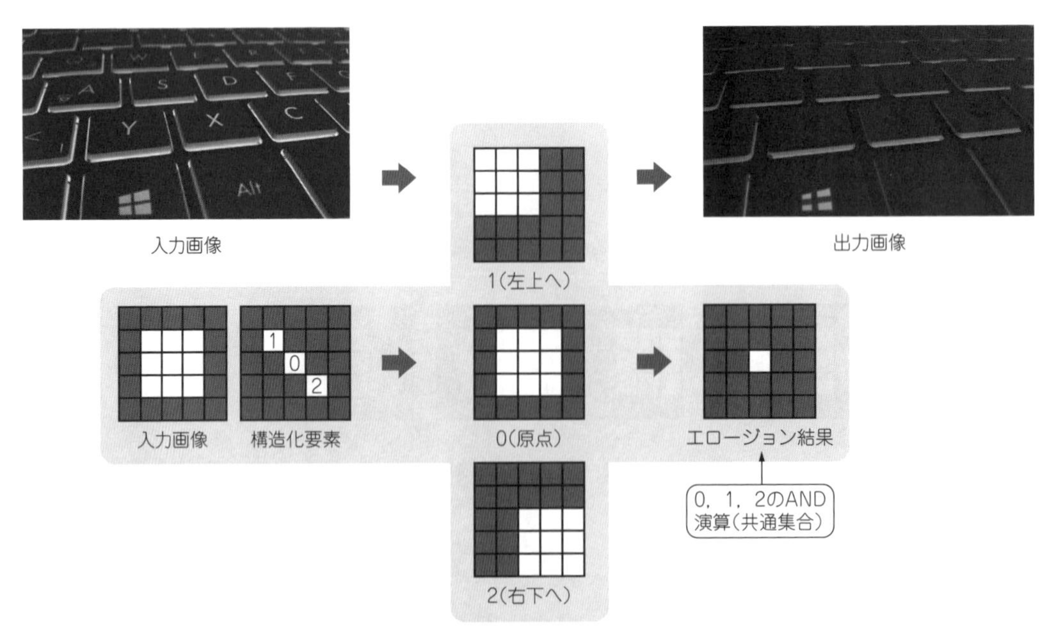

図2　エロージョン…画像を構造化要素に従って動かして共通集合を取ると収縮する

リスト1　エロージョンのプログラム（抜粋）

```
for (y = 0; y < Y; y++) {
  for (x = 0; x < X; x++) {
    n = 0;//配列カウントの初期化 n=(w×w−1)2が中心番号
    //ウィンドウ内の座標指定と1次元の配列に代入
    for (j = y - (Y2 - 1) / 2; j <= y + (Y2 - 1) / 2; j++) {
      for (i = x - (X2 - 1) / 2; i <= x + (X2 - 1) / 2; i++) {
        xx = i - x + (X2 - 1) / 2;
        yy = j - y + (Y2 - 1) / 2;//構造化要素の該当座標

        s[0] = img2.at<cv::Vec3b>(yy, xx)[0];
        if ((i >= 0 && j >= 0 && i < X && j < Y) && (s[0] == 255)){
          p[n] = img3.at<cv::Vec3b>(j, i)[0];
          n++;
        }
        else {
          p[n] = 255;
          n++;
        }
      }
    }
    pn = n;
    sw = 1;
    while (sw > 0) {
      sw = 0;
      for (n = 0; n < pn; n++){
        if (p[n] > p[n + 1]) {
          temp = p[n + 1];
          p[n + 1] = p[n];
          p[n] = temp; sw++;
        }
      }
    }
    img.at<cv::Vec3b>(y, x)[0] = p[0];  //Bへ代入
    img.at<cv::Vec3b>(y, x)[1] = p[0];  //Gへ代入
    img.at<cv::Vec3b>(y, x)[2] = p[0];  //Rへ代入
  }
}
```

エロージョンは，直観的にいうと，画像を構造化要素に従って動かし，その共通集合を取るという処理になります．

●実行結果

エロージョンのプログラムを**リスト1**に示します．実行結果は**図2**に示した通りです．

入力画像に適用したエロージョンの構造化要素は，3×3の四角形であり，回数は2回です．出力画像においては文字が消失していることが分かります．これは，画像の白い領域が収縮した結果，白色である文字の領域を消失してしまったためです．

8-3　全体への影響を抑えつつ明るいノイズを消せる「オープニング」

収録フォルダ：オープニング

画像中に明るいノイズや明るい領域が含まれているとき，その大きさ以上の構造化要素を用いたオープニング（Opening）を適用することで，画像中からそれらを消去できます．

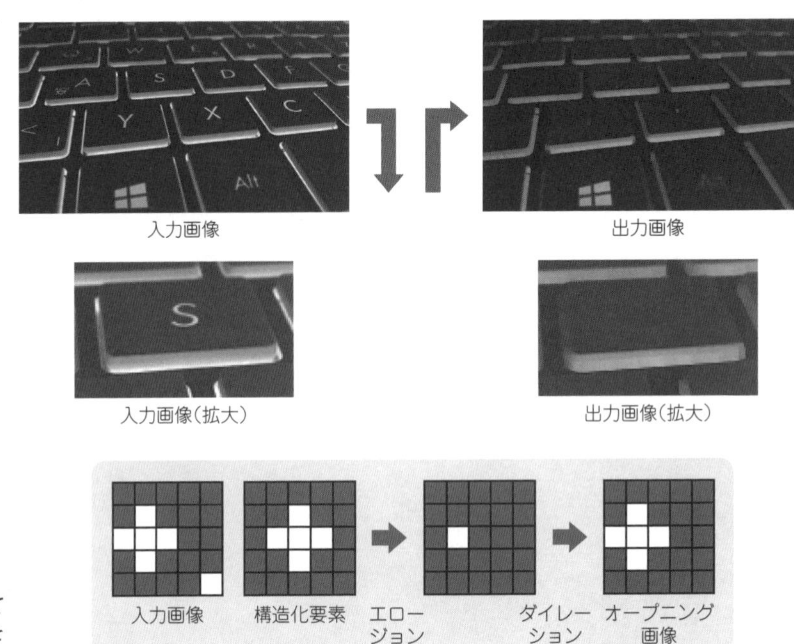

図3
オープニング…入力画像に対してエロージョンとダイレーションを順に適用する

リスト2　オープニングのプログラム(抜粋)

```
for(n = 0; n < t; n++){
  ME(img, img2);  // エロージョン
}
for(n = 0; n < t; n++){
  MD(img, img2);  // ダイレーション
}
```

●仕組み

オープニングの仕組みを**図3**に示します．入力画像に対してエロージョンを適用したのち，ダイレーションを適用することで実現します．

ダイレーションの適用前後では，画像の大部分は変化しません．しかし，使用した構造化要素よりも小さいかつ明るい領域は消去されてしまいます．

図では，5×5の画像の右下に白画素(明るい領域)が1画素ありますが，次のエロージョンによって消失しています．このため，その後のダイレーションで全体が入力画像のように戻っても，右下の白画素は元に戻りません．このようにして，オープニングは画像全体への影響を抑えつつ明るい領域を消去します．

●実行結果

オープニングのプログラムを**リスト2**に示します．実行結果は**図3**に示した通りです．

入力画像に適用したオープニングの構造化要素は，3×3の四角形であり，回数は2回です(エロージョンを2回適用した後，ダイレーションを2回適用）．入力画像はキーボードの写真ですが，出力画像においては明るい領域である文字が消失していることが分かります．

一見するとエロージョンと同じ結果ですが，オープニングはエロージョンに比べて，画像全体に与える影響はより少ないという特徴があります．

8-4 全体への影響を抑えつつ文字等を消せる「クロージング」

収録フォルダ：クロージング

画像中に暗いノイズや暗い領域が含まれているとき，その大きさ以上の構造化要素を用いたクロージング（Closing）を適用することで，画像中からそれらを消去できます．

●仕組み

クロージングの仕組みを**図4**に示します．入力画像に対してダイレーションを適用したのち，エロージョンを適用することで実現します．

クロージングの適用前後では，画像の大部分は変化しません．しかし，使用した構造化要素よりも小さいかつ暗い領域は消去されてしまいます．

図では，5×5の画像の中心に黒画素（暗い領域）が1画素ありますが，次のダイレーションによって消失しています，このためその後のエロージョンで全体が入力画像のように戻っても，黒画素は元に戻りません．このようにして，クロージングは画像全体への影響を抑えつつ暗い領域を消去します．

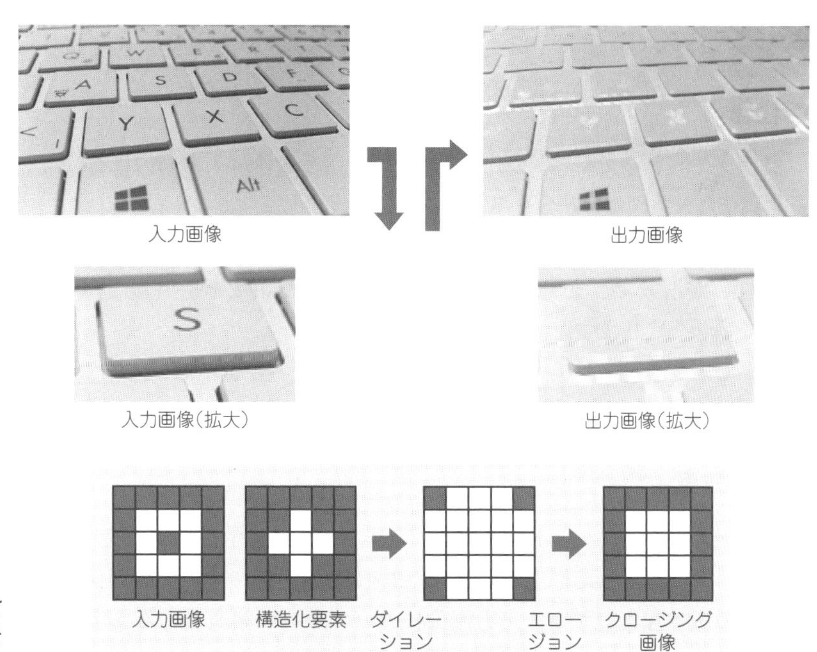

図4
クロージング…入力画像に対してダイレーションとエロージョンを順に適用する

リスト3　クロージングのプログラム（抜粋）

```
for(n = 0; n < t; n++){
  MD(img, img2);  // ダイレーション
}
for(n = 0; n < t; n++){
  ME(img, img2);  // エロージョン
}
```

●実行結果

クロージングのプログラムを**リスト3**に示します．実行結果は**図4**に示した通りです．

入力画像に適用したクロージングの構造化要素は，3×3の四角形であり，回数は2回です（ダイレーションを2回適用した後，エロージョンを2回適用）．入力画像はキーボードの写真ですが，出力画像においては暗い領域である文字が消失していることが分かります．

一見するとダイレーションと同じ結果ですが，クロージングはダイレーションに比べて，画像全体に与える影響はより少ないという特徴があります．

8-5 相対的に暗い領域を抽出する「ブラック・トップハット」

収録フォルダ：ブラックトップハット

ブラック・トップハット（Black Top-Hat）は，画像から構造化要素より小さいかつ相対的に暗い領域を抽出する処理です．この処理は，例えば，大きな汚れのある紙面から文字を抽出する際に効果を発揮します．

●仕組み

ブラック・トップハットの仕組みを**図5**に示します．入力画像に対してクロージング処理を適用した後，その画像と入力画像の差分を出力することで実現します．

入力画像にクロージング処理を適用すると，入力画像から構造化要素より小さいかつ相対的に暗い領域（文字）が消去できます．従って，この消去した領域を抽出したい場合は，入力画像とクロージング画像との差分を取ります．

抽出できた領域をよりハッキリと見たい場合は，出力結果に2値化処理を行うとよいでしょう．領域の抽出精度は，入力画像と比較すればよりよく確認できます．

●実行結果

ブラック・トップハットのプログラムを**リスト4**に示します．実行結果は**図5**に示した通りです．

入力画像に適用した構造化要素は，3×3の四角形です．入力画像は，黒の手書き文字と照明による濃淡ムラのある写真ですが，出力画像においては暗い領域である文字が抽出され，さらにムラが軽減されています．

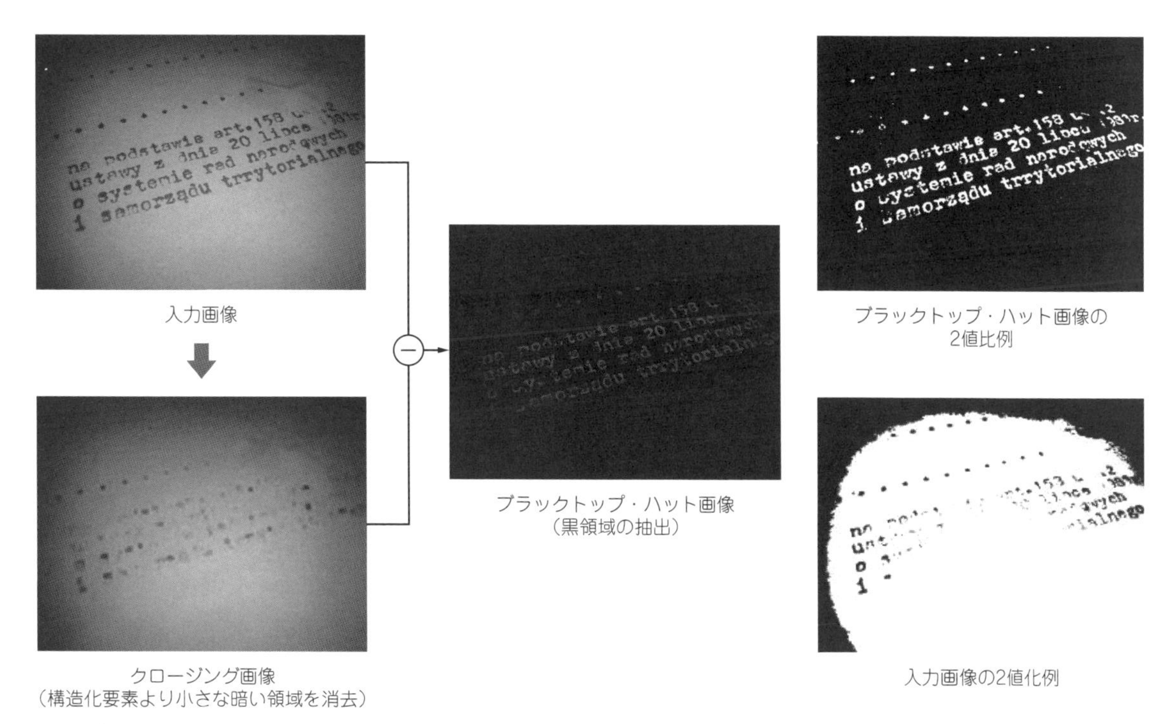

図5　ブラック・トップハット…入力画像に対してクロージング処理を適用した後，その画像と入力画像の差分を出力する

リスト4　ブラック・トップハットのプログラム（抜粋）

```
for (n = 0; n < t; n++) {
  MD(img, img2);//ダイレーション
}
for (n = 0; n < t; n++) {
  ME(img, img2);//エローション参照
}

for (y = 0; y < Y; y++) {
  for (x = 0; x < X; x++) {
    p[0] = img3.at<cv::Vec3b>(y, x)[0];//入力画像の画素
    p[1] = img.at<cv::Vec3b>(y, x)[0];//出力画像の画素
    p[2] = p[1] - p[0];

    img.at<cv::Vec3b>(y, x)[0] = p[2];  //Bへ代入
    img.at<cv::Vec3b>(y, x)[1] = p[2];  //Gへ代入
    img.at<cv::Vec3b>(y, x)[2] = p[2];  //Rへ代入
  }
}
```

8-6　相対的に明るい領域を抽出する「ホワイト・トップハット」

収録フォルダ：ホワイトトップハット

ホワイト・トップハット（White Top-Hat）は，画像から構造化要素より小さいかつ相対的に明るい領域を抽出する処理です．この処理は，例えば，大きな汚れのある紙面から文字を抽出するなどに効果を発揮します．

●仕組み

ホワイト・トップハットの仕組みを**図6**に示します．入力画像に対してオープニング処理を適用した後，その画像と入力画像の差分を出力することで実現します．

入力画像にオープニング処理を適用すると，入力画像から構造化要素より小さいかつ相対的に明るい領域（文字）が消去できます．従って，この消去した領域を抽出したい場合は，入力画像とオープニング画像との差分を取ります．

抽出できた領域をよりハッキリと見たい場合は，出力結果に2値化処理を行うとよいでしょう．領域の抽出精度は，入力画像と比較すればよりよく確認できます．

●実行結果

ホワイト・トップハットのプログラムを**リスト5**に示します．実行結果は**図6**に示した通りです．

入力画像に適用した構造化要素は，3×3の四角形です．入力画像は，白の手書き文字と緩やかな濃淡ムラのあるの写真ですが，出力画像においては明るい領域である文字が抽出され，さらにムラが軽減されていることが分かります．

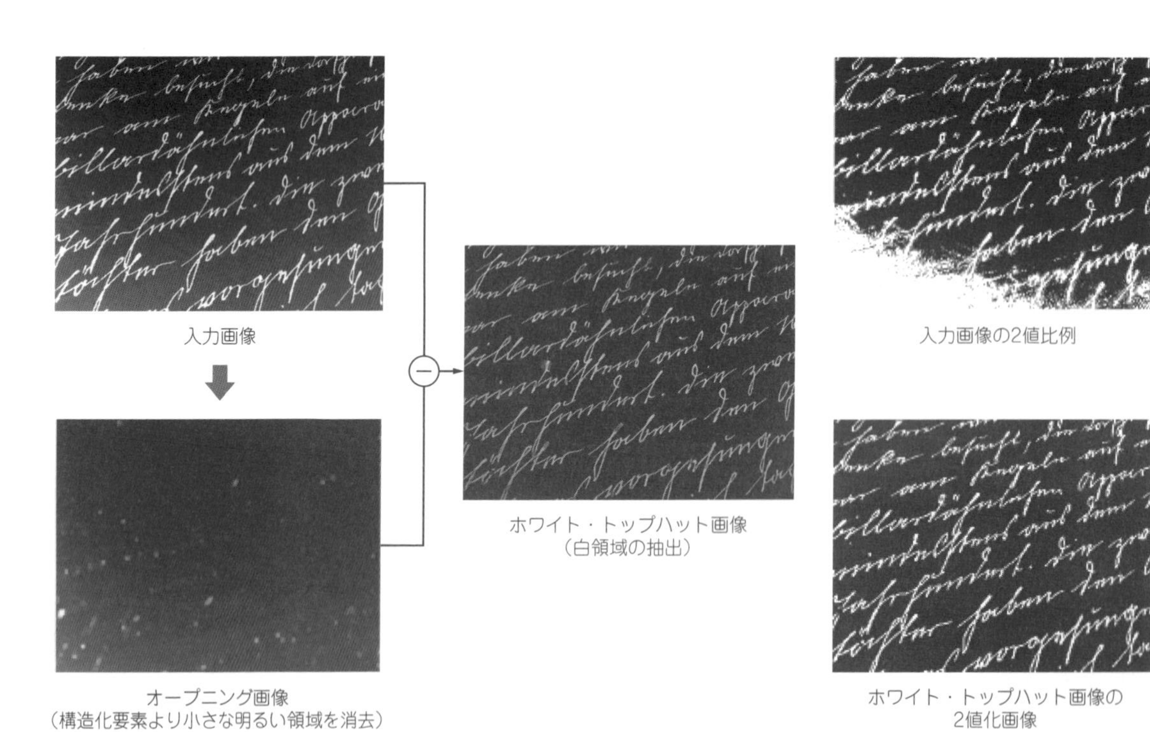

図6　ホワイト・トップハット…入力画像に対してオープニング処理を適用した後，その画像と入力画像の差分を出力する

リスト5　ホワイト・トップハットのプログラム(抜粋)

```
for (n = 0; n < t; n++) {
  ME(img, img2);//エロージョン参照
}
for (n = 0; n < t; n++) {
  MD(img, img2);//ダイレーション
}

for (y = 0; y < Y; y++) {
  for (x = 0; x < X; x++) {
    p[0] = img3.at<cv::Vec3b>(y, x)[0];//入力画像の画素
    p[1] = img.at<cv::Vec3b>(y, x)[0];//出力画像の画素
    p[2] = p[0] - p[1];

    img.at<cv::Vec3b>(y, x)[0] = p[2];  //Bへ代入
    img.at<cv::Vec3b>(y, x)[1] = p[2];  //Gへ代入
    img.at<cv::Vec3b>(y, x)[2] = p[2];  //Rへ代入
  }
}
```

8-7　ノイズを減らせるのに欠けも少ない優れもの「コンディショナル・ダイレーション」

収録フォルダ：コンディショナルダイレーション

コンディショナル・ダイレーションは，ノイズが少なく抽出領域の欠けも少ないという画像を得ることができる，モルフォロジー演算において最も優れた処理の1つです．

●仕組み

コンディショナル・ダイレーションの仕組みを**図7**に示します．

ダイレーション演算とAND演算，画像判定を行うことで実現します．領域欠損(ノイズは少ないが抽出領域の欠けが多い)と過剰抽出(抽出領域の欠けは少ないがノイズが多い)の2枚の画像を使います．

種画像(図では領域欠損)をダイレーションし，その結果と条件画像(図では過剰抽出)とでAND演算を行います．こうすると，種画像にはノイズがないため抽出したい「A」だけが大きくなります．しかし大きくなり過ぎた部分は，条件画像とのAND演算により消去されます．最後に，AND演算後の画像が，ダイレーション前の画像と比較して変化していなければ終了です．変化していれば，再びダイレーションを行い，条件画像とのAND演算，という具合に繰り返します．

●実行結果

コンディショナル・ダイレーションのプログラムを**リスト6**に示します．実行結果は**図7**に示した通りです．

構造化要素は，3×3の四角形です．2枚の入力画像は，それぞれ領域欠損，過剰抽出が生じていますが，出力結果では両者の問題が解消された結果が得られています．

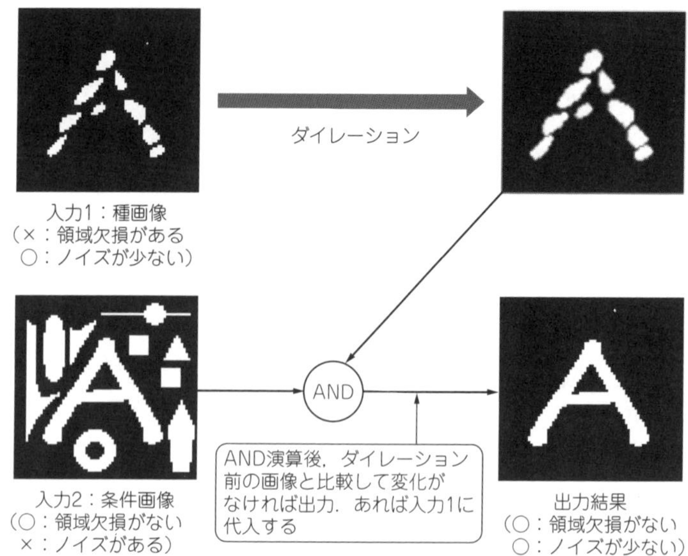

図7
コンディショナル・ダイレーション…2枚の画像を使ってダイレーション演算とAND演算，画像判定を行う

リスト6　コンディショナル・ダイレーションのプログラム(抜粋)

```
while (n == 0) {
  img4 = img.clone();//ダイレーション前に種画像を保管
  MD(img, img2);//種画像をダイレーション
  //条件によるマスク
  for (y = 0; y < Y; y++) {
    for (x = 0; x < X; x++) {
      p[0] = img.at<cv::Vec3b>(y, x)[0];
      p[1] = img3.at<cv::Vec3b>(y, x)[0];
      if (double(p[0]) * double(p[1]) == 255 * 255) {
        p[2] = 255;
      }
      else {
        p[2] = 0;
      }
      //種画像と条件画像のどちらも白の場合のみ白(255)を出力

      img.at<cv::Vec3b>(y, x)[0] = p[2];  //Bへ代入
      img.at<cv::Vec3b>(y, x)[1] = p[2];  //Gへ代入
      img.at<cv::Vec3b>(y, x)[2] = p[2];  //Rへ代入
    }
  }

  n = 1;//ループ抜け条件
  //1ターン前との変化を確認
  for (y = 0; y < Y; y++) {
    for (x = 0; x < X; x++) {
      p[0] = img.at<cv::Vec3b>(y, x)[0];
      p[1] = img4.at<cv::Vec3b>(y, x)[0];

      if (p[0] != p[1]) {//変化があればループ抜け却下
        n = 0;
      }
    }
  }
}
```

第1部　静止画像

第9章 ターゲット抽出

9-1 画像分離/抽出の基本「しきい値による2値化処理」

収録フォルダ：任意での閾値処理

2値化処理は，濃淡画像を白黒画像に変換する処理です．画像からの領域抽出や，画像伝送時に情報量を節約することを主な目的として使用されます．

2値化において，しきい値を自動決定する方法はたくさんあります．最もやさしいのは，1つの決まったしきい値だけで画像全体を2値化する（白と黒に分ける）方法です．

●仕組み

任意のしきい値による2値化処理の仕組みを**図1**に示します．

2値化処理は，設定したしきい値に対して注目画素の値が高い場合は白に，低い場合は黒に変換することで実現します．

●実行結果

任意のしきい値による2値化処理のプログラムを**リスト1**に示します．実行結果は**図1**に示した通りです．

しきい値(t)を128に設定しています．濃淡画像が白黒に変換されています．入力画像は自然画像に比べてシンプルな色構成のため，2値化によって大きく情報量が損なわれても，元の画像の様子をしっかりと確認できます．

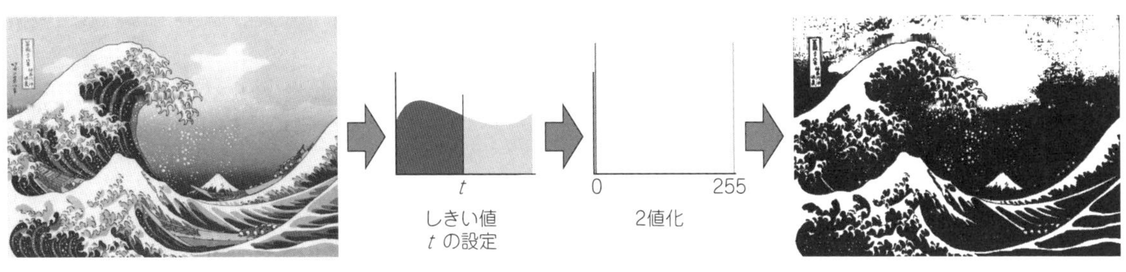

図1　任意のしきい値による2値化処理…1つの決まったしきい値だけで画像全体を白と黒に分ける

プログラムの入手先は
https://interface.cqpub.co.jp/opencv-1/

リスト1　任意のしきい値による2値化処理のプログラム(抜粋)

```
for (y = 0; y < Y; y++) {
  for (x = 0; x < X; x++) {
    //入力画像から画素値を読み込む
    p[0] = img.at<cv::Vec3b>(y, x)[0];//B(青色)の画素

    //任意のしきいによる2値化(t:しきい値)
    if (p[0] > t) {
      p[3] = 255;
    }
    else {
      p[3] = 0;
    }
    //画素値を出力画像として書き込む
    img.at<cv::Vec3b>(y, x)[0] = p[3];  //Bへ代入
    img.at<cv::Vec3b>(y, x)[1] = p[3];  //Gへ代入
    img.at<cv::Vec3b>(y, x)[2] = p[3];  //Rへ代入
  }
}
```

このように，1つのしきい値で画像全体を2値化する方法は大局的2値化法と呼びます．

9-2 画像合成/分離の基本「マスキング処理」

収録フォルダ：マスク処理

マスキング処理は，複数枚の画像を1枚に合成したり，あるいは1枚の画像を領域ごとに分けた複数の画像に分離したりするときに用いられます．例えば，街の写真から背景と人とを分離したり，あるいはある写真の風景と別の写真の生き物を合成したりするときに，マスキング処理は必要不可欠になります．

●仕組み

マスキング処理の仕組みを**図2**に示します．

まず，マスク画像を用意します．マスク画像とは，1枚の画像を複数の領域に分離したいときに，各領域を色分けして示す画像のことです．図では花の画像を用いていますが，具体的に花の領域を赤，背景の領域を青としています．

次にこのマスク画像と入力画像を照らし合わせて，マスク画像の赤(紙面ではうすい灰色)の領域のみを含む画像と，青(濃い灰色)の領域のみを含む画像に分離します．これによって，入力画像から花の領域だけを抽出できます．

●実行結果

マスキング処理のプログラムを**リスト2**に示します．実行結果は**図2**に示した通りです．

画像A，Bから，マスク画像を用いることで花の領域を抽出できていることが分かります．もし画像をさらに多くの領域に分離したい場合は，赤と青だけでなく緑など，他の色を加えることでできます．

また，今回はマスク画像を分離に用いていますが，例えばこの花の画像を別の写真とマスキング処理することで，画像合成に使用することもできます．

図2　マスキング処理…マスク画像と入力画像を照らし合わせて分離する

リスト2　マスキング処理のプログラム（抜粋）

```
for (y = 0; y < Y; y++) {
  for (x = 0; x < X; x++) {
    //入力画像から画素値を読み込む
    p[0] = img.at<cv::Vec3b>(y, x)[0];//B
    p[1] = img.at<cv::Vec3b>(y, x)[1];//G
    p[2] = img.at<cv::Vec3b>(y, x)[2];//R

    //マスキング画像から画素値を読み込む
    p[3] = img2.at<cv::Vec3b>(y, x)[0];
    p[4] = img2.at<cv::Vec3b>(y, x)[2];

    //マスク格納結果用に複製: BとRに注目
    if (p[3] == 255){
      p[5] = p[0];
      p[6] = p[1];
      p[7] = p[2];
      p[8] = 0;
      p[9] = 0;
      p[10] = 0;
    }

    if (p[4] == 255){
      p[8] = p[0];
      p[9] = p[1];
      p[10] = p[2];
      p[5] = 0;
      p[6] = 0;
      p[7] = 0;
    }

    img3.at<cv::Vec3b>(y, x)[0] = p[5];  //Bへ代入
    img3.at<cv::Vec3b>(y, x)[1] = p[6];  //Gへ代入
    img3.at<cv::Vec3b>(y, x)[2] = p[7];  //Rへ代入

    img4.at<cv::Vec3b>(y, x)[0] = p[8];  //Bへ代入
    img4.at<cv::Vec3b>(y, x)[1] = p[9];  //Gへ代入
    img4.at<cv::Vec3b>(y, x)[2] = p[10]; //Rへ代入

  }
}
```

9-3 最も分離できるしきい値を選択する「判別分析法」

収録フォルダ：判別分析法

判別分析法は，画像全体を1つのしきい値で2値化する大局的2値化の中で，最も優れた性能を持つ方式の1つです．作者の名前にちなんで「大津の2値化」とも呼ばれます．

●仕組み

判別分析法の仕組みを**図3**に示します．画像の濃淡ヒストグラムが2つの正規分布が混合してできたものだと仮定し，その2つを最も分離できるしきい値を選択する方法です．

具体的には，画像を2値化したときにできる白画素と黒画素がそれぞれ正規分布であると仮定し，おのおののクラス内分散が最小，クラス間分散が最大となるしきい値を選択します．実際にはクラス間分散とクラス内分散の比である分離度の分子$\omega_1 \cdot \omega_2 (m_1 - m_2)^2$が最大となるしきい値を選択します．つまり，画像のしきい値を1～254まで動かし，その都度，しきい値未満としきい値以上の2クラスの分離度の分子を計算し，その値が最大となるしきい値で画像を2値化することになります．

●実行結果

判別分析法のプログラムを**リスト3**に示します．実行結果は**図3**に示した通りです．

入力画像は，判別分析法の仮定である「画像が2クラスのヒストグラムでできている」と見なすのに適した文書画像を選択しています．紙面には濃淡ムラが含まれているため，しきい値が固定だとうまく分離でききないことがあります．

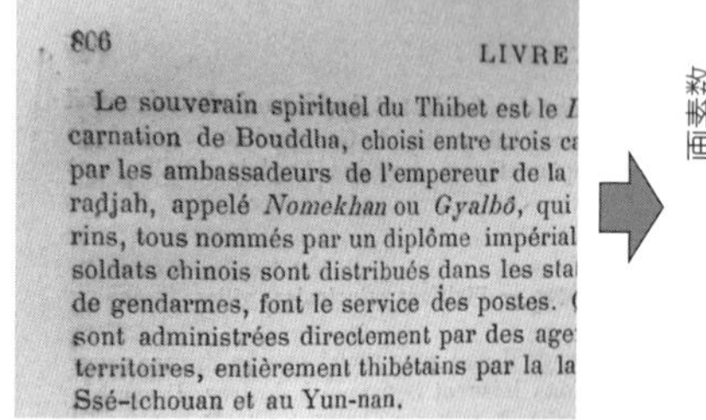

806 LIVRE

Le souverain spirituel du Thibet est le *I*
carnation de Bouddha, choisi entre trois c
par les ambassadeurs de l'empereur de la
radjah, appelé *Nomekhan* ou *Gyalbô*, qui
rins, tous nommés par un diplôme impérial
soldats chinois sont distribués dans les sta
de gendarmes, font le service des postes. (
sont administrées directement par des age
territoires, entièrement thibétains par la la
Ssé-tchouan et au Yun-nan.

入力画像

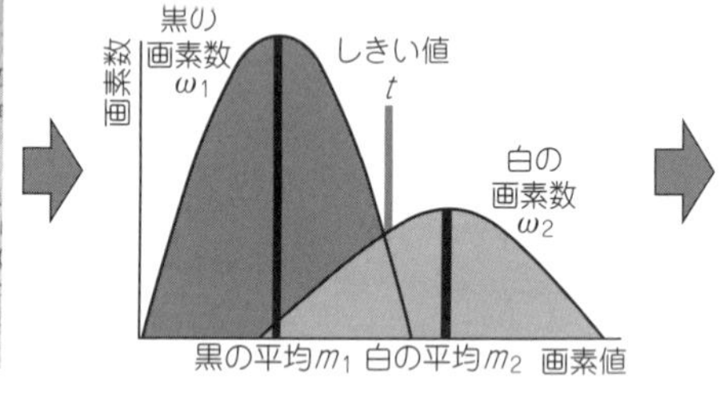

濃淡ヒストグラム

806 LIVRE

Le souverain spirituel du Thibet est le *I*
carnation de Bouddha, choisi entre trois c
par les ambassadeurs de l'empereur de la
radjah, appelé *Nomekhan* ou *Gyalbô*, qui
rins, tous nommés par un diplôme impérial
soldats chinois sont distribués dans les sta
de gendarmes, font le service des postes. (
sont administrées directement par des age
territoires, entièrement thibétains par la la
Ssé-tchouan et au Yun-nan.

出力画像

図3　判別分析法…「画像の濃淡ヒストグラムを2つの正規分布が混合してできたものだ」と仮定して，最も分離できるしきい値を選択する

リスト3　判別分析法のプログラム（抜粋）

```
for (y = 0; y < Y; y++) {
  for (x = 0; x < X; x++) {
    //入力画像から画素値を読み込む
    p[0] = img.at<cv::Vec3b>(y, x)[0];//Bの画素値
    P[x][y] = p[0];
  }
}

double wb, ww, mb, mw, max, cmax;
//黒画素数, 白画素数, 黒画素数平均, 白画素数平均, 判定式結果格納, 暫定最大判定式

wb = 0, ww = 0, mb = 0, mw = 0, max = 0, cmax = 0, th = 0;//初期化

for (t = 1; t < 255; t++) {//しきい値0～255ループ
  for (y = 0; y < Y; y++) {
    for (x = 0; x < X; x++) {
      if (P[x][y] >= t) {
        ww++;
        mw = mw + P[x][y];
      }
      else {
        wb++;
        mb = mb + P[x][y];
      }
      //白画素数と黒画素数のカウント, 白クラスと黒クラスの画素総和
    }
  }
  max = (wb / 100) * (ww / 100) * ((mw / ww) - (mb / wb)) * ((mw / ww) - (mb / wb));//判定式計算

  if (max > cmax) {
    cmax = max;
    th = t;
  } //最大判定と最大格. しきい値ループ脱出時にはthにしきい値, cmaxには最大判定式

  wb = 0, ww = 0, mb = 0, mw = 0;//初期化
}

for (y = 0; y < Y; y++) {
  for (x = 0; x < X; x++) {
    if (P[x][y] >= (th)) {
      p[1] = 255;
    }
    else {
      p[1] = 0;
    }

    //画素値を出力画像として書き込む
    img.at<cv::Vec3b>(y, x)[0] = p[1];  //Bへ代入
    img.at<cv::Vec3b>(y, x)[1] = p[1];  //Gへ代入
    img.at<cv::Vec3b>(y, x)[2] = p[1];  //Rへ代入
  }
}
```

9-4 背景と前景に明確に分離できる場合に効果的な「モード法」

収録フォルダ：モード法

モード法は，画像が前景と背景に明確に分類できる場合に，効果的なしきい値を選択できる2値化法です．

●仕組み

モード法の仕組みを**図4**に示します．画像が前景と背景に分類できるとは，濃淡ヒストグラムがきれいな双峰性(2つの山を持つ)ことと同義です．2つの山(前景と背景)が作る谷の位置を探索します．

ヒストグラムにおける谷の位置は，ヒストグラムをしきい値で1階微分したときにゼロとなり，かつ2階微分したときにプラスとなる位置です．ただし，ヒストグラムにそのまま微分を適用すると，局所解(小さな谷)を選択することがあります．従って，あらかじめヒストグラムを平滑化しておくことが重要です．

●実行結果

モード法のプログラムを**リスト4**に示します．実行結果は**図4**に示した通りです．

入力画像は，前景が「花」で，背景が「ピントのぼけた花以外」です．しきい値の選択を失敗すると，背景が花と混じって白色になったり，花が黒色に欠損してしまったりすることがあります．出力結果は，花とピンボケの背景が良好に分離できているのが確認できます．

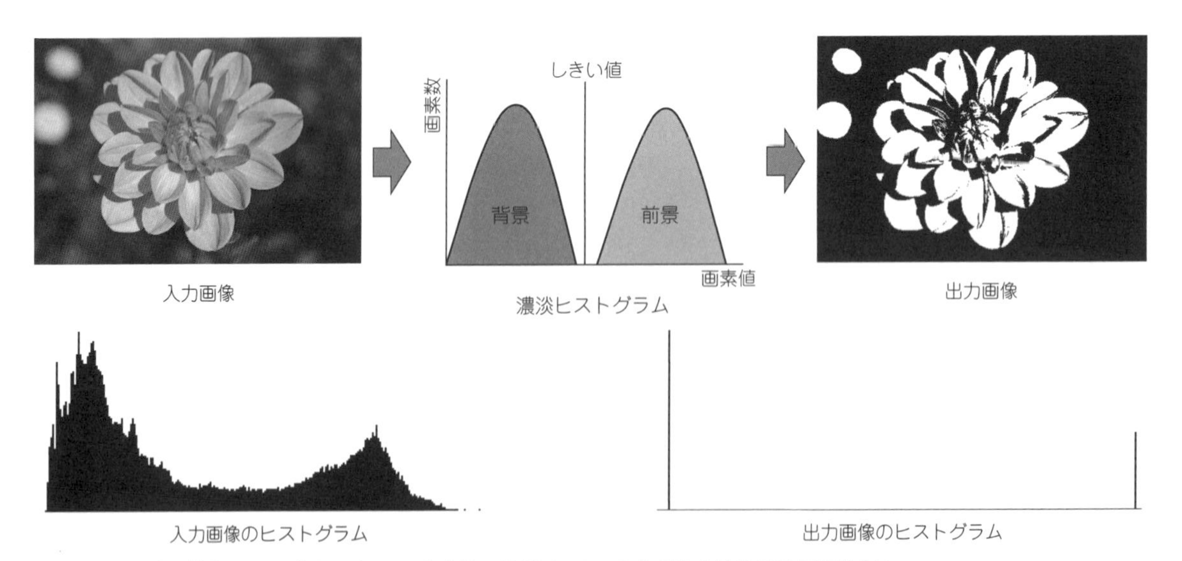

図4　モード法…濃淡ヒストグラムが2つの山を持つ前提で，2つの山が作る谷の位置を探索する

リスト4　モード法のプログラム(抜粋)

```
//濃淡ヒストグラムの作成
for (int v = 0; v < 256; v++) {
  for (y = 0; y < Y; y++) {
    for (x = 0; x < X; x++) {
      p[0] = img.at<cv::Vec3b>(y, x)[0];//Bの画素
      if (p[0] == v) {
        h[v]++;
      }
    }
  }
}

//濃淡値ヒストグラムの平滑化
for (int v = 0; v < 256; v++){
  bh[v] = 0.2 * (double)h[v - 2] + 0.2 * (double)h[v - 1] + 0.2 * (double)h[v] + 0.2 * (double)h[v + 1] + 0.2
                                                                                           * (double)h[v + 2];
}

//濃淡ヒストグラムの下凸探索
int t = 0;
for (int v = 0; v < 256; v++){
  if (bh[v + 1] - 2 * bh[v] + bh[v - 1] > 0 && bh[v] - bh[v - 1] == 0) {
    //2次微分が正かつ一時微分が0
    t = v;
  }
}

for (y = 0; y < Y; y++) {
  for (x = 0; x < X; x++) {
    //入力画像から画素値を読み込む
    p[0] = img.at<cv::Vec3b>(y, x)[0];//B
    if (p[0] > t) {
      p[3] = 255;
    }
    else {
      p[3] = 0;
    }

    //画素値を出力画像として書き込む
    img.at<cv::Vec3b>(y, x)[0] = p[3];  //Bへ代入
    img.at<cv::Vec3b>(y, x)[1] = p[3];  //Gへ代入
    img.at<cv::Vec3b>(y, x)[2] = p[3];  //Rへ代入
  }
}
```

9-5 背景と前景の割合が分かっている場合効果的な「Pタイル法」

収録フォルダ：Pタイル法

Pタイル法は，画像の前景もしくは背景の割合が分かっている場合に，効果的なしきい値を選択できる2値化法です．

●仕組み

Pタイル法の仕組みを**図5**に示します．

まず，画像の濃淡ヒストグラムを作成します．次に，前景が背景より暗い場合は前景の面積をPとし，前景が背景より明るい場合は背景の面積をPとします．そして，濃淡ヒストグラムの各頻度値を順に積

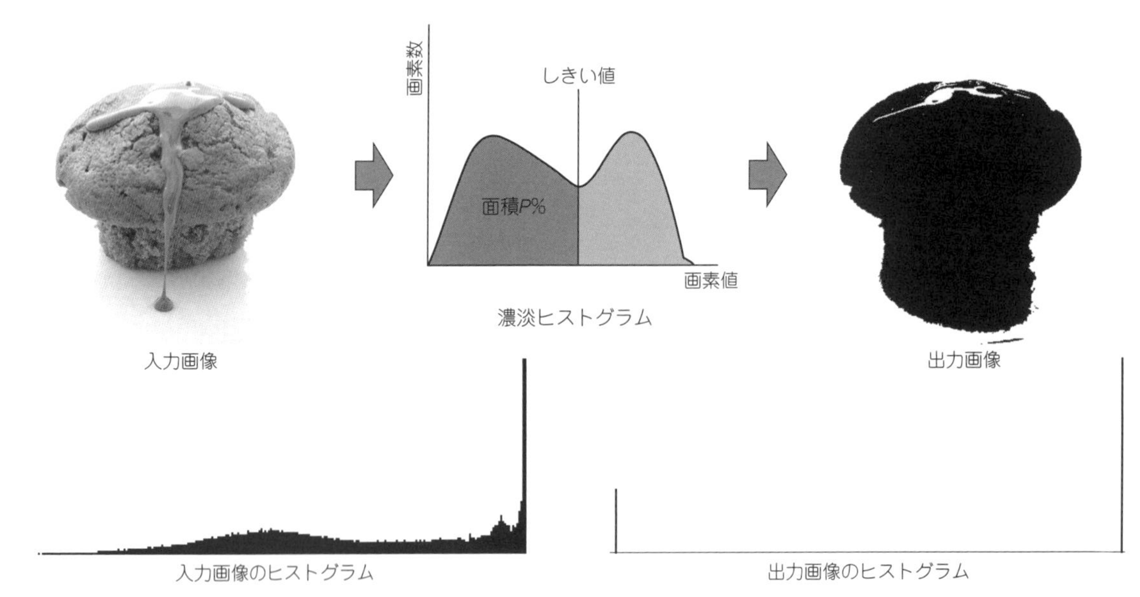

図5　Pタイル法…前景と背景の面積比に合わせてしきい値を選択する

リスト5　Pタイル法のプログラム（抜粋）

```
//濃淡ヒストグラムの作成
for (int v = 0; v < 256; v++) {
  for (y = 0; y < Y; y++) {
    for (x = 0; x < X; x++) {
      p[0] = img.at<cv::Vec3b>(y, x)[0]; //Bの画素
      if (p[0] == v) {
        h[v] = h[v] + 1.0;
      }
    }
  }
  Sh = Sh + h[v];//ヒストグラムの加算
  if (((Sh) / (double(X) * double(Y))) >= s) {
    //ヒストグラムの合計が割り合いに達した場合
    t = v;
    v = 256;
  }
}

for (y = 0; y < Y; y++) {
  for (x = 0; x < X; x++) {
    //入力画像から画素値を読み込む
    p[0] = img.at<cv::Vec3b>(y, x)[0];  //Bの画素値
    if (p[0] > t) {
      p[3] = 255;
    }
    else {
      p[3] = 0;
    }

    //画素値を出力画像として書き込む
    img.at<cv::Vec3b>(y, x)[0] = p[3];  //Bへ代入
    img.at<cv::Vec3b>(y, x)[1] = p[3];  //Gへ代入
    img.at<cv::Vec3b>(y, x)[2] = p[3];  //Rへ代入
  }
}
```

算していき，その割合がPとなったときの頻度値の画素値をしきい値とします．

濃淡値（画素値）iにおけるPの計算方法は，iにおけるヒストグラムの頻度値（画素数）を$h[i]$とした場合，

$(h[0]+h[1]+\cdots+h[i])$／総画素数

となります．

他の代表的な2値化法は，濃淡ヒストグラムの形状で判断するものが多いですが，Pタイル法は前景と背景の面積比さえ分かればヒストグラムの形によらず「しきい値」を選択できます．

●実行結果

Pタイル法のプログラムを**リスト5**に示します．実行結果は**図5**に示した通りです．

入力画像では，明るい背景にやや暗めのお菓子が写っています．従って，Pはお菓子の割合として設定します．ここでは0.25，すなわち画像の25％がお菓子であるとして2値化しています．

9-6 人工生命をモデルにした画像の分離／抽出「グロウカット」

収録フォルダ：グロウカット

グロウカットとは，人工生命の振る舞いをモデル化したセル・オートマトン（Cellular Automaton）を画像処理に応用した方法です．

最初にバクテリアに見立てた画素を用意します．これを繁殖させ，さらに異なるバクテリア同士をせめぎ合わせます．このとき，バクテリアは自分の持つ防御力により浸食したり，あるいは浸食されたりします．最終的に，バクテリアは自分の領域を確定させて動かなくなります．このときの各バクテリアの持つ領域が画像分割結果になります．

方法として面白いだけでなく，分割性能も高く，非常に優れています．

●仕組み

グロウカットの仕組みを**図6**に示します．

バクテリアに見立てた画素が最初に持つ領域（初期ラベル）を指定します．この領域だけは，浸食やせめぎ合いによって変化することはありません．従って，画像の分割を考えるときは前景と背景の主要領域とすることが一般的です．

次に初期ラベルを，指定された領域をバクテリアとして振る舞わせます．具体的には防御力を設定し，近傍画素へ浸食させます．そして異なる種類の領域と接触した場合は，互いの防御力を比較して，強い方が浸食します．

最終的にバクテリア同士はせめぎ合いを終えて領域が変化しなくなります．その時点でグロウカットによる画像分割は終了です．

初期状態
手描きで初期ラベルを指定
ここは防御力が∞

途中経過
ぶつかると，互いの防御力を比較．
勝った方のラベルになり、防御力も更新

終了状態
互いにラベルの更新がなくなると終了

図6　グロウカット…人工生命の振る舞いをモデル化した2値化方法

●実行結果

グロウカットのプログラムはダウンロード・データに収録しています．実行結果は**図6**に示した通りです．

図では花の一部を赤，背景の一部を青で指定し，それぞれ別のバクテリアとして設定しています．出力結果はバクテリアが自身の領域を確定させた結果です．画像から，花と背景が良好に分離できていることが確認できます．

9-7　2値化が難しいときに複数のしきい値を使う「レベル・スライス2値化法」

収録フォルダ：レベルスライス2値化法

レベル・スライス2値化法は，通常では2値化が難しい画像に対して効果を発揮します．具体的には，抽出対象が画像内において中程度の輝度を持つ場合などに有効です．

●仕組み

レベル・スライス2値化法の仕組みを**図7**に示します．2つのしきい値を設定して2値化します．

通常の2値化は1つのしきい値を設定し，それより小さなものを黒画素に，それより大きなものを白画

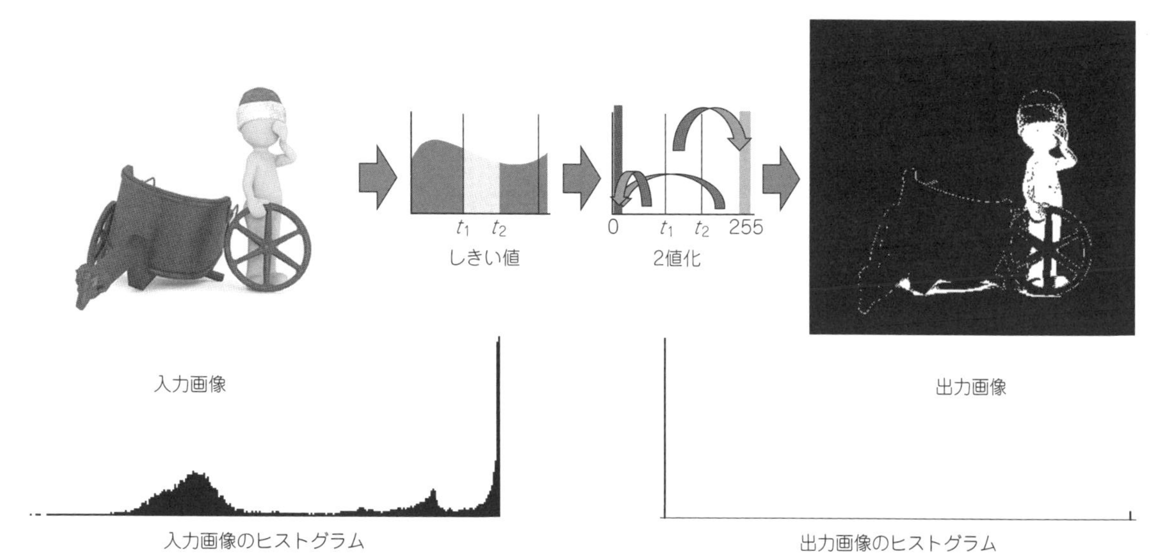

図7　レベル・スライス2値化法…2つのしきい値を設定して2値化する

リスト6　レベル・スライス2値化法のプログラム(抜粋)

```
for (y = 0; y < Y; y++) {
  for (x = 0; x < X; x++) {
    //入力画像から画素値を読み込む
    p[0] = img.at<cv::Vec3b>(y, x)[0];//Bの画素
    if (t1 < p[0] && p[0] < t2) {
      p[3] = 255;
    }
    else {
      p[3] = 0;
    }

    //画素値を出力画像として書き込む
    img.at<cv::Vec3b>(y, x)[0] = p[3];  //Bへ代入
    img.at<cv::Vec3b>(y, x)[1] = p[3];  //Gへ代入
    img.at<cv::Vec3b>(y, x)[2] = p[3];  //Rへ代入
  }
}
```

素に割り振っていきます．レベル・スライス2値化法は2つのしきい値t_1，t_2を設定して，t_1から$_2$までは白画素で，それ以外は黒画素とするという形で2値化します．

●実行結果

レベル・スライス2値化法のプログラムを**リスト6**に示します．実行結果は**図7**に示した通りです．

図では，しきい値(t_1，t_2)を(160，222)に設定しています．入力画像から人物が白に，他の全てがおおむね黒に変換されています．

入力画像において，人物は背景よりは暗く，手にした車輪やソリよりは明るい輝度値を持っています．このような領域を2値化したい場合，1つのしきい値では良好な結果が得られません．

9-8 上級者向けの高性能な２値化「局所平均２値化法」

収録フォルダ：局所平均２値化法

画素ごとにしきい値を変えて2値化する方式を局所的方式といいます．抽出したい領域の再現性が高いものの，パラメータの設定が重要で，ノイズを多く含んでしまいます．従って上級者向けの方法といえるでしょう．局所平均2値化法は，局所的方式の中では最も基本的な処理の1つです．

●仕組み

局所平均2値化法の仕組みを**図8**に示します．

しきい値は，2値化したい画素を含む周辺画素の平均値となります．つまり，周囲に比べて明るいか，暗いかを判定するといえます．手続き的には，入力画像に平均値フィルタを適用し，その画像をしきい値面として2値化します．こうしたしきい値で2値化すると，汚れや照明により画像全体にグラデーションがかかっている場合でも，抽出したい領域の再現性を高めつつ2値化できます．

●実行結果

局所平均2値化法のプログラムを**リスト7**に示します．実行結果は**図8**に示した通りです．

図では，平均値取得のために参照している範囲は51 × 51です．入力画像は照明による濃淡ムラを含む文書画像です．2値化結果には多くのノイズが含まれているものの，文字領域は比較的良好に抽出できています．

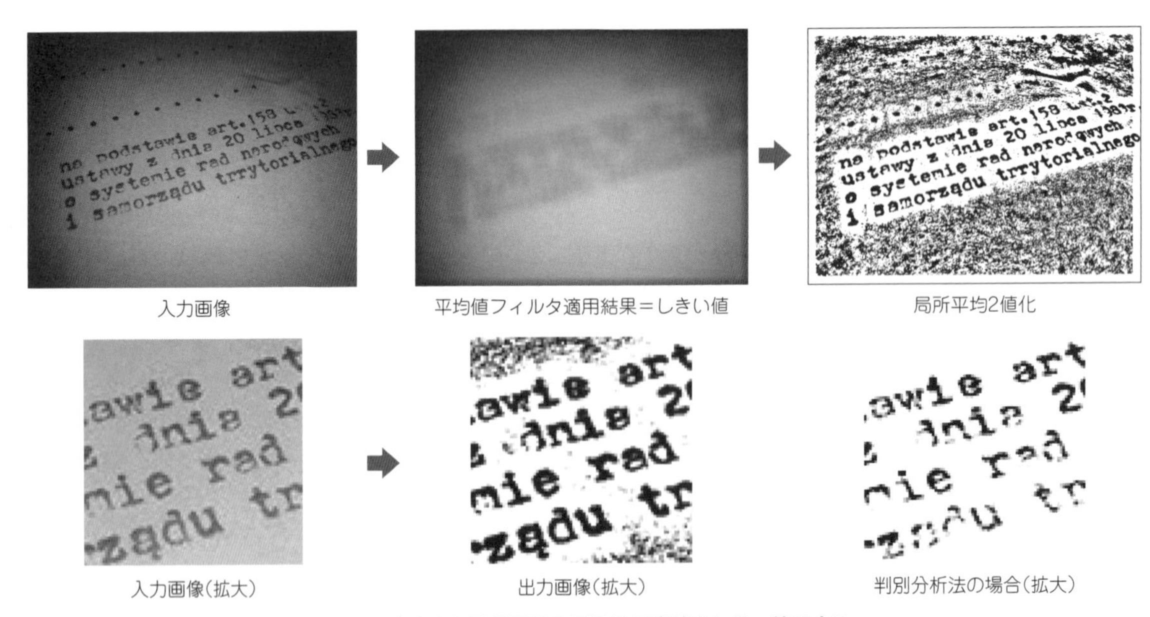

図8　局所平均2値化法…2値化したい画素を含む周辺画素の平均値画素値をしきい値にする

リスト7　局所平均2値化法のプログラム（抜粋）

```
for (y = 0; y < Y; y++) {
  for (x = 0; x < X; x++) {
    for (j = y - (w - 1) / 2; j <= y + (w - 1) / 2; j++) {
      for (i = x - (w - 1) / 2; i <= x + (w - 1) / 2; i++) {
        if (i >= 0 && j >= 0 && i < X && j < Y){
          p[0] = img2.at<cv::Vec3b>(j, i)[0];
          s = s + p[0];//加算
        }
      }
    }

    //ウィンドウ内の座標指定
    s = s / (w * w);//総数で割り算
    p[1] = s;
    s = 0;

    //入力画像から画素値を読み込む
    p[0] = img2.at<cv::Vec3b>(y, x)[0];

    if (p[0] > p[1]) {
      p[0] = 255;
    }
    else {
      p[0] = 0;
    }

    //画素値を出力画像として書き込む
    img.at<cv::Vec3b>(y, x)[0] = p[0];  //Bへ代入
    img.at<cv::Vec3b>(y, x)[1] = p[0];  //Gへ代入
    img.at<cv::Vec3b>(y, x)[2] = p[0];  //Rへ代入
  }
}
```

第1部　静止画像

第10章

合成

10-1 明暗や色彩のチャンピオン画像を合成する「HDR合成」

収録フォルダ：HDR化処理

カメラで同じ被写体を撮影しても，そのときの天候や時間帯によってきれいに見える部分が変わってきます．例えば，暗いところに合わせて撮影すると明るいところは白飛びしてしまいます．反対に，明るいところに合わせてると暗いところは黒つぶれしてしまいます．これは「カメラが表現できる情報量（リソース）を明るいところに割くか，もしくは暗いところに割くか」という問題です．HDR（High Dynamic Range）合成は，これら一長一短の写真から長所のみを合成し，明るいところも暗いところもきれいに見えるようにするための処理です．

●仕組み

HDR合成の仕組みを**図1**に示します．明るいところがきれいな画像A，暗いところがきれいな画像B，そしてその中間（通常の環境で撮影）に位置する画像Cを合成することで実現します．

画像Cにγ変換を適用して明るめの画像B，暗めの画像Aを作成します．さらに，3枚の画像の平均濃

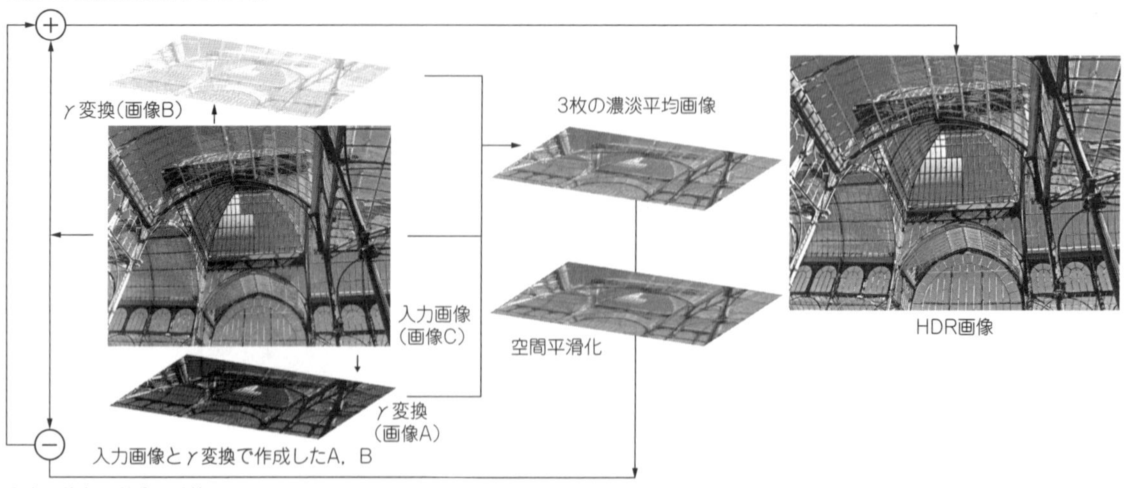

図1　HDR化処理…明るいところがきれいな画像A，暗いところがきれいな画像B，中間の画像Cを合成する

プログラムの入手先は
https://interface.cqpub.co.jp/opencv-1/

淡画像を作成し．平均値フィルタで平滑化します．この画像と，入力画像との差分を求め，それを画像Cに合成することで濃淡情報と空間情報の鮮鋭化，すなわち，HDR化処理を実現できます．

●実行結果

HDR化処理のプログラムはダウンロード・データに収録しています．実行結果は**図1**に示した通りです．

輪郭がクッキリとし，色彩も鮮やかになったことが確認できます．実行結果は，平滑化の強さや入力画像に付加する成分の係数で大きく変化します．自然に見えるものからアートのような加工感のあるもので幅広く表現できます．

10-2 半透明にして重ね合わせる「αブレンディング」

収録フォルダ：αブレンディング

αブレンディングは，複数枚の画像を半透明にして重ね合わせたように見せる合成処理です．合成するときに用いる係数をαとするため，αブレンディングと呼びます．このαを調整することで，合成するときの画像間のバランスを調整できます．映像の切り替わりを滑らかにつなぐときに使われます．

●仕組み

αブレンディングの仕組みを**図2**に示します．

入力画像1と入力画像2を用意します．次に，一方の画像の画素値に係数αを，もう一方の画像の画素値には$(1-\alpha)$を掛けます．そして，2つの画素値を足し合わせたものを出力画像の画素値とします．

αの値域を0～1.0とすることと，出力結果が必ずしも0～255の範囲に収まらない点に注意が必要です．

図2
αブレンディング…一方の画像の画素値に係数αを，もう一方の画像の画素値には$(1-\alpha)$を掛け，2つの画素値を足し合わせる

リスト1　αブレンディングのプログラム(抜粋)

```
for (y = 0; y < Y; y++) {
  for (x = 0; x < X; x++) {
    p[0] = img.at<cv::Vec3b>(y, x)[0];
    p[1] = img2.at<cv::Vec3b>(y, x)[0];
    p[2] = img.at<cv::Vec3b>(y, x)[1];
    p[3] = img2.at<cv::Vec3b>(y, x)[1];
    p[4] = img.at<cv::Vec3b>(y, x)[2];
    p[5] = img2.at<cv::Vec3b>(y, x)[2];

    P[0] = a * double(p[0]) + (1.0 - a) * double(p[1]);
    if (P[0] > 255) {
      P[0] = 255;
    }
    if (P[0] < 0) {
      P[0] = 0;
    }

    P[1] = a * double(p[2]) + (1.0 - a) * double(p[3]);
    if (P[1] > 255) {
      P[1] = 255;
    }
    if (P[1] < 0) {
      P[1] = 0;
    }

    P[2] = a * double(p[4]) + (1.0 - a) * double(p[5]);
    if (P[2] > 255) {
      P[2] = 255;
    }
    if (P[2] < 0) {
      P[2] = 0;
    }

    img.at<cv::Vec3b>(y, x)[0] = P[0];  //Bへ代入
    img.at<cv::Vec3b>(y, x)[1] = P[1];  //Gへ代入
    img.at<cv::Vec3b>(y, x)[2] = P[2];  //Rへ代入
  }
}
```

●実行結果

αブレンディングのプログラムを**リスト1**に示します．実行結果は**図2**に示した通りです．

2枚の画像が互いに半透明のようになって合成されています．合成時のαは，0.5のときに最も均等な合成になるため，そこから値をずらすほどどちらかの画像に偏っていきます．

また，このαを時間に応じて変えていく処理をディゾルブといい，だまし絵の作成や映像の切り替えでよく用いられています．

10-3　白黒粗密表現から濃淡値を復元する「ホワイト・ノイズの平滑化」

収録フォルダ：ホワイトノイズ

ハーフトーニングは，白と黒の粗密を調整することで濃淡を表現しています(Appendix 1参照)．従って，それらの局所平均値を求めると，元の濃淡値に近い値を得ることができます．

「ハーフトーニング→平滑化による多値化」という手続きは，データの節約や伝送でやむなく2値化の

図3　ホワイト・ノイズの平滑化…局所平均値を求めることで元の濃淡値に戻せる

リスト2　ホワイト・ノイズの平滑化のプログラム(抜粋)

```
W(img,k);          // ホワイト・ノイズを生成
GF(img, img2);     // ガウシアン平滑化
```

必要が生じたときに効果的です．保存や伝送時は2値にし，後に多値に復元という手続きをとることができます．

●仕組み

ホワイト・ノイズの平滑化の仕組みを**図3**に示します．

ハーフトーニング画像が入力画像になります．保存や伝送を行うためのデータを節約している状態です．次に，そのハーフトーニングを平滑化し，多値化します．

ホワイト・ノイズによるハーフトーニングでは，黒画素の密度は元の濃淡値を基にして確率的に計算されます．具体的には，元の濃淡値が暗いほど高確率で黒画素になります．従って，局所平均値を求めると，おおむね元の濃淡値に戻すことができます．

●実行結果

ホワイト・ノイズの平滑化のプログラムを**リスト2**に示します．実行結果は**図3**に示した通りです．

入力画像の大域的な濃淡情報が復元できているのが確認できます．その一方で，画像の輪郭や質感などの高周波成分に相当する部分は失われています．従って，より高精度な復元を行う場合は，あらかじめ高周波成分のみを抽出し，保存・合成を行う必要があります．

10-4 高周波画像と低周波画像を組み合わせただまし絵「ハイブリット・イメージ」

収録フォルダ：ハイブリッドイメージ

ハイブリット・イメージとは，見る距離によって画像の内容が変わる画像です．人間の目は，近くにあるものは画像の高周波成分（輪郭，質感）を認識しやすく，遠くにあるものは低周波成分（色，明るさ）を認識しやすくなっています．ハイブリット・イメージはその仕組みを利用して，見る距離によって内容が変わる画像を実現します．

●仕組み

ハイブリット・イメージの仕組みを**図4**に示します．

2枚の画像を用意し，遠くで見たときに認識させたい画像から低周波成分を抽出し，近くで見たときに認識させたい画像から高周波成分を抽出します．そしてその2つを合成することで，近くで見たときと遠

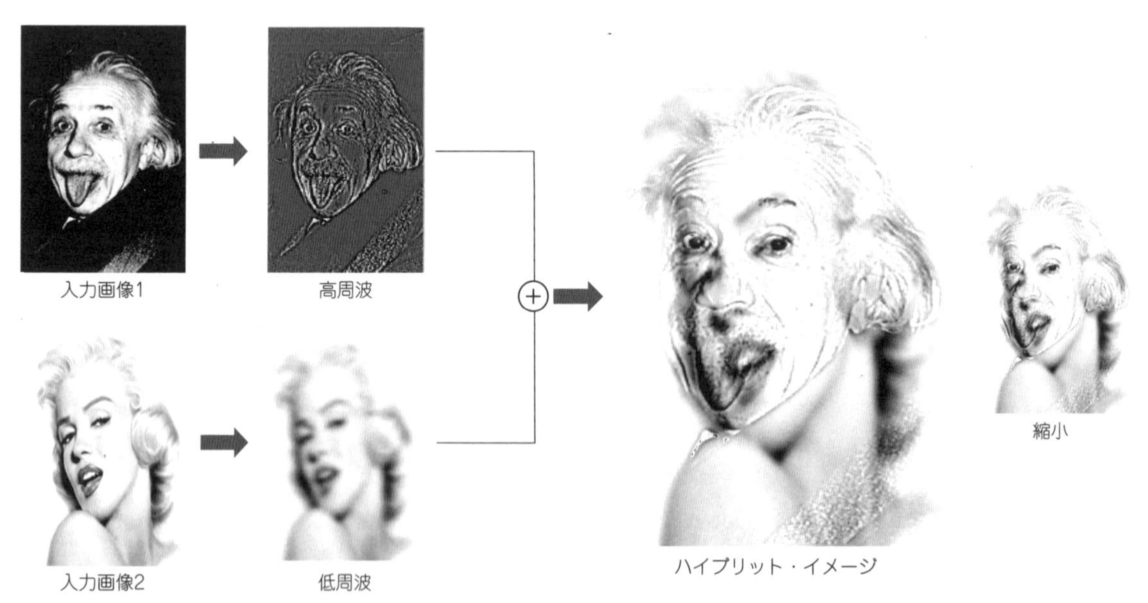

図4 ハイブリット・イメージ…低周波成分を抽出した画像と高周波成分を抽出した画像を合成すると見る距離によって内容が変わるだまし絵になる

リスト3　ハイブリット・イメージのプログラム（抜粋）

```
for (n = 0; n < 5; n++) {
  GF(img);//画像の2の低周波成分(ガウシアン・フィルタ)
}
HG(img2, 5);//画像1の高周波成分(DOGフィルタ)

//2枚の画像の合成
for (y = 0; y < Y; y++) {
  for (x = 0; x < X; x++) {
    //画素値の読み出し
    p[0] = img.at<cv::Vec3b>(y, x)[0];//Bの画素
    p[1] = img2.at<cv::Vec3b>(y, x)[0];//Bの画素

    //画素値の計算
    P = p[0] + p[1] - 128;
    if (P > 255) {
      P = 255;
    }
    if (P < 0) {
      P = 0;
    }
    p[3] = P;

    //画素値の出力
    img.at<cv::Vec3b>(y, x)[0] = p[3];  //Bへ代入
    img.at<cv::Vec3b>(y, x)[1] = p[3];  //Gへ代入
    img.at<cv::Vec3b>(y, x)[2] = p[3];  //Rへ代入
  }
}
```

くで見たときでは内容が変わる画像を実現します．

●実行結果

ハイブリット・イメージのプログラムを**リスト3**に示します．実行結果は**図4**に示した通りです．

ここでは，女性の低周波成分と，男性の高周波成分を合成した画像を示しています．画像から低周波成分を抽出するときはガウシアン・フィルタを，高周波成分を抽出するときはDOGフィルタを用いています．他のフィルタでも同様の処理が可能です．

品質の高いハイブリット・イメージを作るには，使用する画像の相性が重要です．具体的には，2つの画像は概念的にギャップがあり，かつ画像の低周波成分がある程度一致している必要があります．

10-5　楽しく組み合わせ…2つの画像を合体「ポアソン合成」

収録フォルダ：ポアソン合成

ポアソン合成は，2枚の画像を合成するときに，輪郭を保存しつつ周囲の色情報になじむようにする処理です．そのため，相性の良い画像同士を選択できれば，全く加工感のない画像が作成できます．画像に新たなオブジェクトを追加したり，画像の傷を修復したり，人物の顔を別人にしたり，用途はさまざまです．

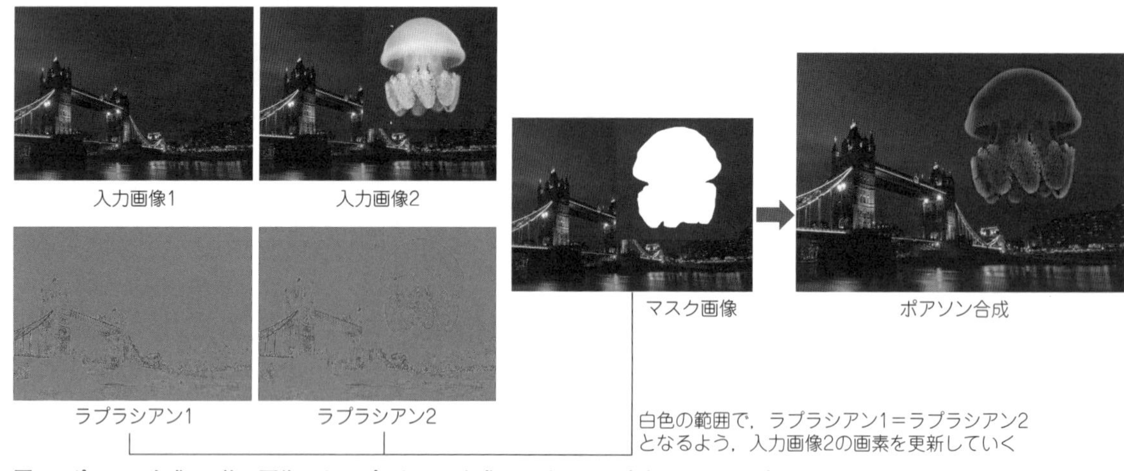

図5　ポアソン合成…2枚の画像からラプラシアンを求め，それが一致するように画素を更新していく

リスト4　ポアソン合成のプログラム（抜粋）

```
for (int r = 0; r < 300; r++) {//更新ループ
  for (y = 0; y < Y; y++) {
    for (x = 0; x < X; x++) {
      //マスクか否かの判定(fg/gg: Gとfr/gr: Rは省略)
      m[0] = img3.at<cv::Vec3b>(y, x)[0];//Bの画素

      if (m[0] == 255){
        fb[0] = img1.at<cv::Vec3b>(y, x)[0];
        fg[0] = img1.at<cv::Vec3b>(y, x)[1];
        fr[0] = img1.at<cv::Vec3b>(y, x)[2];

        gb[0] = img2.at<cv::Vec3b>(y, x)[0];
        gg[0] = img2.at<cv::Vec3b>(y, x)[1];
        gr[0] = img2.at<cv::Vec3b>(y, x)[2];

        fb[1] = img1.at<cv::Vec3b>(y-1, x)[0];//B
        fg[1] = img1.at<cv::Vec3b>(y-1, x)[1];//G
        fr[1] = img1.at<cv::Vec3b>(y-1, x)[2];//R

        gb[1] = img2.at<cv::Vec3b>(y-1, x)[0];//B
        gg[1] = img2.at<cv::Vec3b>(y-1, x)[1];//G
        gr[1] = img2.at<cv::Vec3b>(y-1, x)[2];//R

        //fb[2]～fb[8]/gb[2]～gb[8]は省略

        o[0] = (fb[1] + fb[2] + fb[3] + fb[4] + fb[5] + fb[6] + fb[7] + fb[8] + 8 * gb[0] - gb[1] - gb[2]
                                          - gb[3] - gb[4] - gb[5] - gb[6] - gb[7] - gb[8] + 3) / 8;
        //+3は丸め誤差累積による画素値低減を防ぐバイアス

        if (o[0] > 255) {
          o[0] = 255;
        }
        if (o[0] < 0) {
          o[0] = 0;
        }

        img1.at<cv::Vec3b>(y, x)[0] = cvRound(o[0]);  //Bへ代入
        img1.at<cv::Vec3b>(y, x)[1] = cvRound(o[1]);  //Gへ代入
        img1.at<cv::Vec3b>(y, x)[2] = cvRound(o[2]);  //Rへ代入
      }
    }
  }
}
```

●仕組み

ポアソン合成の仕組みを**図5**に示します．

入力画像1と入力画像2を用意します．また，合成する範囲を白色で指定するマスク画像を用意します．2枚の画像からラプラシアンを求め，それが一致するように画素を更新していきます．更新が終われば合成完了です．

●実行結果

ポアソン合成のプログラムを**リスト4**に示します．実行結果は**図5**に示した通りです．

プログラムでは，ポアソン合成の収束を更新ごとに判定していては時間がかかってしまいます．判定式を入れるよりも更新に十分な数を適当に設定しておく方がよいでしょう．

10-6 高精細に見せる「鮮鋭化フィルタ」

収録フォルダ：鮮鋭化フィルタ

鮮鋭化フィルタは，画像の高周波成分のみを強調することで輪郭や質感をハッキリとさせ，画像を高精細に見せる処理です．付加する高周波成分は，その抽出方法や付加の割合により，鮮鋭化結果が大きく変わります．

●仕組み

鮮鋭化フィルタの仕組みを**図6**に示します．

まず，入力画像から高周波成分を抽出します．例えば，ガウシアン・フィルタを適用した低周波成分と入力画像との差分を求めることで高周波成分を得られます（第７章参照）．その高周波成分に適当な重みを掛けた後，入力画像に合成すれば鮮鋭化画像の完成です．

●実行結果

鮮鋭化フィルタのプログラムを**リスト5**に示します．実行結果は**図6**に示した通りです．

今回は高周波成分の抽出にガウシアン・フィルタを用いています．他の平滑化方法に変えたり，あるいは入力画像に付加する係数を変えることで，鮮鋭化結果は大きく変化します．

高周波成分はノイズを含むことが多くあります．従って，画像によっては鮮鋭化を適用することでノイズを増強し，満足な出力結果を得られないことがあります．そのような場合は，前処理として画像にノイズ除去を行っておくのがよいでしょう．鮮鋭化を前提としたノイズ除去をする場合は，エッジが消失しないよう気を付ける必要があります．

入力画像

出力画像

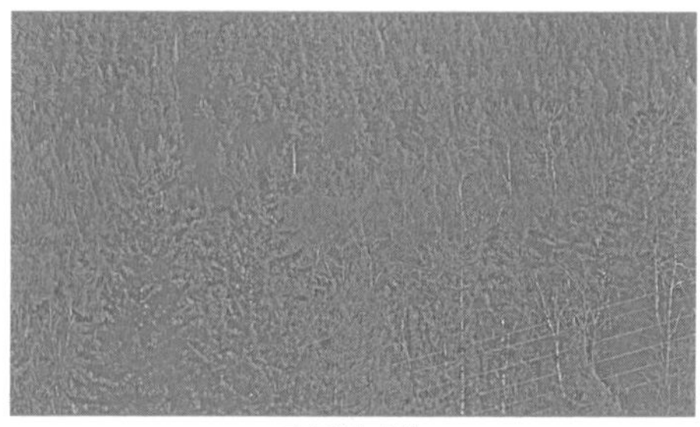

高周波成分

図6　鮮鋭化フィルタ…入力画像から抽出した高周波成分に適当な重みを掛け，入力画像に合成する

リスト5　鮮鋭化フィルタのプログラム（抜粋）

```
HG(img2);//ガウシアン・フィルタ(ハイパス・フィルタ)

for (y = 0; y < Y; y++) {
  for (x = 0; x < X; x++) {
    p[0] = img.at<cv::Vec3b>(y, x)[0];//入力画像
    p[1] = img2.at<cv::Vec3b>(y, x)[0];//ハイパス(ガウシアン)画像

    P = p[0] + k * (int(p[1]) - 128);
    if (P > 255) {
      P = 255;
    }
    if (P < 0) {
      P = 0;
    }
    p[3] = P;

    img.at<cv::Vec3b>(y, x)[0] = p[3];  //Bへ代入
    img.at<cv::Vec3b>(y, x)[1] = p[3];  //Gへ代入
    img.at<cv::Vec3b>(y, x)[2] = p[3];  //Rへ代入
  }
}
```

10-7　ムラのない模様を作る「バイアス消去処理」

収録フォルダ：バイアス消去

バイアス消去処理は，画像素材の模様を維持しつつ，色の作るムラを消去できる処理です．タイルや芝生，木目などの繰り返し模様を，画像素材として用いる場合に便利です．模様同士が違和感なくつながる画像素材であっても，その色にムラがあるときれいな繰り返し模様になりません．

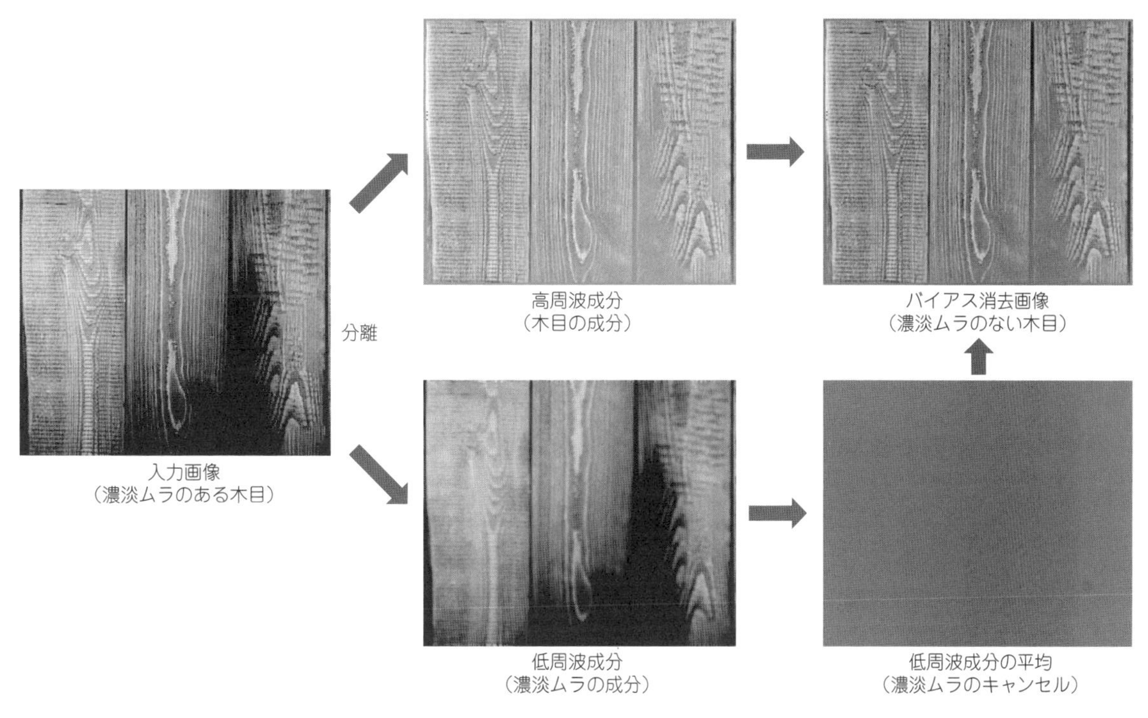

図7　バイアス消去処理…画像を周波数ごとに分離し，不要な成分をキャンセルして再合成する

リスト6　バイアス消去処理のプログラム（抜粋）

```
HG(img2, 25);//ガウシアン・フィルタ(ハイパス・フィルタ)
GF(img);//ローパス・フィルタ

for (y = 0; y < Y; y++) {
  for (x = 0; x < X; x++) {
    p[0] = img.at<cv::Vec3b>(y, x)[0];//Bの画素
    A = A + p[0];
  }
}

A = A / (X * Y);//平均

for (y = 0; y < Y; y++) {
  for (x = 0; x < X; x++) {
    p[1] = img2.at<cv::Vec3b>(y, x)[0];
    P = A + p[1] - 128;

    if (P > 255) {
      P = 255;
    }
    if (P < 0) {
      P = 0;
    }
    p[3] = P;

    img.at<cv::Vec3b>(y, x)[0] = p[3];  //Bへ代入
    img.at<cv::Vec3b>(y, x)[1] = p[3];  //Gへ代入
    img.at<cv::Vec3b>(y, x)[2] = p[3];  //Rへ代入
  }
}
```

●仕組み

バイアス消去処理の仕組みを**図7**に示します.

画像を周波数成分で分ける場合，色は低周波成分，模様や輪郭は高周波成分になります．例えば，木目模様の場合は，木目は高周波成分になり，画像に広がる黒い染み（ムラ）や色そのものは低周波成分になります．そこで画像を周波数ごとに分離し，低周波成分をキャンセルして再合成します.

周波数の分離にはハイパス・フィルタとローパス・フィルタを用います．濃淡ムラの消去には低周波成分の平均を全ての画素に代入することで実現します.

●実行結果

バイアス消去処理のプログラムを**リスト6**に示します．実行結果は**図7**に示した通りです.

10-8 指定した領域をなかったことにする「簡単なインペインティング」

収録フォルダ：簡単なインペインティング

インペインティング（Inpainting）とは，画像から不要な領域（傷，人物，文字など）を消去し，消去した領域を周辺画素で補って，違和感のない画像を作成する技術です．例えば，写真の修復は，かつては手作業で行う必要がありましたが，近年では画像処理により半自動で行えるようになりました．ここでは入門には適した難度の，非常に簡単なインペインティングを紹介します.

●仕組み

インペインティングの仕組みを**図8**に示します.

まず，消去したい領域を手動により白色で指定し入力画像とします．この白色で指定した領域は欠損領域と呼びます.

次に，最小空間距離を尤度（ゆうど）として欠損領域を補間します．ここで尤度とは，補間の基準であり，違和感のなさを示します．また，最小空間距離とは，欠損画素から見て，最も近い位置にある非欠損画素を指します．すなわち，最近傍補間のように，欠損画素から見て最も近い位置にある非欠損画素を補間するという処理になります.

補間した後はエッジが出てしまうため平滑化します．平滑化後はマスキング処理を適用して，入力画像に相当する領域を元に戻します.

●実行結果

インペインティングのプログラムはダウンロード・データに収録しています．実行結果は**図8**に示した通りです.

入力画像は建造物が写った情景写真であり，街路灯と建物の一部を欠損領域として指定しています．出力結果では欠損領域が消失し，おおむね違和感なく補間できていることが分かります.

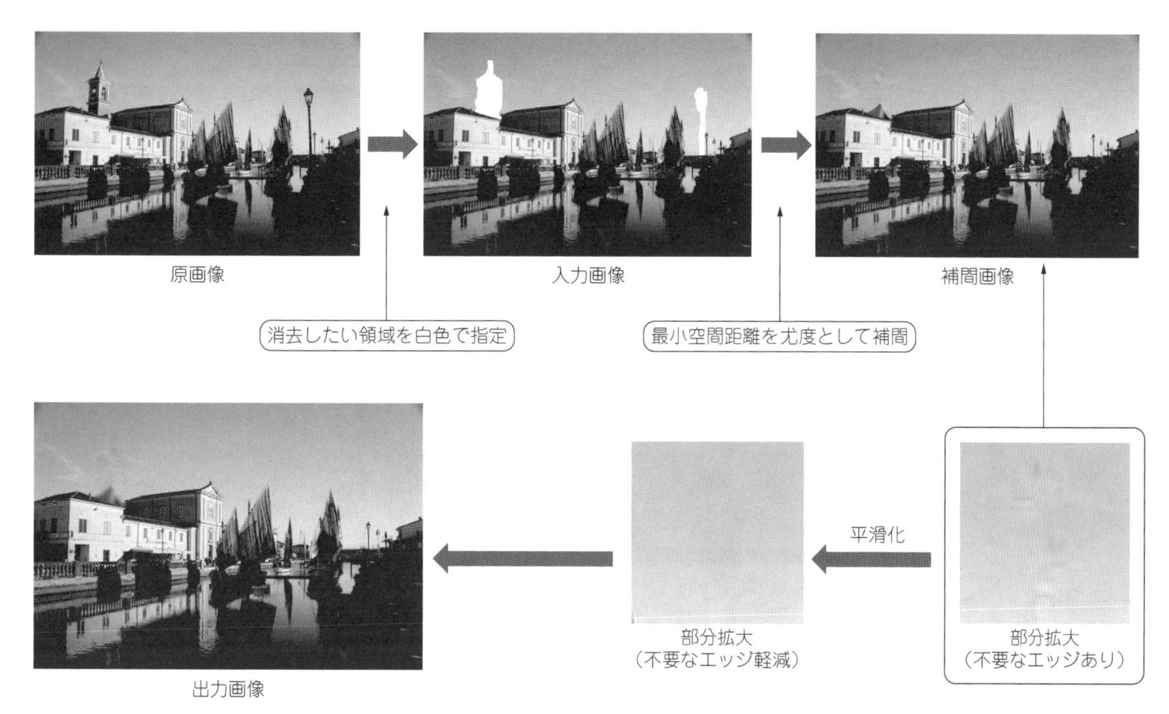

図8　インペインティング…消したい領域を指定して，最小空間距離を尤度として補間する．不要なエッジを平滑化すると違和感がなくなる

インペインティングは実に多くの方法があり，中には驚くほど違和感なく領域を消去できる方法もあります．これをきっかけに，調べてみると面白いでしょう．

10-9　元より解像度（感）が増す「高解像度化」

収録フォルダ：高解像度化

高解像度化とは，画像を拡大し，さらにそのサイズの解像度が持つ高周波成分を新たに加えることで，元よりも鮮明で詳細な画像を獲得する方法です．

高周波成分の指定方法は数多くあります．ここではラプラシアン・ピラミッド（第11章参照）という，解像度と周波数の規則性を利用する方法を用います．

●仕組み

高解像度化の仕組みを**図9**に示します．

まず，画像を縦横2倍のサイズに拡大します．このとき，拡大方法は必ずガウス補間拡大（第5章参照）を使用します．並行して，画像からラプラシアン成分を抽出します．これは，入力画像とガウシアン・フィルタ（5×5）で平滑化した画像との差分，つまりDOGフィルタ（第7章参照）で求めます．このとき，エッジのプラス/マイナスが重要になるため，画像表示するときは128を画素値に加えるなどしてオフセット

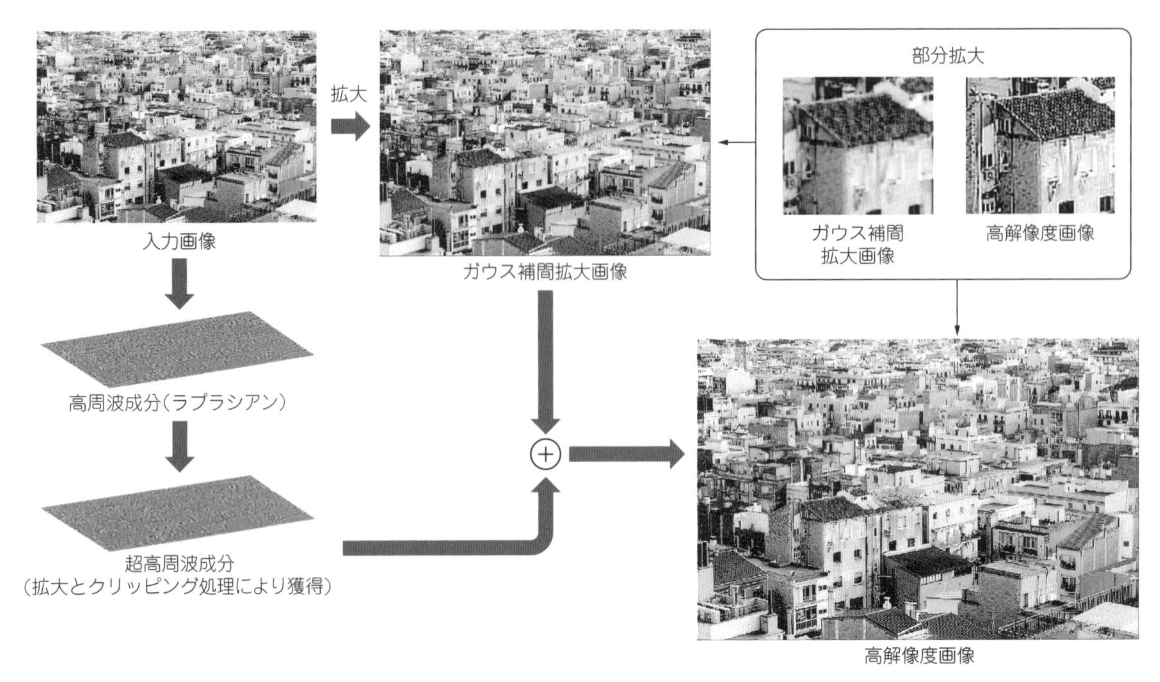

図9　高解像度化…画像を拡大した後，そのサイズの解像度が持つ高周波成分を新たに加えると鮮明で詳細な画像が得られる

しておきます．

次に，そのラプラシアン成分を縦横2倍のサイズにガウス補間拡大します．

クリッピング処理を用いてラプラシアン成分の勾配を急しゅん化させます．その手順は大まかに次の通りです．まず，クリッピング処理ではラプラシアンで一定以上の強度を持つ領域をカットします．その後にDOGフィルタを適用して出てきた成分を，係数倍してラプラシアンに付加します．こうすることで，ラプラシアン成分の勾配が急しゅんになり，これが超高周波成分となります．これは，「解像度の異なる画像のラプラシアンは，ラプラシアンの勾配位置は共通しているが，その角度の急しゅんさが異なる」という性質に基づいています．

●実行結果

高解像度化のプログラムはダウンロード・データに収録のソースコードを参照してください．実行結果は**図9**に示した通りです．

ガウス補間拡大画像と比較すると，高解像度画像の方は超高周波成分を付加したことにより細部がより詳細になり，解像度感が大きく増しています．

高解像度化のパラメータには，クリッピング時のしきい値と，超高周波成分を作成するときにラプラシアンに付加する係数があります．これらを調整することで，画像ごとに適切な高解像度化を行うことができます．

第1部　静止画像

第11章 分析

画像は，単に「絵」として見えるだけのものではありません．分析を行うことで，目には見えない，さまざまな情報が得られます．

この章では，画像データの分析手法について解説します．基本的な処理ばかりですが，それでも各技術は第10章までの処理と比べると複雑で，プログラムも長くなります．詳しくは，ダウンロード・データに収録のソースコードを参照してください．紙面では，概要のみ紹介します．　**(編集部)**

11-1 著作権等の情報を埋め込める「電子透かし」

収録フォルダ：電子透かし

電子透かしは，画像に著作権などの情報を埋め込む技術の1つです．この技術はデータ・ハイディング(Data Hiding)と呼ばれ，一見して加工されたように見えません．

電子透かしの仕組みを**図1**に示します．埋め込む画像は白と黒の2値画像，埋め込み先の画像はグレー画像とします．埋め込む画像が白ならば，埋め込み先のグレー画像の画素値を偶数に変換(もともと偶数

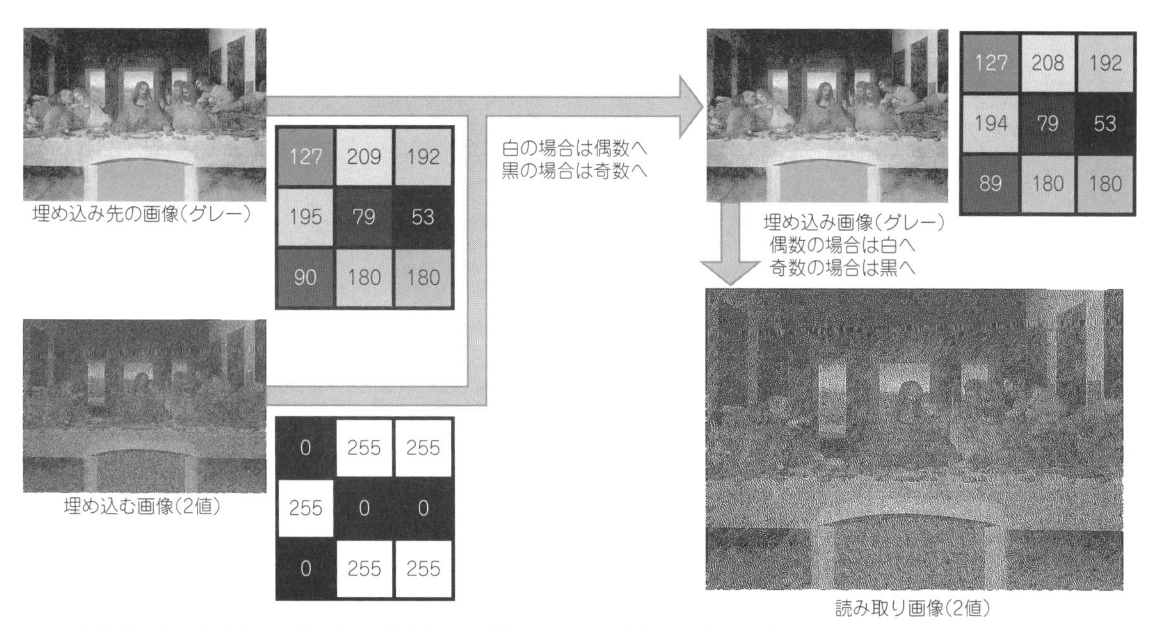

図1　電子透かし…埋め込む画像の画素値が白ならば埋め込み先のグレー画像を偶数に変換する

ならそのまま，奇数なら1マイナス）します．逆に埋め込む画像が黒ならば，埋め込み先のグレー画像を奇数に変換します．この操作によって変化する画素値は，最大で1のため，埋め込み先の画像の加工後と加工前の変化はほとんどありません．そうして作成した画像に対しては，画素値が偶数なら白，奇数なら黒という方法で2値画像を出力すると，埋め込んだ2値画像を得ることができます．

11-2 特徴強度を分かりやすく表示する「レベル表示画像」

収録フォルダ：レベル表示画像

何かの特徴を画像で表示する場合，一般的には輝度を強度のスケールとして表現します．しかし，この表現は詳細な説明をするときに不便になります．レベル表示画像は，輝度のスケールを色相のスケールに変更する処理です．

レベル表示画像の仕組みを**図2**に示します．横サイズ256（8ビット分）のスケール画像を用意し，強度（ここでは輝度）に対応する色相に置き換えて表示します．

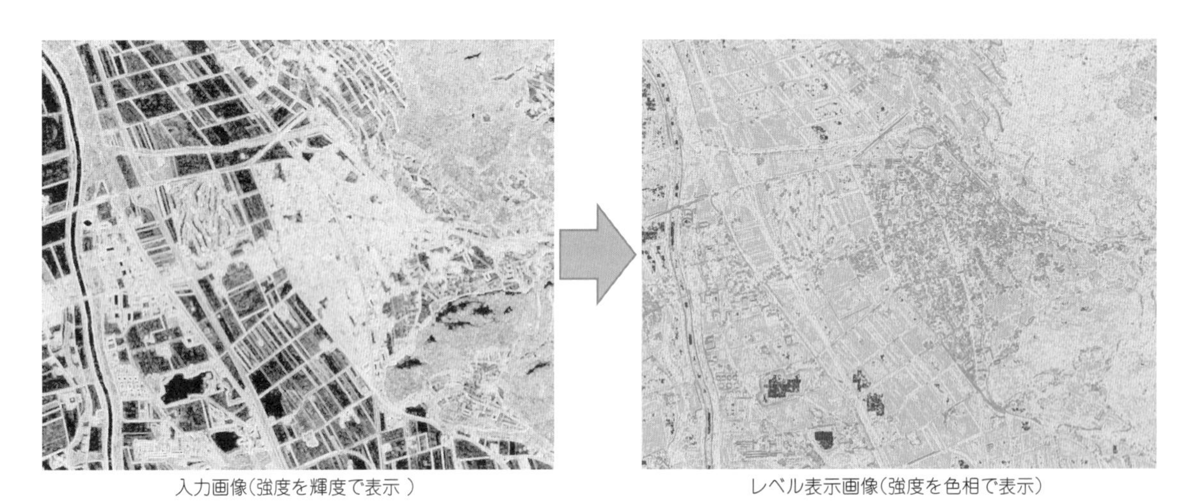

図2　レベル表示画像…輝度のスケールを色相のスケールに変更する

11-3 低周波成分を階層表現する「ガウシアン・ピラミッド」

収録フォルダ：ガウシアンピラミッド

画像を周波数で表現する場合，大まかな濃淡や色を表す低周波成分と，輪郭や質感を表す高周波成分に分解することができます．ガウシアン・ピラミッドは，そのうちの低周波成分を段階的に表現する方法です．

図3　ガウシアン・ピラミッド…画像の低周波成分を階層表現したもの

ガウシアン・ピラミッドの仕組みを**図3**に示します．画像の平滑化と縮小を組み合わせることで実現します．

ガウシアン・フィルタを用いた平滑化によって画像から高周波成分が除去されます．そして，残った周波成分を表現するのに十分な解像度(画素数)へ縮小します．この過程によって，入力画像(G_0)から1段階分の高周波成分が除去されたG_1画像が作成できます．そして，G_1に対しても同様の過程を行ってG_2を作成すると，G_1よりもさらに高周波成分が取り除かれた画像が作成できます．

11-4 高周波成分を階層表現する「ラプラシアン・ピラミッド」

収録フォルダ：ラプラシアンピラミッド

画像を周波数で表現する場合，大まかな濃淡や色を表す低周波成分と，輪郭や質感を表す高周波成分に分解することができます．ラプラシアン・ピラミッドは，そのうちの高周波成分を段階的に表現する方法で，重要な画像特徴表現の1つになっています．

ラプラシアン・ピラミッドの仕組みを**図4**に示します．画像の平滑化と差分検出，縮小を組み合わせることで実現します．

入力画像(G_0)が持つ最も高い高周波成分を表現するL_0画像と，それを除去して縮小処理されたG_1画像を作成します．G_1に対しても同様の過程を行ってL_1，G_2を作成すると，G_1が持つ最も高い高周波成分を表現する画像(L_1)と，それが取り除かれた画像(G_2)が作成できます．

この操作を繰り返してできるL_0，L_1，L_2，… L_nの画像群は，ラプラシアン・ピラミッドと呼ばれています．

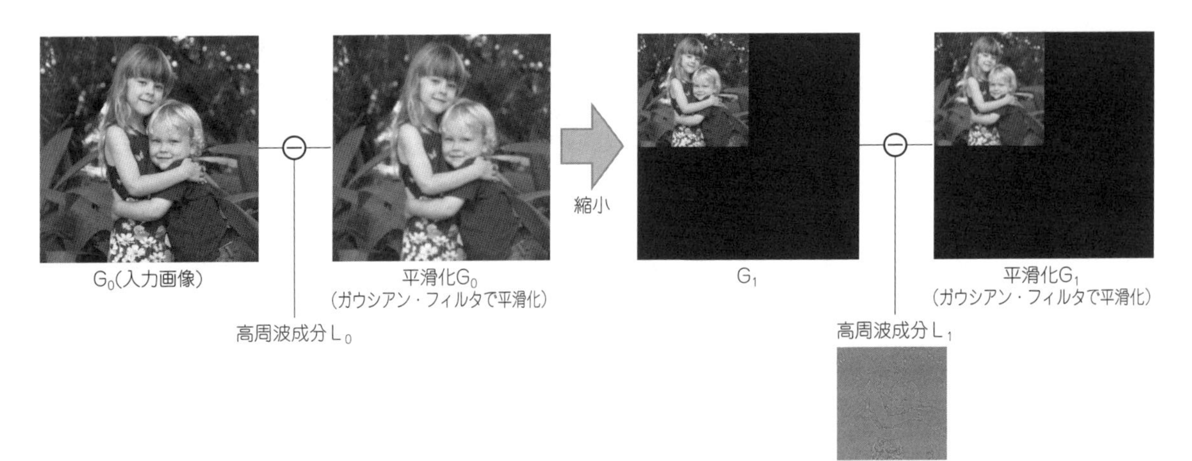

図4　ラプラシアン・ピラミッド…画像の高周波成分を階層表現したもの

11-5　複雑さから領域分離等が行える「局所フラクタル次元」

収録フォルダ：局所フラクタル次元

フラクタル次元とは，構造の周期性や複雑さを評価する指標の1つです．画像においては，特にテクスチャ(繰り返し模様)を対象にすることが多くなっています．複雑な画像ならフラクタル次元は大きな値をとり，簡単な画像ならフラクタル次元は小さな値をとります．このフラクタル次元による評価をフィルタリングのように適用し，画像を局所ごとに評価する方法が局所フラクタル次元と呼ばれます．局所フラクタル次元は，画像の複雑さを部分ごとに評価できるので，領域分割などに利用できます．

局所フラクタル次元の仕組みと実行結果を**図5**に示します．

入力画像は都市や畑，山を含む衛星写真です．出力結果の局所フラクタル次元画像では，画像が複雑であるほど明るく表示しています．

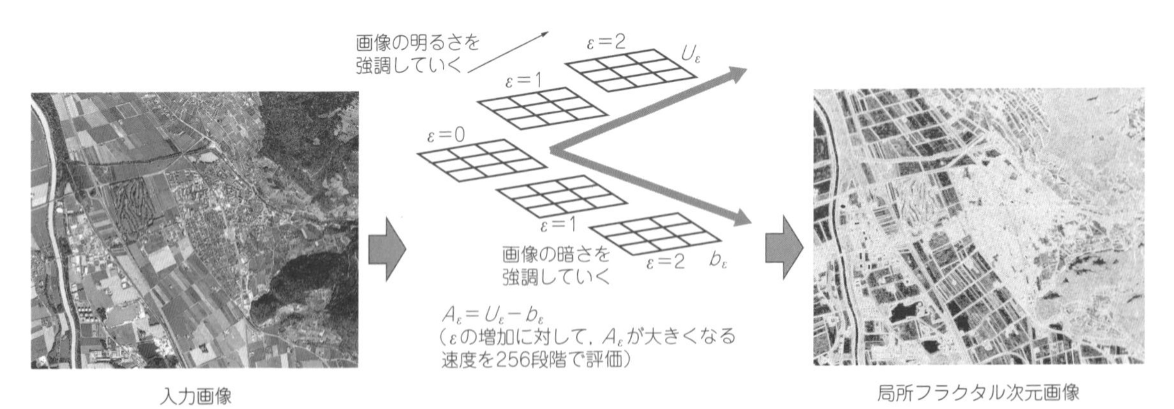

図5　局所フラクタル次元…構造の周期性や複雑さを評価する

11-6 2値画像のまとまり度合いを評価する「平均隣接数」

収録フォルダ：平均隣接数

平均隣接数は，2値画像の複雑さやノイズの程度などの評価で使用します．

平均隣接数の仕組みを**図6**に示します．

隣接数というのは，注目画素の周囲8近傍にある白画素の数です．

平均隣接数とは全ての注目画素で計算した隣接数の平均をとったものです．従って，平均隣接数が0に近づくほど，その画像における白画素はまとまりのない画像であると判断できます．反対に，平均隣接数が8に近づくほど，その画像における白画素はまとまりがあるものだと判断できます．

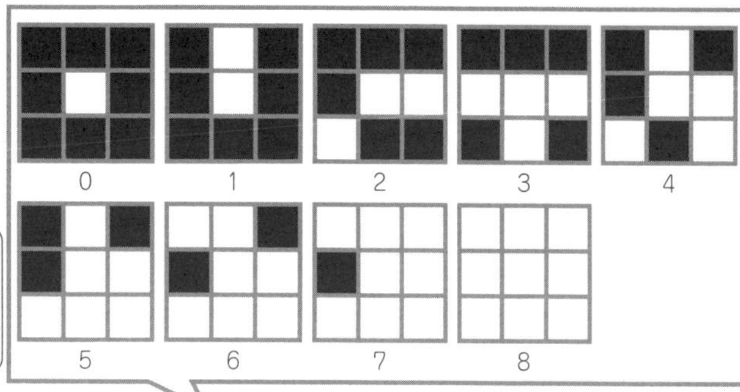

入力画像(平均隣接数=5.6)

図6　平均隣接数…注目画素の周囲8近傍にある白画素の数の平均で画素のまとまり度合いが分かる

11-7 画像の複雑さを数値1つで表せる「ブランケット法によるフラクタル次元」

収録フォルダ：フラクタル次元

ブランケット法とは，画像のフラクタル次元を計算する方法の1つであり，テクスチャ解析などで画像の複雑さを評価する目的で使用されます．画像の複雑さを評価する方法は数多く存在しますが，ブランケット法は計算コストが高いものの，それだけ精密に画像の特徴を評価できます．

ブランケット法によるフラクタル次元の仕組みを**図7**に示します．

傾きからフラクタル次元を計算

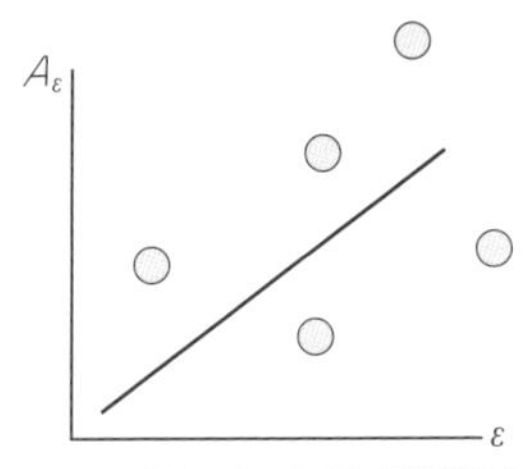

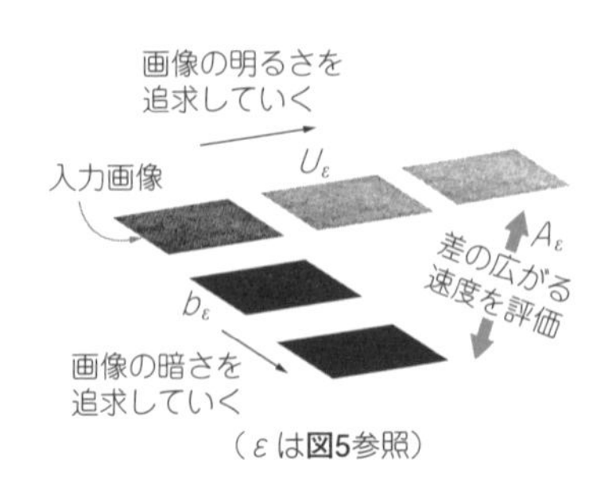

入力画像1
フラクタル次元は70

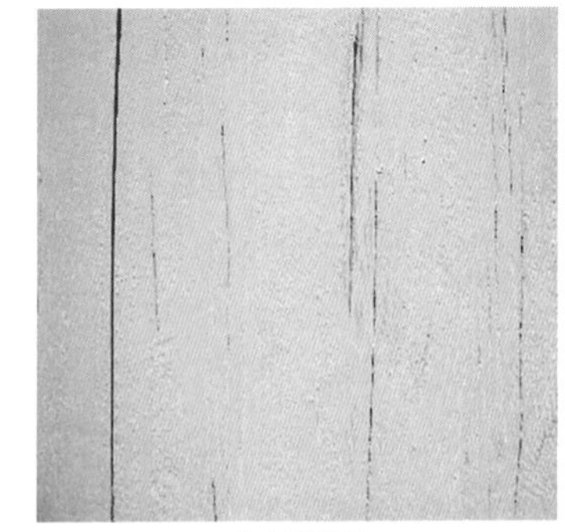

入力画像2
フラクタル次元は42

図7　ブランケット法によるフラクタル次元…テクスチャ解析などで画像の複雑さを評価できる

11-8 探したいパターンと比べる代表的な物体検出「テンプレート・マッチング」

収録フォルダ：テンプレートマッチング

テンプレート・マッチングとは，テンプレートと呼ばれる「探したいパターン」を入力画像（探索領域）と照らし合わせて，テンプレートと判断された位置を検出する処理です．この方法は，物体検出や文字認識によく用いられます．

テンプレート・マッチングの仕組みを**図8**に示します．テンプレートと，探索する画像の2つを用意します．そして第1ステップとして，フィルタリングのようにテンプレートを入力画像に対して走査していきます．第2ステップでは，テンプレートと入力画像とのコサイン類似度を計算します．第3ステップでは，コサイン類似度が最大となった位置を「テンプレートのある中心位置」として検出して終了です．

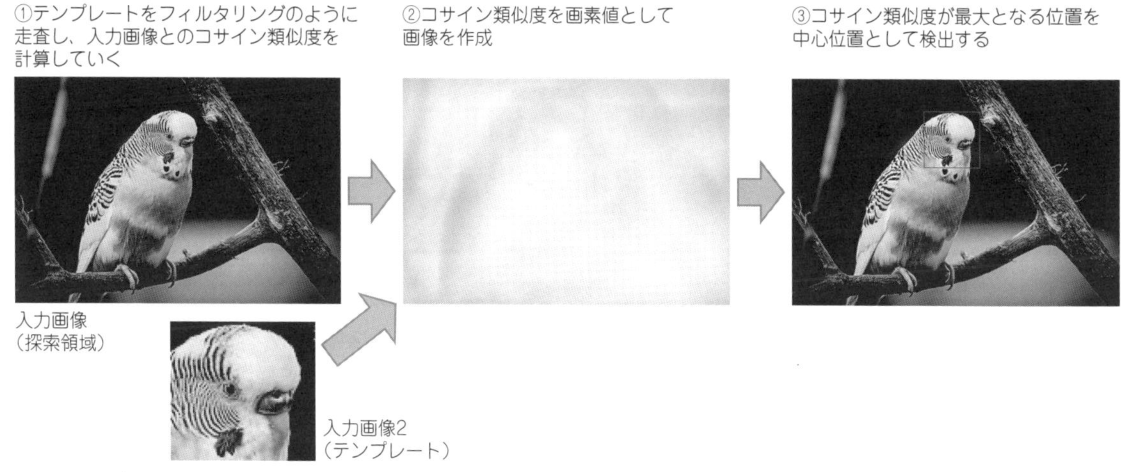

図8　テンプレート・マッチング…探したいパターンを入力画像と照らし合わせる

11-9 物体の重心や長さが測れる「ヒルディッチの細線化」

収録フォルダ：ヒルディッチの細線化

細線化とは，細長い図形の線幅を1画素に細くする処理のことです．ヒルディッチ（Hilditch）の細線化は，元祖的な方法ですが，今でも十分な精度を持っています．応用用途は，物体の重心検出，長さの測定などが主です．

ヒルディッチの細線化の仕組みを図9に示します．

2値画像の図形を対象として行います．図形の色を黒とした場合，図に示す6つの条件に従いつつ余分な黒画素を削除していくことで，細線化を達成していきます．

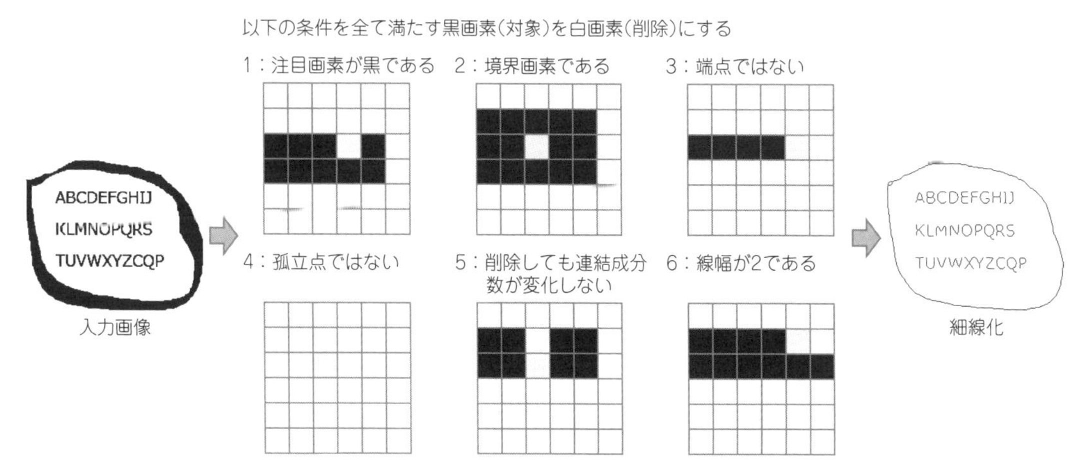

図9　ヒルディッチの細線化…6つの条件を全て満たす黒画像を白画像にする

Appendix 2

特殊加工

B-1　手描きのイラスト風に変換する「ポスター風画像」

収録フォルダ：ポスター風変換

写真を手描きのイラストのように見せる技術は，ノンフォトリアリスティック・レンダリング（Non-Photorealistic Rendering）といわれています．ポスター風画像変換もそのうちの1つです．

●仕組み

ポスター風画像の仕組みを**図1**に示します．

ポスタリゼーションとハイパス・フィルタを組み合わせることで実現できます．ポスタリゼーションとは，簡単にいうと色数を減らすための処理であり，手描きイラストは写真に比べて色数が少ないという特徴を再現しています．そして，ハイパス・フィルタは輪郭を強調するための処理であり，また，輪郭を黒色に変えるための処理でもあります．手描きのイラストでは，たとえ不正確でも輪郭情報を黒で塗る（黒色で輪郭を描く）ということをよくするため，それを処理に取り入れています．具体的には画像のハイパス成分で一定以上の強度を持つ領域を黒色にして，ポスタリゼーション画像に加えることで実現します．以上の処理によって，ポスター風画像を実現できます．

●実行結果

ポスター風画像のプログラムを**リスト1**に示します．実行結果は**図1**に示した通りです．

図1　ポスター風画像…ポスタリゼーションとハイパス・フィルタを組み合わせる

リスト1　ポスター風画像のプログラム(抜粋)

```
PZC(img, 4);//カラーのポスタリゼーション画像
HG(img2, 5);//線画用のハイパス：ガウシアンの強さはお好みで

for (y = 0; y < Y; y++) {
  for (x = 0; x < X; x++) {
    //入力画像から画素値を読み込む()
    p[0] = img.at<cv::Vec3b>(y, x)[0];//B
    p[1] = img.at<cv::Vec3b>(y, x)[1];//G
    p[2] = img.at<cv::Vec3b>(y, x)[2];//R

    p[5] = img2.at<cv::Vec3b>(y, x)[0];//Bの画素
    P = p[5] - 128;
    if (P < 0) {
      P = -P;//エッジの絶対値化
    }

    if (P > 15) {
      P = -500;
    }
    else {
      P = 0;
    }

    Pb = p[0] + P;
    if (Pb < 0) {
      Pb = 0;
    }
    if (Pb > 255) {
      Pb = 255;
    }
    p[0] = Pb;
    Pg = p[1] + P;
    if (Pg < 0) {
      Pg = 0;
    }
    if (Pg > 255) {
      Pg = 255;
    }
    p[1] = Pg;
    Pr = p[2] + P;
    if (Pr < 0) {
      Pr = 0;
    }
    if (Pr > 255) {
      Pr = 255;
    }
    p[2] = Pr;

    img.at<cv::Vec3b>(y, x)[0] = p[0];  //Bへ代入
    img.at<cv::Vec3b>(y, x)[1] = p[1];  //Gへ代入
    img.at<cv::Vec3b>(y, x)[2] = p[2];  //Rへ代入
  }
}
```

ポスタリゼーションの色数(量子化レベル)は各B/G/Rにおいて4段階としています．また，ハイパスにはガウシアン・フィルタの差分を用いています．

B-2 鉛筆画の濃淡を表現する「鉛筆画風ハッチング」

収録フォルダ：鉛筆画風ハッチング

鉛筆を使った濃淡表現の1つに，ハッチングという手法があります．これは，鉛筆線分を並行に書き連ねていくことで，物体の陰影や質感を描写します．

鉛筆線分は，鉛筆芯と紙面の摩擦によってできる軌跡です．鉛筆画風ハッチングは，出力結果だけでなく再現方法もマニュアルの技法と一致する点の多い，ユニークな処理です．

●仕組み

鉛筆画風ハッチングの仕組みを**図2**に示します．非常にシンプルです．

まず，画像をグレー化して，その濃淡値から2値のホワイト・ノイズ画像（Appendix1を参照）を生成します．生成された2値画像に対して，1方向に平滑化を行うことで線分を生成します．

●実行結果

鉛筆画風ハッチングのプログラムを**リスト2**に示します．実行結果は**図2**に示した通りです．

本処理のプログラムでは，22.5°刻みで複数の出力画像を生成しています．出力結果は45°の画像です．鉛筆画に見られるような線分の濃淡トーンが生成できていることが分かります．

入力画像は，建物の写真です．コントラストをハッキリさせるために，ヒストグラム平坦化（第2章参照）を適用してあります．出力結果では，鉛筆画に見られるような線分の濃淡トーンが生成できていることが分かります．

入力画像

輝度値からホワイト・ノイズを生成

鉛筆画風ハッチング：45° 方向

1方向の平滑化
フィルタで
畳み込む

鉛筆画風ハッチング：0° 方向

図2 鉛筆画風ハッチング…ホワイト・ノイズ画像に1方向に平滑化を行うこと

リスト2　鉛筆画風ハッチングのプログラム(抜粋)

```
for (t = 0; t <= 7; t++) {//22.5°刻みで8種類生成
  for (y = 0; y < Y; y++) {
    for (x = 0; x < X; x++) {
      if (t == 0) {
      //0°のハッチイングを生成(省略)
      }
      if (t == 1) {//45°のハッチングを生成
        s[1] = 0;
        for (yy = y - l; yy <= y + l; yy++) {
          for (xx = x - l; xx <= x + l; xx++) {
            if ((xx - x) + (yy - y) == 0) {
              if ((xx >= 0) && (xx < X) && (yy >= 0) && (yy < Y)){
                p[0] = img2.at<cv::Vec3b>(yy, xx)[0];
                s[1] = s[1] + p[0];
              }
            }
          }
        }

        img3.at<cv::Vec3b>(y, x)[0] = uchar(s[1] / (2 * l + 1)); //Bへ代入
        img3.at<cv::Vec3b>(y, x)[1] = uchar(s[1] / (2 * l + 1)); //Gへ代入
        img3.at<cv::Vec3b>(y, x)[2] = uchar(s[1] / (2 * l + 1)); //Rへ代入
      }

      if (t == 2) {
        //t=2～7: 90° /22.5°などのハッチングを生成(省略)
      }
    }
    img3.at<cv::Vec3b>(y, x)[0] = uchar(2 * s[1] / (2 * l + 1)); //Bへ代入
    img3.at<cv::Vec3b>(y, x)[1] = uchar(2 * s[1] / (2 * l + 1)); //Gへ代入
    img3.at<cv::Vec3b>(y, x)[2] = uchar(2 * s[1] / (2 * l + 1)); //Rへ代入
  }
}
```

鉛筆画風ハッチングは，設定するホワイト・ノイズのパラメータや，平滑化を適用する長さによって質感が大きく変わります．また，画像によっても大きく雰囲気が変わるため，いろいろな画像，設定で試してみましょう．

B-3　鉛筆画の濃淡をより豊かに表現する「鉛筆画風クロス・ハッチング」

収録フォルダ：鉛筆画風クロスハッチング

クロス・ハッチングとは，鉛筆を使った濃淡表現であるハッナングを，複数重ね合わせて作成する濃淡トーンです．これにより，通常のハッチングに比べてより細かな陰影を表現したり，物体の質感をより豊かに表現したりできます．

クロス・ハッチングは，重ねるハッチングの枚数や角度を変えることで，多様な出力結果を得ることができます．

● 仕組み

クロス・ハッチングの仕組みを**図3**に示します．

入力画像としてパラメータ(角度，輝度値など)の異なる複数のハッチング画像を用意します．これらの

画像を合成することでクロス・ハッチングが得られます．

鉛筆画手法としてのクロス･ハッチングは，ハッチングの重ね描きを行うことで実現します．そのため，線分の交差部では濃淡値が暗くなるようにする必要があります．本処理では，ハッチングの濃淡値を0～1に正規化し，乗算を使った合成をすることでこの表現を実現します．

● 実行結果

クロス・ハッチングのプログラムを**リスト3**に示します．実行結果は**図3**に示した通りです．

2枚の鉛筆画風ハッチング画像は，互いに角度が異なっています．出力結果や拡大結果では，鉛筆画に見られるような線分の濃淡トーンがより豊かに生成できていることが分かります．

クロス・ハッチングは，ハッチングよりもさらに調整パラメータが多くなります．ハッチングを重ねる枚数，ハッチングの明るさ，平滑化の長さなどが主ですが，これらのバランスを変えることでさまざまな表現ができます．

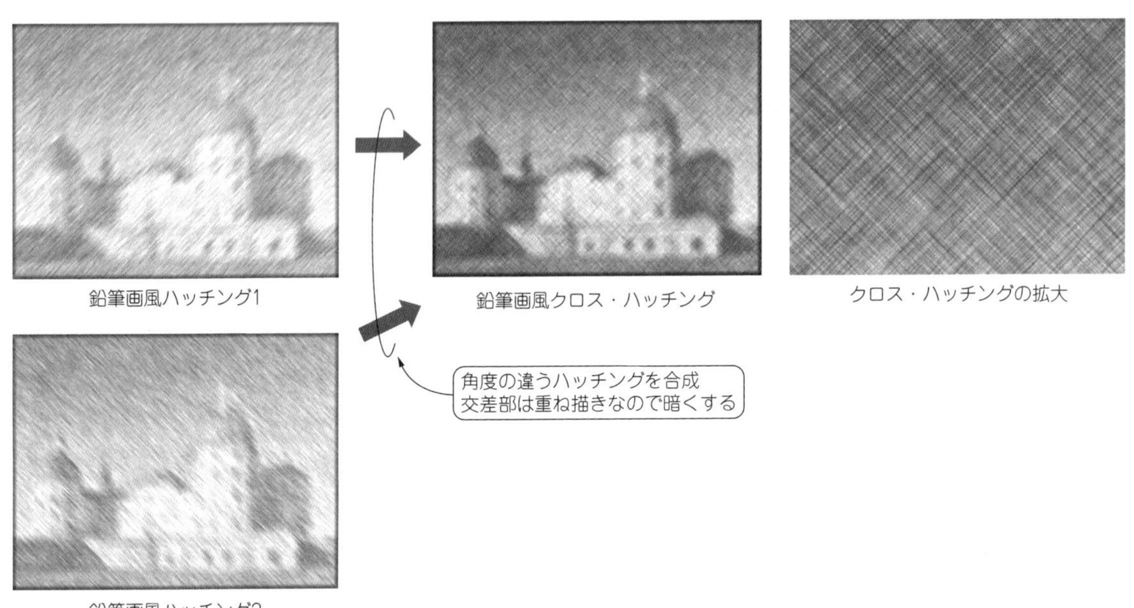

図3　クロス・ハッチング…複数のハッチング画像を合成する

リスト3　クロス・ハッチングのプログラム（抜粋）

```
for (y = 0; y < Y; y++) {
  for (x = 0; x < X; x++) {
    p[1] = img.at<cv::Vec3b>(y, x)[0]; //45°のハッチング画像
    p[2] = img2.at<cv::Vec3b>(y, x)[0];//135°のハッチング画像

    p[0] = uchar(255.0 * (double(p[1]) / 255.0) * (double(p[2]) / 255.0));

    img.at<cv::Vec3b>(y, x)[0] = p[0];  //Bへ代入
    img.at<cv::Vec3b>(y, x)[1] = p[0];  //Gへ代入
    img.at<cv::Vec3b>(y, x)[2] = p[0];  //Rへ代入
  }
}
```

B-4 滑らかな鉛筆画を表現する「鉛筆画風ブレンディング」

収録フォルダ：鉛筆画風ブレンディング

鉛筆画技法におけるブレンディングとは，鉛筆画を指や消しゴム，古くはパンクズなどで擦り，鉛筆線分を混ぜ合わせる処理を指します．こうした処理によって，鉛筆画は淡くボケて滑らかで優しい表現になります．

● 仕組み

鉛筆画風ブレンディングの仕組みを**図4**に示します．鉛筆画風ハッチングからブレンディング画像を生成する手順を示しています．

2枚のハッチング画像から鉛筆画風クロス・ハッチング画像を作成します．次にその画像に対して平滑化処理を適用すればブレンディングの表現になります．平滑化には，ガウシアン・フィルタを使用できます．

● 実行結果

鉛筆画風ブレンディングのプログラムを**リスト4**に示します．実行結果は**図4**に示した通りです．

入力画像は互いに異なった角度を持った2枚のハッチング画像です．ここでは45°と135°の画像を使用しています．また，平滑化には5×5のガウシアン・フィルタを3回適用しています．

出力結果では，鉛筆画風クロス・ハッチングの線分が平滑化でボカされて，滑らかなブレンディング

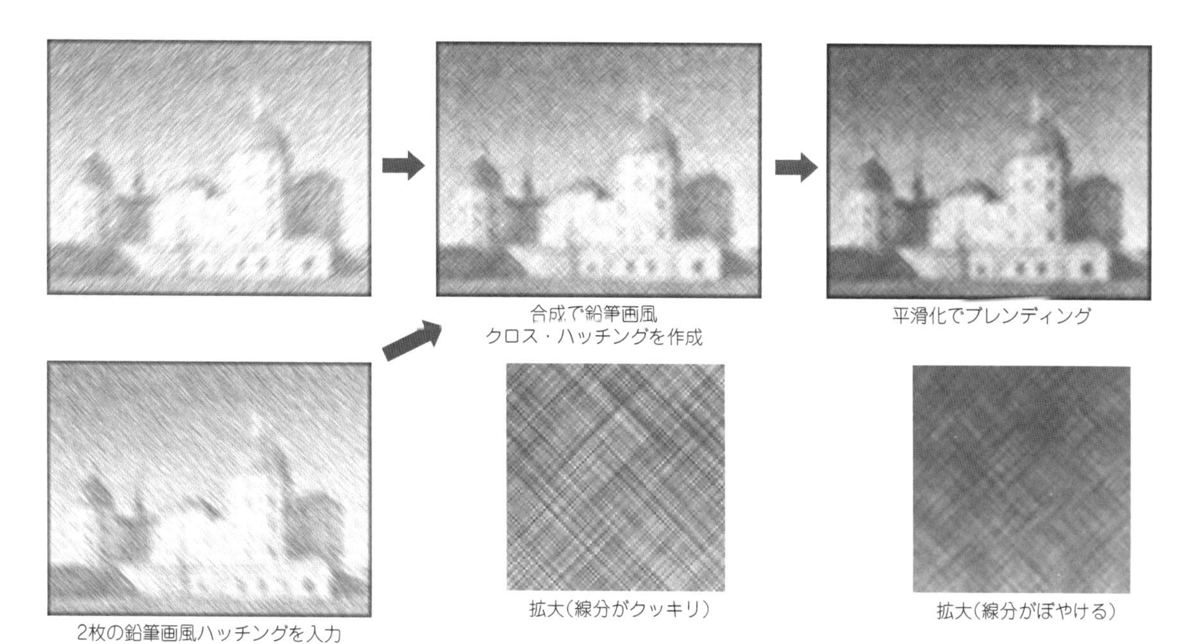

図4 鉛筆画風ブレンディング…鉛筆画風クロス・ハッチング画像に対して平滑化処理を適用する

リスト4　鉛筆画風ブレンディングのプログラム（抜粋）

```
CrH(img, img2);    // クロス・ハッチング

for(t = 0; t < n; t++){
    GF(img);        // ガウシアン・フィルタ(ブレンディング)
}
```

表現となっているのが確認できます．

今回はガウシアン・フィルタを採用していますが，他の平滑化フィルタを利用することでまた異なった質感になります．

ハッチング画像の角度や，平滑化の回数といった各種パラメータだけでなく，フィルタの種類も変更してみて違いを確認するとともに，気に入った表現を見つけてみましょう．

B-5 画家タッチの鉛筆画を作成できる「ペンシル・ストローク・マップ」

収録フォルダ：ペンシルストロークマップ

ペンシル・ストローク・マップは，非常に優れた鉛筆画を作成することができます．この処理はアーティストの描いた鉛筆画を観察し，「鉛筆画では長い一筆描きは用いず，短い線分の重ね描きを用いる」という特徴を表現した方法となっています．

● 仕組み

ペンシル・ストローク・マップの仕組みを**図5**に示します．

入力画像から勾配画像を作成します．この勾配は，画像の微分の絶対値を用います．すなわち，輪郭検出です．

次に勾配画像を角度ごとに（水平方向の輪郭線は0°にという風に）分類していきます．分類された画像に対して，対応する角度方向に平滑化することで，短い線分で描いたような表現を獲得します．

全ての角度の画像を平滑化したら，それらを1枚に合成し，輝度反転を行います．仕上げに，その画像にガウシアン・フィルタを一度適用します．

● 実行結果

ペンシル・ストローク・マップのプログラムはダウンロード・データに収録のソースコードを参照してください．実行結果は**図5**に示した通りです．

入力画像とペンシル・ストローク・マップの他，濃淡トーンを合成した鉛筆画像を示しています．出力結果では，鉛筆で描いたようなアナログ感のある出力結果が生成できていることが分かります．さらに，鉛筆画トーン（鉛筆画風ブレンディングを参照）を合成したものは，より完成度の高い鉛筆画風画像になっていることが分かります．

この方法は，入力画像にコントラスト強調やノイズ除去などの前処理を加えることで，大きく質感が変化します．いろいろな処理と組み合わせて，好みの鉛筆画を作成しましょう．

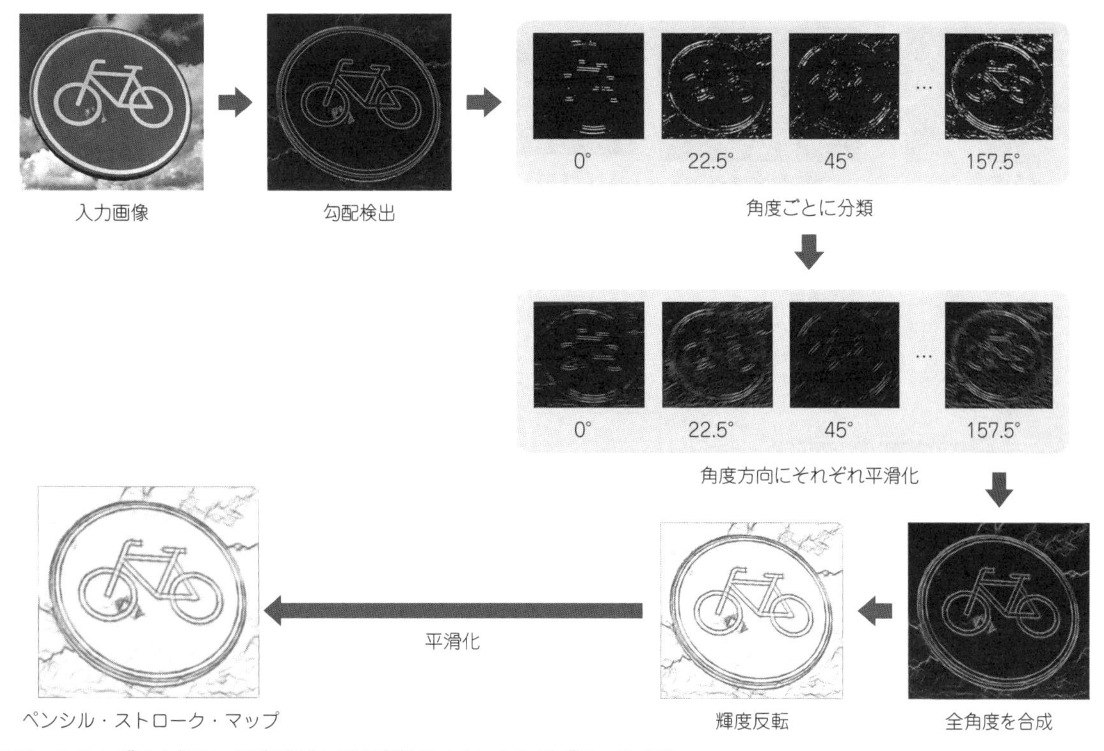

図5　ヒストグラム描画…画素値ごとに画素数をカウントしてグラフ化する

B-6　立体鉛筆画の世界を覗き込もう「鉛筆画風変換」

収録フォルダ：鉛筆画風

鉛筆画風変換は，画像を鉛筆画風に変換する処理です．写真などを手描き風に変換する処理は，「ノンフォト・リアリスティック・レンダリング」と呼ばれます．この処理は参考文献(1)と(2)で発表された比較的新しい手法を実装したものであり，モノクロ鉛筆画とカラー鉛筆画を作成できます．

●仕組み

この鉛筆画風変換は，大きく分けて3つの処理で構成されます．順に輪郭情報，濃淡情報，質感情報です．

輪郭情報では，グラディエント・マップという手法で画像の勾配を抽出し，その接線方向に平滑化することで擦筆(さっぴつ)で描いたような輪郭線を作成しています．

濃淡情報では，ポスタリゼーションを基準に色数を減らして鉛筆画らしい濃淡情報を作成しています．

質感情報では，ホワイト・ノイズと1方向平滑化を組み合わせることで，ハッチングと言う鉛筆画技法を模倣し，鉛筆画による濃淡表現らしい質感を実現しています．

これらをバランスよく組み合わせることで，鉛筆画風変換は実現されています(**図6**)．

これに入力画像の色相情報を反映させると，カラーの鉛筆画風変換を実現できます．

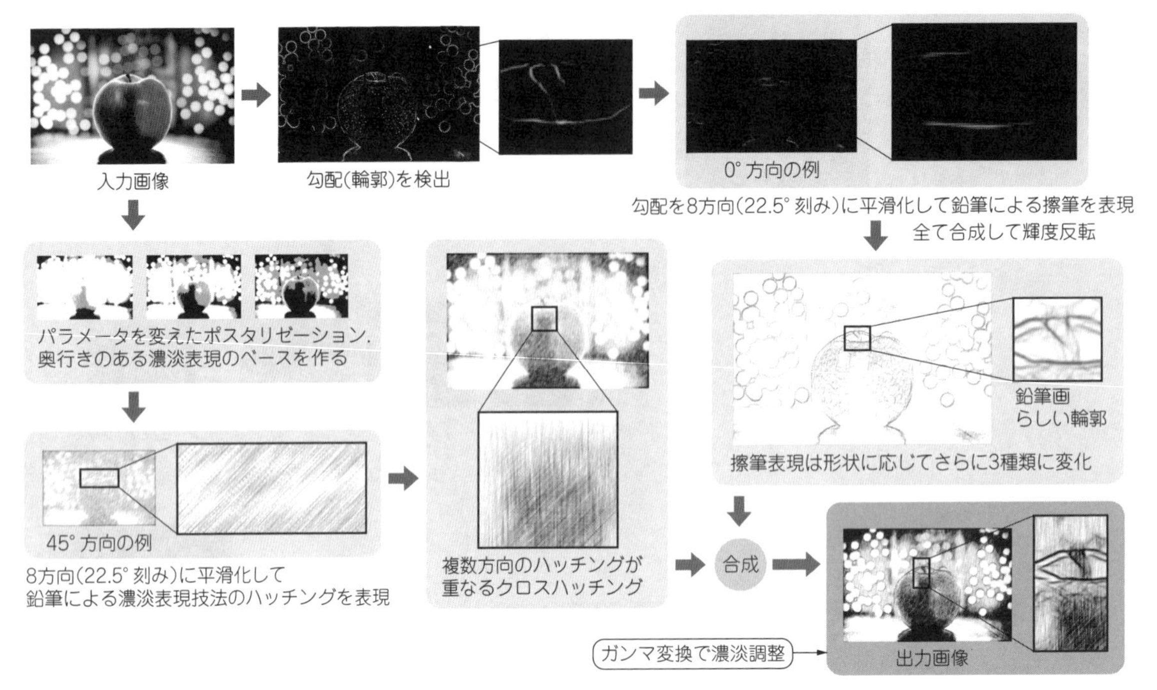

図6　鉛筆画風変換

(a) 入力画像

(b) 出力画像(モノクロ)

図7　鉛筆画風変換の効果

●実行結果

鉛筆画風変換のプログラムを**リスト5**に示します．**図7**に入力画像と鉛筆画風変換の結果を示します．細かな線分の積み重ねによる擦筆表現によって，鉛筆画らしい質感の画像になっています．

この処理は工程数が多く，処理には時間を要します．実行時には出力結果の他にもさまざまな画像が途中から生成されるため，そこにも画像処理ならではの特徴を見つけられるかもしれません．お気に入りの画像に適用し，鉛筆画の世界に変えてみましょう．

リスト5　鉛筆画風変換のプログラム（抜粋）

```
void PM(cv::Mat Image)
{
  cv::Mat ImageT = Image.clone();

  PPSM(Image);//提案輪郭画像
  TONE(ImageT);//提案濃淡画像

  Image = cv::imread("画像2/提案輪郭画像.bmp", -1);
  ImageT = cv::imread("画像2/提案濃淡画像.bmp", -1);

  R(Image, ImageT);//提案鉛筆画像
  Image = cv::imread("画像2/提案鉛筆画像.bmp", -1);
  GM(Image, 0.5);//ガンマ変換
  cv::imwrite("画像2/出力画像.bmp", Image);
}

void PPSM(cv::Mat Image)
{
  CH(Image);
  HE(Image);//アニメやイラスト時はコメント・アウト

  ///スケール別輪郭作成
  MTH(Image); //図形の大きさを判別
  G82(Image); //図形の大きさでGでセグメント
  cv::Mat GImage;

  for (int n = 0; n<3; n++)
  {
    if (n == 0) {
      GImage = cv::imread("画像2/G画像l.bmp", -1); }//最大輪郭
    if (n == 1) {
      GImage = cv::imread("画像2/G画像m.bmp", -1); }//中位輪郭
    if (n == 2) {
      GImage = cv::imread("画像2/G画像s.bmp", -1); }//最小輪郭
    if (n == 0) { C822(GImage, 0.3, n); }//0.15
    if (n == 1) { C822(GImage, 0.3, n); }//0.15
    if (n == 2) { C822(GImage, 0.3, n); }//0.15
  }
  cv::Mat img0 = cv::imread("画像2/GL平均画像GlL.bmp", -1);
  cv::Mat img1 = cv::imread("画像2/GL平均画像GmL.bmp", -1);
  cv::Mat img2 = cv::imread("画像2/GL平均画像GsL.bmp", -1);

  R2(img0, img1, img2);
}

//****< トーン画像 >****
void TONE(cv::Mat ImageT)
{
  CH(ImageT);
  //HE(ImageT);
  //ハッチング用の画像用意と前処理
  //ポスタリゼーション三種用
  cv::Mat ImageP = ImageT.clone();
  cv::Mat ImageP2 = ImageT.clone();
  cv::Mat ImageP3 = ImageT.clone();

  P(ImageP, 11);
  cv::GaussianBlur(ImageP, ImageP, cv::Size(31, 31), , 3);
  P(ImageP2, 5);
                  cv::Size(31, 31),3, 3);
  P(ImageP3, 3);
  cv::GaussianBlur(ImageP3, ImageP3, 3cv::Size(1, 31),3, 3);

  //ポスタリゼーション三種
  cv::imwrite("画像/ポスタリゼーション1.bmp", ImageP);
  cv::imwrite("画像/ポスタリゼーション2.bmp",ImageP2);
  cv::imwrite("画像/ポスタリゼーション3.bmp",ImageP3);

  W(ImageT, 0.7); //0.15
  LIC8(ImageT, 60);//30
```

```
  cv::Mat L1Image = cv::imread("画像/LIC000度画像.bmp", -1);
  cv::Mat L2Image = cv::imread("画像/LIC045度画像.bmp", -1);
  cv::Mat L3Image = cv::imread("画像/LIC090度画像.bmp", -1);

  MPT(L1Image, L2Image, L3Image, ImageP, ImageP2, ImageP3);
}

//****<合成処理 >****
void R(cv::Mat img, cv::Mat img2)
{
  省略
  for (y = 0; y < Y; y++) {
    for (x = 0; x < X; x++) {
      //(1/)----< 入力画像から画素値を読み込む >----
      p[0] = img.at<cv::Vec3b>(y, x)[0];
      p[1] = img2.at<cv::Vec3b>(y, x)[0];

      p[3] = img.at<cv::Vec3b>(y, x)[1];
      p[4] = img2.at<cv::Vec3b>(y, x)[1];

      p[6] = img.at<cv::Vec3b>(y, x)[2];
      p[7] = img2.at<cv::Vec3b>(y, x)[2];

      p[2] = cvRound((p[0] / 255.0)*(p[1] / 255.0)
                  * 255);
      p[5] = cvRound((p[3] / 255.0)*(p[4] / 255.0)
                  * 255);
      p[8] = cvRound((p[6] / 255.0)*(p[7] / 255.0)
                  * 255);

      img.at<cv::Vec3b>(y, x)[0] = p[2];  //Bへ代入
      img.at<cv::Vec3b>(y, x)[1] = p[5];  //Gへ代入
      img.at<cv::Vec3b>(y, x)[2] = p[8];  //Rへ代入
    }
  }
  cv::imwrite("画像2/提案鉛筆画像.bmp", img);
}
//****< MATガンマ変換処理 >****
void GM(cv::Mat img, double g)
{
  省略
  for (y = 0; y < img.rows; y++) {
    for (x = 0; x <img.cols; x++) {
      //(1/)----< 入力画像から画素値を読み込む >----
      B = img.at<cv::Vec3b>(y, x)[0];
      G = img.at<cv::Vec3b>(y, x)[1];
      R = img.at<cv::Vec3b>(y, x)[2];

      B = cvRound(255.0*pow((double(B) / 255.0), 1.0 / g));
      G = cvRound(255.0*pow((double(G) / 255.0), 1.0 / g));
      R = cvRound(255.0*pow((double(R) / 255.0), 1.0 / g));

      img.at<cv::Vec3b>(y, x)[0] = B;
      img.at<cv::Vec3b>(y, x)[1] = G;
      img.at<cv::Vec3b>(y, x)[2] = R;
    }
  }
}
```

◆参考文献◆

(1) 吉田 大海：立体鉛筆画『VR鉛筆画世界を目指して』，芸術科学会誌DiVA Display，第48号，2020年.

(2) 吉田 大海：線分表現に着目した鉛筆画像生成法，画像電子学会誌，2018年.

第2部　動画像

第1章 基本動画処理

1-1 動画から決定的瞬間の画像を抽出する「フレーム切り出し」

収録フォルダ：フレーム切り出し

フレーム切り出しとは，動画から任意のフレームを切り出して保存する処理です．

動画はフレームと呼ばれる静止画が何枚も集まってできています．従って，その中から重要なフレームを切り出すというのは，映像から決定的瞬間を保存する技術であるとも言えます．例えば，サッカーの映像からゴールの瞬間を切り出す，ホーム・ビデオから子供がバースデー・ケーキのロウソクを吹く瞬間を切り出す，などが挙げられます．その他，プレゼンテーションの資料で動画の特定シーンを見せたいときに使える，非常に便利な技術です．

●仕組み

フレーム切り出しの仕組みを**図1**に示します．再生中の動画から任意のタイミングでフレームを静止画像として保存することで実現します．タイミングの設定方法は，大きく分けて3種類の方法が考えられます．

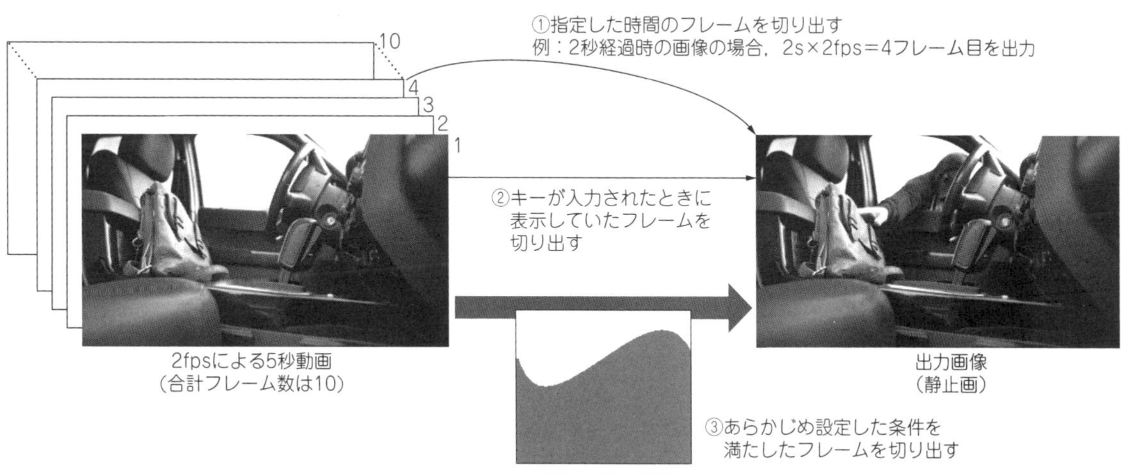

図1　フレーム切り出し…動画から任意のフレームを切り出して静止画像を保存する

プログラムの入手先は
https://interface.cqpub.co.jp/opencv-1/

▶**時間で切り出す**

1つ目は，時間で制御する方法です．例えば，動画のt秒目の瞬間を切り出すときには，

1秒当たりのフレーム数×t［枚目］

のフレームを切り出せばよいことになります．切り出したい時間が正確に分かっている場合は有効です．

▶**キー入力などで切り出す**

2つ目は，キー入力を条件に切り出す方法です．特定のキーが入力されたら画像を保存するプログラムを使えば実現できます．これはフレーム切り出しの中では最も ポピュラな方法です．

▶**画像の特徴を元に切り出す**

3つ目は，画像内の特定の特徴を手掛かりにフレームを切り出す方法です．例えば，爆発事故の瞬間を切り出したいときなどは，フレームごとのヒストグラムを計算し，それをしきい値として切り出すことで実現できます．

●実行結果

キー入力を条件とするフレーム切り出しプログラムを**リスト1**に示します．sキーを押したときに表示されていたフレームが保存されます．画像形式は24ビットのBMP形式になっています．実行結果は，ダウンロード・データに収録しています．

フレームを保存する条件については非常に多くの選択肢があります．今回は日常利用も踏まえて便利な方法を紹介しましたが，画像の特徴を条件とする方法は非常にコーディングのしがいがある方法になると思います．ぜひ，画像特徴を利用した方法についても検証してみましょう．

リスト1　フレーム切り出しのプログラム（抜粋）

```
int main(){
  cv::VideoCapture cap("video/入力動画.avi");
  FSVP(cap);//フレーム切り出し
}

void FSVP(cv::VideoCapture cap){
  int v_w = cap.get(cv::CAP_PROP_FRAME_WIDTH);//横の大きさ
  int v_h = cap.get(cv::CAP_PROP_FRAME_HEIGHT);//縦の大きさ
  int max_frame = cap.get(cv::CAP_PROP_FRAME_COUNT);//フレーム数
  int fps = cap.get(cv::CAP_PROP_FPS);//フレーム・レート

  int  i;
  cv::Mat img;//フレーム処理用の画像
  int key;//キー入力用
  std::ostringstream num;//フレーム・ナンバ

  for (i = 0; i < max_frame; i++) {
    num << i;
    cap >> img;//1フレーム分取り出してimgに保持
    cv::imshow("再生動画", img);
    key = cv::waitKey(100);

    if (key == 115) {
      cv::imwrite("video/切り出し画像" + num.str() + ".bmp", img);
    }//sキーでセーブ

    num.str("");//フレーム・ナンバを初期化
  }
}
```

1-2 動画の仕組みを理解するための「動画作成」 収録フォルダ：基礎動画作成

ここでは，そもそも動画とは何かという点を理解できるように，動画の作成を行います．

そもそも動画とは，時間の経過で変化する静止画像の集まりです．動画を構成する画像はフレームと呼ばれます．単位時間に使用するフレームが多いほど動画は滑らかになります．逆に，少ないとカクカクとしたぎこちない動画になります．この指標にfps（フレーム/s）があります．実写のように自然な滑らかさには60fps，ストレスなく見られる範囲には30fps程度必要になります．

ここでは，2枚の異なる画像（歯車）をフレームに見立て，回転する歯車動画を作成します．

●仕組み

動画作成の仕組みを**図2**に示します．この処理では，細部が異なる2枚の静止画像をフレームとし，交互に表示作成します．すなわち，入力画像1と入力画像2を交互にフレームとして取り込み，動画を作成することになります．

図1では歯車の2値画像を2枚使用しています．2枚の違いは歯車の角度のみです．時間の変化に対して画像の変化が大き過ぎる場合，人はそれを動きとして認識できません．このくらいの違いをフレームの変化として動画にすると，歯車が回転して見えるような動画を作成することができます．

●実行結果

動画作成のプログラムを**リスト2**に示します．実行結果は，ダウンロード・データに収録しています．

出力結果では，入力画像1と入力画像2の2枚の歯車画像を4fps程度で交互に表示しています．カクカクとぎこちないながらも回る様子が確認できます．

ここで作成した動画にはユニークな点があります．歯車が回転する向きは人によって異なるのです．さらに言えば，慣れると右回りにも左回りにも見えるようになります．

素材の歯車画像に工夫することで，誰が見ても回転する向きを同じにすることもできます．フレームの歯車画像を加工したり，あるいは3枚目の歯車画像をフレームとして加えるなどして，動画の変化を観察してみましょう．

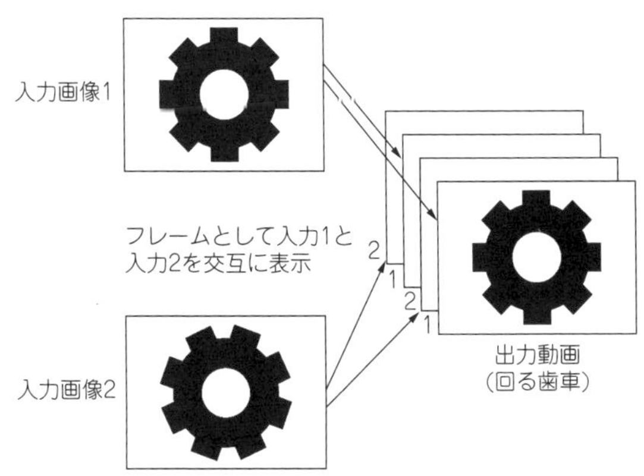

図2
動画作成…歯車の位置が異なる2枚の静止画像を交互に表示すると歯車が回転している動画が作成できる

リスト2　動画作成のプログラム（抜粋）

```
int main(){
  cv::Mat img1 = cv::imread("video/入力1.bmp", -1);
  cv::Mat img2 = cv::imread("video/入力2.bmp", -1);
  ALVP(img1, img2);//基礎動画作成
}

//交互画像
void AL(cv::Mat img, cv::Mat img2, cv::Mat img3, int i){
  int x, y;//画素値のx座標, 画素値のy座標
  int B[3], G[3], R[3];

  for (y = 0; y < img.rows; y++) {
    for (x = 0; x < img.cols; x++) {
      B[0] = img.at<cv::Vec3b>(y, x)[0];
      G[0] = img.at<cv::Vec3b>(y, x)[1];
      R[0] = img.at<cv::Vec3b>(y, x)[2];

      B[1] = img2.at<cv::Vec3b>(y, x)[0];
      G[1] = img2.at<cv::Vec3b>(y, x)[1];
      R[1] = img2.at<cv::Vec3b>(y, x)[2];

      if (i % 2 == 0){
        B[2] = B[0];
        G[2] = G[0];
        R[2] = R[0];
      }
      else{
        B[2] = B[1];
        G[2] = G[1];
        R[2] = R[1];
      }

      if (B[2] > 255) {
        B[2] = 255;
      }
      if (G[2] > 255) {
        G[2] = 255;
      }
      if (R[2] > 255) {
        R[2] = 255;
      }
      if (B[2] < 0) {
        B[2] = 0;
      }
      if (G[2] < 0) {
        G[2] = 0;
      }
      if (R[2] < 0) {
        R[2] = 0;
      }

      img3.at<cv::Vec3b>(y, x)[0] = B[2];
      img3.at<cv::Vec3b>(y, x)[1] = G[2];
      img3.at<cv::Vec3b>(y, x)[2] = R[2];

    }
  }
}

//交互動画作成
void ALVP(cv::Mat img1, cv::Mat img2){
  int v_w = img1.cols; //縦の大きさ
  int v_h = img1.rows; //横の大きさ
  int fps = 4; //フレーム・レート
  int max_frame = fps * 5; //フレーム数

  cv::Mat img3 = img1.clone();//フレーム処理用の画像
  cv::VideoWriter writer("video/出力動画.avi", cv::VideoWriter::fourcc('X', 'V', 'I', 'D'),
                                                    fps, cv::Size(v_w, v_h), true);//動画の保存

  for (int i = 0; i < max_frame; i++){
  AL(img1, img2, img3, i);//交互画像
  writer << img3;//出力フレームの書き込み
  cv::imshow("経過", img3);
  cv::waitKey(1);
  }
}
```

1-3 モノトーンな映像を作る「モノクロ動画」　収録フォルダ：モノクロ動画

モノクロ動画処理とは，入力動画を古い映画作品のようにグレー・スケールの動画に変換する処理のことです．情報量の観点から言えばカラーから大きく劣るモノクロですが，コントラストの深さやレトロな味わい，モノトーンの持つスタイリッシュさなど，モノクロ表現ならではの魅力から，近年でも積極的に取り入れられる映像表現の1つです．

また，単にモノクロと言っても，実は多くの表現方法があります．処理の仕組みを理解することで，シンプルながらもアレンジのしがいがある処理になっています．

●仕組み

モノクロ動画処理の仕組みを**図3**に示します．

動画をフレーム単位で切り出し，フレームに対して画像処理のグレー化を適用し，再びフレームを動画として書き込んでいくことでモノクロ動画を作成できます．

カラー画像の発色を決める3チャネル（B＝青，G＝緑，R＝赤）を同じ強さで発色させることでグレー，すなわちモノクロになります．言い換えると，色があるとはこの3チャネルがバラバラの値を持つことであり，色がないとはこの3チャネルが全く同じ値を持つことだと言えます．

図3では，3チャネルに入れる値として輝度値L（Luminance）を採用しています．これは人間の目の感度を基準に決定された値です．人間は，G（緑）＞R（赤）＞B（青）の順に目に強く感じられると報告されています．

また，この代入の仕方を調整することでモノクロ以外にもさまざまな表現ができます．例えば，Rのみに強い係数を加えて代入すれば動画は赤みが強くなり，BとGのみに強い係数をかけて代入すれば動画は水色っぽい動画になります．

もし，Bに$0.3L$，Gに$0.7L$，Rに$1.0L$を出力するとセピア色になり，ノスタルジックな雰囲気にすることができます．

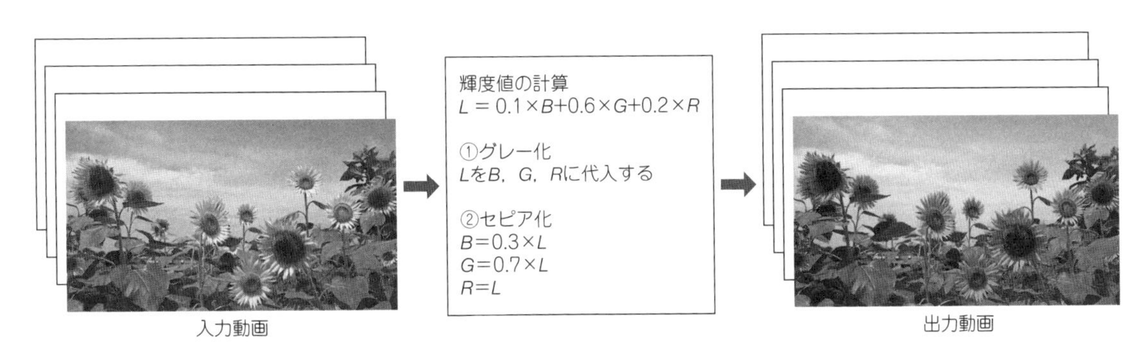

図3　モノクロ動画…古い映画作品のように白黒画像の動画に変換する

●実行結果

モノクロ動画処理のプログラムを**リスト3**に示します．実行結果は，ダウンロード・データに収録しています．

この処理は，フレームを切り出した後は静止画の画像処理を行っています．このため，モノクロ化で行っているチャネル操作を工夫することでさまざまな映像表現ができます．

例えばポスタリゼーション画像や2値化画像などは簡単な練習として面白いと思います．もし画像処理に慣れてエッジ検出などができるようになれば，SFに出てくるような不思議な動画が作成できます．

この処理をベースにして，チャネル操作だけでなく空間処理を使用した動画作成にチャレンジしてみましょう．

リスト3　モノクロ動画のプログラム（抜粋）

```
int main(){
  cv::VideoCapture cap("video/入力動画.avi");
  GVP(cap);//モノクロ動画(処理と保存)
}

void GVP(cv::VideoCapture cap){
  int v_w = cap.get(cv::CAP_PROP_FRAME_WIDTH);//横の大きさ
  int v_h = cap.get(cv::CAP_PROP_FRAME_HEIGHT);//縦の大きさ
  int max_frame = cap.get(cv::CAP_PROP_FRAME_COUNT);//フレーム数
  int fps = cap.get(cv::CAP_PROP_FPS);//フレーム・レート

  cv::VideoWriter writer("video/出力動画.avi", cv::VideoWriter::fourcc('X', 'V', 'I', 'D'), fps, cv::Size(
                                                                              v_w, v_h), true);//動画の保存

  cv::Mat img;//フレーム用の画像

  for (int i = 0; i < max_frame; i++){
    cap >> img;
    CH(img);//モノクロ化
    writer << img;//出力フレームの書き込み
  }
}

//モノクロ化処理
void CH(cv::Mat img){
  int x, y;//画素値のx座標　画素値のy座標
  int B, G, R, P;

  for (y = 0; y < img.rows; y++) {
    for (x = 0; x < img.cols; x++) {
      B = img.at<cv::Vec3b>(y, x)[0];
      G = img.at<cv::Vec3b>(y, x)[1];
      R = img.at<cv::Vec3b>(y, x)[2];

      P = int(0.298912 * double(B) + 0.586611 * double(G) + 0.114478 * double(R));//輝度値

      img.at<cv::Vec3b>(y, x)[0] = P;
      img.at<cv::Vec3b>(y, x)[1] = P;
      img.at<cv::Vec3b>(y, x)[2] = P;
    }
  }
}
```

1-4 動画編集の代表的な処理「部分切り出し」

収録フォルダ：部分切り出し

部分切り出しは，数ある動画編集処理の中でも最も多く使用されている処理の1つです．元の動画から指定した時間分の動画を切り出す処理です．

具体的な利用方法としては録画番組からCMと番組を切り分ける，スポーツ番組からハイライト・シーンを切り出す，ホーム・ビデオから特定の人物シーンだけを集めていく，などが挙げられます．

仕組みが理解できれば，切り出した動画をつないで編集していくことも難しくありません．

●仕組み

部分切り出しの仕組みを**図4**に示します．フレームを部分的に切り出して書き込む処理になります．

部分切り出し処理を実現する方法は幾つかあります．代表的な方法は切り出したい部分の開始時刻と終了時刻を指定する方法です．

動画はフレームと呼ばれる静止画の集まりであり，それを短時間のうちに切り替えていくことで成り立っています．例えば5fpsで10秒の動画のうち，2秒から3秒までの部分を切り出したいときは，2[秒]×5[fps]目からフレームの書き出しを開始し，3[秒]×5[fps]目までのフレームを書き込んで終了すればよいことになります．

●実行結果

部分切り出しのプログラムを**リスト4**に示します．実行結果は，ダウンロード・データに収録しています．

本処理はフレームとして切り出された画像には何も処理を加えないため，フレーム品質は変化しません．フレーム・レートも同様です．変化するのは再生時間とファイル・サイズのみとなります．

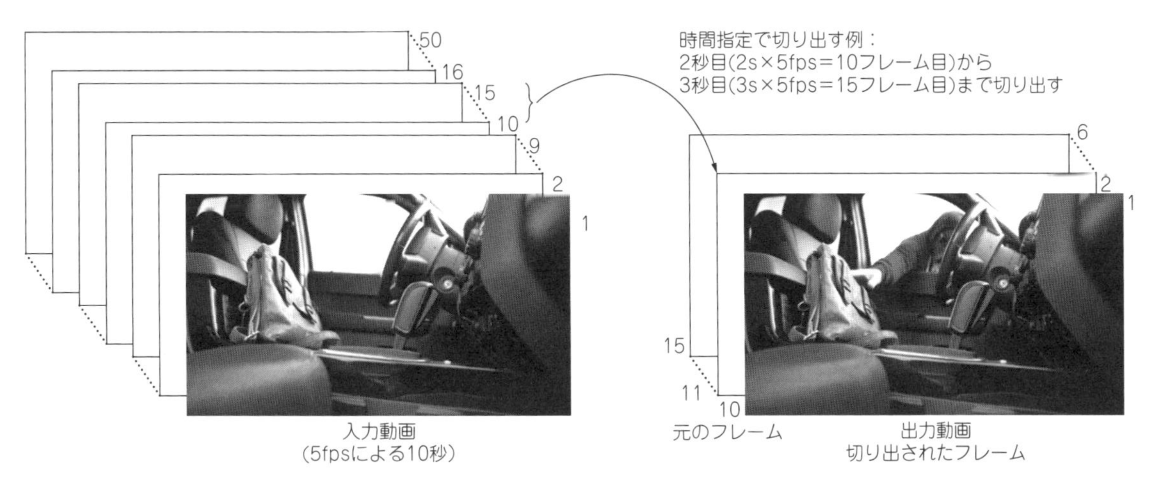

図4　部分切り出し…元の動画から指定した時間分の動画を切り出す

リスト4　部分切り出しのプログラム(抜粋)

```
int main(){
  cv::VideoCapture cap("video/入力動画.avi");
   CTVP(cap, 2, 5);//部分切り出し(処理と保存)
}

//部分切り出し処理
void CTVP(cv::VideoCapture cap, int s, int e){
  int v_w = cap.get(cv::CAP_PROP_FRAME_WIDTH);//横の大きさ
  int v_h = cap.get(cv::CAP_PROP_FRAME_HEIGHT);//縦の大きさ
  int max_frame = cap.get(cv::CAP_PROP_FRAME_COUNT);//フレーム数
  int fps = cap.get(cv::CAP_PROP_FPS);//フレーム・レート

  cv::Mat Image;//フレーム処理用の画像
  cv::VideoWriter writer("video/出力動画.avi", cv::VideoWriter::fourcc('X', 'V', 'I', 'D'), fps, cv::Size(
                                                                                   v_w, v_h), true);//動画の保存

  for (int i = 0; i < e * fps; i++){//書き込み終了秒まで書き込み
    cap >> Image;//1フレーム分取り出して Imageに保持
    if (i >= s * fps) {
      writer << Image;//書き込み開始秒なら書き込み
    }
  }
}
```

今回はソースコードで切り取り開始時刻と終了時刻を指定していますが，時刻の指定をコマンドで受け付けたり，GUIで操作できるようにすると，より汎用性の高い処理になるでしょう．

動画の部分切り出しは，時間フィルタの1つである時間差分処理(フレーム間差分処理)と組み合わせることで定点カメラに動きがあった場合のみ切り出す，といった自動処理も可能です．固定監視カメラの動物体検知などの応用を考えてみましょう．

1-5　CM飛ばしや時短再生のための「高速再生」

収録フォルダ：高速再生

高速再生動画処理は，通常よりも速く再生する動画を作成します．この処理は，そのまま再生したのでは時間のかかる動画を短時間で再生したり，通常の動画をコミカルに再現したいときに使用します．

例えば，前者は星の流れを撮影した動画があげられます．星の観測には長いときには10時間程度の時間を要し，その間はずっと撮影しています．すなわち，出来上がる動画の再生時間も10時間です．また，星の動きは極めてゆっくりとしているため，高速再生を行っても見にくくなるようなことはありません．従って，高速再生がよく行われます．

後者の例では，古いコメディ映画での表現によく見られます．人物を通常よりも不自然な速さで動かすことで，滑稽な動きを演出して視聴者を楽しませることができます．

●仕組み

高速再生動画処理の仕組みを図5に示します．実現の方法は，大きく分けて2つあります．

▶フレーム・レートを上げる

1つはフレーム・レートを上げる方法です．動画は，フレームと呼ばれる静止画像を短時間に複数切り

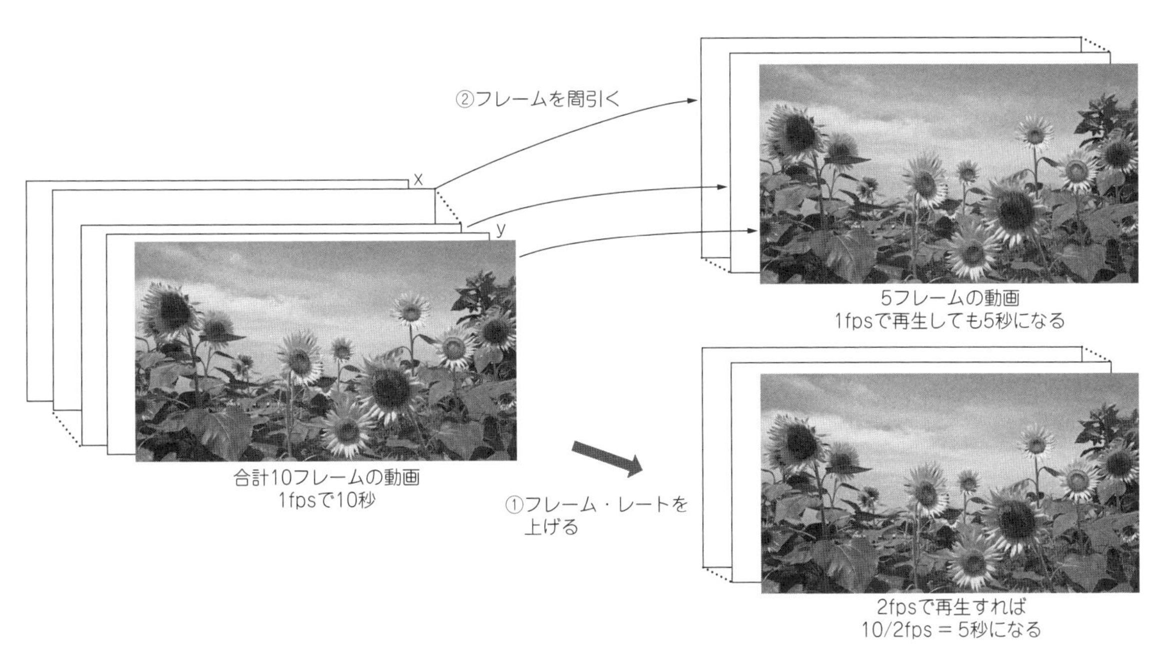

図5　高速再生…時間のかかる動画を短時間で再生したり，通常の動画をコミカルに再生したいときに使われる

替えて表示することで実現されます．合計400枚のフレームからなる動画を20fpsで再生すると20秒かかります．しかし，40fpsで再生すれば10秒で再生が終了する動画，すなわち高速再生動画になります．

▶フレーム数を減らす

もう1つの処理は，フレーム数を減らす処理です．これはフレーム・レートを調整する方法に比べて優れた点があります．例えば，画像処理のダウンサンプリングのようにニアレスト・ネイバー(Nearest Neighbor)，バイリニア(Bilinear)などの方式が応用でき，動画の性質を好みの方法で作成できます．また，フレーム・レートを変化させないので，処理機器に余計な負担を与えないで済みます．一般にフレーム・レートを上げるとプロセッサの負荷を上げることになります．総フレーム数が減れば，情報量が減ります．これは最適な圧縮と併用することで，より効果を発揮します．

●実行結果

高速再生動画処理のプログラムを**リスト5**に示します．実行結果は，ダウンロード・データに収録しています．

本処理ではフレーム数を減らす処理を選び，ニアレスト・ネイバーの概念で高速再生動画処理を実現します．ニアレスト・ネイバーによる高速動画は，フレーム数を規則的に間引くことで実現します．具体的には，2倍速の高速再生動画を作成する場合は，1つ飛ばしでフレームを書き込んでいくことになります．

フレームの品質は，ニアレスト・ネイバーの考えを用いることで，処理適用前の動画のフレームとそん色のないものになっています．もしもバイリニアなど重み付き平均化処理を用いた場合は，元動画に

リスト5　高速再生のプログラム(抜粋)

```
int main(){
  cv::VideoCapture cap("video/入力動画.avi");
  HVP(cap, 2);//高速再生(処理と保存)
}

//高速再生処理
void HVP(cv::VideoCapture cap, int s){
  int v_w = cap.get(cv::CAP_PROP_FRAME_WIDTH);//横の大きさ
  int v_h = cap.get(cv::CAP_PROP_FRAME_HEIGHT);//縦の大きさ
  int max_frame = cap.get(cv::CAP_PROP_FRAME_COUNT);//フレーム数
  int fps = cap.get(cv::CAP_PROP_FPS);//フレーム・レート

  cv::Mat Image;//フレーム処理用の画像
  cv::VideoWriter writer("video/出力動画.avi", cv::VideoWriter::fourcc('X', 'V', 'I', 'D'), fps, cv::Size(
                                                                          v_w, v_h), true);//動画の保存

  for (int i = 0; i < max_frame; i++){
    cap >> Image;//1フレーム分取り出してImageに保持
    if (i % s == 0) {//sの剰余が0になるときのみ描く
      writer << Image;
    }
  }
}
```

は存在しない濃淡値を持つフレームを生成することになります(動画の質によっては動きが滑らかになるなどメリットがある).

フレームの減らし方を画像処理のダウンサンプリング方法にならって，さまざまな処理で検証してみましょう．

1-6　決定的瞬間をじっくりと確認できる「低速再生」　収録フォルダ：低速再生

低速再生動画処理は，動画をゆっくりと再生する，もしくはゆっくり動作させたように見せます．例えば，スポーツ番組で見られるスローVTRや，映画での緊迫したシーンで見られるスロー再生などがあります．

前者では，素早い選手の動きを細部まで正確に把握するために利用されます．後者では，人が何らかのアクシデントに遭遇して興奮したとき，変化する体内時間の様子をドラマチックに演出する目的で利用されます．

●仕組み

低速動画再生処理の仕組みを**図6**に示します．実現の方法は，大きく分けると2通りあります．

▶フレーム・レートを下げる

1つは，フレーム・レート(時間当たりに使用する画像の枚数)を下げる方法です．動画は，短時間のうちに複数の静止画を切り替えて表示する処理です．例えば，30fpsで10秒の動画では300枚のフレームを用いることになります．もし，この動画を2倍の時間をかけて再生する低速動画にしたい場合は，フレーム・レートを半分にして15fpsで再生すればよいことになります．合計300枚のフレームからなる動画を

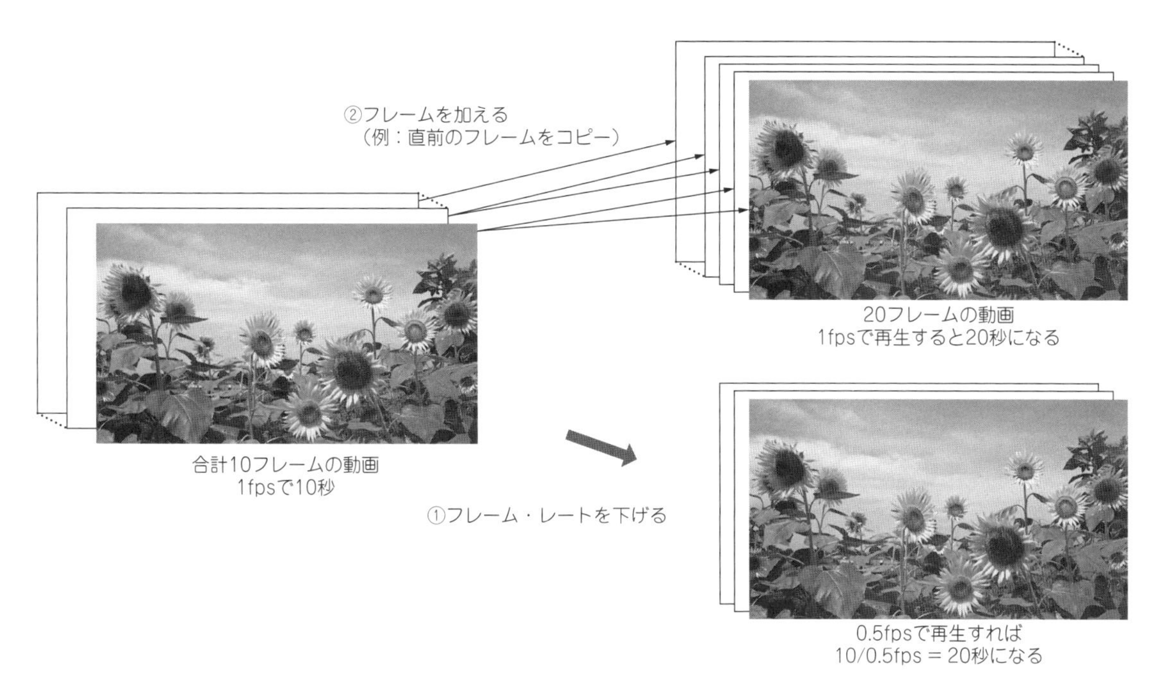

図6　低速再生…決定的瞬間をじっくり確認したり緊迫したシーンの映像を表現したりするのに使われる

15fpsで再生すると，20秒かかることになります．

図では合計10フレームの動画を1fpsで再生する場合と，0.5fpsで再生する場合を示しています．

▶フレーム数を増やす

もう1つは，フレーム数を増やす方法です．合計300フレームの動画を30fpsで再生すれば10秒かかりますが，フレーム数を2倍にして600フレームにすれば20秒の低速再生動画になります．

この方法はフレーム数を増やすためにファイル・サイズが大きくなるという欠点があります．その分，フレームの増やし方にはさまざまな選択肢があります．

最もシンプルな方法は，画像処理の補間におけるニアレスト・ネイバーのように，最も近いフレームをコピーしていく方法です．すなわち，フレームの書き込み回数を倍にする形になります．

●実行結果

低速動画再生処理のプログラムを**リスト6**に示します．ニアレスト・ネイバーによる方法を用いて低速再生動画を作成します．実行結果は，ダウンロード・データに収録しています．

このサンプルは1/2倍速で再生する動画を作成した例です．フレームの品質は，低速化にニアレスト・ネイバーの考えを用いることで，処理適用前の動画のフレームとそん色のないものになっています．もしもバイリニアなど重み付き平均化処理を用いた場合は，元動画には存在しない中間フレームを生成することになります．動画の質によっては動きが滑らかになる場合もあります．

フレームの減らし方を画像処理のダウンサンプリング方法にならって，さまざまな処理で検証してみましょう．

リスト6　低速再生のプログラム(抜粋)

```
int main(){
  cv::VideoCapture cap("video/入力動画.avi");
  LVP(cap, 2);//低速再生(処理と保存)
}

//低速再生処理
void LVP(cv::VideoCapture cap, int s){
  int v_w = cap.get(cv::CAP_PROP_FRAME_WIDTH);//横の大きさ
  int v_h = cap.get(cv::CAP_PROP_FRAME_HEIGHT);//縦の大きさ
  int max_frame = cap.get(cv::CAP_PROP_FRAME_COUNT);//フレーム数
  int fps = cap.get(cv::CAP_PROP_FPS);//フレーム・レート

  cv::Mat Image;//フレーム処理用の画像
  cv::VideoWriter writer("video/出力動画.avi", cv::VideoWriter::fourcc('X', 'V', 'I', 'D'), fps, cv::Size(
                                                                          v_w, v_h), true);//動画の保存

  for (int i = 0; i < max_frame; i++){
    cap >> Image;//1フレーム分取り出してImageに保持
    for (int n = 0; n < s; n++) {
      writer << Image;//s倍書き込むことでスローになる
    }
  }
}
```

1-7　時間の流れを逆向きに再生させる「逆再生」　収録フォルダ：逆再生

逆再生動画処理は，巻き戻し再生のような動画を作成する処理です．映像表現の中でもよく使用される技術です．例えば水が昇っていく滝や，割れた花瓶や風船が元通りになる様子など，不思議な動画を作成することができます．

●仕組み

逆再生動画処理の仕組みを図7に示します．フレームの表示順序を逆にすることで実現します．

フレームとは動画を構成する静止画であり，これを正しい順番で表示していくことで動画が再生され

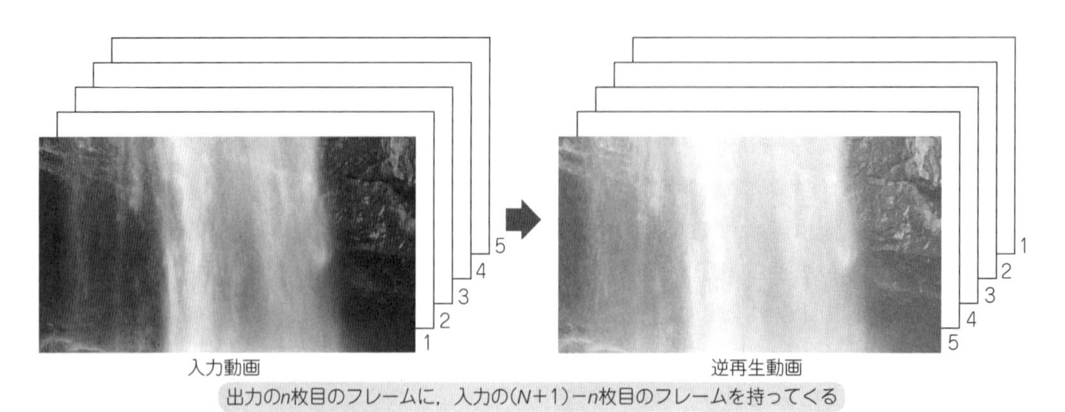

図7　逆再生…時間の流れを逆転させる映像表現

リスト7　逆再生のプログラム（抜粋）

```
int main(){
  cv::VideoCapture cap("video/入力動画.avi");
  RPVP(cap);//逆再生(処理と保存)
}

//逆再生動画作成
void RPVP(cv::VideoCapture cap){
  int v_w = cap.get(cv::CAP_PROP_FRAME_WIDTH);//横の大きさ
  int v_h = cap.get(cv::CAP_PROP_FRAME_HEIGHT);//縦の大きさ
  int max_frame = cap.get(cv::CAP_PROP_FRAME_COUNT);//フレーム数
  int fps = cap.get(cv::CAP_PROP_FPS);//フレーム・レート

  int x, y, i;//空間座標, 時間座標

  cv::Mat img;//フレーム処理用の画像

  cv::Mat CB(v_h, v_w, CV_8UC(max_frame), cv::Scalar(0));
  cv::Mat CG(v_h, v_w, CV_8UC(max_frame), cv::Scalar(0));
  cv::Mat CR(v_h, v_w, CV_8UC(max_frame), cv::Scalar(0));

  cv::VideoWriter writer("video/出力動画.avi", cv::VideoWriter::fourcc('X', 'V', 'I', 'D'), fps, cv::Size(
                                                                                   v_w, v_h), true);//動画の保存

  for (i = 0; i < max_frame; i++) {
    cap >> img;//1フレーム分取り出してimgに保持
    for (y = 0; y < img.rows; y++) {
      for (x = 0; x < img.cols; x++) {
        CB.at<uchar>(y, x * max_frame + i) = img.at<cv::Vec3b>(y, x)[0];//B
        CG.at<uchar>(y, x * max_frame + i) = img.at<cv::Vec3b>(y, x)[1];//G
        CR.at<uchar>(y, x * max_frame + i) = img.at<cv::Vec3b>(y, x)[2];//R
        //時空間の配列に動画を格納
      }
    }
  }
  for (i = 0; i < max_frame; i++) {
    for (y = 0; y < img.rows; y++) {
      for (x = 0; x < img.cols; x++) {
        img.at<cv::Vec3b>(y, x)[0] = CB.at<uchar>(y, x * max_frame + (max_frame - 1 - i));
        img.at<cv::Vec3b>(y, x)[1] = CG.at<uchar>(y, x * max_frame + (max_frame - 1 - i));
        img.at<cv::Vec3b>(y, x)[2] = CR.at<uchar>(y, x * max_frame + (max_frame - 1 - i));
      }
    }
    writer << img;//出力フレームの書き込み
  }
}
```

ます．すなわち，これを逆の順番で表示していくと時間の流れが逆転した逆再生動画になります．

フレーム数が5枚の動画を考えると，1枚目のフレームには5枚目のフレームを，2枚目のフレームには4枚目のフレームを表示することで実現できます（3枚目はそのまま）．一般的な式の書き方をすれば，合計N枚のフレーム（1～N番目）からなる動画のn枚目のフレームには，$(N+1)-n$枚目のフレームを持ってくることになります．

●実行結果

逆再生動画処理のプログラムを**リスト7**に示します．実行結果は，ダウンロード・データに収録しています．

入力動画は滝を映した動画であり，これは逆再生することで水が上昇していく不思議な動画になります．この処理はフレーム内の画素を操作することはないため，動画の品質や情報量に変化は起きません．なに

げない日常を撮影した動画も，逆再生動画に変換することで不思議な映像作品になります．手持ちの動画を適用して，いろいろな逆再生動画を作成してみましょう．

1-8 大きさや縦横比を自在に変える「拡大/縮小」

収録フォルダ：動画の拡縮

動画の拡大・縮小処理は，入力動画を好きな大きさ，縦横比に変換する便利な処理です．動画のサイズが大きいと感じたときは縮小し，細部の様子を大きく確認したいときは拡大することで所望のサイズが得られます．あるいは動画のフレームが横長すぎる，あるいは縦長すぎると感じたときは，縦横比を調整することもできます．

●仕組み

動画の拡縮処理の仕組みを**図8**に示します．フレーム単位で切り出した静止画に画像処理の画像補間を行うことで実現できます．

図8では，フレームに対して縦サイズを大きく，横サイズを小さくした例を示しています．動画をフレーム単位で画像補間処理することで処理を実現しています．適用する画像補間処理の種類によって動画の品質は大きく異なってきます．

●出力結果

動画の拡縮処理のプログラムを**リスト8**に示します．画像補間にはバイリニア補間法を用いています．実行結果は，ダウンロード・データに収録しています．

フレームの縦横の比率が大きく変化していることが確認できます．

バイリニア補間法では，出力フレームの画素の性質は滑らかなものになります．採用する補間方法によって動画の性質は大きく変わるため，ニアレスト・ネイバーやバイキュービック補間法などを試して違いを確認してみましょう．

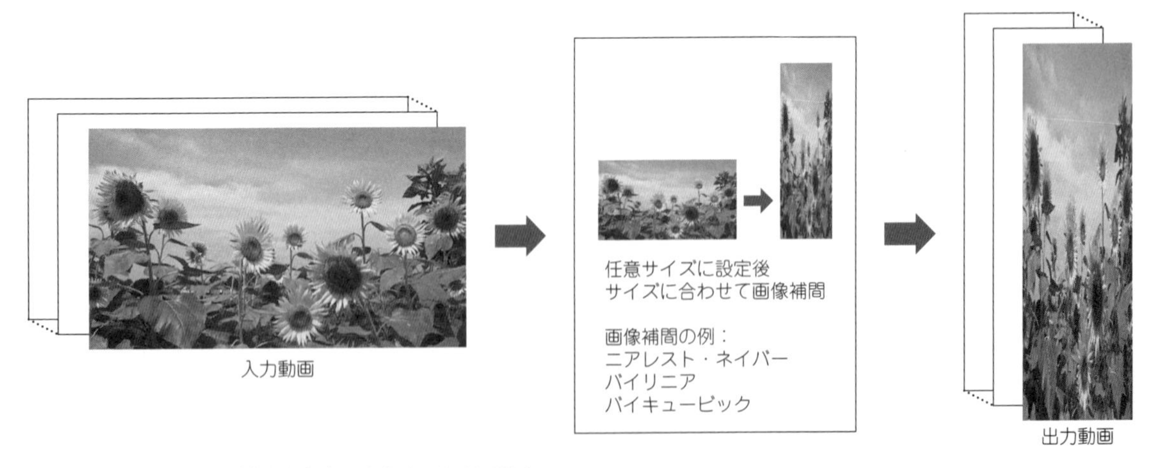

図8　拡縮…大きさや縦横比を自在に変えることができる

リスト8　拡大／縮小のプログラム（抜粋）

```
int main(){
  cv::VideoCapture cap("video/入力動画.avi");
  SCVP(cap, 300, 1000);//動画の拡縮(処理と保存)
}

//拡縮動画作成
void SCVP(cv::VideoCapture cap, int X2, int Y2){
  int v_w = cap.get(cv::CAP_PROP_FRAME_WIDTH);//横の大きさ
  int v_h = cap.get(cv::CAP_PROP_FRAME_HEIGHT);//縦の大きさ
  int max_frame = cap.get(cv::CAP_PROP_FRAME_COUNT);//フレーム数
  int fps = cap.get(cv::CAP_PROP_FPS);//フレーム・レート

  cv::VideoWriter writer("video/出力動画.avi", cv::VideoWriter::fourcc('X', 'V', 'I', 'D'), fps, cv::Size(
                                                                              X2, Y2), true);//動画の保存

  cv::Mat img;
  cv::Mat img2 = cv::Mat(Y2, X2, CV_8UC3);
  //出力フレーム用の画像

  for (int i = 0; i < max_frame; i++){
    cap >> img;
    BL(img, img2, X2, Y2);//バイリニア補間
    writer << img2;//出力フレームの書き込み
  }
}

//バイリニア補完
void BL(cv::Mat img, cv::Mat img2, int X2, int Y2){
  int x, y, x2, y2, c;//画素値のx座標　画素値のy座標
  int Y = img.rows, X = img.cols;
  double dx, dy, pxy[3];
  double A, B, C, D;

  for (y2 = 0; y2 < Y2; y2++) {
    for (x2 = 0; x2 < X2; x2++) {
      x = int(floor(double(x2) * (double(X) / double(X2))));//元画像の座標を参照
      y = int(floor(double(y2) * (double(Y) / double(Y2)))); //元画像の座標を参照
      if (y >= Y - 2) {
        y = Y - 2;
      }
      if (x >= X - 2) {
        x = X - 2;
      }

      dx = double(x2) * (double(X) / double(X2));//元画像を基準とした内挿点の小数点座標を参照
      dy = double(y2) * (double(Y) / double(Y2));//元画像を基準とした内挿点の小数点座標を参照

      //x--dx--x+1
      //x--dxの距離はdx-double(x)
      //dx--x+1の距離はdouble(x+1)-dx
      A = dx - double(x); B = double(x + 1) - dx;
      //y--dy--y+1
      //y--dyの距離はdy-double(y)
      //dy--y+1の距離はdouble(y+1)-dy
      C = dy - double(y); D = double(y + 1) - dy;

      for (c = 0; c <= 2; c++) {
        pxy[c] =D * B * double(img.at<cv::Vec3b>(y, x)[c]) +D * A * double(img.at<cv::Vec3b>(y, x + 1)[c])
           +C * B * double(img.at<cv::Vec3b>(y + 1, x)[c]) +C * A * double(img.at<cv::Vec3b>(y + 1, x + 1)[c]);

        if (pxy[c] < 0) {
          pxy[c] = 0;
        }
        if (pxy[c] > 255) {
          pxy[c] = 255;
        }
        img2.at<cv::Vec3b>(y2, x2)[c] = uchar(pxy[c]);
      }
    }
  }
  //cv::imwrite("画像/バイリニア補完画像.bmp",img2);
}
```

1-9 特定の領域だけを表示するための「任意サイズの切り取り」

収録フォルダ：任意サイズの切り取り

任意サイズ切り取り処理は，撮影した動画の隅に気に入らないものが写っていたり，動画のサイズ感を変えないまま動画を小さくしたいときに利用できます．所望の空間領域だけを切り取って保存することで，再撮影することなく不要な部分をカットしたり，小さくしたりできます．

プレゼンテーションで動画資料を作成するときも活躍する処理の1つです．

●仕組み

任意サイズ切り取り処理の仕組みを**図9**に示します．静止画の画像処理を動画に応用しています．フレームを1枚1枚，任意のサイズに切り抜き，再び動画として統合していくことで任意サイズ切り取り処理を実現できます．

まず動画をフレームに分割します．そしてフレーム内で切り取りの始点となる空間座標と，サイズを指定します．このとき，始点やサイズの指定を誤ると切り取る動画の範囲が入力動画からはみ出てしまい，エラーとなることがあります．

また，ちょっとした遊びの例ですが，この処理を応用して**図9(b)**のように動画を格子状に分割し，位

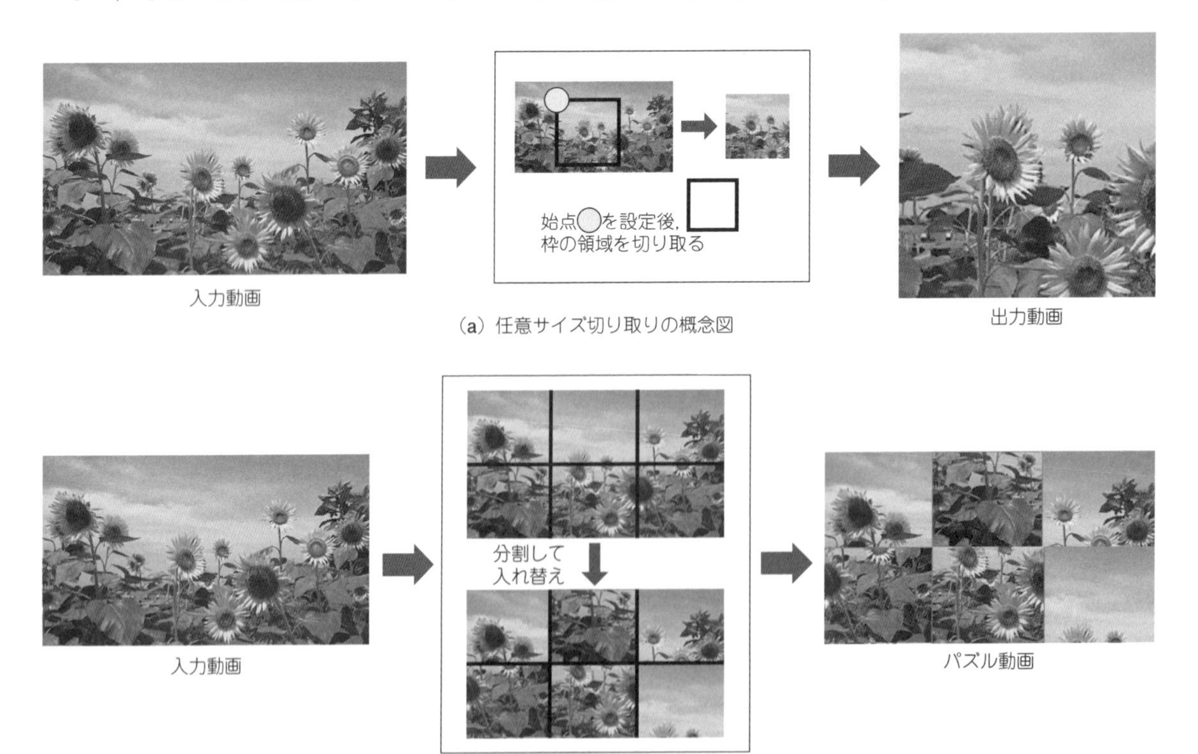

図9　任意サイズ切り取り…不要な部分を削除したり小さくしたりできる

リスト9　任意サイズ切り取りのプログラム（抜粋）

```
int main(){
  cv::VideoCapture cap("video/入力動画.avi");
  CVP(cap, 350, 150, 500, 500);//任意サイズの切り取り動画作成
}

//任意サイズの切り取り動画作成
void CVP(cv::VideoCapture cap, int sx, int sy, int X2, int Y2){
  int v_w = cap.get(cv::CAP_PROP_FRAME_WIDTH);//横の大きさ
  int v_h = cap.get(cv::CAP_PROP_FRAME_HEIGHT);//縦の大きさ
  int max_frame = cap.get(cv::CAP_PROP_FRAME_COUNT);//フレーム数
  int fps = cap.get(cv::CAP_PROP_FPS);//フレーム・レート

  cv::VideoWriter writer("video/出力動画.avi", cv::VideoWriter::fourcc('X', 'V', 'I', 'D'), fps, cv::Size(
                                                                                X2, Y2), true);//動画の保存

  cv::Mat img;
  cv::Mat img2 = cv::Mat(Y2, X2, CV_8UC3);
  //出力フレーム用の画像

  for (int i = 0; i < max_frame; i++){
    cap >> img;
    C(img, img2, sx, sy, X2, Y2);//任意サイズの切り取り
    writer << img2;//出力フレームの書き込み
  }
}

//画像の任意サイズの切り取り
void C(cv::Mat img, cv::Mat img2, int sx, int sy, int X2, int Y2){
  int x, y, x2, y2, c;//画素値のx座標　画素値のy座標
  int Y = img.rows, X = img.cols;
  double dx, dy, pxy[3];

  for (y2 = sy; y2 < Y2 + sy; y2++) {
    for (x2 = sx; x2 < X2 + sx; x2++) {
      img2.at<cv::Vec3b>(y2 - sy, x2 - sx)[0] = img.at<cv::Vec3b>(y2, x2)[0];
      img2.at<cv::Vec3b>(y2 - sy, x2 - sx)[1] = img.at<cv::Vec3b>(y2, x2)[1];
      img2.at<cv::Vec3b>(y2 - sy, x2 - sx)[2] = img.at<cv::Vec3b>(y2, x2)[2];
    }
  }
}
```

置をバラバラに入れ替えて再合成すると動画パズルを作成できます．近年のバラエティ番組や動画視聴サイトでもたびたび見かける近代技術の生んだ遊びです．

●実行結果

任意サイズ切り取り処理のプログラムを**リスト9**に示します．実行結果は，ダウンロード・データに収録しています．

切り取りの始点の空間座標は(350, 150)で，サイズは500×500です．中央のヒマワリが正方形に切り取られていることが分かります．

今回はソースコードの中で切り取りの開始点と切り取りサイズを指定しています．これらの指定をコマンド受け付けにすると，より汎用性の高い処理になるでしょう．

1-10 複数の動画を比較するときに便利な「動画並列出力」

収録フォルダ：動画並列出力

動画並列出力は，処理前の動画と処理後の動画を2つ並べて，同時に再生する処理です．画像処理などの効果をプレゼンテーションする際には欠かすことのできない処理です．適用した動画処理の効果を適切に伝えることができます．例えば解像度の向上，ノイズの低減効果，色彩の変化など，これらの処理は順番に再生して比較するよりも，並列出力して同時に見比べる方がはるかに確認しやすくなります．

●仕組み

動画並列出力の仕組みを図10に示します．複数の動画を並べて出力します．基本的には2つの動画を横並びの形で出力することが多く，本処理でもその方法を取り扱います．

並列出力したい2つの入力動画を，それぞれ入力動画I_1（横サイズX_1，縦サイズY_1），入力動画I_2（横サイズX_2，縦サイズY_2）とし，並列出力する動画を出力動画Oとします．すると，出力動画Oのサイズは横がX_1+X_2，縦サイズはY_{max}（Y_1とY_2のうち大きい方）になります．

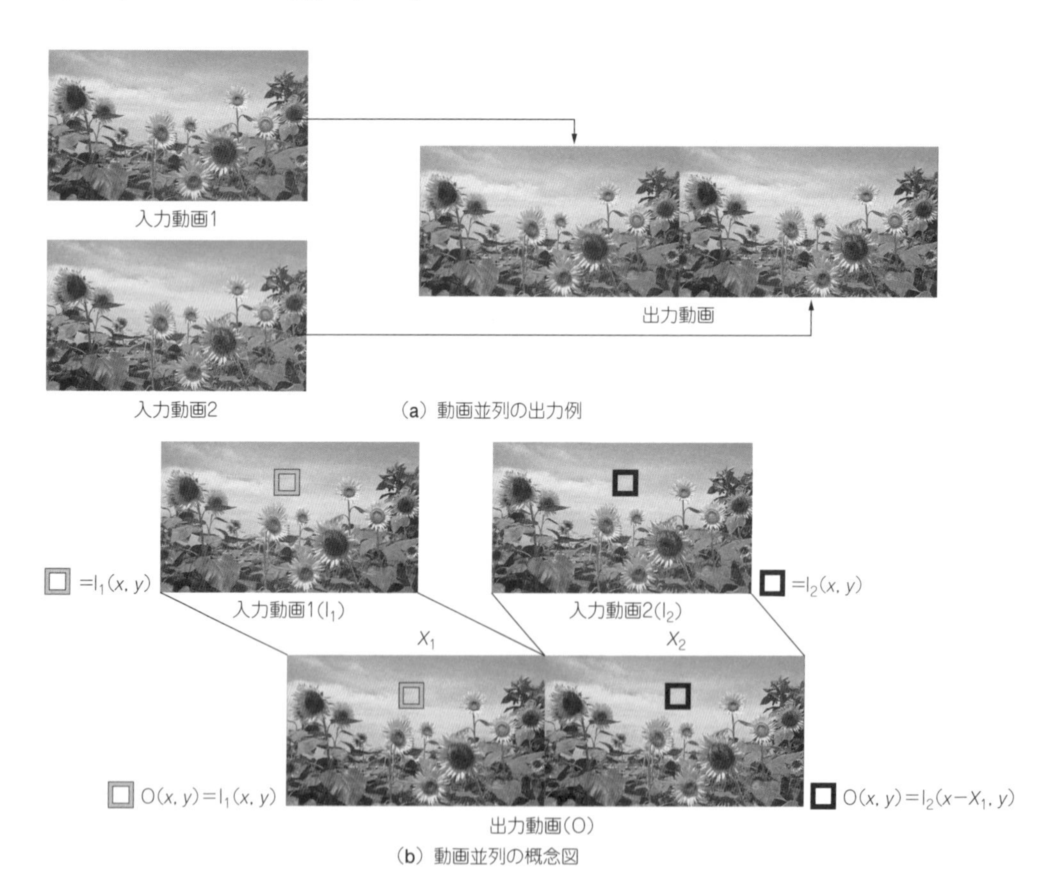

図10　動画並列出力…複数の動画を比較しやすいように並べて再生する

リスト10　動画並列出力のプログラム（抜粋）

```
int main(){
  cv::VideoCapture cap("video/入力動画.avi");
  cv::VideoCapture cap2("video/入力動画2.avi");

  PVP(cap, cap2);//並列動画(処理と保存)
}

//並列動画
void PVP(cv::VideoCapture cap, cv::VideoCapture cap2){
  int v_w = cap.get(cv::CAP_PROP_FRAME_WIDTH);//横の大きさ
  int v_h = cap.get(cv::CAP_PROP_FRAME_HEIGHT);//縦の大きさ
  int max_frame = cap.get(cv::CAP_PROP_FRAME_COUNT);//フレーム数
  int fps = cap.get(cv::CAP_PROP_FPS);//フレーム・レート

  int v_w2 = cap2.get(cv::CAP_PROP_FRAME_WIDTH);//横の大きさ
  int v_h2 = cap2.get(cv::CAP_PROP_FRAME_HEIGHT);//縦の大きさ
  int max_frame2 = cap2.get(cv::CAP_PROP_FRAME_COUNT);//フレーム数
  int fps2 = cap2.get(cv::CAP_PROP_FPS);//フレーム・レート

  int F, H;//小さい方のフレーム数，大きい方の画像高が入る

  if (max_frame <= max_frame2) {
    F = max_frame;
  }
  else {
    F = max_frame2;
  }
  if (v_h >= v_h2) {
    H = v_h;
  }
  else {
    H = v_h2;
  }

  cv::Mat Image[2];//フレーム処理用の画像
  cv::Mat  Himg(H, v_w + v_w2, CV_8UC(3), cv::Scalar(0));//出力動画用フレーム

  cv::VideoWriter writer("video/出力動画.avi", cv::VideoWriter::fourcc('X', 'V', 'I', 'D'), fps, cv::Size(
                                                                              v_w + v_w2, H), true);//動画の保存

  for (int i = 0; i < F; i++){
    cap >> Image[0];
    cap2 >> Image[1];//1フレーム分取り出してImageに保持

    P(Image[0], Image[1], Himg);//動画並列
    writer << Himg;//出力フレームの書き込み
    //1フレーム前としてキープ
  }
}

//画像並列
void P(cv::Mat img, cv::Mat img2, cv::Mat img3){
  int x, y, Y;//画素値のx座標　画素値のy座標
  int B[1], G[1], R[1];

  if (img.rows >= img2.rows) {
    Y = img.rows;
  }
  else {
    Y = img2.rows;
  }

  for (y = 0; y < Y; y++) {
    for (x = 0; x < img.cols + img2.cols; x++) {
      if (x >= img.cols){
        B[0] = img2.at<cv::Vec3b>(y, x - img.cols)[0];
        G[0] = img2.at<cv::Vec3b>(y, x - img.cols)[1];
        R[0] = img2.at<cv::Vec3b>(y, x - img.cols)[2];
      }
      else{
```

```
        B[0] = img.at<cv::Vec3b>(y, x)[0];
        G[0] = img.at<cv::Vec3b>(y, x)[1];
        R[0] = img.at<cv::Vec3b>(y, x)[2];
      }

      //printf("B=%d x=%d y=%d\n",B[0],x,y)

      img3.at<cv::Vec3b>(y, x)[0] = B[0];
      img3.at<cv::Vec3b>(y, x)[1] = G[0];
      img3.at<cv::Vec3b>(y, x)[2] = R[0];
    }
  }
}
```

各空間座標における画素値の計算方法を**図10(b)**に示します．入力動画I_1を左に，入力動画I_2を右に並べて出力する場合の例です．

入力画像I_1はそのまま出力します．すなわち，出力動画Oの空間座標$O(x, y)$における画素値は，$I_1(x, y)$になります．一方，入力動画I_2の空間座標は全てX_1分だけ右側に移動します．従って，出力動画Oの空間座標$O(x, y)$における画素値は，$I_2(x-X_1, y)$になります．

最も利用する可能性が高いケースは，2つの入力動画($X \times Y$サイズ)が全く同じサイズを持つときです．このときは出力フレームのサイズは横サイズが$2X$，縦サイズはYとなるのでシンプルに考えることができます．

また，もしも動画を縦に並べて出力する場合は，出力動画Oの空間座標$O(x, y)$における画素値は，$I_2(x, y-Y_1)$となります．もちろん，出力動画のフレーム・サイズも変化し，横がX_{max}(X_1とX_2の大きい方)になり，縦サイズは(Y_1+Y_2)となります．

●実行結果

動画並列出力のプログラムを**リスト10**に示します．実行結果は，ダウンロード・データに収録しています．2つの入力動画を並列して出力することで，比較しやすくなっています．

入力動画の各フレームの画素には操作を加えていないため，出力動画を圧縮などをしない限り画像品質は変化しません．

ダウンロード・データに収録の実行結果は，一方は何も処理をしていない入力動画，もう一方は時空間鮮鋭化フィルタを適用した動画になっています．これまで適用してきた動画処理のうち，効果がよく分からなかった処理もこのように並列出力をすることで新たに気付く変化があるかもしれません．さまざまな動画を並列出力し，効果の吟味に利用してみましょう．

第2章
動きや明るさの変化検出

2-1 動き検出で最も重要な方法「フレーム間差分」

収録フォルダ：フレーム間差分

フレーム間差分処理は，動画の動きを検出することができる処理です．数ある方法の中で最も基本的かつ重要なものの1つです．

フレーム間差分を利用した動物体の検知，追跡方法は，時空間ラプラシアン・フィルタ，オプティカル・フローなど，これまでに数多くの応用が報告されています．また，対象が定点カメラである場合は，この処理だけでも十分に動物体を検知できます．

●仕組み

フレーム間差分の仕組みを**図1**に，例を**図2**に示します．動画内で連続する2枚のフレームを取り出し，その差分を検出することで実現できます．

時刻tにおいて表示されているフレームの空間座標(x, y)の画素データを$\mathrm{f}(x, y, t)$と表現するとします．その場合，フレーム間差分処理は，

$$\mathrm{f}(x, y, t) - \mathrm{f}(x, y, t-1)$$

となります．

直感的には，現在のフレームと過去のフレームとを比較すると，動きがある場合には違いが生じ，動かない場合には違いが生じないという考えです．そのフレーム間差分の値を動画として書き出していくことで，フレーム間差分動画となります．

図1ではヒマワリの動画を例にしています．入力動画においては花や葉が風で揺れています．出力動画では，その動きの変化が大きいところが白や黒で表示されます．

このとき，動きの変化の仕方によって値がマイナスになることがあります．具体的には，動画が明るいものから暗いものに変化するときはマイナスの値になり，暗いものから明るいものに変化するときはプラスの値になります．そこで出力値には127を足して正の値にするのが一般的です．

定点カメラにおける利用例を**図2**に示します．入力動画はクルマの中に設置された定点カメラの映像です．座席のバッグが奪われる様子が確認できます．盗難前，犯人の出現，バッグの把持，バッグの持ち去りのそれぞれの場面が含まれています．

この様子を出力動画のフレーム間差分で確認すると，動きのない状態では何も検出しません．しかしその他のフレームでは犯人の顔やバッグなど，動いたり動かされたりしたものを検出しています．

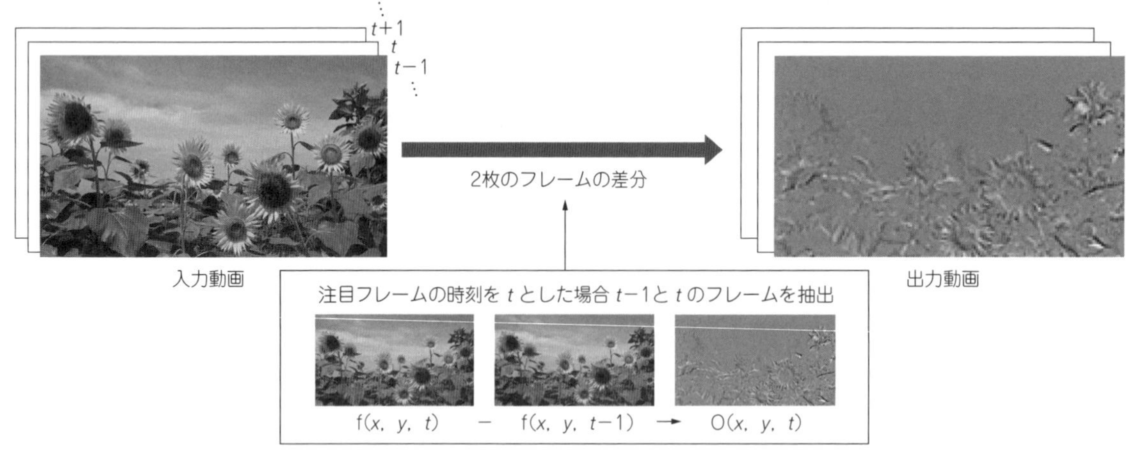

図1 フレーム間差分…連続する2枚のフレームを取り出して差分をとると物体の動きを検知できる

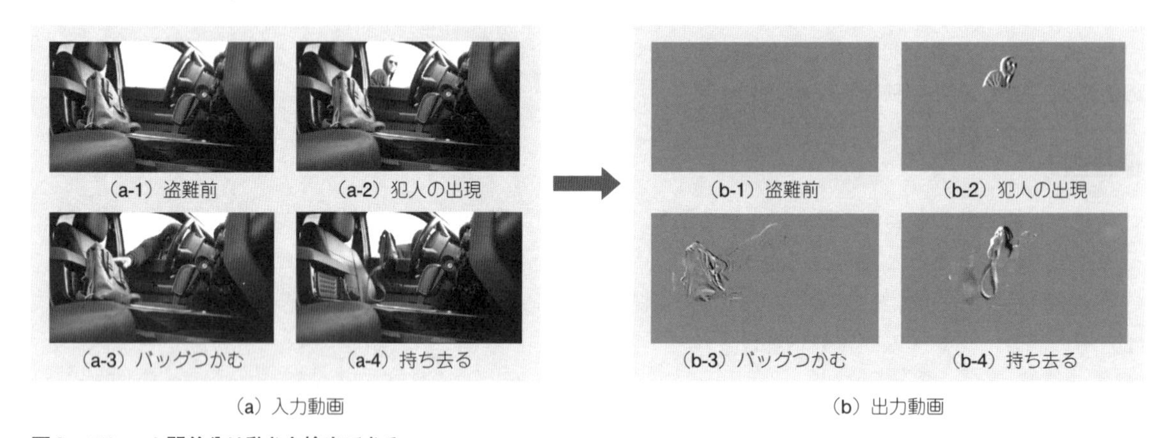

(a) 入力動画　(b) 出力動画

図2 フレーム間差分は動きを検出できる

この動画のように定点カメラが対象であればフレーム間差分処理単体で動物体の検知ができます．

●実行結果

フレーム間差分のプログラムを**リスト1**に示します．実行結果は，ダウンロード・データに収録しています．花や葉の揺れを検知したり，犯人の出現やバッグの持ち去りを検知したりできます．

フレーム間差分処理は用途が多く，応用の楽しみも多い動画処理の1つです．例えば定点の防犯カメラの録画を考える場合，フレーム間差分処理で変化を検出した前後のみ録画をするといった工夫をすれば，メモリ容量の節約になります．

また，この処理によって得られる画素値の濃さは，動きにおいてどんな意味をなすのかを考えてみるのも面白いでしょう．

リスト1　フレーム間差分のプログラム（抜粋）

```
int main(){
  cv::VideoCapture cap("video/入力動画.avi");
  DVP(cap);//フレーム間差分動画処理(処理と保存)
}

//フレーム間差分動画処理
void DVP(cv::VideoCapture cap){
  int v_w = cap.get(cv::CAP_PROP_FRAME_WIDTH);//横の大きさ
  int v_h = cap.get(cv::CAP_PROP_FRAME_HEIGHT);//縦の大きさ
  int max_frame = cap.get(cv::CAP_PROP_FRAME_COUNT);//フレーム数
  int fps = cap.get(cv::CAP_PROP_FPS);//フレーム・レート

  cv::Mat Image[4];//フレーム処理用の画像
  cv::VideoWriter writer("video/出力動画.avi", cv::VideoWriter::fourcc('X', 'V', 'I', 'D'), fps, cv::Size(
                                                                                    v_w, v_h), true);//動画の保存

  for (int i = 0; i < max_frame; i++){
    cap >> Image[1];//1フレーム分取り出してImageに保持
    Image[2] = Image[1].clone();//出力フレームのための画像コピー

    if (i == 0) {//最初は画像がないため
      Image[0] = Image[2].clone();
    }
    if (i == max_frame - 1) {//最後も画像がないため
      Image[0] = Image[2].clone();
    }

    D(Image[1], Image[0], Image[2]);//フレーム間差分計算
    writer << Image[2];//出力フレームの書き込み
    Image[0] = Image[1].clone();//1フレーム前として保持
  }
}

//フレーム間差分計算
void D(cv::Mat img, cv::Mat img2, cv::Mat img3){
  int x, y;//画素値のx座標　画素値のy座標
  int B[3], G[3], R[3];

  for (y = 0; y < img.rows; y++) {
    for (x = 0; x < img.cols; x++) {
      B[0] = img.at<cv::Vec3b>(y, x)[0];
      G[0] = img.at<cv::Vec3b>(y, x)[1];
      R[0] = img.at<cv::Vec3b>(y, x)[2];

      B[1] = img2.at<cv::Vec3b>(y, x)[0];
      G[1] = img2.at<cv::Vec3b>(y, x)[1];
      R[1] = img2.at<cv::Vec3b>(y, x)[2];

      B[2] = (B[0] - B[1]) + 127;
      G[2] = (G[0] - G[1]) + 127;
      R[2] = (R[0] - R[1]) + 127;

      if (B[2] > 255) {
        B[2] = 255;
      }
      if (G[2] > 255) {
        G[2] = 255;
      }
      if (R[2] > 255) {
        R[2] = 255;
      }
      if (B[2] < 0) {
        B[2] = 0;
      }
      if (G[2] < 0) {
        G[2] = 0;
      }
      if (R[2] < 0) {
        R[2] = 0;
      }

      img3.at<cv::Vec3b>(y, x)[0] = B[2];
      img3.at<cv::Vec3b>(y, x)[1] = G[2];
      img3.at<cv::Vec3b>(y, x)[2] = R[2];
    }
  }
}
```

2-2 移動の軌跡が残る「局所時間平均値フィルタ」

収録フォルダ：局所時間平均値フィルタ

局所時間平均値フィルタ処理は，素早く動く物体に対し，移動の軌跡を残していくような処理を実現します．これは，モーション・ブラー（Motion Blur）と呼ばれる視覚効果になります．素早く動くものをより強調して表現したいときに，映画やドラマでもよく用いられる手法です．

風景撮影時に虫が写り込むとモーション・ブラーと似た現象が意図せず発生することがあります．これは未確認生物UMAとして誤認されたことがあるほどで，映像としての面白さがあります．

●仕組み

局所時間平均値フィルタの仕組みを**図3**に示します．動画内で連続する奇数枚のフレームを取り出し，同じ空間座標内で画素値の平均値を出力します．その値を新たな画素として，注目フレームに代入することで実現します．

図3では，取り出すフレーム数を3とし，注目フレームの時刻をtとしています．つまり，取り出すフレームは$t-1$，t，$t+1$の3枚です．

取り出した3フレームにおいて．同じ空間座標に注目し，それらの平均値を時刻tにおける注目空間座標の画素値とします．

この処理によって得られたフレームを使うことで，局所時間平均値フィルタを適用した動画が得られます．

静止画像処理における平均値フィルタの考え方を時間軸に応用したものといえます．平均値フィルタは，画像の低周波を出力するフィルタです．ガウス・ノイズなどを軽減するのに有効です．局所時間平

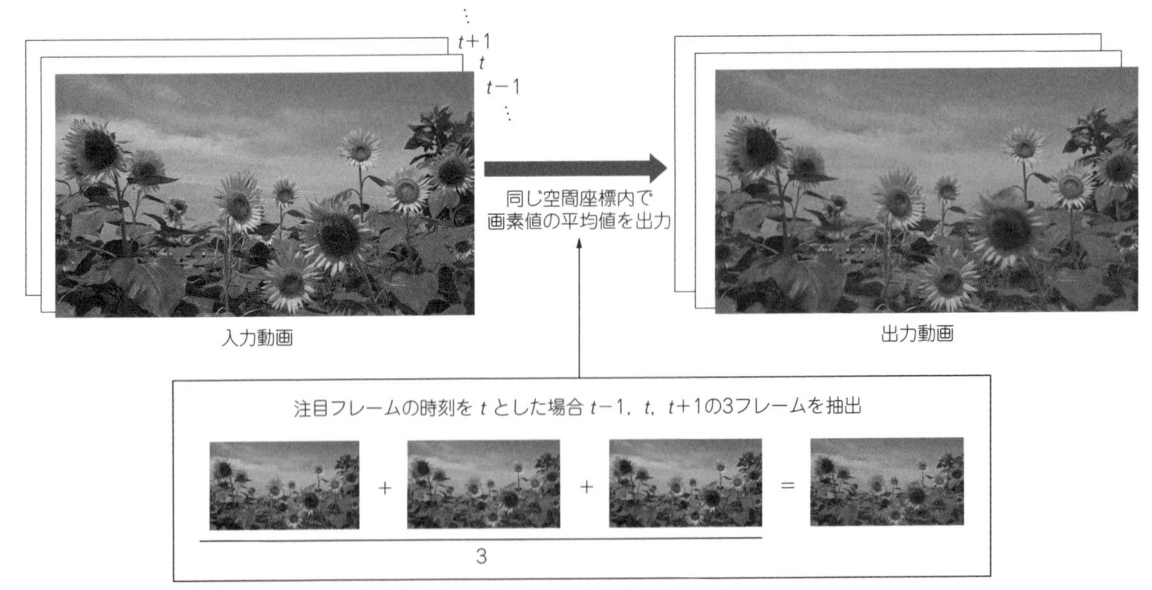

図3　局所時間平均値フィルタ…素早く動く物体に対して移動の軌跡を得られる

リスト2　局所時間平均値フィルタのプログラム(抜粋)

```
int main(){
  cv::VideoCapture cap("video/入力動画.avi");
  AVP3(cap);//局所平均動画処理(処理と保存)
}

void AVP3(cv::VideoCapture cap){
  int v_w = cap.get(cv::CAP_PROP_FRAME_WIDTH);//横の大きさ
  int v_h = cap.get(cv::CAP_PROP_FRAME_HEIGHT);//縦の大きさ
  int max_frame = cap.get(cv::CAP_PROP_FRAME_COUNT);//フレーム数
  int fps = cap.get(cv::CAP_PROP_FPS);//フレーム・レート

  cv::Mat Image[4];//フレーム処理用の画像
  cv::VideoWriter writer("video/出力動画.avi", cv::VideoWriter::fourcc('X', 'V', 'I', 'D'), fps, cv::Size(
                                                                          v_w, v_h), true);//動画の保存

  for (int i = 0; i < max_frame; i++){
    cap >> Image[2];//1フレーム分取り出してImageに保持
    Image[3] = Image[2].clone();//出力フレームのための画像コピー

    if (i == 1) {
      Image[0] = Image[2].clone();
    }
    if (i == 0) {//最初は画像がないため
      Image[1] = Image[2].clone();
      Image[0] = Image[2].clone();
    }
    if (i >= max_frame - 4) {//最後も画像がないため
      Image[1] = Image[2].clone();
      Image[0] = Image[2].clone();
    }

    A3(Image[2], Image[1], Image[0], Image[3]);//3フレームからの平均値画像
    writer << Image[3];//出力フレームの書き込み

    if (i < max_frame - 3){
      Image[0] = Image[1].clone();//2フレーム前
      Image[1] = Image[2].clone(); //1フレーム前
    }
    //1フレーム前として保持
  }
}

//3フレームからの平均値画像
void A3(cv::Mat img, cv::Mat img1, cv::Mat img2, cv::Mat img3){
  int x, y;//画素値のx座標　画素値のy座標
  int B[4], G[4], R[4];

  for (y = 0; y < img.rows; y++) {
    for (x = 0; x < img.cols; x++) {
      B[0] = img.at<cv::Vec3b>(y, x)[0];
      G[0] = img.at<cv::Vec3b>(y, x)[1];
      R[0] = img.at<cv::Vec3b>(y, x)[2];

      B[1] = img1.at<cv::Vec3b>(y, x)[0];
      G[1] = img1.at<cv::Vec3b>(y, x)[1];
      R[1] = img1.at<cv::Vec3b>(y, x)[2];

      B[2] = img2.at<cv::Vec3b>(y, x)[0];
      G[2] = img2.at<cv::Vec3b>(y, x)[1];
      R[2] = img2.at<cv::Vec3b>(y, x)[2];

      B[3] = (B[0] + B[1] + B[2]) / 3;
      G[3] = (G[0] + G[1] + G[2]) / 3;
      R[3] = (R[0] + R[1] + R[2]) / 3;

      img3.at<cv::Vec3b>(y, x)[0] = B[3];
      img3.at<cv::Vec3b>(y, x)[1] = G[3];
      img3.at<cv::Vec3b>(y, x)[2] = R[3];
    }
  }
}
```

均値フィルタは，平均値フィルタと同様の処理を時間軸に対して行う処理です．

●実行結果

局所時間平均値フィルタのプログラムを**リスト2**に示します．実行結果は，ダウンロード・データに収録しています．入力動画では，ヒマワリが風にそよぐ様子が撮影されています．出力動画を見ると，ヒマワリと葉がブレたような平滑化を受けています．これが動画において素早く動いた領域であり，強いモーション・ブラーの表現が出ている状態です．

なお，この効果は適用するフィルタのサイズ(参照するフレームの数)を大きくすることで強くなります．また，フィルタ・サイズを固定し，適用回数を増やすことでも強くすることができます．

その他，モーション・ブラーを発生させたい領域と，そのままにしたい領域をマスキングで区別して行うことで，よりダイナミックな表現にすることもできます．

2-3 突発的なノイズの除去に効果的な「局所時間中央値フィルタ」

収録フォルダ：局所時間中央値フィルタ

局所時間中央値フィルタ処理は，突発的に発生するノイズ(インパルス・ノイズ)の除去に優れた性能を発揮するノイズ除去フィルタです．

このフィルタは，音声信号のノイズ除去で特に活躍しますが，動画においても効果を発揮します．例えば，古い映画では，フィルムの劣化によって突発的な白線がプツプツと映像内に入ってくることがあります．この局所時間中央値フィルタは，そのように時間軸上で突発的に発生するノイズを検出し，比較的違和感の少ない値に置き換えることで，動画をきれいにすることができます．

動画によっては突発的なノイズと似た画面の変化が含まれることがあります．この場合，ノイズと同様に削除してしまうことがある点には注意が必要です．

●仕組み

局所時間中央値フィルタの仕組みを**図4**に示します．動画内で連続する奇数枚のフレームを取り出し，同じ空間座標内で画素値を大きさの順に並べ替えます．次に，その中央値を新たな画素として，注目フレームに代入することで実現します．

図4では，取り出すフレーム数を3とし，注目フレームの時刻をtとしています．つまり，取り出すフレームは$t-1$，t，$t+1$の3枚です．

取り出した3フレームにおいて．同じ空間座標に注目します．3つの画素の輝度を比較し，中央値となる「輝度中」の画素値を時刻tにおける注目空間座標の画素値とします．この処理によって得られたフレームを使うことで，局所時間中央値フィルタを適用した動画が得られます．

●実行結果

局所時間中央値フィルタのプログラムを**リスト3**に示します．実行結果は，ダウンロード・データに収

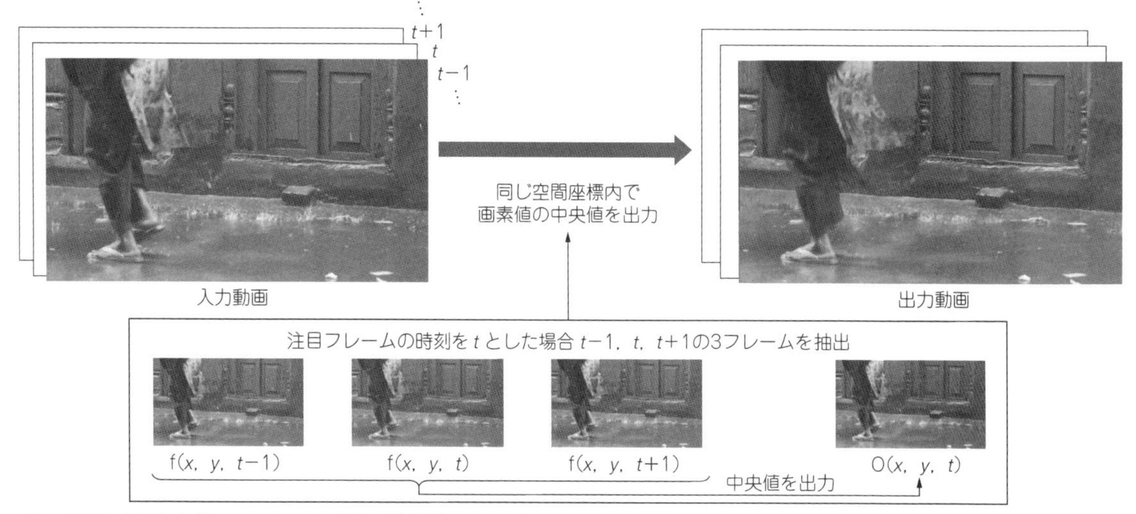

図4　局所時間中央値フィルタ…突発的に発生するノイズの除去に優れた性能を発揮する

リスト3　局所時間中央値フィルタのプログラム（抜粋）

```
int main(){
  cv::VideoCapture cap("video/入力動画.avi");
  LMDVP(cap);//フレーム間差分動画処理(処理と保存)
}

//局所時間中央値動画作成
void LMDVP(cv::VideoCapture cap){
  int v_w = cap.get(cv::CAP_PROP_FRAME_WIDTH);//横の大きさ
  int v_h = cap.get(cv::CAP_PROP_FRAME_HEIGHT);//縦の大きさ
  int max_frame = cap.get(cv::CAP_PROP_FRAME_COUNT);//フレーム数
  int fps = cap.get(cv::CAP_PROP_FPS);//フレーム・レート

  cv::Mat Image[4];//フレーム処理用の画像；
  cv::VideoWriter writer("video/出力動画.avi", cv::VideoWriter::fourcc('X', 'V', 'I', 'D'), fps, cv::Size(
                                                                                        v_w, v_h), true);//動画の保存

  for (int i = 0; i < max_frame; i++){
    cap >> Image[2];//1フレーム分取り出してImageに保持
    Image[3] = Image[2].clone();//出力フレームのための画像コピー

    if (i == 1) {
      Image[0] = Image[2].clone();
    }
    if (i == 0) {//最初は画像がないため
      Image[1] = Image[2].clone();
      Image[0] = Image[2].clone();
    }
    if (i >= max_frame - 4) {//最後も画像がないため
      Image[1] = Image[2].clone();
      Image[0] = Image[2].clone();
    }

    MD(Image[2], Image[1], Image[0], Image[3]);//3フレームからの中央値画像
    writer << Image[3];//出力フレームの書き込み

    if (i < max_frame - 3){
      Image[0] = Image[1].clone();//2フレーム前
      Image[1] = Image[2].clone(); //1フレーム前
    }
    //1フレーム前として保持
  }
}
```

```
//3フレームからの中央値画像
void MD(cv::Mat img, cv::Mat img1, cv::Mat img2, cv::Mat img3){
  int x, y;//画素値のx座標　画素値のy座標
  int B[4], G[4], R[4];
  int sw, tB, tG, tR, n;

  for (y = 0; y < img.rows; y++) {
    for (x = 0; x < img.cols; x++) {
      B[0] = img.at<cv::Vec3b>(y, x)[0];
      G[0] = img.at<cv::Vec3b>(y, x)[1];
      R[0] = img.at<cv::Vec3b>(y, x)[2];

      B[1] = img1.at<cv::Vec3b>(y, x)[0];
      G[1] = img1.at<cv::Vec3b>(y, x)[1];
      R[1] = img1.at<cv::Vec3b>(y, x)[2];

      B[2] = img2.at<cv::Vec3b>(y, x)[0];
      G[2] = img2.at<cv::Vec3b>(y, x)[1];
      R[2] = img2.at<cv::Vec3b>(y, x)[2];

      sw = 1;
      while (sw > 0){
        sw = 0;
        for (n = 0; n <= 2 - 1; n++){
          if (B[n] > B[n + 1]) {
            tB = B[n + 1];
            B[n + 1] = B[n];
            B[n] = tB;
            sw++;
          }
          if (G[n] > G[n + 1]) {
            tG = G[n + 1];
            G[n + 1] = G[n];
            G[n] = tG;
            sw++;
          }
          if (R[n] > R[n + 1]) {
            tR = R[n + 1];
            R[n + 1] = R[n];
            R[n] = tR;
            sw++;
          }
        }
      }
      B[3] = B[1]; G[3] = G[1]; R[3] = R[1];

      img3.at<cv::Vec3b>(y, x)[0] = B[3];
      img3.at<cv::Vec3b>(y, x)[1] = G[3];
      img3.at<cv::Vec3b>(y, x)[2] = R[3];
    }
  }
}
```

録しています．入力動画では，雨の中を足早に歩く人の様子が撮影されています．本処理をこの動画に適用することで，インパルス・ノイズの特性を持つ領域が削除されます．

例えば歩行者の左足です．動画の撮影条件と足運びの速さから，局所時間で見たときにはほとんど写っていないため，インパルス・ノイズとして除去され，代わりに背景が写っています．また，扉の下部付近に発生している水しぶきは，典型的な対象となるインパルス・ノイズの性質を持っています．そのため，出力動画では水しぶきが抑えられています．

局所時間中央値フィルタは，取り出して参照するフレーム数によって除去性能が大きく変わります．基本的には取り出す数が多いほど除去性能が向上しますが，その分，意図しない領域を削除してしまり

スクも増加します．対象とする動画の性質を見きわめていくことが重要です．

インパルス・ノイズを含んだ古い映像があれば，適用して確認してみましょう．

2-4 明るさが変化していく領域を強調する「局所時間最小値フィルタ」

収録フォルダ：局所時間最小値フィルタ

局所時間最小値フィルタは，動画内で暗く変化していく領域を強調したり，逆に明るく変化していく領域を減衰させることができます．

●仕組み

局所時間最小値フィルタの仕組みを**図5**に示します．動画内で連続する奇数枚のフレームを取り出し，同じ空間座標内で画素値を大きさの順に並べ替えます．次に，その最小値を新たな画素として，注目フレームに代入することで実現します．

図5では，取り出すフレーム数を3とし，注目フレームの時刻をtとしています．つまり，取り出すフレームは$t-1$，t，$t+1$の3枚です．

取り出した3フレームにおいて，同じ空間座標に注目します．3つの画素の輝度を比較し，最小値となる「輝度小」の画素値を時刻tにおける注目空間座標の画素値とします．この処理によって得られたフレームを使うことで，局所時間最小値フィルタを適用した動画が得られます．

静止画像処理の最小値フィルタの考え方を時間軸に応用したフィルタです．最小値フィルタは画像の局所的な暗さを強調するフィルタです．明るい画像ノイズを除去したり，暗い領域を抽出したりしたい場合などに有効です．局所時間最小値フィルタでは同様の処理を時間軸で行っています．

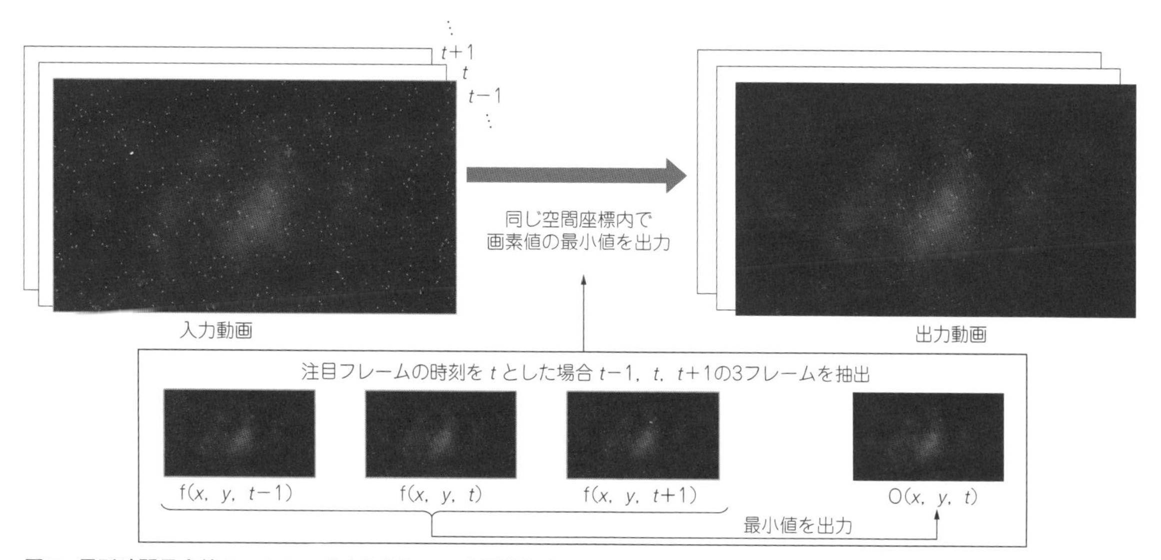

図5　局所時間最小値フィルタ…暗く変化していく領域を強調したり，明るく変化していく領域を減衰させたりする

時間軸で見て明暗が変化がしない領域には何も影響を与えません．このため最小値フィルタとは異なり，画像のテクスチャが崩れるようなことがありません（最小値フィルタを白黒の市松模様の画像に適用すると，ほぼ真っ黒な画像になる）．

●実行結果

局所時間最小値フィルタのプログラムを**リスト4**に示します．実行結果は，ダウンロード・データに収録しています．入力動画では，暗い宇宙空間で星の明かりが放射状に広がっています．出力動画では，移動する星の明かりが減衰されます．

星明かりの移動によって通過する座標を固定し，局所時間で変化を見ていくと，

①明かりの出現（通過）前＝暗い
②明かりの出現（通過）中＝明るい
③明かりの消滅（通過）後＝暗い

という変化になります．従って，この中から最小値を選ぶ局所時間最小値フィルタでは，星の明かり（出現中）を減衰させることになります．

ところで，静止画像処理の最小値フィルタはモルフォロジー演算[注1]のエロージョン（Erosion）処理に該当します．その意味で，本処理は時間のエロージョン処理と解釈することができます．また静止画像の最小値フィルタと組み合わせることで時空間のエロージョン処理が実現できます．時空間モルフォロジー演算という不思議なフィルタを，目で確認することができるのも動画処理の魅力です．

注1：構造化要素という領域定義と集合演算を組み合わせた画像処理手法．

リスト4　局所時間最小値フィルタのプログラム（抜粋）

```
int main(){
  cv::VideoCapture cap("video/入力動画.avi");
  LMVP(cap);//局所時間最小値フィルタ動画作成(処理と保存)
}

//局所時間最小動画作成
void LMVP(cv::VideoCapture cap){
  int v_w = cap.get(cv::CAP_PROP_FRAME_WIDTH);//横の大きさ
  int v_h = cap.get(cv::CAP_PROP_FRAME_HEIGHT);//縦の大きさ
  int max_frame = cap.get(cv::CAP_PROP_FRAME_COUNT);//フレーム数
  int fps = cap.get(cv::CAP_PROP_FPS);//フレーム・レート

  cv::Mat Image[4];//フレーム処理用の画像
  cv::VideoWriter writer("video/出力動画.avi", cv::VideoWriter::fourcc('X', 'V', 'I', 'D'), fps, cv::Size(
                                                                            v_w, v_h), true);//動画の保存

  for (int i = 0; i < max_frame; i++){
    cap >> Image[2];//1フレーム分取り出してImageに保持
    Image[3] = Image[2].clone();//出力フレームのための画像保持

    if (i == 1) {
      Image[0] = Image[2].clone();
    }
    if (i == 0) {//最初は画像がないため
      Image[1] = Image[2].clone();
      Image[0] = Image[2].clone();
    }
    if (i >= max_frame - 4) {//最後も画像がないため
      Image[1] = Image[2].clone();
```

```
        Image[0] = Image[2].clone();
      }

      M3(Image[2], Image[1], Image[0], Image[3]);//3フレームでの最小画像
      writer << Image[3];//出力フレームの書き込み

      if (i < max_frame - 3){
        Image[0] = Image[1].clone();//2フレーム前
        Image[1] = Image[2].clone(); //1フレーム前
      }
    }
}

//3フレームでの最小画像
void M3(cv::Mat img, cv::Mat img1, cv::Mat img2, cv::Mat img3){
  int x, y;//画素値のx座標　画素値のy座標
  int B[4], G[4], R[4];

  for (y = 0; y < img.rows; y++) {
    for (x = 0; x < img.cols; x++) {
      B[0] = img.at<cv::Vec3b>(y, x)[0];
      G[0] = img.at<cv::Vec3b>(y, x)[1];
      R[0] = img.at<cv::Vec3b>(y, x)[2];

      B[1] = img1.at<cv::Vec3b>(y, x)[0];
      G[1] = img1.at<cv::Vec3b>(y, x)[1];
      R[1] = img1.at<cv::Vec3b>(y, x)[2];

      B[2] = img2.at<cv::Vec3b>(y, x)[0];
      G[2] = img2.at<cv::Vec3b>(y, x)[1];
      R[2] = img2.at<cv::Vec3b>(y, x)[2];

      if (B[0] <= B[1]) {
        B[3] = B[0];
      }
      else {
        B[3] = B[1];
      }
      if (B[2] <= B[3]) {
        B[3] = B[2];
      }
      if (G[0] <= G[1]) {
        G[3] = G[0];
      }
      else {
        G[3] = G[1];
      }
      if (G[2] <= G[3]) {
        G[3] = G[2];
      }
      if (R[0] <= R[1]) {
        R[3] = R[0];
      }
      else {
        R[3] = R[1];
      }
      if (R[2] <= R[3]) {
        R[3] = R[2];
      }

      img3.at<cv::Vec3b>(y, x)[0] = B[3];
      img3.at<cv::Vec3b>(y, x)[1] = G[3];
      img3.at<cv::Vec3b>(y, x)[2] = R[3];
    }
  }
}
```

2-5 動画の時間的な明るさを強調する「局所時間最大値フィルタ」

収録フォルダ：局所時間最大値フィルタ

局所時間最大値フィルタは，動画内で明るく変化していく領域を強調したり，逆に暗く変化していく領域を減衰させたりします．

●仕組み

局所時間最大値フィルタの仕組みを**図6**に示します．動画内で連続する奇数枚のフレームを取り出し，同じ空間座標内で画素値を大きさの順に並べ替えます．次に，その最大値を新たな画素として，注目フレームに代入することで実現します．

図6では，取り出すフレーム数を3とし，注目フレームの時刻をtとしています．つまり，取り出すフレームは$t-1$，t，$t+1$の3枚です．

取り出した3フレームにおいて．同じ空間座標に注目します．3つの画素の輝度を比較し，最大値となる「輝度大」の画素値を時刻tにおける注目空間座標の画素値とします．この処理によって得られたフレームを使うことで，局所時間最大値フィルタを適用した動画が得られます．

局所時間最大値フィルタは，静止画像処理の最大値フィルタの考え方を時間軸に応用したフィルタです．最大値フィルタは画像の局所的な明るさを強調するフィルタであり，暗い画像ノイズを除去したり，明るい領域を抽出したりしたい場合などに有効です．

時間軸で見て明暗が変化しない領域には何も影響を与えません．このため最大値フィルタとは異なり，画像のテクスチャが崩れるようなことがありません（例えば最大値フィルタを白黒の市松模様の画像に適用すると，ほぼ真っ白な画像になる）．

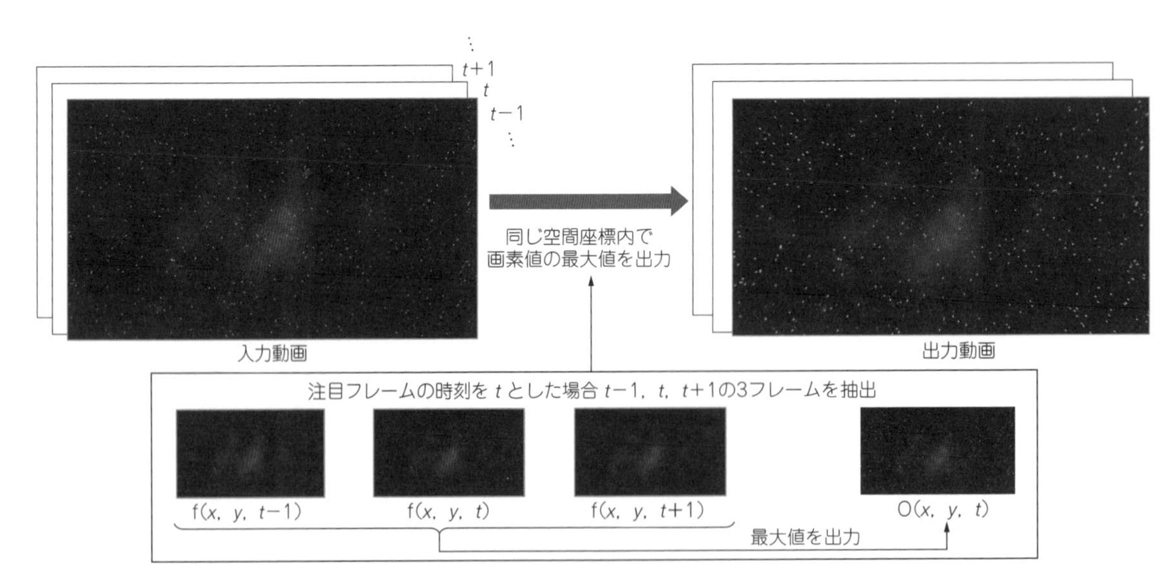

図6　局所時間最大値フィルタ…明るく変化していく領域を強調したり，暗く変化していく領域を減衰させたりする

リスト5　局所時間最大値フィルタのプログラム(抜粋)

```
int main(){
  cv::VideoCapture cap("video/入力動画.avi");
  LMXVP(cap);//局所時間最大動画作成(処理と保存)
}

//局所時間最大動画作成
void LMXVP(cv::VideoCapture cap){
  int v_w = cap.get(cv::CAP_PROP_FRAME_WIDTH);//横の大きさ
  int v_h = cap.get(cv::CAP_PROP_FRAME_HEIGHT);//縦の大きさ
  int max_frame = cap.get(cv::CAP_PROP_FRAME_COUNT);//フレーム数
  int fps = cap.get(cv::CAP_PROP_FPS);//フレーム・レート

  cv::Mat Image[4];//フレーム処理用の画像
  cv::VideoWriter writer("video/出力動画.avi", cv::VideoWriter::fourcc('X', 'V', 'I', 'D'), fps, cv::Size(
                                                                                      v_w, v_h), true);//動画の保存

  for (int i = 0; i < max_frame; i++){
    cap >> Image[2];//1フレーム分取り出してImageに保持
    Image[3] = Image[2].clone();//出力フレームのための画像コピー

    if (i == 1) {
      Image[0] = Image[2].clone();
    }
    if (i == 0) {//最初は画像がないため
      Image[1] = Image[2].clone();
      Image[0] = Image[2].clone();
    }
    if (i >= max_frame - 4) {//最後も画像がないため
      Image[1] = Image[2].clone();
      Image[0] = Image[2].clone();
    }

    MX3(Image[2], Image[1], Image[0], Image[3]);//3フレームでの最大画像
    writer << Image[3];//出力フレームの書き込み

    if (i < max_frame - 3){
      Image[0] = Image[1].clone();//2フレーム前
      Image[1] = Image[2].clone(); //1フレーム前
    }
    //1フレーム前として保持
  }
}

//3フレームでの最大画像
void MX3(cv::Mat img, cv::Mat img1, cv::Mat img2, cv::Mat img3){
  int x, y;//画素値のx座標　画素値のy座標
  int B[4], G[4], R[4];

  for (y = 0; y < img.rows; y++) {
    for (x = 0; x < img.cols; x++) {
      B[0] = img.at<cv::Vec3b>(y, x)[0];
      G[0] = img.at<cv::Vec3b>(y, x)[1];
      R[0] = img.at<cv::Vec3b>(y, x)[2];

      B[1] = img1.at<cv::Vec3b>(y, x)[0];
      G[1] = img1.at<cv::Vec3b>(y, x)[1];
      R[1] = img1.at<cv::Vec3b>(y, x)[2];

      B[2] = img2.at<cv::Vec3b>(y, x)[0];
      G[2] = img2.at<cv::Vec3b>(y, x)[1];
      R[2] = img2.at<cv::Vec3b>(y, x)[2];

      if (B[0] >= B[1]) {
        B[3] = B[0];
      }
      else {
        B[3] = B[1];
      }
      if (B[2] >= B[3]) {
        B[3] = B[2];
      }
```

```
        if (G[0] >= G[1]) {
          G[3] = G[0];
        }
        else {
          G[3] = G[1];
        }
        if (G[2] >= G[3]) {
          G[3] = G[2];
        }
        if (R[0] >= R[1]) {
          R[3] = R[0];
        }
        else {
          R[3] = R[1];
        }
        if (R[2] >= R[3]) {
          R[3] = R[2];
        }

        img3.at<cv::Vec3b>(y, x)[0] = B[3];
        img3.at<cv::Vec3b>(y, x)[1] = G[3];
        img3.at<cv::Vec3b>(y, x)[2] = R[3];
      }
    }
  }
```

●実行結果

局所時間最大値フィルタのプログラムを**リスト5**に示します．実行結果は，ダウンロード・データに収録しています．入力動画では，暗い宇宙空間で星の明かりが放射状に広がっています．出力動画では移動する星の明かりが強調されています．

星明かりの移動によって通過する座標を固定し，局所時間で変化を見ていくと，

①明かりの出現（通過）前＝暗い
②明かりの出現（通過）中＝明るい
③明かりの消滅（通過）後＝暗い

という変化になります．従って，この中から最大値を選ぶ局所時間最大値フィルタでは，星の明かり（出現中）を強調，すなわち，軌跡が尾を引くような動画になります．

画像処理の最大値フィルタはモルフォロジー演算のダイレーション（Dilation）処理に該当します．その意味で，本処理は時間のダイレーション処理と解釈することができます．

また，静止画像の最大値フィルタと組み合わせることで時空間のダイレーション処理が実現できます．時空間モルフォロジー演算という不思議なフィルタを，目で確認することができるのも動画処理の魅力です．

時間最小値フィルタと組み合わせて，時空間のダイレーション，エロージョン，クロージングやオープニングなど，さまざまな操作を試してみましょう．

2-6 物体の動きを強調する「局所時間差分鮮鋭化フィルタ」

収録フォルダ：局所時間差分鮮鋭化フィルタ

局所時間差分鮮鋭化フィルタは，物体の動きを強調することができます．このフィルタは，映像効果として物体の動きを目立たせたいときに有効です．予想外の領域で動きがあったことに気付たり，目立たない動物体の存在感をあげることができます．

●仕組み

局所時間差分鮮鋭化フィルタの仕組みを**図7**に示します．動画内で連続する2枚のフレーム（注目フレームを含む）を取り出し，同じ空間座標内で差分を求めてフレーム間差分を計算します．次に，そのフレーム間差分に係数を掛けて，注目フレームに加算することで実現します．

図7は，取り出すフレーム数を2とし，注目フレームの時刻をtとしています．つまり，取り出すフレームは$t-1$，tの2枚です．

取り出したフレームの差分を求めて得られるフレーム間差分画像にはマイナスの値が含まれてしまうため，全体に127の数値を加えて正の値になるように調整しています（最終的に注目フレームに加算するときに減算する）．これに係数を加えて注目フレームに加算し，出力フレームとします．その操作を終えたフレームを再び動画にすることで，局所時間差分鮮鋭化フィルタを適用した動画が得られます．

局所時間鮮鋭化フィルタ処理は，画像処理の鮮鋭化フィルタの考え方を時間軸に応用したフィルタです．鮮鋭化フィルタでは，画像に高周波成分を付加することで，輪郭やテクスチャを強調します．

図7　局所時間差分鮮鋭化フィルタ…予想外の領域で動きがあったことに気付いたり，目立たない動物体の存在感をあげたりする

リスト6　局所時間差分鮮鋭化フィルタのプログラム（抜粋）

```
int main(){
  cv::VideoCapture cap("video/入力動画.avi");
  TSVP(cap, 1.5);//局所平均動画処理(処理と保存)
}

//時間鮮鋭化動画処理
void TSVP(cv::VideoCapture cap, double k){
  int v_w = cap.get(cv::CAP_PROP_FRAME_WIDTH);//横の大きさ
  int v_h = cap.get(cv::CAP_PROP_FRAME_HEIGHT);//縦の大きさ
  int max_frame = cap.get(cv::CAP_PROP_FRAME_COUNT);//フレーム数
  int fps = cap.get(cv::CAP_PROP_FPS);//フレーム・レート

  cv::Mat Image[3];//フレーム処理用の画像
  cv::VideoWriter writer("video/出力動画.avi", cv::VideoWriter::fourcc('X', 'V', 'I', 'D'), fps, cv::Size(
                                                                              v_w, v_h), true);//動画の保存

  for (int i = 0; i < max_frame; i++){
    cap >> Image[1];//1フレーム分取り出してImageに保持
    Image[2] = Image[1].clone();//出力フレームのための画像コピー

    if (i == 0) {//最初は画像がないため
      Image[0] = Image[1].clone();
    }
  //if(i>=max_frame-2){//最後も画像がないため
  //  Image[1]=Image[2].clone();
  //  Image[0]=Image[2].clone();
  //}

    TS(Image[1], Image[0], Image[2], k);//時間鮮鋭化
    writer << Image[2];//出力フレームの書き込み

    if (i < max_frame - 1){
      Image[0] = Image[1].clone();//1フレーム前
    }//1フレーム前として保持
  }
}

//時間鮮鋭化
void TS(cv::Mat img, cv::Mat img2, cv::Mat img3, double k){
  int x, y;//画素値のx座標　画素値のy座標
  int B[3], G[3], R[3];

  for (y = 0; y < img.rows; y++) {
    for (x = 0; x < img.cols; x++) {
      B[0] = img.at<cv::Vec3b>(y, x)[0];
      G[0] = img.at<cv::Vec3b>(y, x)[1];
      R[0] = img.at<cv::Vec3b>(y, x)[2];

      B[1] = img2.at<cv::Vec3b>(y, x)[0];
      G[1] = img2.at<cv::Vec3b>(y, x)[1];
      R[1] = img2.at<cv::Vec3b>(y, x)[2];

      B[2] = int(double(B[0] - B[1]) * k) + B[0];
      G[2] = int(double(G[0] - G[1]) * k) + G[0];
      R[2] = int(double(R[0] - R[1]) * k) + R[0];

      if (B[2] > 255) {
        B[2] = 255;
      }
      if (G[2] > 255) {
        G[2] = 255;
      }
      if (R[2] > 255) {
        R[2] = 255;
      }
      if (B[2] < 0) {
        B[2] = 0;
      }
      if (G[2] < 0) {
        G[2] = 0;
      }
```

```
        if (R[2] < 0) {
          R[2] = 0;
        }

        img3.at<cv::Vec3b>(y, x)[0] = B[2];
        img3.at<cv::Vec3b>(y, x)[1] = G[2];
        img3.at<cv::Vec3b>(y, x)[2] = R[2];
      }
    }
  }
```

●実行結果

局所時間差分鮮鋭化フィルタのプログラムを**リスト6**に示します．実行結果は，ダウンロード・データに収録しています．入力動画は，風にそよぐヒマワリの様子を撮影したものです．出力動画では風を受けて動くものほど，強調されて目立つようになります．

出力動画のフレームでは，葉の周囲に協調による輝度変化や，シャープになったヒマワリの花の輪郭などが確認できます．この強調による変化の程度は，加算するときに設定する強調係数によって調整できます．

局所時間差分鮮鋭化フィルタは，動画内で動いているものと動いていないものを区別することができます．本処理を適用することで，これまで気付かなかった動画内の動きや，存在が明らかになることがあるかもしれません．手持ちの動画に試して，その効果を確認してみましょう．

また，強調係数をマイナスにするとどんな効果が得られるのか，併せて確認してみましょう．

第2部　動画像

第3章 全体の特徴を知る

3-1 物体の動き情報を画像で表現する「全時間平均画像」

収録フォルダ：全時間平均画像

全時間平均画像処理は，動画を1枚の画像情報で表現する方法の1つです．基本的には定点カメラで撮影した動画が対象となり，そこに含まれる物体がどんな動きをしたのか，それを1枚の画像で表現することができます．

具体的には，対象が動かなければ静止画そのままで出力され，動くとその軌跡が出力されます．速度や動き方によって軌跡が変わるため，特性を理解すれば画像から，

- 動いたもの
- 動いた向き
- 動いた位置

を大まかですが判断することができます．

また，全時間平均画像はその性能だけでなく，出力結果の画像自体が非常に面白く，動画によっては芸術性の高い画像が作成できます．

●仕組み

全時間平均画像処理の仕組みを**図1**に示します．動画を構成する全てのフレームから平均フレームを出力することで実現します．

時間軸，すなわちフレーム・ナンバ方向に各フレームの画素値を足していき，全フレーム数で割ることによって平均フレームを求めることができます．

このとき，撮影範囲内で動く物体は軌跡となって画像に現れます．その現れ方は**図2**に示す通りです．

例えば黒い背景の中を青いボールが一定の速度で横切ったとします．すると，時間平均画像では均質な横方向の軌跡が生じます．これは，動画におけるボールの位置を平均的に表した場合，等速度であれば軌跡内で均質となるためです．

一方，ボールの移動速度が変化すると結果は異なります．ボールの移動速度が中，高，低と変化したとします．高速で通過した位置と低速で通過した位置では，後者の方が長くボールが滞在します．従って，軌跡にはムラが生じ，より具体的には中，薄，濃という形で出力されます．

このように，全時間平均画像では動き方によって出力結果に違いが生じてきます．

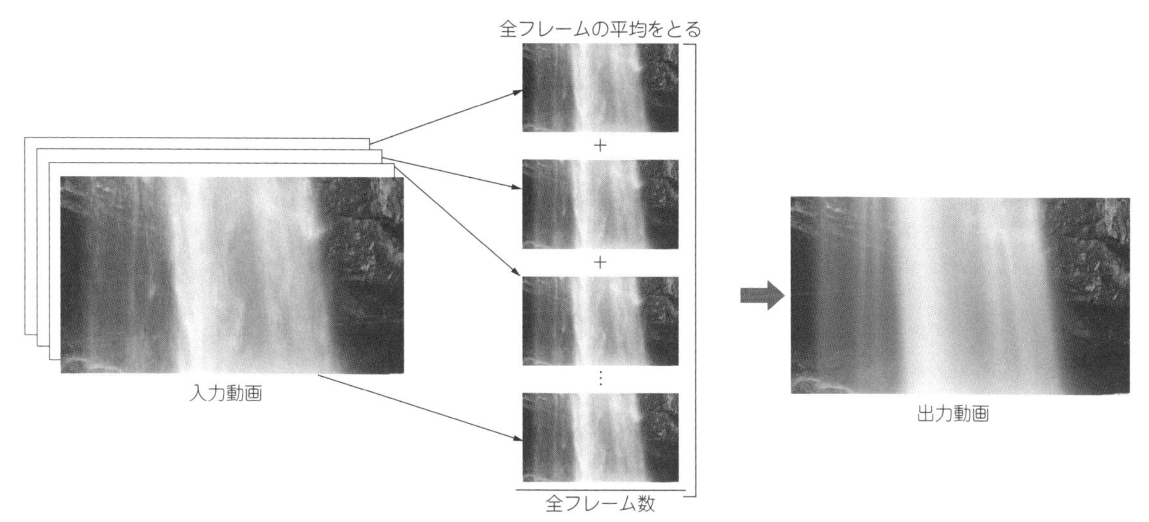

図1　全時間平均画像…物体の動きを1枚の静止画像で表現する

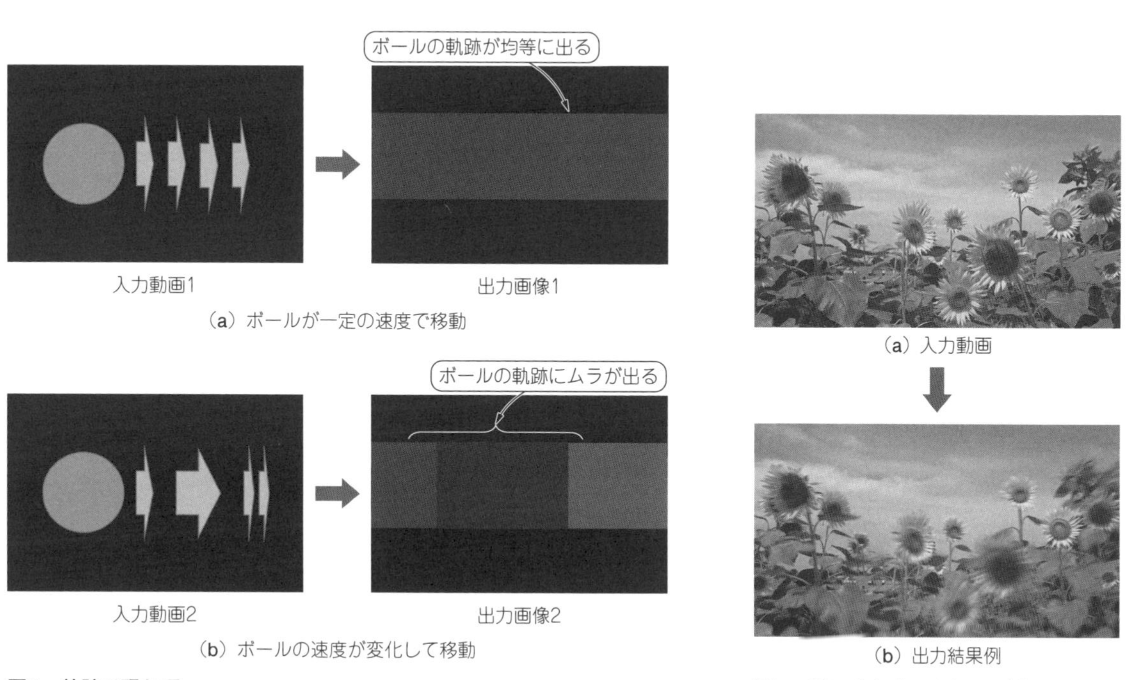

図2　軌跡の現れ方

図3　風にそよぐひまわりの例

●実行結果

全時間平均画像処理のプログラムを**リスト1**に示します．実行結果は，ダウンロード・データに収録しています．

滝の流れる様子を処理すると，水流の軌跡が縦方向に出現します．また，水流の軌跡にはムラができ

リスト1　全時間平均画像のプログラム(抜粋)

```
int main(){
  cv::VideoCapture cap("video/入力動画.avi");
  AAVP(cap);//時間平均画像作成(処理と保存)
}

//画像加算/時間平均
void AD(cv::Mat img, cv::Mat imgt, double all){
  int x, y;//画素値のx座標　画素値のy座標
  int B, G, R;
  double aB = 0.0, aG = 0.0, aR = 0.0;//BGRごとの合計値格納

  for (y = 0; y < img.rows; y++) {
    for (x = 0; x < img.cols; x++) {
      B = img.at<cv::Vec3b>(y, x)[0];
      G = img.at<cv::Vec3b>(y, x)[1];
      R = img.at<cv::Vec3b>(y, x)[2];

      aB = double(B) / all;
      aG = double(G) / all;
      aR = double(R) / all;

      //printf("B=%f\n",aB);
      /*
      aB=double(B);
      aG=double(G);
      aR=double(R);
      */

      imgt.at<double>(y, x * 3 + 0) += aB;
      imgt.at<double>(y, x * 3 + 1) += aG;
      imgt.at<double>(y, x * 3 + 2) += aR;
    }
  }
}

//全時間平均画像
void AAVP(cv::VideoCapture cap){
  int v_w = cap.get(cv::CAP_PROP_FRAME_WIDTH);//横の大きさ
  int v_h = cap.get(cv::CAP_PROP_FRAME_HEIGHT);//縦の大きさ
  int max_frame = cap.get(cv::CAP_PROP_FRAME_COUNT);//フレーム数
  int fps = cap.get(cv::CAP_PROP_FPS);//フレーム・レート

  cv::Mat Image[2];//フレーム処理用の画像
  cv::Mat Imaget(v_h, v_w, CV_64FC(3), cv::Scalar(0));//double型の画像を宣言し0で初期化

  for (int i = 0; i < max_frame; i++){
    cap >> Image[1];//1フレーム分取り出してImageに保持
    AD(Image[1], Imaget, double(max_frame));//画像加算/時間平均用
  }
  Image[0] = Imaget.clone();//画像のコピー
  cv::imwrite("video/出力画像.bmp", Image[0]);
}
```

ます．特に中心部分が濃く出現していることから，この滝は中央の水流量が多いと判断できます．

ヒマワリが風にそよぐ様子を処理すると，手前の2輪の花が左右に軌跡を発生させていると読み取れます(**図3**)．つまり，この花は風によって横方向へ揺らいでいるのだと判断することができます．

このように，全時間平均画像処理は，動画の動き情報を静止画で記録・表現することができます．

動物体の静止画情報，背景画像情報，軌跡方向を平滑化の向きから推定できれば，この画像1枚から精度良く動きが推定できるかもしれません．難度の高いパズルですが，チャレンジするのも面白いでしょう．

3-2 暗い領域を強調したり背景画像を作成できる「全時間最小画像」

収録フォルダ：全時間最小画像

全時間最小画像処理は，動画の最も暗い空間情報を1枚の画像情報で表現する方法の1つです．基本的には定点カメラで撮影された動画が対象となり，そこに含まれる明るい領域を消したいときや，暗い領域を強調したいとき，背景画像を作成したいときに使用します．

対象が動かなければそのまま出力され，変化があった場合は動画内の最小値が出力されます．例えば，星が流れる動画では，星のない夜空の画像が出力でき，滝を映した動画では水流の経路（水が常に通るところ）を示す画像を出力することができます．

●仕組み

全時間最小画像の仕組みを**図4**に示します．動画を構成する全てのフレームに対し，各空間座標における最小値を出力することで実現します．

まず1枚目から連続する2枚のフレームを取り出します．同じ空間座標を持つ画素同士を比較し，その小さい方を画素とするフレームを作成します．これをフレームMとします．次に，フレームMと3枚目のフレームを比較し，同様にフレームMを作成します．この処理を最後（f_{max}枚目）のフレームまで処理してできたフレームMが，時間最小画像となります．

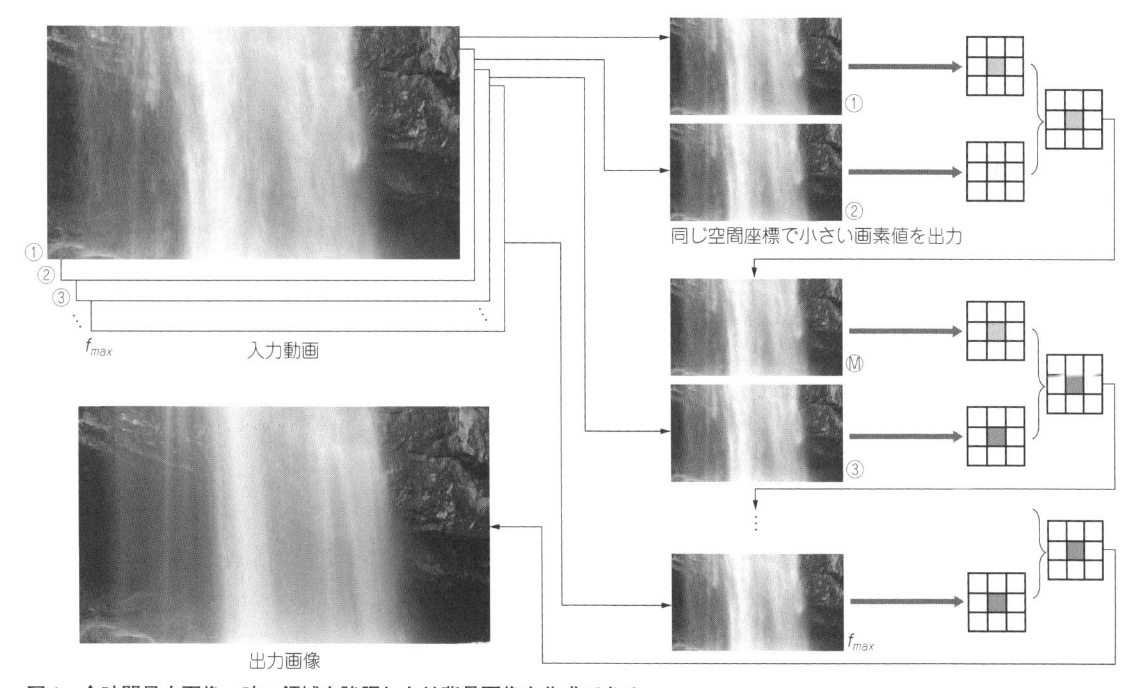

図4　全時間最小画像…暗い領域を強調したり背景画像を作成できる

リスト2　全時間最小画像のプログラム(抜粋)

```
int main(){
  cv::VideoCapture cap("video/入力動画.avi");
  TMVP(cap);//全時間最小画像作成(処理と保存)
}

//2枚の画像比較　最小
void TM(cv::Mat img, cv::Mat img2, cv::Mat img3){
  int x, y;//画素値のx座標　画素値のy座標
  int B[3], G[3], R[3];

  for (y = 0; y < img.rows; y++) {
    for (x = 0; x < img.cols; x++) {
      B[0] = img.at<cv::Vec3b>(y, x)[0];
      G[0] = img.at<cv::Vec3b>(y, x)[1];
      R[0] = img.at<cv::Vec3b>(y, x)[2];

      B[1] = img2.at<cv::Vec3b>(y, x)[0];
      G[1] = img2.at<cv::Vec3b>(y, x)[1];
      R[1] = img2.at<cv::Vec3b>(y, x)[2];

      if (B[0] <= B[1]) {
        B[2] = B[0];
      }
      else {
        B[2] = B[1];
      }
      if (G[0] <= G[1]) {
        G[2] = G[0];
      }
      else {
        G[2] = G[1];
      }
      if (R[0] <= R[1]) {
        R[2] = R[0];
      }
      else {
        R[2] = R[1];
      }

      img3.at<cv::Vec3b>(y, x)[0] = B[2];
      img3.at<cv::Vec3b>(y, x)[1] = G[2];
      img3.at<cv::Vec3b>(y, x)[2] = R[2];
    }
  }
}

//全時間最小画像作成
void TMVP(cv::VideoCapture cap){
  int v_w = cap.get(cv::CAP_PROP_FRAME_WIDTH);//横の大きさ
  int v_h = cap.get(cv::CAP_PROP_FRAME_HEIGHT);//縦の大きさ
  int max_frame = cap.get(cv::CAP_PROP_FRAME_COUNT);//フレーム数
  int fps = cap.get(cv::CAP_PROP_FPS);//フレーム・レート

  cv::Mat Image[4];//フレーム処理用の画像
  cv::VideoWriter writer("video/出力動画.avi", cv::VideoWriter::fourcc('X', 'V', 'I', 'D'), fps, cv::Size(
                                                                                      v_w, v_h), true);//動画の保存

  for (int i = 0; i < max_frame - 1; i++){
    cap >> Image[1];//1フレーム分取り出してImageに保持
    Image[2] = Image[1].clone();//出力フレームのための画像コピー

    if (i == 0) {//最初は画像がないため
      cap >> Image[0];
    }

    TM(Image[1], Image[0], Image[2]);//2枚の画像比較　最小
    writer << Image[2];//出力フレームの書き込み
    Image[0] = Image[2].clone();//処理後の画像を比較画像にコピー

    //cv::imshow("経過",Image[2]);
    //cv::waitKey(1);
  }
  cv::imwrite("video/出力画像.bmp", Image[2]);
}
```

図5　処理のイメージ…星のない夜空を作れる

フレームMが更新されていく様子を動画にした場合，変化領域が暗くなっていく動画を作成できます．

この動画はどの時点で変化領域が暗くなるのかを確認できます．動画に周期性(滝の流れ)が認められる場合は重要な情報を含んでいることがあります．例えば，滝には3秒に1回中央の水流が弱くなるなどの情報が確認しやすくなります．

●実行結果

全時間最小画像のプログラムを**リスト2**に示します．実行結果は，ダウンロード・データに収録しています．

滝の流れる様子では，全時間最小画像では水流の軌跡が縦方向に出現します．また，水流の軌跡にはムラが確認でき，この滝はどのタイミングで見ても中央の水流量が途絶えることはないと判断できます．一方，向かって右側の領域は比較的水流が少ないということが分かります．

星明かりが放射状に散っていく様子では，星のない空が出力されます(**図5**)．

今回扱った2例は，動く対象が相対的に明るいものという点が共通しています．それにより，前者からは滝の最小幅が得られ，後者からは星のないときの夜空が得られます．このように，動く対象の輝度が把握できれば動画から興味深い画像を得ることが可能です．夜間の車のライト，花火，雪の降る様子など，さまざまな動画に適用してみましょう．

3-3 明るい領域を強調したり背景画像を作成できる「全時間最大画像」

収録フォルダ：全時間最大画像

全時間最大画像処理は，動画の最も明るい空間情報を1枚の画像情報で表現する方法の1つです．基本的には定点カメラで撮影された動画が対象となり，そこに含まれる暗い領域を消したいときや，明るい領域を強調したいとき，背景画像を作成したいときに使用します．

対象が動かなければそのまま出力され，変化があった場合は動画内の最大値が出力されます．例えば，星が流れる動画では星の軌跡を示す画像が出力でき，滝を映した動画では水流の経路（水が通ったところ全て）を示す画像を出力することができます．

●仕組み

全時間最大画像の仕組みを**図6**に示します．動画を構成する全てのフレームに対し，各空間座標における最大値を出力することで実現します．

まず1枚目から連続する2枚のフレームを取り出します．同じ空間座標を持つ画素同士を比較し，その大きい方を画素とするフレームを作成します．これをフレームMとします．次に，フレームMと3枚目のフレームを比較し，同様にフレームMを作成します．この処理を最後（f_{max}枚目）のフレームまで処理してできたフレームMが，時間最大画像となります．

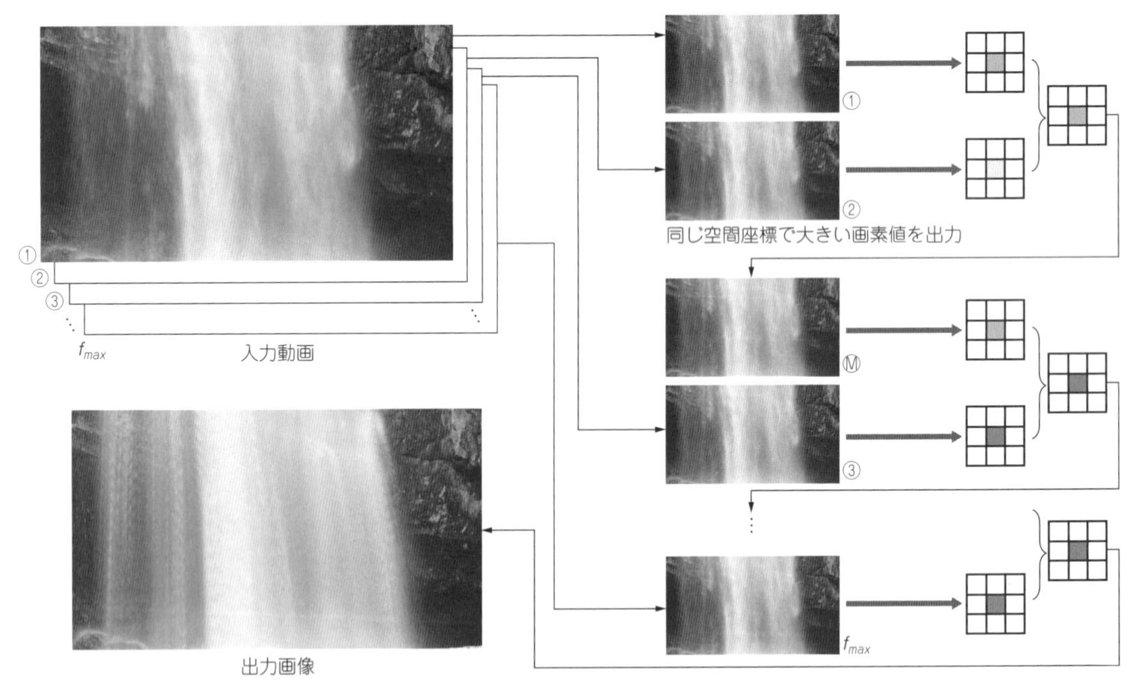

図6　全時間最大画像…明るい領域を強調したり背景画像を作成したりできる

リスト3　全時間最大画像のプログラム(抜粋)

```
int main(){
  cv::VideoCapture cap("video/入力動画.avi");
  TMXVP(cap);//全時間最大画像作成(処理と保存)
}

//2枚の画像比較　最大
void TMX(cv::Mat img, cv::Mat img2, cv::Mat img3){
  int x, y;//画素値のx座標　画素値のy座標
  int B[3], G[3], R[3];

  for (y = 0; y < img.rows; y++) {
    for (x = 0; x < img.cols; x++) {
      B[0] = img.at<cv::Vec3b>(y, x)[0];
      G[0] = img.at<cv::Vec3b>(y, x)[1];
      R[0] = img.at<cv::Vec3b>(y, x)[2];

      B[1] = img2.at<cv::Vec3b>(y, x)[0];
      G[1] = img2.at<cv::Vec3b>(y, x)[1];
      R[1] = img2.at<cv::Vec3b>(y, x)[2];

      if (B[0] >= B[1]) {
        B[2] = B[0];
      }
      else {
        B[2] = B[1];
      }
      if (G[0] >= G[1]) {
        G[2] = G[0];
      }
      else {
        G[2] = G[1];
      }
      if (R[0] >= R[1]) {
        R[2] = R[0];
      }
      else {
        R[2] = R[1];
      }

      img3.at<cv::Vec3b>(y, x)[0] = B[2];
      img3.at<cv::Vec3b>(y, x)[1] = G[2];
      img3.at<cv::Vec3b>(y, x)[2] = R[2];
    }
  }
}

//時間最大画像作成
void TMXVP(cv::VideoCapture cap){
  int v_w = cap.get(cv::CAP_PROP_FRAME_WIDTH);//横の大きさ
  int v_h = cap.get(cv::CAP_PROP_FRAME_HEIGHT);//縦の大きさ
  int max_frame = cap.get(cv::CAP_PROP_FRAME_COUNT);//フレーム数
  int fps = cap.get(cv::CAP_PROP_FPS);//フレーム・レート

  cv::Mat Image[4];//フレーム処理用の画像
  cv::VideoWriter writer("video/出力動画.avi", cv::VideoWriter::fourcc('X', 'V', 'I', 'D'), fps, cv::Size(
                                                                              v_w, v_h), true);//動画の保存

  for (int i = 0; i < max_frame - 1; i++){
    cap >> Image[1];//1フレーム分取り出してImageに保持
    Image[2] = Image[1].clone();//出力フレームのための画像コピー

    if (i == 0) {//最初は画像がないため
      cap >> Image[0];
    }

    TMX(Image[1], Image[0], Image[2]);//2枚の画像比較　最大
    writer << Image[2];//出力フレームの書き込み
    Image[0] = Image[2].clone();//処理後の画像を比較画像にコピー

    //cv::imshow("経過",Image[2]);
    //cv::waitKey(1);
  }
  cv::imwrite("video/時間最大画像.bmp", Image[2]);
}
```

図7 処理のイメージ…星の軌跡が現れる

フレームMが更新されていく様子を動画にした場合，変化領域が明るくなっていく動画が作成できます．

この動画では，どの時点で変化領域が明るくなるのかを確認できます．動画に周期性（滝の流れ）が認められる場合は重要な情報を含んでいることがあります．例えば，滝には3秒に1回中央の水流が発生するなどの情報が確認しやすくなります．

●実行結果

全時間最大画像のプログラムを**リスト3**に示します．実行結果は，ダウンロード・データに収録しています．

滝の流れる様子では，水流の軌跡が縦方向に出現します．また，水流の軌跡にはムラがあり，この滝は向かって左側の水流量が弱いと判断できます．一方，中央の領域は明るさから水流が多いことが分かります．

星明かりが放射状に散っていく様子では，星の動き軌跡が出力されています（**図7**）．この画像から，星は放射状の動きをしています．

今回扱った2例は，動く対象が相対的に明るいものという点が共通しています．それにより，前者からは滝の最大幅が得られ，後者からは星の軌跡が得られます．このように，動く対象の輝度が把握できれば動画から興味深い画像を得ることが可能です．

夜間の車のライト，花火，雪の降る様子など，さまざまな動画に適用してみましょう．出力には，花火の動画も収録しています．

3-4 動画の背景画像抽出に有効な「全時間最頻値画像」

収録フォルダ：全時間最頻値画像

全時間最頻値画像処理は，定点カメラで撮影された動画から，動かない背景領域を1枚の画像情報で出力する方法の1つです．例えば歩行者天国の定点カメラ動画から歩いている人だけを消す，高速道路の定点カメラ動画から走る車を消す，雨の降っている景色（定点カメラで撮影されている動画）から雨粒を消す，といったような処理に有効です．

ただし，カラー動画においてRGBのチャネルごとにこの処理を適用した場合，RGBの値が複数の画素から生成され，存在しない画素が生まれてしまう点は注意が必要になります．

●仕組み

全時間最頻値画像の仕組みを**図8**に示します．動画を構成する全てのフレームから，空間座標ごとのヒストグラムを作成します．次に，そのヒストグラムの最頻値を，その空間座標における画素値として出力します．

フレーム内の注目座標を(x, y)とします．まず，各フレームにおける座標(x, y)の画素値を，画素値ごとに集計します．**図8**では3種類（明，中，暗）の画素しかないものとしています．集計によって作成されたヒストグラムでは，暗い画素が5，中程度の画素が4，明るい画素の数が10となっており，明るい画素が最も頻度が高く出現していることが分かります．この画素を(x, y)座標の出力画素としています．

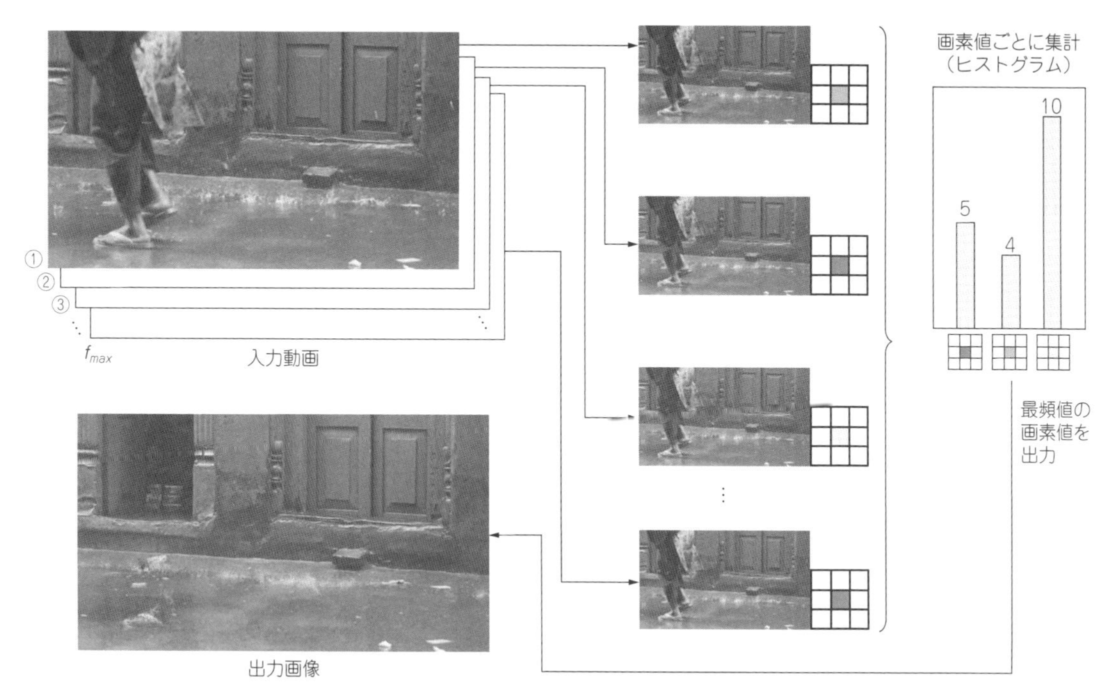

図8　全時間最頻値画像…動きのある物体だけが消えて動きのない背景だけになる

リスト4　全時間最頻値画像のプログラム（抜粋）

```
int main(){
  cv::VideoCapture cap("video/入力動画.avi");
  MDVP(cap);//全時間最頻値画像作成(処理と保存)
}

//全時間最頻値画像作成
void MDVP(cv::VideoCapture cap){
  int v_w = cap.get(cv::CAP_PROP_FRAME_WIDTH);//横の大きさ
  int v_h = cap.get(cv::CAP_PROP_FRAME_HEIGHT);//縦の大きさ
  int max_frame = cap.get(cv::CAP_PROP_FRAME_COUNT);//フレーム数
  int fps = cap.get(cv::CAP_PROP_FPS);//フレーム・レート

  cv::Mat Image[2];//フレーム処理用の画像

  cv::Mat CB(v_h, v_w, CV_8UC(256), cv::Scalar(0));
  cv::Mat CG(v_h, v_w, CV_8UC(256), cv::Scalar(0));
  cv::Mat CR(v_h, v_w, CV_8UC(256), cv::Scalar(0));
  /*int型の配列を宣言し0で初期化
    CB(x,y)[256], CG(x,y)[256], CR(x,y)[256]には
    対応する空間座標の画素値頻度が格納される
  */

  for (int i = 0; i < max_frame; i++){
    //printf("フレーム数=%d\n",i);
    cap >> Image[1];//1フレーム分取り出してImageに保持
    M(Image[1], CB, CG, CR);//頻度格納/最頻値用
  }
  //printf("CB=%d\n",CB.at<uchar>(10,10*3+200));
  M2(Image[1], CB, CG, CR);//頻度格納/最頻値用

  cv::imwrite("video/出力画像.bmp", Image[1]);
}

//頻度計算/時間最頻値用
void M2(cv::Mat img, cv::Mat CB, cv::Mat CG, cv::Mat CR){
  int x, y, p;//画素値のx座標　画素値のy座標, 画素値
  int lCB = 0, lCG = 0, lCR = 0, B = 0, G = 0, R = 0;//最頻値のBGRを保存する

  //画素値の頻度計算
  for (y = 0; y < img.rows; y++) {
    for (x = 0; x < img.cols; x++) {
      for (p = 0; p < 256; p++){
        if (lCB <= CB.at<uchar>(y, x * 256 + p)) {
          lCB = CB.at<uchar>(y, x * 256 + p);
          B = p;
        }
        if (lCG <= CG.at<uchar>(y, x * 256 + p)) {
          lCG = CG.at<uchar>(y, x * 256 + p);
          G = p;
        }
        if (lCR <= CR.at<uchar>(y, x * 256 + p)) {
          lCR = CR.at<uchar>(y, x * 256 + p);
          R = p;
        }
      }
      //printf("lCR=%d R=%d\n",lCR,R);

      img.at<cv::Vec3b>(y, x)[0] = B;
      img.at<cv::Vec3b>(y, x)[1] = G;
      img.at<cv::Vec3b>(y, x)[2] = R;
      lCB = 0, lCG = 0, lCR = 0, B = 0, G = 0, R = 0;
    }
  }
}

//頻度格納/時間最頻値用
void M(cv::Mat img, cv::Mat CB, cv::Mat CG, cv::Mat CR){
  int x, y;//画素値のx座標　画素値のy座標
  int B, G, R;//BGRごとの合計値格納
```

```
  //画素値の頻度計算
  for (y = 0; y < img.rows; y++) {
    for (x = 0; x < img.cols; x++) {
      B = img.at<cv::Vec3b>(y, x)[0];
      CB.at<uchar>(y, x * 256 + B)++;
      G = img.at<cv::Vec3b>(y, x)[1];
      CG.at<uchar>(y, x * 256 + G)++;
      R = img.at<cv::Vec3b>(y, x)[2];
      CR.at<uchar>(y, x * 256 + R)++;
    }
  }
}
```

図9　処理のイメージ…星が消える

同様の操作をフレーム内の全ての空間座標で行うことで，全時間最頻値画像が作成できます．

カラー画像に適用する場合は次の点に注意が必要です．もしもR，G，Bのチャネルごとにこの処理を適用すると，動画には含まれていない画素値が作成され，違和感のある結果を生む可能性があります．

例えば，9フレームで構成される動画において座標$(x,\ y)$の画素数を集計したときに，おおむね緑の画素が3個，おおむね赤の画素が3個，おおむね青の画素3個だったとします．どれも均等に出現しているため最頻値を決めにくいのですが，直観的には緑，赤，青のいずれかが選ばれると期待します．しかし，実際の計算結果は全く異なり，どの画素にも存在していなかったグレーの値を出力することになります．

●実行結果

全時間最頻値画像のプログラムを**リスト4**に示します．実行結果は，ダウンロード・データに収録しています．

雨の中を人が早足に歩く様子では，人の領域がほとんど消失していることが分かります．その一方で，違和感のある画素が出現しています．

夜空で星が放射状に広がっていく様子では，星が消失した夜空が出力されます(**図9**)．この画像では違和感は生じていません．このように，全時間最頻値画像は，課題はあるものの，動画によっては有効な背景出力画像方式になりえます．なお，違和感をなくすためには，高度なクラスタリングが必要となります．腕に覚えのある方はチャレンジしてみましょう．

第2部　動画像

第4章

時空間フィルタの世界

4-1　突発的に現れるノイズを効果的に除去する「時空間中央値フィルタ」

収録フォルダ：時空間中央値フィルタ

時空間中央値フィルタ処理は，画像に生じた飛び値のようなノイズを除去する場合に有効です．

静止画像処理における中央値フィルタの考え方を，時間軸に対しても適用します．中央値フィルタは代表的なインパルス・ノイズ除去フィルタです．時空間中央値フィルタでは，空間座標と時空間の両方の情報を手掛かりとするため，同じインパルス・ノイズ除去を行うにしても，より高い効果が得られます．

時空間中央値フィルタは繰り返し適用することで，ノイズ除去性能を上げることができます．

●仕組み

時空間中央値フィルタの仕組みを**図1**に示します．動画内で連続する奇数枚のフレームを対象に，注目画素を中心とした時空間の近傍の画素を抽出し，画素値を大きさの順に並べ替えます．その中央値を画素として，出力動画のフレームを作成していきます．

図1では，取り出すフレーム数を3とし，注目フレームの時刻をtとしています．つまり，取り出すフレームは$t-1$，t，$t+1$の3枚です．

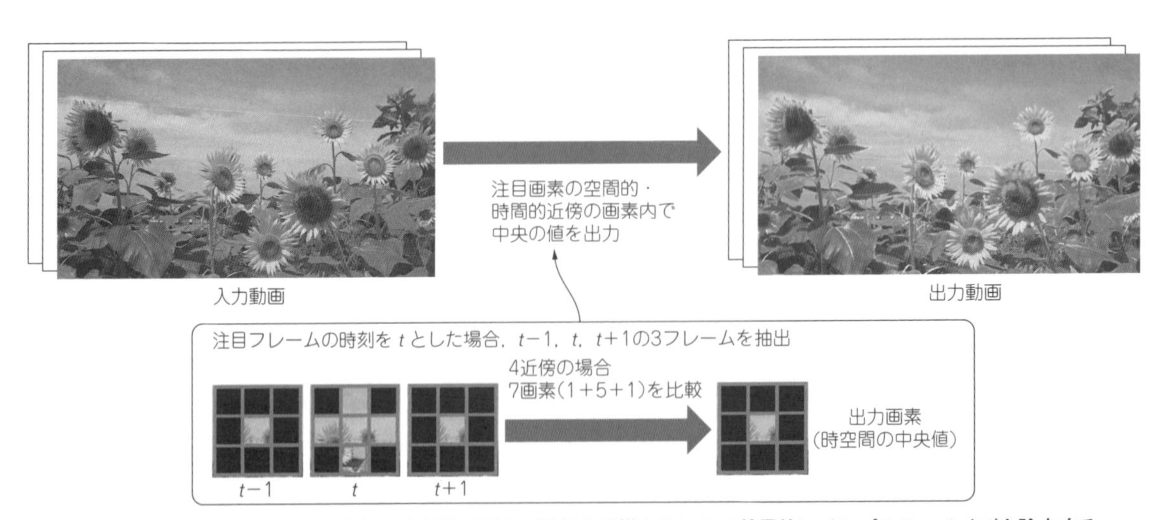

図1　時空間中央値フィルタ…空間座標と時空間の両方の情報を手掛かりにして効果的にインパルス・ノイズを除去する

リスト1　時空間中央値フィルタのプログラム（抜粋）

```
int main(){
  cv::VideoCapture cap("video/入力動画.avi");
  TSMDVP(cap);//時空間中央値動画(処理と保存)
}

void TSMD(cv::Mat img, cv::Mat img1, cv::Mat img2, cv::Mat img3){
  int x, y;//画素値のx座標　画素値のy座標
  int B[8], G[8], R[8];
  int sw, tB, tG, tR, n;
  /*
          1
   (現在) 2 0 4     (未来) 5 (過去) 6 (出力) 7
          3
  */
  for (y = 1; y < img.rows - 1; y++) {
    for (x = 1; x < img.cols - 1; x++) {
      B[5] = img.at<cv::Vec3b>(y, x)[0];
      G[5] = img.at<cv::Vec3b>(y, x)[1];
      R[5] = img.at<cv::Vec3b>(y, x)[2];
           //現フレーム(t-1として扱う)
      B[0] = img1.at<cv::Vec3b>(y, x)[0];
      G[0] = img1.at<cv::Vec3b>(y, x)[1];
      R[0] = img1.at<cv::Vec3b>(y, x)[2];

      B[1] = img1.at<cv::Vec3b>(y - 1, x)[0];
      G[1] = img1.at<cv::Vec3b>(y - 1, x)[1];
      R[1] = img1.at<cv::Vec3b>(y - 1, x)[2];

      B[2] = img1.at<cv::Vec3b>(y, x - 1)[0];
      G[2] = img1.at<cv::Vec3b>(y, x - 1)[1];
      R[2] = img1.at<cv::Vec3b>(y, x - 1)[2];

      B[3] = img1.at<cv::Vec3b>(y + 1, x)[0];
      G[3] = img1.at<cv::Vec3b>(y + 1, x)[1];
      R[3] = img1.at<cv::Vec3b>(y + 1, x)[2];

      B[4] = img1.at<cv::Vec3b>(y, x + 1)[0];
      G[4] = img1.at<cv::Vec3b>(y, x + 1)[1];
      R[4] = img1.at<cv::Vec3b>(y, x + 1)[2];
           //1フレーム前(tとして扱う)
      B[6] = img2.at<cv::Vec3b>(y, x)[0];
      G[6] = img2.at<cv::Vec3b>(y, x)[1];
      R[6] = img2.at<cv::Vec3b>(y, x)[2];
           //2フレーム前(t+1として扱う)

      sw = 1;
      while (sw > 0){
        sw = 0;
        for (n = 0; n <= 6 - 1; n++){
          if (B[n] > B[n + 1]) {
            tB = B[n + 1];
            B[n + 1] = B[n];
            B[n] = tB;
            sw++;
          }
          if (G[n] > G[n + 1]) {
            tG = G[n + 1];
            G[n + 1] = G[n];
            G[n] = tG;
            sw++;
          }
          if (R[n] > R[n + 1]) {
            tR = R[n + 1];
            R[n + 1] = R[n];
            R[n] = tR;
            sw++;
          }
        }
      }
      B[7] = B[3]; G[7] = G[3]; R[7] = R[3];
```

```
        img3.at<cv::Vec3b>(y, x)[0] = B[7];
        img3.at<cv::Vec3b>(y, x)[1] = G[7];
        img3.at<cv::Vec3b>(y, x)[2] = R[7];
      }
    }
}

//時空間中央値動画
void TSMDVP(cv::VideoCapture cap){
  int v_w = cap.get(cv::CAP_PROP_FRAME_WIDTH);//横の大きさ
  int v_h = cap.get(cv::CAP_PROP_FRAME_HEIGHT);//縦の大きさ
  int max_frame = cap.get(cv::CAP_PROP_FRAME_COUNT);//フレーム数
  int fps = cap.get(cv::CAP_PROP_FPS);//フレーム・レート

  cv::Mat Image[4];//フレーム処理用の画像
  cv::VideoWriter writer("video/出力動画.avi", cv::VideoWriter::fourcc('X', 'V', 'I', 'D'), fps, cv::Size(
                                                                                  v_w, v_h), true);//動画の保存

  for (int i = 0; i < max_frame; i++){
    cap >> Image[2];//1フレーム分取り出してImageに保持
    Image[3] = Image[2].clone();//出力フレームのための画像コピー

    if (i == 1) {
      Image[0] = Image[2].clone();
    }
    if (i == 0) {//最初は画像がないため
      Image[1] = Image[2].clone();
      Image[0] = Image[2].clone();
    }

    TSMD(Image[2], Image[1], Image[0], Image[3]);//時空間中央
    writer << Image[3];//出力フレームの書き込み

    if (i < max_frame - 3){
      Image[0] = Image[1].clone();//2フレーム前
      Image[1] = Image[2].clone(); //1フレーム前
    }
  }
}
```

フレームtの注目画素を中心として，4近傍ルール(隣接する左，右，上，下のみを近傍とする)を用います．また，時間領域では注目画素から過去に1画素，未来に1画素となります．すなわち，並べ替えの対象となる画素は$1+5+1$で7画素です．

この7画素から中央値を選び，フレームtにおける注目画素の出力値とします．

こうして作成されたフレームを再び動画にすることで，時空間中央値フィルタを適用した動画が得られます．

●実行結果

時空間中央値フィルタのプログラムを**リスト1**に示します．実行結果は，ダウンロード・データに収録しています．

ヒマワリの花が風にそよぐ様子では大きな変化が見られません．この動画には突発的なノイズが存在しないためです．通常，フィルタ処理が適用された動画は何らかの影響(ノイズ除去のフィルタの場合は多くが平滑化)を受けるものですが，時空間中央値フィルタはそのようなことはありません．

時空間中央値フィルタの効果が分かりやすい例を**図2**に示します．1枚の花の写真に時空的なインパルス・ノイズを意図的に加えて動画としたものです．白色のソルト・ノイズがフレーム全体に分布しています．これに時空間中央値フィルタを適用された出力フレームではノイズが大きく低減できています．

(a)入力動画

(b) 出力動画

図2　空間的・時間的なノイズを除去できる

その一方で，写っている花には大きな影響を与えず色や輪郭がきれいに保存されています．このように，時空間中央値フィルタは，インパルス・ノイズの除去に強い効果を発揮します．

今回は参照範囲をコンパクトにしていますが，3フレーム全てにおいて8近傍を参照する，27画素のフィルタを適用するとノイズ除去効果はより強くなります．また，今回はインパルス・ノイズとして白色のソルト・ノイズを使用していますが，黒色のペッパー・ノイズや，それらを混合したソルト&ペッパーについても有効です．

古いフィルムに見られる縦線状のスクラッチ・ノイズにも有効だと考えられます．手元にノイズが混入した動画があれば試してみましょう．

4-2　暗さの強調や明るいノイズの除去に効果的な「時空間最小値フィルタ」

収録フォルダ：時空間最小値フィルタ

時空間最小値フィルタ処理は，明るい画像ノイズを除去したり，暗い領域を抽出したりしたい場合などに有効です．

静止画像処理における最小値フィルタの考え方を，時間軸に対しても適用します．最小値フィルタは画像の局所的な暗さを強調するフィルタです．時空間最小値フィルタでは，空間座標と時空間の両方の情報を手掛かりとするため，同じように局所的な暗さを追求するにしても，より高い効果が得られます．

例えば，動画内に明るめのノイズが突発的に発生しているときなどは，この時空間最小値フィルタは大きな効果を発揮するでしょう．

●仕組み

時空間最小値フィルタの仕組みを**図3**に示します．動画内で連続する奇数枚のフレームを対象に，注目画素を中心とした時空間の近傍の画素を抽出し，画素値を大きさの順に並べ替えます．その最小値を画素として，出力動画のフレームを作成していきます．

図3では，取り出すフレーム数を3とし，注目フレームの時刻をtとしています．つまり，取り出すフレー

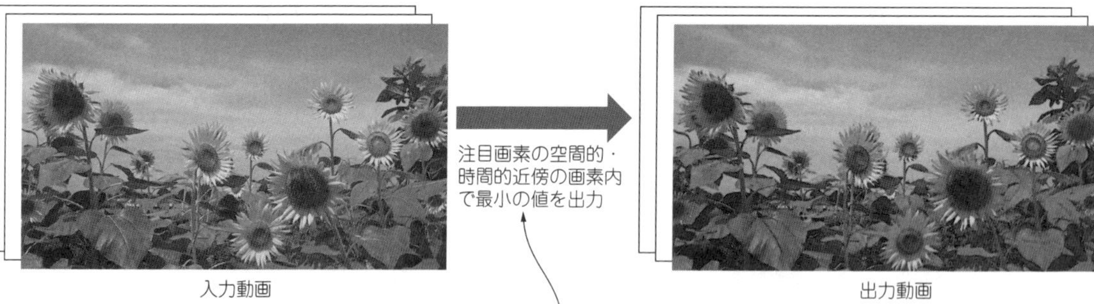

図3　時空間最小値フィルタ…空間座標と時空間の両方の情報を手掛かりにして効果的に明るい画像ノイズを除去する

ムは$t-1$，t，$t+1$の3枚です．

フレームtの注目画素を中心として，4近傍ルール(隣接する左，右，上，下のみを近傍とする)を用います．また，時間領域では注目画素から過去に1画素，未来に1画素となります．すなわち，並べ替えの対象となる画素は1＋5＋1で7画素です．

この7画素から最小値を選び，フレームtにおける注目画素の出力値とします．

こうして作成されたフレームを再び動画にすることで，時空間最小値フィルタを適用した動画が得られます．

●実行結果

時空間最小値のプログラムを**リスト2**に示します．実行結果は，ダウンロード・データに収録しています．

ヒマワリの花が風にそよぐ様子に適用することで，動画が時空間的な暗さ強調を受けます．すなわち，各領域は周辺と動きの程度に応じて暗くなる程度が変化します．

画像全体が暗くなりますが，凹凸のある領域(テクスチャ)ではより暗くなります．それ以外の領域で，画像全体と比較してより暗い領域は，動きの変化が大きい領域だと考えられます．

時空間最小値フィルタの効果が分かりやすい例を**図4**に示します．雨の中を足早に歩く人の動画に適用すると，雨は輝度の高いノイズとみなされます．このため雨滴や水しぶきが消失します．

歩く足の領域は背景に比べてコントラストが高いため，相対的に明るい領域は消失し，相対的に暗い領域は出現するような不自然な結果になります．これは大きな移動物体が短時間の動画に含まれる場合，回避することが難しい問題です．処理の性質の一端が見られる面白い結果と解釈することもできます．

また，今回は参照範囲をコンパクトにしていますが，3フレーム全てにおいて8近傍を参照する，27画素のフィルタを適用すると効果はより強くなります．計算コストは増大しますが，違いを確認するのも面白いのではないでしょうか．

リスト2　時空間最小値フィルタのプログラム(抜粋)

```
int main(){
  cv::VideoCapture cap("video/入力動画.avi");
  TSMVP(cap);//時空間最小値動画(処理と保存)
}

//時空間最小
void TSM(cv::Mat img, cv::Mat img1, cv::Mat img2, cv::Mat img3){
  int x, y;//画素値のx座標　画素値のy座標
  int B[8], G[8], R[8];
  int sw, tB, tG, tR, n;
  /*      1
  (現在)2 0 4     (未来)5(過去)6(出力)7
          3
  */
  for (y = 1; y < img.rows - 1; y++) {
    for (x = 1; x < img.cols - 1; x++) {
      B[5] = img.at<cv::Vec3b>(y, x)[0];
      G[5] = img.at<cv::Vec3b>(y, x)[1];
      R[5] = img.at<cv::Vec3b>(y, x)[2];
           //現フレーム(t-1として扱う)
      B[0] = img1.at<cv::Vec3b>(y, x)[0];
      G[0] = img1.at<cv::Vec3b>(y, x)[1];
      R[0] = img1.at<cv::Vec3b>(y, x)[2];

      B[1] = img1.at<cv::Vec3b>(y - 1, x)[0];
      G[1] = img1.at<cv::Vec3b>(y - 1, x)[1];
      R[1] = img1.at<cv::Vec3b>(y - 1, x)[2];

      B[2] = img1.at<cv::Vec3b>(y, x - 1)[0];
      G[2] = img1.at<cv::Vec3b>(y, x - 1)[1];
      R[2] = img1.at<cv::Vec3b>(y, x - 1)[2];

      B[3] = img1.at<cv::Vec3b>(y + 1, x)[0];
      G[3] = img1.at<cv::Vec3b>(y + 1, x)[1];
      R[3] = img1.at<cv::Vec3b>(y + 1, x)[2];

      B[4] = img1.at<cv::Vec3b>(y, x + 1)[0];
      G[4] = img1.at<cv::Vec3b>(y, x + 1)[1];
      R[4] = img1.at<cv::Vec3b>(y, x + 1)[2];
           //1フレーム前(tとして扱う)

      B[6] = img2.at<cv::Vec3b>(y, x)[0];
      G[6] = img2.at<cv::Vec3b>(y, x)[1];
      R[6] = img2.at<cv::Vec3b>(y, x)[2];
           //2フレーム前(t+1として扱う)

      sw = 1;
      while (sw > 0){
        sw = 0;
        for (n = 0; n <= 6 - 1; n++){
          if (B[n] > B[n + 1]) {
            tB = B[n + 1];
            B[n + 1] = B[n];
            B[n] = tB;
            sw++;
          }
          if (G[n] > G[n + 1]) {
            tG = G[n + 1];
            G[n + 1] = G[n];
            G[n] = tG;
            sw++;
          }
          if (R[n] > R[n + 1]) {
            tR = R[n + 1];
            R[n + 1] = R[n];
            R[n] = tR;
            sw++;
          }
        }
      }
      B[7] = B[0]; G[7] = G[0]; R[7] = R[0];
```

```
        img3.at<cv::Vec3b>(y, x)[0] = B[7];
        img3.at<cv::Vec3b>(y, x)[1] = G[7];
        img3.at<cv::Vec3b>(y, x)[2] = R[7];
      }
    }
}

//時空間最小値動画
void TSMVP(cv::VideoCapture cap){
  int v_w = cap.get(cv::CAP_PROP_FRAME_WIDTH);//横の大きさ
  int v_h = cap.get(cv::CAP_PROP_FRAME_HEIGHT);//縦の大きさ
  int max_frame = cap.get(cv::CAP_PROP_FRAME_COUNT);//フレーム数
  int fps = cap.get(cv::CAP_PROP_FPS);//フレーム・レート

  cv::Mat Image[4];//フレーム処理用の画像
  cv::VideoWriter writer("video/出力動画.avi", cv::VideoWriter::fourcc('X', 'V', 'I', 'D'), fps, cv::Size(
                                                                                    v_w, v_h), true);//動画の保存

  for (int i = 0; i < max_frame - 3; i++){
    cap >> Image[2];//1フレーム分取り出してImageに保持
    Image[3] = Image[2].clone();//出力フレームのための画像コピー

    if (i == 1) {
      Image[0] = Image[2].clone();
    }
    if (i == 0) {//最初は画像がないため
      Image[1] = Image[2].clone();
      Image[0] = Image[2].clone();
    }
    if (i >= max_frame - 4) {//最後も画像がないため
      Image[1] = Image[2].clone();
      Image[0] = Image[2].clone();
    }

    TSM(Image[2], Image[1], Image[0], Image[3]);//時空間最小
    writer << Image[3];//出力フレームの書き込み

    if (i < max_frame - 3){
      Image[0] = Image[1].clone();//2フレーム前
      Image[1] = Image[2].clone();//1フレーム前
    }//1フレーム前として保持
  }
}
```

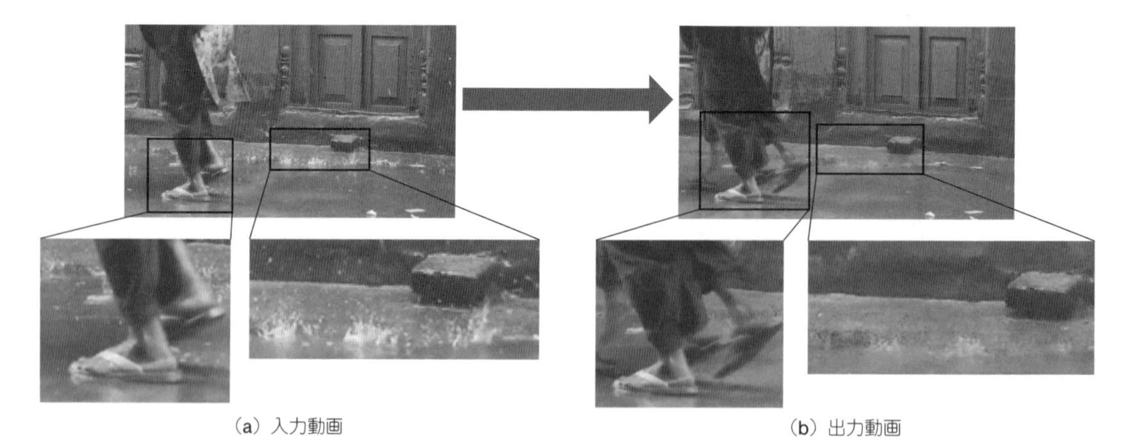

(a) 入力動画　　(b) 出力動画

図4　輝度が高い水しぶきなどをノイズとして取り除ける

4-3 明るさの強調や暗いノイズの除去に効果的な「時空間最大値フィルタ」

収録フォルダ：時空間最大値フィルタ

時空間最大値フィルタ処理は，暗い画像ノイズを除去したり，明るい領域を抽出したりしたい場合などに有効です．

静止画像処理における最大値フィルタの考え方を，時間軸に対しても適用します．最大値フィルタは画像の局所的な明るさを強調するフィルタです．時空間最大値フィルタでは，空間座標と時空間の両方の情報を手掛かりとするため，同じように局所的な明るさを追求するにしても，より高い効果が得られます．

例えば，動画内に暗めのノイズが突発的に発生しているときなどは，この時空間最大値フィルタは大きな効果を発揮するでしょう．反対に，明るいノイズが発生している場合は，ノイズを強調する結果となります．

●仕組み

時空間最大値フィルタの仕組みを**図5**に示します．

動画内で連続する奇数枚のフレームを対象に，注目画素を中心とした時空間の近傍の画素を抽出し，画素値を大きさの順に並べ替えます．その最大値を画素として，出力動画のフレームを作成していきます．

図5では，取り出すフレーム数を3とし，注目フレームの時刻をtとしています．つまり，取り出すフレームは$t-1$，t，$t+1$の3枚です．

フレームtの注目画素を中心として，4近傍ルール（隣接する左，右，上，下のみを近傍とする）を用い

図5　時空間最大値フィルタ…空間座標と時空間の両方の情報を手掛かりにして効果的に暗い画像ノイズを除去する

リスト3　時空間最大値フィルタのプログラム（抜粋）

```
int main(){
  cv::VideoCapture cap("video/入力動画.avi");
  TSMXVP(cap);//時空間最大値動画(処理と保存)
}

//時空間最大
void TSMX(cv::Mat img, cv::Mat img1, cv::Mat img2, cv::Mat img3){
  int x, y;//画素値のx座標　画素値のy座標
  int B[8], G[8], R[8];
  int sw, tB, tG, tR, n;
  /*
        1
(現在) 2 0 4        (未来)5(過去)6(出力)7
        3
  */
  for (y = 1; y < img.rows - 1; y++) {
    for (x = 1; x < img.cols - 1; x++) {
      B[5] = img.at<cv::Vec3b>(y, x)[0];
      G[5] = img.at<cv::Vec3b>(y, x)[1];
      R[5] = img.at<cv::Vec3b>(y, x)[2];
           //現フレーム(t-1として扱う)
      B[0] = img1.at<cv::Vec3b>(y, x)[0];
      G[0] = img1.at<cv::Vec3b>(y, x)[1];
      R[0] = img1.at<cv::Vec3b>(y, x)[2];

      B[1] = img1.at<cv::Vec3b>(y - 1, x)[0];
      G[1] = img1.at<cv::Vec3b>(y - 1, x)[1];
      R[1] = img1.at<cv::Vec3b>(y - 1, x)[2];

      B[2] = img1.at<cv::Vec3b>(y, x - 1)[0];
      G[2] = img1.at<cv::Vec3b>(y, x - 1)[1];
      R[2] = img1.at<cv::Vec3b>(y, x - 1)[2];

      B[3] = img1.at<cv::Vec3b>(y + 1, x)[0];
      G[3] = img1.at<cv::Vec3b>(y + 1, x)[1];
      R[3] = img1.at<cv::Vec3b>(y + 1, x)[2];

      B[4] = img1.at<cv::Vec3b>(y, x + 1)[0];
      G[4] = img1.at<cv::Vec3b>(y, x + 1)[1];
      R[4] = img1.at<cv::Vec3b>(y, x + 1)[2];
           //1フレーム前(tとして扱う)
      B[6] = img2.at<cv::Vec3b>(y, x)[0];
      G[6] = img2.at<cv::Vec3b>(y, x)[1];
      R[6] = img2.at<cv::Vec3b>(y, x)[2];
           //2フレーム前(t+1として扱う)

      sw = 1;
      while (sw > 0){
        sw = 0;
        for (n = 0; n <= 6 - 1; n++){
          if (B[n] > B[n + 1]) {
            tB = B[n + 1];
            B[n + 1] = B[n];
            B[n] = tB;
            sw++;
          }
          if (G[n] > G[n + 1]) {
            tG = G[n + 1];
            G[n + 1] = G[n];
            G[n] = tG;
            sw++;
          }
          if (R[n] > R[n + 1]) {
            tR = R[n + 1];
            R[n + 1] = R[n];
            R[n] = tR;
            sw++;
          }
        }
      }
    B[7] = B[6]; G[7] = G[6]; R[7] = R[6];
```

```
      img3.at<cv::Vec3b>(y, x)[0] = B[7];
      img3.at<cv::Vec3b>(y, x)[1] = G[7];
      img3.at<cv::Vec3b>(y, x)[2] = R[7];
      }
    }
  }

//時空間最大値動画
void TSMXVP(cv::VideoCapture cap){
  int v_w = cap.get(cv::CAP_PROP_FRAME_WIDTH);//横の大きさ
  int v_h = cap.get(cv::CAP_PROP_FRAME_HEIGHT);//縦の大きさ
  int max_frame = cap.get(cv::CAP_PROP_FRAME_COUNT);//フレーム数
  int fps = cap.get(cv::CAP_PROP_FPS);//フレーム・レート

  cv::Mat Image[4];//フレーム処理用の画像
  cv::VideoWriter writer("video/出力動画.avi", cv::VideoWriter::fourcc('X', 'V', 'I', 'D'), fps, cv::Size(
                                                                            v_w, v_h), true);//動画の保存

  for (int i = 0; i < max_frame - 3; i++){
    cap >> Image[2];//1フレーム分取り出してImageに保持
    Image[3] = Image[2].clone();//出力フレームのための画像コピー

    if (i == 1) {
      Image[0] = Image[2].clone();
    }
    if (i == 0) {//最初は画像がないため
      Image[1] = Image[2].clone();
      Image[0] = Image[2].clone();
    }
    if (i >= max_frame - 4) {//最後も画像がないため
      Image[1] = Image[2].clone();
      Image[0] = Image[2].clone();
    }

    TSMX(Image[2], Image[1], Image[0], Image[3]);//時空間最大
    writer << Image[3];//出力フレームの書き込み

    if (i < max_frame - 3){
      Image[0] = Image[1].clone();//2フレーム前
      Image[1] = Image[2].clone();//1フレーム前
    }
  }
}
```

ます．また，時間領域では注目画素から過去に1画素，未来に1画素となります．すなわち，並べ替えの対象となる画素は1 + 5 + 1で7画素です．

この7画素から最大値を選び，フレームtにおける注目画素の出力値とします．

こうして作成されたフレームを再び動画にすることで，時空間最大値フィルタを適用した動画が得られます．

●実行結果

時空間最大値フィルタのプログラムを**リスト3**に示します．実行結果は，ダウンロード・データに収録しています．

ヒマワリの花が風にそよぐ様子に適用すると，時空間的な明るさ強調を受けます．すなわち，各領域は周辺と動きの程度に応じて明るくなる程度が変化します．画像全体が明るくなり，さらに凹凸のある領域（テクスチャ）ではより明るくなります．それ以外の領域で，画像全体と比較してより明るい領域は，動きの変化が大きい領域だと考えられます．

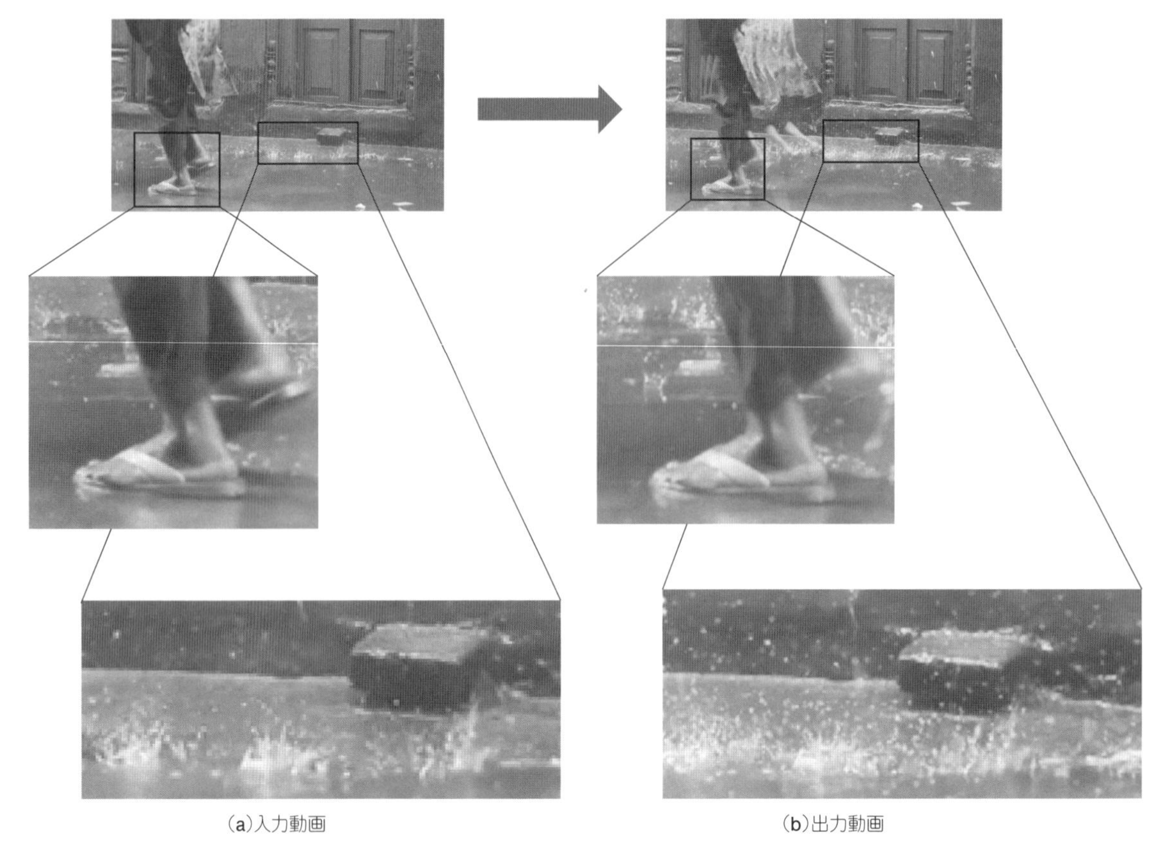

(a)入力動画

(b)出力動画

図6　輝度が高い水しぶきなどが強調できる

時空間最大値フィルタの効果が分かりやすい例を**図6**に示します．雨の中を足早に歩く人の動画では，雨は輝度の高いノイズ，もしくは小領域とみなされます．このため雨滴や水しぶきが強調されます．

歩く足の領域は背景に比べてコントラストが高いため，相対的に暗い領域は消失し，相対的に明るい領域は出現する不自然な結果になります．これは大きな移動物体が短時間の動画に含まれる場合，回避することが難しい問題です．処理の性質の一端が見られる面白い結果と解釈することもできます．

また，今回は参照範囲をコンパクトにしていますが，3フレーム全てにおいて8近傍を参照する，27画素のフィルタを適用すると効果はより強くなります．計算コストは増大しますが，違いを確認するのも面白いのではないでしょうか．

4-4 動きの激しいものの輪郭を強く検知する「時空間ラプラシアン・フィルタ」

収録フォルダ：時空間ラプラシアンフィルタ

時空間ラプラシアン・フィルタ処理は，物体の動きの検知ができます．また，動きの激しいものほど強く検知します．

静止画像処理のラプラシアン・フィルタの考え方を時間軸にも適用します．ラプラシアン・フィルタは代表的なエッジ検出フィルタです．縦方向と横方向の2次微分を組み合わせることで，画像のあらゆる方向の輪郭を検出することができます．時空間ラプラシアン・フィルタでは，時間軸方向の2次微分も加えるため，単なる輪郭だけではなく，物体の動きも検知することができます．

輪郭とは，一言で言えば「画素の差」です．私たちが人を見て，顔の輪郭を認識しているのは顔と背景の差を認識しているためです．これは空間的な差を見ていることになり，画像処理でいうところの微分に相当します．

同様の処理を空間ではなく時間で考えてみます．時間的な画素の差とは「出現」と「消失」を意味します．これが時間の輪郭に相当します．

空間の輪郭と時間の輪郭を組み合わせたものが，時空間的な輪郭ということになります．

●仕組み

時空間ラプラシアン・フィルタの仕組みを**図7**に示します．

動画内で連続する3枚のフレームを対象に，注目画素の時空間の近傍に対し，係数kを用いて畳み込みます．その出力値を画素として，出力動画のフレームを作成していきます．

一般的なラプラシアン・フィルタの係数に，時間軸の2次微分の係数を足し合わせるという考え方です．

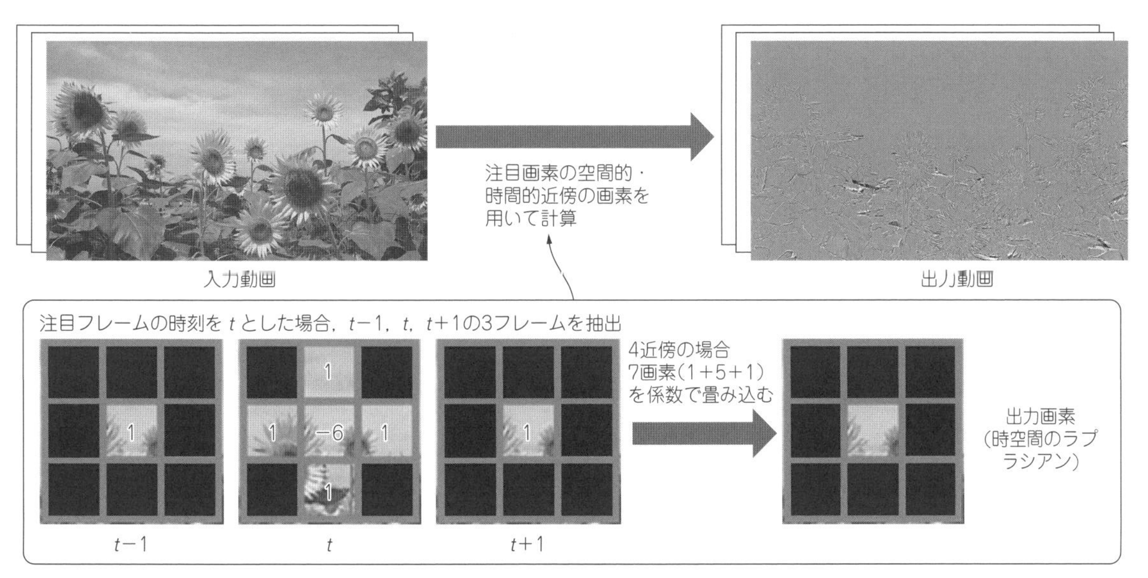

図7　時空間ラプラシアン・フィルタ…時間軸方向の2次微分も加えることで動きを検知できる

リスト4　時空間ラプラシアン・フィルタのプログラム（抜粋）

```
int main(){
  cv::VideoCapture cap("video/入力動画.avi");
  TSLVP(cap);//時空間ラプラシアン動画(処理と保存)
}

//時空間ラプラシアン
void TSL(cv::Mat img, cv::Mat img1, cv::Mat img2, cv::Mat img3){
  int x, y;//画素値のx座標　画素値のy座標
  int B[8], G[8], R[8];
  /*
         1
  (現在)2 0 4     (未来)5(過去)6(出力)7
         3
  */
  for (y = 1; y < img.rows - 1; y++) {
    for (x = 1; x < img.cols - 1; x++) {
      B[5] = img.at<cv::Vec3b>(y, x)[0];
      G[5] = img.at<cv::Vec3b>(y, x)[1];
      R[5] = img.at<cv::Vec3b>(y, x)[2];
           //現フレーム(t-1として扱う)
      B[0] = img1.at<cv::Vec3b>(y, x)[0];
      G[0] = img1.at<cv::Vec3b>(y, x)[1];
      R[0] = img1.at<cv::Vec3b>(y, x)[2];

      B[1] = img1.at<cv::Vec3b>(y - 1, x)[0];
      G[1] = img1.at<cv::Vec3b>(y - 1, x)[1];
      R[1] = img1.at<cv::Vec3b>(y - 1, x)[2];

      B[2] = img1.at<cv::Vec3b>(y, x - 1)[0];
      G[2] = img1.at<cv::Vec3b>(y, x - 1)[1];
      R[2] = img1.at<cv::Vec3b>(y, x - 1)[2];

      B[3] = img1.at<cv::Vec3b>(y + 1, x)[0];
      G[3] = img1.at<cv::Vec3b>(y + 1, x)[1];
      R[3] = img1.at<cv::Vec3b>(y + 1, x)[2];

      B[4] = img1.at<cv::Vec3b>(y, x + 1)[0];
      G[4] = img1.at<cv::Vec3b>(y, x + 1)[1];
      R[4] = img1.at<cv::Vec3b>(y, x + 1)[2];
           //1フレーム前(tとして扱う)
      B[6] = img2.at<cv::Vec3b>(y, x)[0];
      G[6] = img2.at<cv::Vec3b>(y, x)[1];
      R[6] = img2.at<cv::Vec3b>(y, x)[2];
           //2フレーム前(t+1として扱う)
      B[7] = B[1] + B[2] + B[3] + B[4] + B[5] + B[6] - 6 * B[0];
      G[7] = G[1] + G[2] + G[3] + G[4] + G[5] + G[6] - 6 * G[0];
      R[7] = R[1] + R[2] + R[3] + R[4] + R[5] + R[6] - 6 * R[0];

      B[7] += 127; G[7] += 127; R[7] += 127;

      if (B[7] > 255) {
        B[7] = 255;
      }
      if (G[7] > 255) {
        G[7] = 255;
      }
      if (R[7] > 255) {
        R[7] = 255;
      }
      if (B[7] < 0) {
        B[7] = 0;
      }
      if (G[7] < 0) {
        G[7] = 0;
      }
      if (R[7] < 0) {
        R[7] = 0;
      }

      img3.at<cv::Vec3b>(y, x)[0] = B[7];
      img3.at<cv::Vec3b>(y, x)[1] = G[7];
```

```
            img3.at<cv::Vec3b>(y, x)[2] = R[7];
        }
    }
}

//時空間ラプラシアン動画処理
void TSLVP(cv::VideoCapture cap){
  int v_w = cap.get(cv::CAP_PROP_FRAME_WIDTH);//横の大きさ
  int v_h = cap.get(cv::CAP_PROP_FRAME_HEIGHT);//縦の大きさ
  int max_frame = cap.get(cv::CAP_PROP_FRAME_COUNT);//フレーム数
  int fps = cap.get(cv::CAP_PROP_FPS);//フレーム・レート

  cv::Mat Image[4];//フレーム処理用の画像
  cv::VideoWriter writer("video/出力動画.avi", cv::VideoWriter::fourcc('X', 'V', 'I', 'D'), fps, cv::Size(
                                                                                    v_w, v_h), true);//動画の保存

  for (int i = 0; i < max_frame - 3; i++){
    cap >> Image[2];//1フレーム分取り出してImageに保持
    Image[3] = Image[2].clone();//出力フレームのための画像コピー

    if (i == 1) {
      Image[0] = Image[2].clone();
    }
    if (i == 0) {//最初は画像がないため
      Image[1] = Image[2].clone();
      Image[0] = Image[2].clone();
    }

    TSL(Image[2], Image[1], Image[0], Image[3]);//時空間ラプラシアン
    writer << Image[3];//出力フレームの書き込み

    if (i < max_frame - 3){
      Image[0] = Image[1].clone();//2フレーム前
      Image[1] = Image[2].clone();//1フレーム前
    }
  }
}
```

また，出力値は符号を持つため，表示の際には127を足して画素値を正の値にするのがよいでしょう．

●実行結果

時空間ラプラシアン・フィルタのプログラムを**リスト4**に示します．実行結果は，ダウンロード・データに収録しています．

ヒマワリの花が風にそよぐ様子に適用すると，ヒマワリの輪郭が検出されます．中でも大きく動いている領域が強調されます．例えば，左のヒマワリの花よりも，右の葉の方が強調されて検出されています．これは，葉が風にそよいで大きく動いたためです．

今回は時空間ラプラシアンの定義として，空間は上，下，左，右の4近傍，時間は3フレームを使用しました．例えば，空間の参照範囲を8近傍にとり，時間の参照範囲も空間座標を変えながら行うことで，検出される領域も様子が変わってきます．適用したい動画の性質と，参照範囲が与える効果を考えながら，時空間ラプラシアン・フィルタをアレンジしてみましょう．

4-5 輪郭と動きを強調する「時空間鮮鋭化フィルタ」

収録フォルダ：時空間鮮鋭化フィルタ

時空間鮮鋭化フィルタ処理は，輪郭と動きを強調します．

静止画像処理の鮮鋭化フィルタの考え方を，時間軸に対しても適用します．鮮鋭化フィルタは，ラプラシアン・フィルタによって得られる高周波成分(輪郭や質感)を入力画像に加え，画像の高周波成分を強調するフィルタです．これを時間軸も考慮したのが，時空間鮮鋭化フィルタです．

時空間鮮鋭化フィルタは，動画ならではの情報強調を行う方法の1つであり，漫然と見てきた景色(動画)の中でこれまで気付かなかった情報を提示してくれることがあります．

●仕組み

時空間鮮鋭化フィルタの仕組みを**図8**に示します．画像(フレーム)の強調に時空間ラプラシアン・フィルタを用います．時空間ラプラシアン・フィルタは輪郭と動きを検出します．これを画像(フレーム)に付加することで，動画の時空間的な強調，すなわち，輪郭と動きを強調した動画となります．

まず時空間ラプラシアン・フィルタを作成します．時空間ラプラシアン・フィルタでは，動画内で連続する3枚のフレームを取り出します．次に，注目画素を中心とした時空間の近傍に対し，係数kで畳み込みます．

係数kが大きくなると，時空間鮮鋭化の強調割合が強くなります．

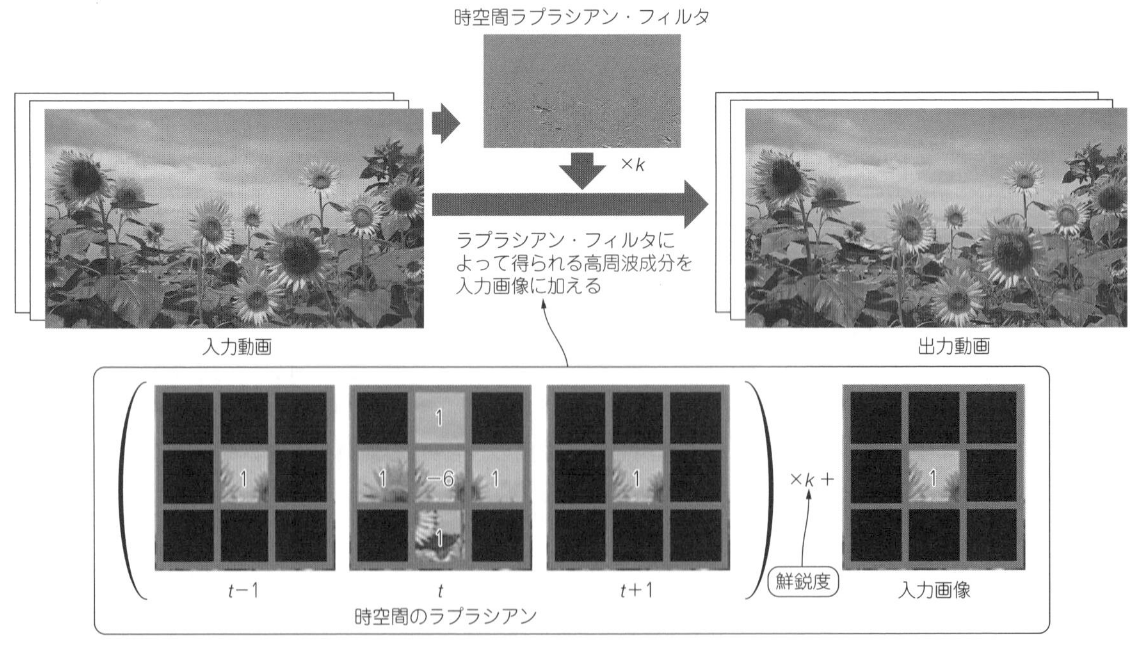

図8　時空間鮮鋭化フィルタ…輪郭と動きを強調する

リスト5　時空間鮮鋭化フィルタのプログラム(抜粋)

```
int main(){
  cv::VideoCapture cap("video/入力動画.avi");
  TSSVP(cap, 0.5);//時空間鮮鋭化動画処理(処理と保存)
}

//時空間鮮鋭化動画処理
void TSSVP(cv::VideoCapture cap, double k){
  int v_w = cap.get(cv::CAP_PROP_FRAME_WIDTH);//横の大きさ
  int v_h = cap.get(cv::CAP_PROP_FRAME_HEIGHT);//縦の大きさ
  int max_frame = cap.get(cv::CAP_PROP_FRAME_COUNT);//フレーム数
  int fps = cap.get(cv::CAP_PROP_FPS);//フレーム・レート

  cv::Mat Image[4];//フレーム処理用の画像
  cv::VideoWriter writer("video/出力動画.avi", cv::VideoWriter::fourcc('X', 'V', 'I', 'D'), fps, cv::Size(
                                                                               v_w, v_h), true);//動画の保存

  for (int i = 0; i < max_frame - 3; i++){
    cap >> Image[2];//1フレーム分取り出してImageに保持
    Image[3] = Image[2].clone();//出力フレームのための画像コピー

    if (i == 1) {
      Image[0] = Image[2].clone();
    }
    if (i == 0) {//最初は画像がないため
      Image[1] = Image[2].clone();
      Image[0] = Image[2].clone();
    }

    TSS(Image[2], Image[1], Image[0], Image[3], k);//時空間鮮鋭化
    writer << Image[3];//出力フレームの書き込み

    if (i < max_frame - 3){
      Image[0] = Image[1].clone();//2フレーム前
      Image[1] = Image[2].clone(); //1フレーム前
    }
  }
}

//時空間鮮鋭化
void TSS(cv::Mat img, cv::Mat img1, cv::Mat img2, cv::Mat img3, double k){
  int x, y;//画素値のx座標　画素値のy座標
  int B[8], G[8], R[8];
  /*
          1
  (現在)2 0 4     (未来)5(過去)6(出力)7
          3
  */
  for (y = 1; y < img.rows - 1; y++) {
    for (x = 1; x < img.cols - 1; x++) {
      B[5] = img.at<cv::Vec3b>(y, x)[0];
      G[5] = img.at<cv::Vec3b>(y, x)[1];
      R[5] = img.at<cv::Vec3b>(y, x)[2];
           //現フレーム(t-1として扱う)
      B[0] = img1.at<cv::Vec3b>(y, x)[0];
      G[0] = img1.at<cv::Vec3b>(y, x)[1];
      R[0] = img1.at<cv::Vec3b>(y, x)[2];

      B[1] = img1.at<cv::Vec3b>(y - 1, x)[0];
      G[1] = img1.at<cv::Vec3b>(y - 1, x)[1];
      R[1] = img1.at<cv::Vec3b>(y - 1, x)[2];

      B[2] = img1.at<cv::Vec3b>(y, x - 1)[0];
      G[2] = img1.at<cv::Vec3b>(y, x - 1)[1];
      R[2] = img1.at<cv::Vec3b>(y, x - 1)[2];

      B[3] = img1.at<cv::Vec3b>(y + 1, x)[0];
      G[3] = img1.at<cv::Vec3b>(y + 1, x)[1];
      R[3] = img1.at<cv::Vec3b>(y + 1, x)[2];

      B[4] = img1.at<cv::Vec3b>(y, x + 1)[0];
      G[4] = img1.at<cv::Vec3b>(y, x + 1)[1];
```

```
        R[4] = img1.at<cv::Vec3b>(y, x + 1)[2];
             //1フレーム前(tとして扱う)
        B[6] = img2.at<cv::Vec3b>(y, x)[0];
        G[6] = img2.at<cv::Vec3b>(y, x)[1];
        R[6] = img2.at<cv::Vec3b>(y, x)[2];
             //2フレーム前(t+1として扱う)
        B[7] = int(double(-B[1] - B[2] - B[3] - B[4] - B[5] - B[6] + 6 * B[0]) * k) + B[0];
        G[7] = int(double(-G[1] - G[2] - G[3] - G[4] - G[5] - G[6] + 6 * G[0]) * k) + G[0];
        R[7] = int(double(-R[1] - R[2] - R[3] - R[4] - R[5] - R[6] + 6 * R[0]) * k) + R[0];

        if (B[7] > 255) {
          B[7] = 255;
        }
        if (G[7] > 255) {
          G[7] = 255;
        }
        if (R[7] > 255) {
          R[7] = 255;
        }
        if (B[7] < 0) {
          B[7] = 0;
        }
        if (G[7] < 0) {
          G[7] = 0;
        }
        if (R[7] < 0) {
          R[7] = 0;
        }

        img3.at<cv::Vec3b>(y, x)[0] = B[7];
        img3.at<cv::Vec3b>(y, x)[1] = G[7];
        img3.at<cv::Vec3b>(y, x)[2] = R[7];
      }
    }
}
```

●実行結果

時空間鮮鋭化フィルタのプログラムを**リスト5**に示します．実行結果は，ダウンロード・データに収録しています．

ヒマワリの花が風にそよぐ様子では，ヒマワリの輪郭や葉が強調されています．その中でも，動画内で大きく動いている領域(例えば葉)が強調されています．左のヒマワリの花よりも，右の葉の方が強調されています．これは，葉が風にそよいで大きく動いたためです．

時空間鮮鋭化の係数kを変化させた例を**図9**に示します．

係数をマイナスにした場合，画像は輪郭が抑制され，動きもクッキリした変化ではなくブラーがかかったように鈍い印象となります．

係数を1.5と比較的大きくした場合，ヒマワリや葉だけではなく動画のノイズに相当する部分まで強調されています．また，輪郭周辺の強調も白飛びや黒つぶれが見られ，この場合は強調しすぎな印象です．

手持ちの動画を見直すときに，一度，時空間鮮鋭化を行ってみましょう．

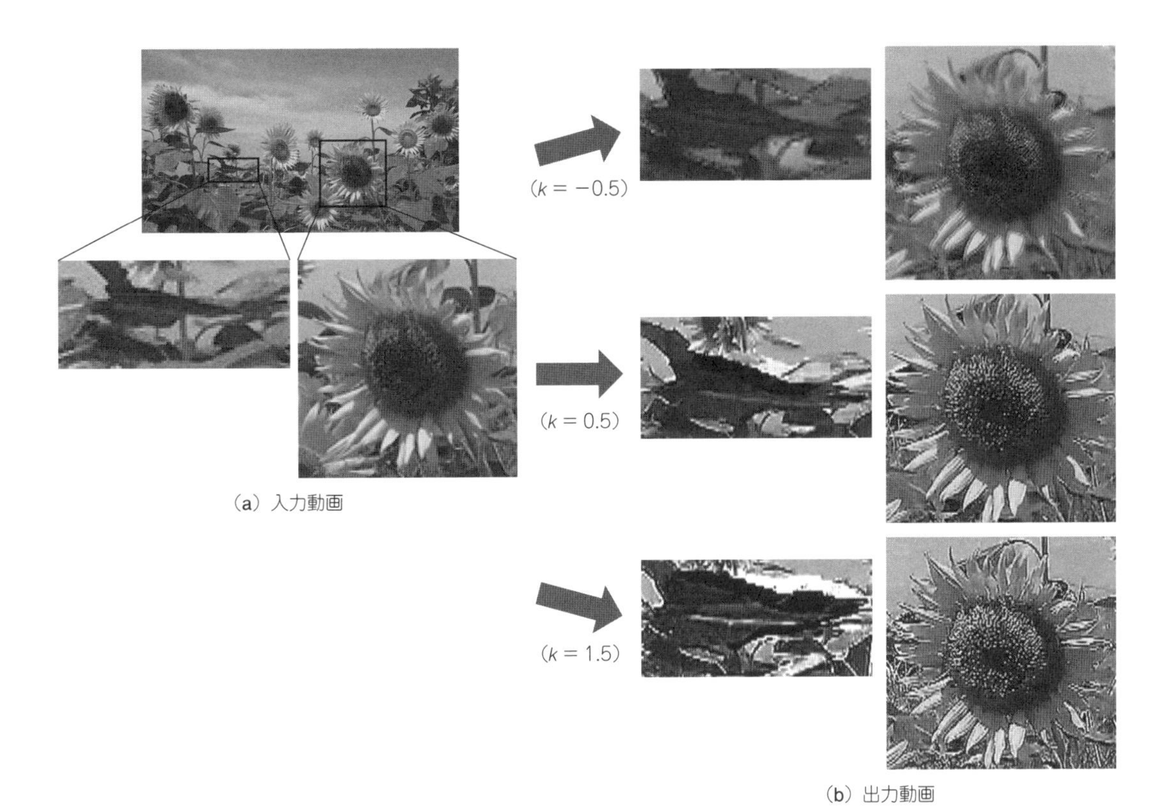

図9　係数kを変えると輪郭や動きが強調される度合いが変わる

第2部　動画像

第5章

物体検出

5-1　監視カメラの侵入者検出にも使える「背景差分による異物検出」

収録フォルダ：背景差分による異物検出

背景差分による異物検出処理は，定点カメラで撮影された動画から，移動物体や本来存在すべきでない異物を検出するための基本処理です．

処理のアイデアはフレーム間差分と似ており，非常にシンプルです．しかし適切な状況で使用すれば，実用レベルの精度と効果を期待できます．例えば，立ち入り禁止区域に設置した防犯カメラから侵入者を検知するなどが主な利用方法です．

●仕組み

背景差分による異物検出の仕組みを**図1**に示します．

入力動画を構成するフレームと，背景として用意された特別なフレームとの差分を計算し，それを2値化することで実現します．

背景画像は，最頻値画像として得られるような通常時の画像です．例えば，立ち入り禁止区域に設置

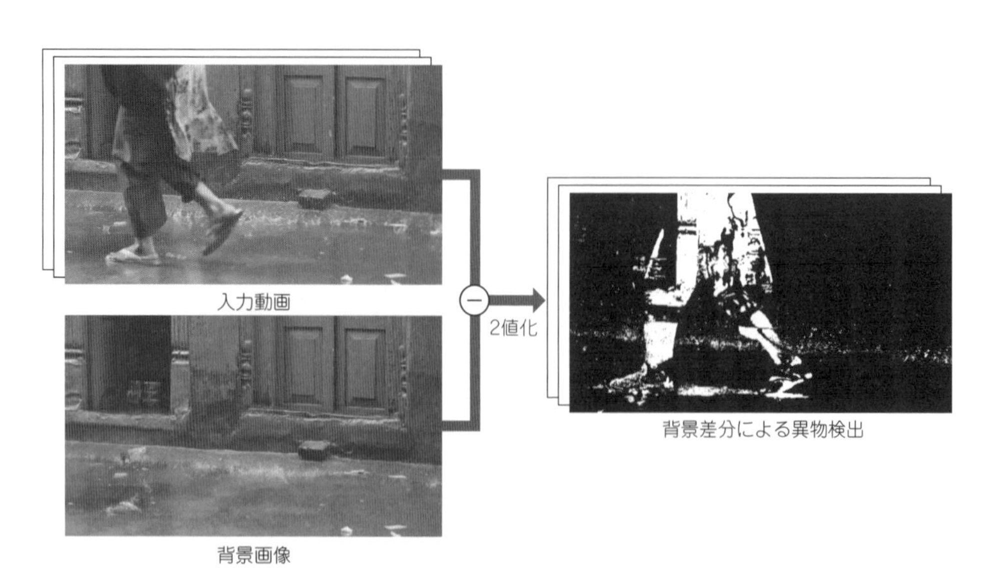

図1　背景差分による異物検出…定点カメラの映像のように背景に動きがない場合に移動物体を検出する

プログラムの入手先は
https://interface.cqpub.co.jp/opencv-1/

されている防犯カメラであれば，平常時は動きのない無人映像がずっと流れているはずです．その状態を示す1枚が背景画像です．

撮影した映像を背景画像と比較して差が生じたとしたら，それは何かが写っているとみなすことができます．ただし，ノイズなどによって差が生じることも考えられるため，しきい値(本処理では40)を設

リスト1　背景差分による異物検出のプログラム(抜粋)

```
int main(){
  cv::VideoCapture cap("video/入力動画.avi");
  cv::Mat imgb = cv::imread("video/背景.bmp", -1);
  BDVP(cap, imgb);//背景差分動画作成
}

//背景差分動画作成
void BDVP(cv::VideoCapture cap, cv::Mat imgb){
  int v_w = cap.get(cv::CAP_PROP_FRAME_WIDTH);//横の大きさ
  int v_h = cap.get(cv::CAP_PROP_FRAME_HEIGHT);//縦の大きさ
  int max_frame = cap.get(cv::CAP_PROP_FRAME_COUNT);//フレーム数
  int fps = cap.get(cv::CAP_PROP_FPS);//フレーム・レート

  cv::Mat Image[4];//フレーム処理用の画像
  cv::VideoWriter writer("video/出力動画.avi", cv::VideoWriter::fourcc('X', 'V', 'I', 'D'), fps, cv::Size(
                                                                                    v_w, v_h), true);//動画の保存

  for (int i = 0; i < max_frame - 1; i++){
    cap >> Image[1];//1フレーム分取り出してImageに保持
    Image[2] = Image[1].clone();//出力フレームのための画像コピー
    BD(Image[1], imgb, Image[2]);//背景差分画像
    writer << Image[2];//出力フレームの書き込み
  }
}

//背景差分画像
void BD(cv::Mat img, cv::Mat imgb, cv::Mat img2){
  int x, y;//画素値のx座標　画素値のy座標
  int B[3], G[3], R[3], P;

  for (y = 0; y < img.rows; y++) {
    for (x = 0; x < img.cols; x++) {
      B[0] = img.at<cv::Vec3b>(y, x)[0];
      G[0] = img.at<cv::Vec3b>(y, x)[1];
      R[0] = img.at<cv::Vec3b>(y, x)[2];
           //現フレーム
      B[1] = imgb.at<cv::Vec3b>(y, x)[0];
      G[1] = imgb.at<cv::Vec3b>(y, x)[1];
      R[1] = imgb.at<cv::Vec3b>(y, x)[2];
           //背景
      B[2] = (B[0] - B[1]);
      G[2] = (G[0] - G[1]);
      R[2] = (R[0] - R[1]);

      P = (B[2] + G[2] + R[2]) / 3;

      if (abs(P) > 40) {
        P = 255;
      }
      else {
        P = 0;
      }

      img2.at<cv::Vec3b>(y, x)[0] = P;
      img2.at<cv::Vec3b>(y, x)[1] = P;
      img2.at<cv::Vec3b>(y, x)[2] = P;
    }
  }
}
```

けます．さらに本処理では異物と判定された領域を明確にするため2値化しています．

●実行結果

背景差分による異物検出のプログラムを**リスト1**に示します．実行結果は，ダウンロード・データに収録しています．

雨の中を早足で歩き去る様子が撮影されたものです．背景画像は便宜上，入力動画を対象として得られた最頻値画像を用いています．異物検出を行うと，歩き去っていく人物や雨，はじけるしぶきなどが抽出されます．

移動物体や異物が背景画像と似た画素値を持っている場合，その部分は背景画像と判定されて検出漏れが生じます．このような場合，もし検出漏れの領域が小さいものであれば，静止画像処理におけるモルフォロジー演算のクロージング処理によって埋めることができます．

この異物検出は実装が容易ですが，実用性があります．簡単なUSBカメラと合わせて実システムも構築しやすいでしょう，実用時には，平常時に撮影した画像を背景画像として使用します．ぜひ挑戦してみましょう．

5-2 移動する物体を追跡する「パーティクル・フィルタ」

収録フォルダ：パーティクルフィルタ

パーティクル・フィルタは，動画処理を対象とした移動物体の追跡法のうち，代表的な手法の1つです．

パーティクルと呼ばれる追跡粒子を任意の場所，パラメータで配置し，対象物体を探索・検知・追跡させることができます．立ち入り禁止区域への侵入検知や，対象物の追跡が主要な役割ですが，細かな状況に合わせて各種パラメータを調整することで，非常に高性能な追跡を実現することができます．

またパーティクルの挙動自体も面白く，単純に出力動画を見ているだけでも楽しめる処理でもあります．

●仕組み

パーティクル・フィルタの仕組みを**図2**に示します．簡単に言えば，複数のパーティクル（粒子）が，尤(ゆう)度計算をしながら対象物体を追跡する処理です．

本処理は扱いやすさを考えて，筆者が若干のアレンジを加えています．まず，このパーティクル・フィルタは大きく分けて探索と追跡の2つの状態を持ちます．

探索状態では，パーティクルは対象物体を見つけられるように広範囲に展開し，状況によっては振動などもして対象物と接触・捕捉しようとします．一般的なパーティクル・フィルタでこのような状態はなく，基本的には初期位置（移動物体が画像内に入って来ると推測される位置）で待機し，見つけ次第追跡状態になり，追跡を行います．

対象を見失ったときはその場にとどまるだけになってしまいます．その点を考慮して，本処理では対象を見失ったと判断したときは探索状態へ切り替えるようにします．

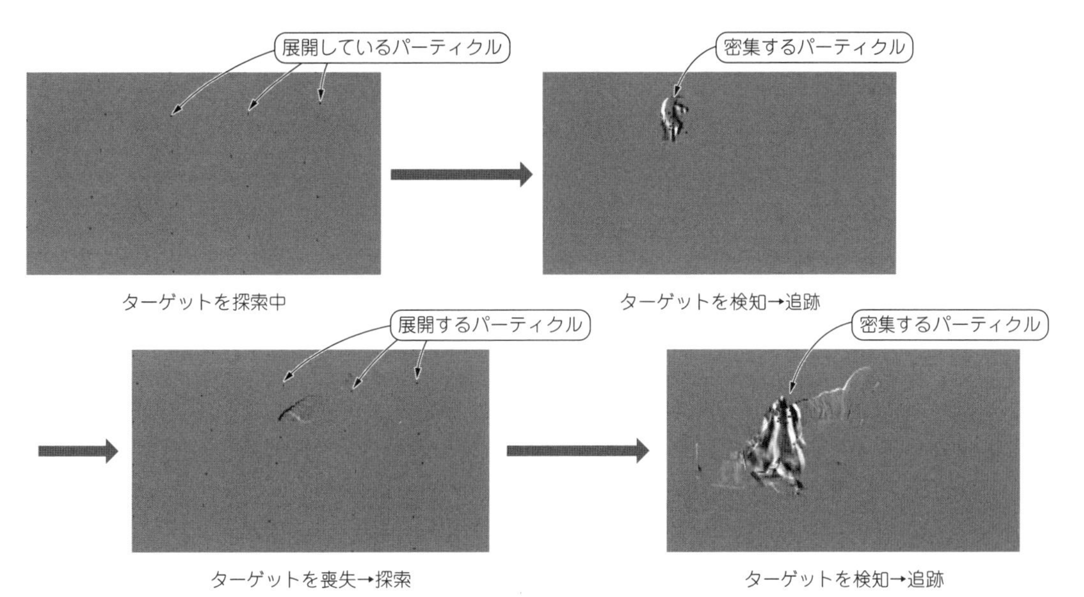

図2　パーティクル・フィルタ…パーティクルと呼ばれる追跡粒子を任意の場所，パラメータで配置し，対象物体を探索・検知・追跡させる

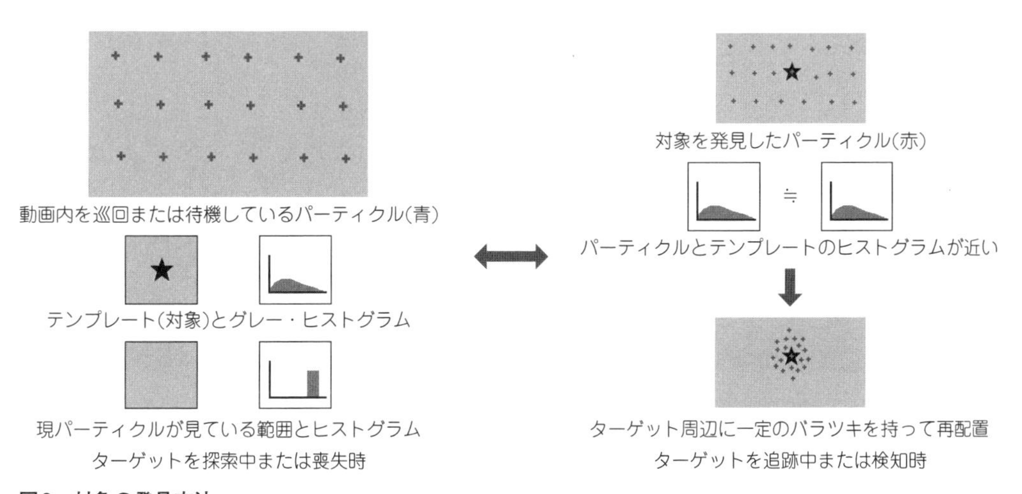

図3　対象の発見方法

対象物を発見する様子を**図2**に示します．探索状態では，パーティクルが展開しています．対象物が画像内にいない，または見つけられない状態です．対象物をとらえるとパーティクルが密集します．これが追跡状態です．画像内に存在する間は追跡を続けます．対象物を見失うと，再び探索状態になります．最後では再び検知し，パーティクルは密集して追跡状態となっています．

対象物の発見方法を**図3**に示します．対象物の画像からグレー・ヒストグラムを計算し，ベクトルと考えます．次に，現在パーティクルが位置する場所のグレー・ヒストグラムを計算し，同様にベクトルと考えます．この2つのベクトルの類似度を基準に，発見の判断をしています．すなわち，ベクトルの内積

図4　物体追跡の様子

(ヒストグラムのビンの積和)を計算して大きくなると類似度が高いと判断できます．このとき，ヒストグラムを平滑化することを忘れないようにしておきましょう．でないと，類似度計算がシビアに行われすぎて，画素値が少し違うだけで追跡しなくなります．また，本処理ではヒストグラムをそのままベクトル化しているため，256次元の要素を持ちますが，計算コストを優先するならもう少し粗く量子化しても問題ありません．

●実行結果

パーティクル・フィルタのプログラムを**リスト2**に示します．実行結果は，ダウンロード・データに収録しています．

入力動画はフレーム間差分であり，それを併用して侵入者の追跡を念頭に置いて実行しています．

図4は，雨の中を早足で歩き去る人の様子と，左から右へ移動する白丸(テンプレート)が重ね合わされた動画です．出力動画では，パーティクルが白丸を追尾していることが分かります．この動画では白丸は高速に移動しており，パーティクルは何度か対象を見失いますが，探索状態で再び見つけ，最後まで追跡ができます．

今回のパーティクル・フィルタは探索状態というアレンジを加えていますが，他にも複数物体の追跡，特定位置での整列，追跡と探索での画面表示法変更など，工夫できることがたくさんあります．自分の環境に適したアレンジを考えてみましょう．

リスト2　パーティクル・フィルタのプログラム(抜粋)

```
int main(){
  cv::VideoCapture cap("video/入力動画.avi");
  cv::Mat T = cv::imread("video/テンプレート.bmp", -1);
  PTVP(cap, T, 30);//パーティクル・フィルタ(処理と保存)
}

//パーティクルフィルタ：動画
void PTVP(cv::VideoCapture cap, cv::Mat T, int pn){
  int x, y;//空間座標
  int v_w = cap.get(cv::CAP_PROP_FRAME_WIDTH);//横の大きさ
  int v_h = cap.get(cv::CAP_PROP_FRAME_HEIGHT);//縦の大きさ
  int max_frame = cap.get(cv::CAP_PROP_FRAME_COUNT);//フレーム数
  int fps = cap.get(cv::CAP_PROP_FPS);//フレーム・レート

  int B, G, R, P;
  cv::Mat Th(1, 1, CV_32SC(256), cv::Scalar(0));//テンプレート用のヒストグラム
  cv::Mat tTh(1, 1, CV_32SC(256), cv::Scalar(0)); int b;//平滑化したテンプレート・ヒストグラムの一時格納用

  cv::VideoWriter writer("video/出力動画.avi", cv::VideoWriter::fourcc('X', 'V', 'I', 'D'), fps, cv::Size(
                                                                                    v_w, v_h), true);//動画の保存

  //テンプレートのヒストグラム作成
  for (y = 0; y < T.rows; y++) {
    for (x = 0; x < T.cols; x++) {
      //テンプレの画素値取得
      B = T.at<cv::Vec3b>(y, x)[0];
      G = T.at<cv::Vec3b>(y, x)[1];
      R = T.at<cv::Vec3b>(y, x)[2];

      P = int(double(B + G + R) / 3.0);//簡易グレー化
      Th.at<int>(0, 0 * 256 + P)++;//ヒストグラム作成
    }
  }

  //平滑化
  for (P = 0; P <= 255; P++) {
    tTh.at<int>(0, 0 * 256 + P) = Th.at<int>(0, 0 * 256 + P);
  }//仮ヒストグラムに代入
  for (P = 0; P <= 255; P++){
    for (b = -1; b <= 1; b++) {
      if (P + b >= 0 && P + b <= 255) {
        Th.at<int>(0, 0 * 256 + P) += int(0.333 * double(Th.at<int>(0, 0 * 256 + (P + b))));
      }
    }
  }

  cv::Mat img; cv::Mat imgn;
  //cap>>img;
  cv::Mat N(v_h, v_w, CV_8UC1, cv::Scalar(0));
  cv::Mat Nf(v_h, v_w, CV_8UC1, cv::Scalar(0));

  int n = 1;
  int m = 1, m2 = 1;
  int s = int(sqrt(double(pn)));
  int tn = pn;

  for (m2 = 0; m2 <= s; m2++) {
    for (m = 0; m <= s; m++) {
      N.at<uchar>(int((double(m) * double(v_h - 1) / double(s))), int((double(m2) * double(v_w - 1) /
                                                                                   double(s)))) = n;

      n++;
      tn--;
      if (tn == 0) {
        break;
      }
    }
    if (tn == 0) {
      break;
    }
  }

  for (y = 0; y < v_h; y++) {
```

```
    for (x = 0; x < v_w; x++) {
      Nf.at<uchar>(y, x) = N.at<uchar>(y, x);
    }
  }//粒子の初期値

  cv::Mat Ih(v_h, v_w, CV_32SC(256), cv::Scalar(0));
  //初期化してグレー・ヒストグラム用の配列を宣言
  //任意座標を中心としたテンプレサイズのヒストグラムを作成

  cv::Mat CC(v_h, v_w, CV_32SC(1), cv::Scalar(0));
  //相関の集合

  //imgn=img.clone();

  for (int i = 0; i < max_frame; i++)
  //for(int i=0; i<1; i++)
  {
    //printf("フレーム数=%d\n",i);
    cap >> img; imgn = img.clone();
    PT(img, imgn, T, Th, Ih, N, Nf, CC, pn);
    //cv::imwrite("video/出像.bmp",imgn);
    writer << imgn;
    //出力フレームの書き込み
  }
}

//パーティクル・フィルタ
void PT(cv::Mat img, cv::Mat imgn, cv::Mat T, cv::Mat Th, cv::Mat Ih, cv::Mat N, cv::Mat Nf, cv::Mat CC,
                                                                                                  int pn){

  int x, y;//画素値のx座標　画素値のy座標
  int tx = 0, ty = 0;//粒子計算位置
  int xx, yy, n;//ヒストグラム計算ループ用の空間座標
  //int pn =18;//粒子数
  int tCC[2017];
  int C = 0, CT = 0;//相関の計算, 相関の合計値(正規化目的)
  int B, G, R, P;
  int CCMX = 0;

  //一時的な最大相関を求める
  //N=1が一定値以下だとターゲットロストだと判定
  int yyy, xxx;
  //img =imgn.clone();
  //粒子の位置表示用
  for (n = 1; n < pn + 1; n++) {
    for (yy = 0; yy < img.rows; yy++) {
      for (xx = 0; xx < img.cols; xx++) {
        if (N.at<uchar>(yy, xx) == n){
          imgn.at<cv::Vec3b>(yy, xx)[0] = 255;
          imgn.at<cv::Vec3b>(yy, xx)[1] = 0;
          imgn.at<cv::Vec3b>(yy, xx)[2] = 0;
          if (yy - 1 >= 0){
            imgn.at<cv::Vec3b>(yy - 1, xx)[0] = 255;
            imgn.at<cv::Vec3b>(yy - 1, xx)[1] = 0;
            imgn.at<cv::Vec3b>(yy - 1, xx)[2] = 0;
          }
          if (xx - 1 >= 0){
            imgn.at<cv::Vec3b>(yy, xx - 1)[0] = 255;
            imgn.at<cv::Vec3b>(yy, xx - 1)[1] = 0;
            imgn.at<cv::Vec3b>(yy, xx - 1)[2] = 0;
          }
          if (yy + 1 < img.rows){
            imgn.at<cv::Vec3b>(yy + 1, xx)[0] = 255;
            imgn.at<cv::Vec3b>(yy + 1, xx)[1] = 0;
            imgn.at<cv::Vec3b>(yy + 1, xx)[2] = 0;
          }
          if (xx + 1 < img.cols){
            imgn.at<cv::Vec3b>(yy, xx + 1)[0] = 255;
            imgn.at<cv::Vec3b>(yy, xx + 1)[1] = 0;
            imgn.at<cv::Vec3b>(yy, xx + 1)[2] = 0;
          }
          //printf("yy=%d\n",yy);
        }
      }
```

```
    }
  }
  //cv::imwrite("video/出像.bmp",imgn);
  imshow("test", imgn);
  cv::waitKey(1);

  //各粒子ごとのヒストグラム生成と相関計算
  for (n = 1; n < pn + 1; n++) {
    for (yy = 0; yy < img.rows; yy++) {
      for (xx = 0; xx < img.cols; xx++) {
        if (N.at<uchar>(yy, xx) == n) {
          //粒子（順序）を持つ場合のみ処理
          tx = xx, ty = yy;
          //tx=130; ty=114;

          //指定座標のヒストグラム作成
          for (y = ty - (T.rows) / 2; y < ty + (T.rows) / 2; y++) {
            for (x = tx - (T.cols) / 2; x < tx + (T.cols) / 2; x++) {
              if (x >= 0 && y >= 0 && y < img.rows && x < img.cols) {
                B = img.at<cv::Vec3b>(y, x)[0]; G = img.at<cv::Vec3b>(y, x)[1]; R = img.at<cv::Vec3b>(y, x)[2];
                //指定座標を中心としたテンプレ範囲の画素値取得
                P = int(double(B + G + R) / 3.0);//簡易グレー化
                Ih.at<int>(ty, tx * 256 + P)++;//ヒストグラム作成
              }
            }
          }
          //指定座標のヒストグラム作成
          //for(int p =0; p < 256; p++ ){
          //  printf("p=%d n=%d\n",p,Ih.at<int>(ty,tx*256+p));
          //}

          for (int p = 0; p < 256; p++) {
            C += ((Ih.at<int>(ty, tx * 256 + p)) * ((Th.at<int>(0, 0 * 256 + p))));
          }//任意座標(tx, ty)での相関計算

          if (C == 0) {
            C = 1;
          }
          CC.at<int>(ty, tx) = C; CT += C;
          //printf("CC(%d, %d)=%d\n",tx,ty,CC.at<int>(ty,tx));
          C = 0;//代入後は初期化
        }
      }
    }
  }
  //各粒子ごとのヒストグラム生成と相関計算
  //CC(y, x)には相関と座標, N(y, x)には相関順位と座標. ただしNは1からスタート
  for (int k = 0; k < 2017; k++) { tCC[k] = 0; }
    //一次配列に相関値を代入
    for (n = 1; n < pn + 1; n++) {
      for (yy = 0; yy < img.rows; yy++) {
        for (xx = 0; xx < img.cols; xx++) {
          tx = xx, ty = yy;

          if (N.at<uchar>(yy, xx) == n) {
            tCC[n] = CC.at<int>(ty, tx);
            //printf("n=%d CC(%d, %d)=%d\n",n,tx,ty,CC.at<int>(ty,tx));
          }
        }
      }
    }
    //for(n =1; n < pn+1; n++ ){
    //  printf("tC=%d\n",tCC[n]);
    //}

    int sw = 1, tC;//並べ替え用の変数
    while (sw > 0) {
      sw = 0;
      for (n = 1; n < pn + 1; n++) {
        if (tCC[n] < tCC[n + 1]) {
          tC = tCC[n + 1];
          tCC[n + 1] = tCC[n];
          tCC[n] = tC;
          sw++;
```

```
      }
    }
  }
  //tCCの並べ替え
  //for(n =1; n < pn+1; n++ ){
  //  printf("tC=%d\n",tCC[n]);
  //}
  int wc = 0;//同じ相関値を持つと粒子を区別するため，カウントを調節する
  N = cv::Mat::zeros(img.rows, img.cols, CV_8UC(1));//Nを0で初期化
  //N(y,x)とCC(y,x)の対応付け．1が最大相関を持ち，2，3と順に小さくなる
  for (n = 1; n < pn + 1; n++) {
    wc = 0;
    for (yy = 0; yy < img.rows; yy++) {
      for (xx = 0; xx < img.cols; xx++) {
        if (tCC[n] == CC.at<int>(yy, xx) && N.at<uchar>(yy, xx) == 0) {
          N.at<uchar>(yy, xx) = n + wc;
          wc++;
        }
      }
    }
  }
  //N(y, x)とCC(y, x)の対応付け．1が最大相関を持ち，2，3と順に小さくなる
  //N(y, x)が1なら(y, x)座標が最も強い相関．相関値はCC(y, x)

  int en = pn;//粒子数が元の数より少なくなるとき，0割り当てのところに加える
  CCMX = 0;//ターゲットロストしてるか確認
  //CCには次に配置する粒子数と基準座標が入っている//
  for (n = 1; n < pn + 1; n++) {
    for (yy = 0; yy < img.rows; yy++) {
      for (xx = 0; xx < img.cols; xx++) {
        tx = xx, ty = yy;
        if (N.at<uchar>(yy, xx) == n) {
          if (n == 1) {
            CCMX = CC.at<int>(ty, tx);
          }//最大相関を持つ粒子の相関を記録
          //printf("n=%d CC(%d, %d)=%d\n",n,tx,ty,CC.at<int>(ty,tx));
          CC.at<int>(ty, tx) = int(double(pn) * double(CC.at<int>(ty, tx)) / double(CT));
          if (CC.at<int>(ty, tx) <= en / 3) {
            CC.at<int>(ty, tx) = en / 3;
          }//粒子の残数の1/3異常を保持していない場合，残数の1/3を保持していく
          if (en < 3) {
            CC.at<int>(ty, tx) = en;
          }//粒子への重み付け
          en -= CC.at<int>(ty, tx);
          if (CC.at<int>(ty, tx) == 0 && en != 0) {
            CC.at<int>(ty, tx) = 1;
            en--;
          }
          //printf("n=%d CC(%d, %d)=%d\n",n,tx,ty,CC.at<int>(ty,tx));
        }
      }
    }
  }//CCには次に配置する粒子数と基準座標が入っている

  N = cv::Mat::zeros(img.rows, img.cols, CV_8UC(1));//Nを0で初期化
  int np, ny, nx;
  uchar npc = 1;//次の粒子のナンバー

  for (n = 1; n < pn + 1; n++) {
    for (yy = 0; yy < img.rows; yy++) {
      for (xx = 0; xx < img.cols; xx++) {
        if (CC.at<int>(yy, xx) == n){
          for (np = 1; np <= CC.at<int>(yy, xx);np++){
            rnd:
            ny = yy + (rand() % 25 - 12);
            if (ny < 0) {
              ny = 0;
            }
            if (ny > img.rows - 1) {
              ny = img.rows - 1;
            }
            nx = xx + (rand() % 25 - 12);
            if (nx < 0) {
              nx = 0;
```

```
          }
          if (nx > img.cols - 1) {
            nx = img.cols - 1;
          }//境界条件

          if (N.at<uchar>(ny, nx) == 0) {
            N.at<uchar>(ny, nx) = npc;
          }
          else{
            while (N.at<uchar>(ny, nx) != 0) {
              goto rnd;
            }
          }
          //N.at<uchar>(ny,nx)=npc;
          //まだ粒子が配置されていないところのみ入れる
          //バッティングした場合はrndで再計算
          //printf("%d\n",npc);
          npc++;
        }
      }
    }
  }
}
if (CCMX < 980) {
  N = cv::Mat::zeros(img.rows, img.cols, CV_8UC(1));//Nを0で初期化
  printf("サーチモード\n");
  for (y = 0; y < img.rows; y++) {
    for (x = 0; x < img.cols; x++) {
      rnd2:
      ny = y + (rand() % 25 - 12);
      if (ny < 0) {
        ny = 0;
      }
      if (ny > img.rows - 1) {
        ny = img.rows - 1;
      }
      nx = x + (rand() % 25 - 12);
      if (nx < 0) {
        nx = 0;
      }
      if (nx > img.cols - 1) {
        nx = img.cols - 1;
      }//境界条件

      if (N.at<uchar>(ny, nx) == 0) {
        N.at<uchar>(ny, nx) = Nf.at<uchar>(y, x);
      }//初期値に乱数を加えている
      else{
        while (N.at<uchar>(ny, nx) != 0) {
          goto rnd2;
        }
      }
    }
  }
}
for (n = 1; n < pn + 1; n++) {
  for (yy = 0; yy < img.rows; yy++) {
    for (xx = 0; xx < img.cols; xx++) {
      if (N.at<uchar>(yy, xx) == n) {
      //printf("%d %d %d\n",n,xx,yy);
      }
    }
  }
}
//cv::Mat imgn =img.clone();

//画像に表示
Ih = cv::Mat::zeros(img.rows, img.cols, CV_32SC(256));
CC = cv::Mat::zeros(img.rows, img.cols, CV_32SC(1));
CT = 0;
  }
}
```

第2部　動画像

第6章

特殊な効果

6-1 文字などの情報を重ね合わせる「合成処理」

収録フォルダ：動画への合成処理

ここで紹介するのは静止画を動画に合成するため処理です．合成の際に，その位置をフレームに応じて設定していくことで，静止画を動画内で動かすことができます．

例えば，移動物体検出を目的とした実験用サンプルを作成したいとき，スタッフ・ロールのように文字を移動させたいとき，単純なコラージュ作品を作りたいときなどに，この処理は活躍します．

●仕組み

合成処理の仕組みを**図1**に示します．入力動画を構成するフレームに対して，その都度静止画を合成していくことで実現します．

図1において，静止画のサンプルは「移動物体」という文字画像です．黒の領域は背景，すなわち合成先の動画を表示するように処理します．このとき特定の座標に合成し続けるだけでは，文字画像が動くことはありません．フレームに応じて合成位置を変化させることで移動するように見えます．

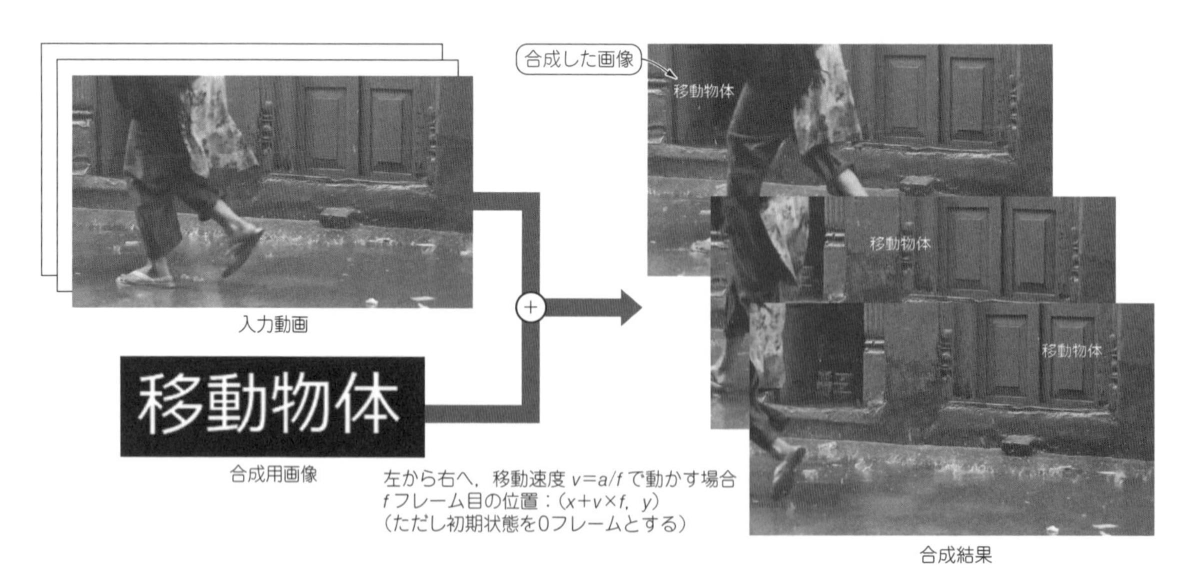

図1　合成処理…文字やアイコンのような静止画を動画に重ね合わせる

プログラムの入手先は
https://interface.cqpub.co.jp/opencv-1/

リスト1　合成処理のプログラム(抜粋)

```
int main(){
  cv::VideoCapture cap("video/入力動画.avi");
  cv::Mat img = cv::imread("video/入力画像.bmp", -1);
  ISVP(cap, img);//画像合成動画
}

//画像合成動画
void ISVP(cv::VideoCapture cap, cv::Mat img){
  int v_w = cap.get(cv::CAP_PROP_FRAME_WIDTH);//横の大きさ
  int v_h = cap.get(cv::CAP_PROP_FRAME_HEIGHT);//縦の大きさ
  int max_frame = cap.get(cv::CAP_PROP_FRAME_COUNT);//フレーム数
  int fps = cap.get(cv::CAP_PROP_FPS);//フレーム・レート

  cv::Mat Image[2];//フレーム処理用の画像
  cv::VideoWriter writer("video/出力動画.avi", cv::VideoWriter::fourcc('X', 'V', 'I', 'D'), fps, cv::Size(
                                                                                        v_w, v_h), true);//動画の保存

  for (int i = 0; i < max_frame; i++){
    cap >> Image[0];//1フレーム分取り出してImageに保持
    Image[1] = Image[0].clone();//出力フレームのための画像コピー
    IS(Image[0], img, Image[1], i, max_frame);//画像合成用
    writer << Image[1];//出力フレームの書き込み
  }
}

//画像合成用
void IS(cv::Mat img0, cv::Mat img, cv::Mat img1, int i, int imax){
  int x, y;//画素値のx座標　画素値のy座標
  int tx = int(double(img0.cols + img.cols) * (double(i * 1.0) / double(imax))),  ty = 150;//静止画合成位置
  int B[4], G[4], R[4];

  for (y = 0; y < img0.rows; y++) {
    for (x = 0; x < img0.cols; x++) {
      B[1] = img0.at<cv::Vec3b>(y, x)[0];
      G[1] = img0.at<cv::Vec3b>(y, x)[1];
      R[1] = img0.at<cv::Vec3b>(y, x)[2];

      if(((tx - img.cols / 2) < x) && (x < (tx + img.cols / 2)) && ((ty - img.rows / 2) < y) &&
                                                       (y < (ty + img.rows / 2))){//出現中心を基準にした合成範囲
        B[0] = img.at<cv::Vec3b>(y - (ty - img.rows / 2), x - (tx - img.cols / 2))[0];
        G[0] = img.at<cv::Vec3b>(y - (ty - img.rows / 2), x - (tx - img.cols / 2))[1];
        R[0] = img.at<cv::Vec3b>(y - (ty - img.rows / 2), x - (tx - img.cols / 2))[2];
        if (B[0] + G[0] + R[0] != 0) {
          B[1] = B[0];
          G[1] = G[0];
          R[1] = R[0];
        }
      }
      img1.at<cv::Vec3b>(y, x)[0] = B[1];
      img1.at<cv::Vec3b>(y, x)[1] = G[1];
      img1.at<cv::Vec3b>(y, x)[2] = R[1];
    }
  }
}
```

例えば，左から右に画像を動かしたいときにはfフレームかけてa画素分だけ右に動かします．

1フレームで3画素動かしたいときは$v = 3$となり，座標指定は$(x_0 + 3 \times f, y_0)$となります．ここで，(x_0, y_0)は画像の初期座標であり，fは現在のフレーム番号です．こうすることで，合成される画像は初期座標(x_0, y_0)から速度3画素ずつ1フレームで右に移動していきます．

●実行結果

合成処理のプログラムを**リスト1**に示します．実行結果は，ダウンロード・データに収録しています．

入力動画は，雨の中を早足で歩き去る様子が撮影されたものです．合成する画像は「移動物体」という文字画像です．この2つを用いて処理を行うと，動画が再生から終了するまでの時間で，文字画像が画面の左端から右端へ移動していきます．この移動速度の設定は，画像の横幅と動画の総フレーム数を利用すれば簡単にできます．

移動方向を右から左ではなく，下から上にするとスタッフ・ロールのようにもなります．あるいは1方向にかかわらず，画像を揺らせたり，曲がらせたりと，さまざまな動きをすることもできます．

この処理の用途はさまざまであり，そして動画の動きを理解する上で重要な役割を果たします．例えば自然に揺れる植物を合成するなど，チャレンジのしがいがあるのではないでしょうか．

6-2 だまし動画の作成にも使われる「ディゾルブ」

収録フォルダ：ディゾルブ

ディゾルブ（Dissolve）とは，2つの画像を滑らかに時間変化させる処理です．

映画やドラマでシーンを切り替えて異なる映像に変化させるとき，いきなり切り替えるとブツ切りのような印象を与えてしまいます．ディゾルブではシーンの変化を時間に応じて滑らかに行うことで，前のシーンの余韻を維持しつつ次のシーンへ変化させることができます．

この方法は，映像編集としては基本的な処理です．その他，静止画から静止画に変化させることで，はやりのだまし動画を作成することもできます．

●仕組み

ディゾルブは，2枚の静止画，もしくは2本の動画が使用されるのが一般的です．ここでは2枚の静止画を用いる例に説明します．

▶静止画同士

静止画同士のディゾルブの仕組みを**図2（a）**に示します．

2枚の静止画像を用意します．ただし，画像のサイズは同じです．この2枚の画像を係数αを使って合成します．

このとき，係数のαを時間と共に0から1に滑らかに変化させることで，ディゾルブ処理は実現できます．すなわち，αを変えながら合成される多数の画像をフレームとして動画化したものがディゾルブです．

ここで用いられている静止画像処理は，αブレンディングと呼ばれています．

▶動画同士

動画同士のディゾルブの仕組みを**図2（b）**に示します．動画1から動画2に変化させるとき，動画1の最後の数フレームと，動画2の最初の数フレームをディゾルブで接続することで実現します．

●実行結果

ディゾルブのプログラムを**リスト2**に示します．実行結果は，ダウンロード・データに収録しています．

ディゾルブを使用しただまし動画の例を**図3**に示します．用意する2枚の画像は元々同じ画像でしたが，

図2　ディゾルブ…2つの画像を滑らかに時間変化させる

1枚の一部分をインペインティングと呼ばれる技術で加工しています．具体的には，手前側の女性の髪飾りと，奥側の男性のつえを消去しています．この2枚をディゾルブで変化させると，徐々に髪飾りとつえが消えていきます．既に結果を知っていれば動画を見たときに変化に気付くことができますが，何も知らない人に見せると気付くのに時間がかかるか，あるいは1回では気付かないことがあります．この変化を見抜くことを問題としたクイズを，テレビで見かけることがありました．

動画同士のサンプルもダウンロード・データに収録しています．動画同士の処理は本書のコードを書き換える必要がありますが，それほど難しい処理ではありません．動画処理の練習がてらに作成してみましょう．

また，今回はディゾルブの変化を線形にしていますが，非線形にすることで効果は大きく変わります．用途に応じてアレンジしてみましょう．

リスト2　ディゾルブのプログラム（抜粋）

```
int main(){
  cv::Mat img1 = cv::imread("video/入力1.bmp", -1);
  cv::Mat img2 = cv::imread("video/入力2.bmp", -1);
  DSVP(img1, img2);//ディゾルブ動画作成
}

//αブレンディング画像
void AB(cv::Mat img, cv::Mat img2, cv::Mat img3, int i, int imax){
  int x, y;//画素値のx座標　画素値のy座標
  int B[3], G[3], R[3];
  double a;
  a = double(i) / double(imax);

  for (y = 0; y < img.rows; y++) {
    for (x = 0; x < img.cols; x++) {
      B[0] = img.at<cv::Vec3b>(y, x)[0];
      G[0] = img.at<cv::Vec3b>(y, x)[1];
      R[0] = img.at<cv::Vec3b>(y, x)[2];

      B[1] = img2.at<cv::Vec3b>(y, x)[0];
      G[1] = img2.at<cv::Vec3b>(y, x)[1];
      R[1] = img2.at<cv::Vec3b>(y, x)[2];

      /*
      B[2] = int(double(B[0])*double((imax-i)/imax)+double(B[1])*double(i/imax));
      G[2] = int(double(G[0])*double((imax-i)/imax)+double(G[1])*double(i/imax));
      R[2] = int(double(R[0])*double((imax-i)/imax)+double(R[1])*double(i/imax));
      */

      B[2] = int(double(B[1]) * a + double(B[0]) * double(1.0 - a));
      G[2] = int(double(G[1]) * a + double(G[0]) * double(1.0 - a));
      R[2] = int(double(R[1]) * a + double(R[0]) * double(1.0 - a));

      /*
      B[2]=B[1];
      G[2]=G[1];
      R[2]=R[1];
      */

      if (B[2] > 255) {
        B[2] = 255;
      }
      if (G[2] > 255) {
        G[2] = 255;
      }
      if (R[2] > 255) {
        R[2] = 255;
      }
      if (B[2] < 0) {
        B[2] = 0;
      }
      if (G[2] < 0) {
        G[2] = 0;
      }
      if (R[2] < 0) {
        R[2] = 0;
      }

      img3.at<cv::Vec3b>(y, x)[0] = B[2];
      img3.at<cv::Vec3b>(y, x)[1] = G[2];
      img3.at<cv::Vec3b>(y, x)[2] = R[2];
    }
  }
}

//ディゾルブ動画作成
void DSVP(cv::Mat img1, cv::Mat img2){
  int v_w = img1.cols; //横の大きさ
  int v_h = img1.rows; //縦の大きさ
  int max_frame = 150; //フレーム数
  int fps = 30; //フレーム・レート
```

```
    cv::Mat img3 = img1.clone();//フレーム処理用の画像
    cv::VideoWriter writer("video/出力動画.avi", cv::VideoWriter::fourcc('X', 'V', 'I', 'D'), fps, cv::Size(
                                                                    v_w, v_h), true);//動画の保存

    for (int i = 0; i < max_frame; i++){
      AB(img1, img2, img3, i, max_frame);//αブレンディングによる合成
      writer << img3;//出力フレームの書き込み
      cv::imshow("経過", img3);
      cv::waitKey(1);
    }
}
```

図3　だまし動画…徐々につえと髪飾りが消失

6-3　人工生命のシミュレーション「ライフ・ゲーム」

収録フォルダ：ライフゲーム

ライフ・ゲームは，1970年に英国の数学者が考案した生命のシミュレーションです．非常にシンプルなルールでありながら，生命の誕生，存続，繁殖，死滅を表現することができます．

ライフ・ゲームは高度なシミュレーションとしても，奥深いパズル・ゲームとしても利用できます．その意味では動画処理の枠に収まらず，1つの情報処理システムと言えるでしょう．

ベースになっている理論はセル・オートマトン(Cellular Automaton)と呼ばれる計算モデルです．発案者の1人であるジョン・フォン・ノイマン(John von Neumann)は，われわれの使用しているノイマン型コンピュータの開発者です．

ライフ・ゲームは仕組みそのものだけでなく，その歴史にも魅力的なエピソードがたくさん含まれています．さらにこのライフ・ゲームの計算理論はチューリング完全と呼ばれる性質を満たしており，あらゆる計算機で実行可能な全ての計算を表現できる，というとてつもないポテンシャルを秘めています．

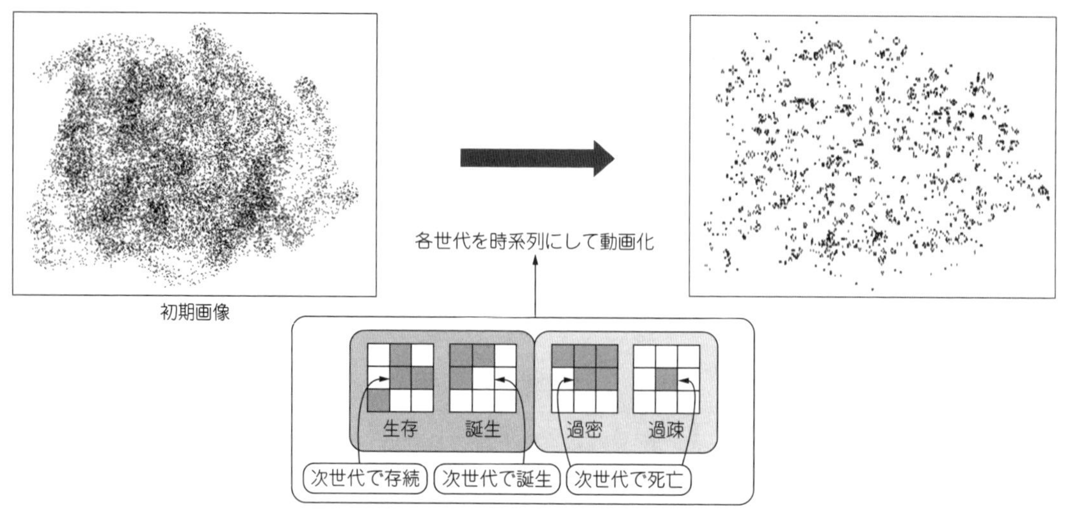

図4　ライフ・ゲーム…人工生命のシミュレーション

●仕組み

ライフ・ゲームの概要を**図4**に示します.

ライフ・ゲームでは，黒画素を生きた細胞セルとみなし，以下のようなシンプルなルールに従って状態を判定し，シミュレーションを行います.

①生存…セル(黒画素)の周囲にセルが2個か3個存在すれば，このセルは次の世代でも生存します.
②誕生…セルが存在しない位置の周囲にちょうど3個のセルが存在すれば，次世代ではセルが誕生します.
③過密…セルの周囲にセルが4個以上存在すれば，そのセルは次の世代で死亡します.
④過疎…セルの周囲にセルが1つ以下ならば，そのセルは次の世代で死亡します.

このような条件でセルの生死を世代と共にシミュレートしていくのがライフ・ゲームです．1世代を1フレームとしてつなぎ合わせると，シミュレーション結果が動画になります.

●実行結果

ライフ・ゲームのプログラムを**リスト3**に示します．実行結果は，ダウンロード・データに収録しています．初期状態はBMPファイルで与えています.

生成された動画を見ると，幾つかの代表的なパターンがあることに気づきます.

①固定物体

全てのセルがその場で生存していくパターンです．どのセルを見ても，生存の条件を満たしている場合です．ただし，外部から影響を受けることで生存のパターンが崩されて消滅することがあります．図形的特徴としては，対称性を持つものが多いです.

②振動子

世代を経ても消滅しないという点で固定物体と性質が似ています．しかし，世代によって形状が変化し，

リスト3 ライフ・ゲームのプログラム(抜粋)

```
int main(){
  cv::Mat img = cv::imread("video/初期画像.bmp", -1);
  LGVP(img);//ライフ・ゲームの作成(処理と保存)
}

//ライフ・ゲーム動画作成
void LGVP(cv::Mat img){
  int v_w = img.cols; //縦の大きさ
  int v_h = img.rows; //横の大きさ
  int max_frame = 360; //フレーム数//世代数
  int fps = 60; //フレーム・レート

  cv::Mat img2 = img.clone();
  cv::Mat I(v_h, v_w, CV_8UC(1));
  cv::Mat O(v_h, v_w, CV_8UC(1));
  cv::VideoWriter writer("video/出力動画.avi", cv::VideoWriter::fourcc('X', 'V', 'I', 'D'), fps, cv::Size(
                                                                                      v_w, v_h), true);//動画の保存


  for (int i = 0; i < max_frame; i++){
    cv::Mat img = img2.clone();
    LG(img, img2, I, O);
    writer << img2;//出力フレームの書き込み

    //cv::imshow("経過",img2);
    //cv::waitKey(1);
  }
}

//ライフ・ゲーム
void LG(cv::Mat img, cv::Mat img2, cv::Mat I, cv::Mat O){
  int x, y, S = 0;//画素値のx座標 画素値のy座標
  for (y = 0; y < img.rows; y++) {
    for (x = 0; x < img.cols; x++) {
      if (img.at<cv::Vec3b>(y, x)[0] == 0){
        I.at<uchar>(y, x) = 1;
        O.at<uchar>(y, x) = 1;
      }
      else{
        I.at<uchar>(y, x) = 0;
        O.at<uchar>(y, x) = 0;
      }
      //printf("img=%d I=%d\n",img.at<cv::Vec3b>(y,x)[0], I.at<uchar>(y,x));
    }
  }

  for (y = 1; y < img.rows - 1; y++) {
    for (x = 1; x < img.cols - 1; x++) {
      S = 0;
      /*誕生: 白画素(死亡セル)の周囲に3つの黒画素(生存セル)があれば,
        白画素は黒画素へ
      */
      if (I.at<uchar>(y, x) == 0) {
        for (int i = -1; i <= 1; i++) {
          for (int j = -1; j <= 1; j++) {
            S = S + (I.at<uchar>((y + j), (x + i)));
          }
        }
        if (S == 3) {
          O.at<uchar>(y, x) = 1;
        }//標準
      }
      /*維持: 黒画素(生存セル)の周囲に3, 2の黒画素があれば
        維持(生存セルのまま)でなければ死亡
      */
      if (I.at<uchar>(y, x) == 1) {
        for (int i = -1; i <= 1; i++) {
          for (int j = -1; j <= 1; j++) {
            S = S + I.at<uchar>((y + j), (x + i));
          }
        }
        S = S - 1;
```

```
        if ((S == 3) || (S == 2)) {
          O.at<uchar>(y, x) = 1;
        }
        else {
          O.at<uchar>(y, x) = 0;
        }//標準
      }
    }
  }
  //白画素0, 黒画素1を輝度値に戻すためのルーチン
  for (y = 0; y < img.rows; y++) {
    for (x = 0; x < img.cols; x++) {
      if (O.at<uchar>(y, x) == 0) {
        O.at<uchar>(y, x) = 255;
      }
      else {
        O.at<uchar>(y, x) = 0;
      }
    }
  }
  for (y = 0; y < img.rows; y++) {
    for (x = 0; x < img.cols; x++) {
      img2.at<cv::Vec3b>(y, x)[0] = O.at<uchar>(y, x);
      img2.at<cv::Vec3b>(y, x)[1] = O.at<uchar>(y, x);
      img2.at<cv::Vec3b>(y, x)[2] = O.at<uchar>(y, x);
    }
  }
}
```

何世代か後に元の形状に戻るパターンです．形状が変化して元に戻るまでの周期はさまざまです．短いものは2周期ですが，長いものではいくらでも長くすることができます．

③移動物体

見かけ上，移動するセルのパターンです．死亡，生存，誕生が特定方向に働いていると考える方が正確かもしれません．移動物体には，宇宙船（移動速度が最速）やグライダー（自然発生率が最も高い）と呼ばれるパターンがあります．

④繁殖型

自然発生する確率が極めて低い特異なパターンです．初期パターンは振動子の性質を持ち，そこから移動物体を生成し続けるという特徴があります．これは，セルの範囲が無限であれば無限に生成し続けます．

このシンプルな例をパズルのように組み合わせることで，信じられないシミュレーションを実行することができます．人工生命とも言われる奥の深い世界を，ぜひ体験してみましょう．

Column 時間軸が見栄えに及ぼす影響…「平滑化を伴うエッジ抽出」を例に

収録フォルダ：平滑化を伴うエッジ抽出

静止画像処理を動画のフレームに適用することは一般的なことですが，動画独自の問題が発生することがあります．ここではその具体例を見てみましょう．

平滑化処理とエッジ抽出処理を組み合わせた処理を例題にします．

●仕組み

平滑化を伴うエッジ抽出の仕組みを**図A**に示します．

フレームに対してエッジ検出を行い，その後に平滑化処理を行うだけです．動画を構成する全てのフレームに対して処理を行います．

ここで，エッジ検出処理にはラプラシアン・フィルタを，平滑化処理には中央値フィルタを用いました．ラプラシアン・フィルタは，縦方向の2階微分と横方向の2階微分を組み合わせたエッジ検出フィルタであり，あらゆる方向のエッジが検出できます．また，中央値フィルタは局所範囲の画素を画素値の大きさ順に並べ替え，その中央値を出力する平滑化フィルタです．このフィルタはインパルス・ノイズを除去することができます．

入力動画

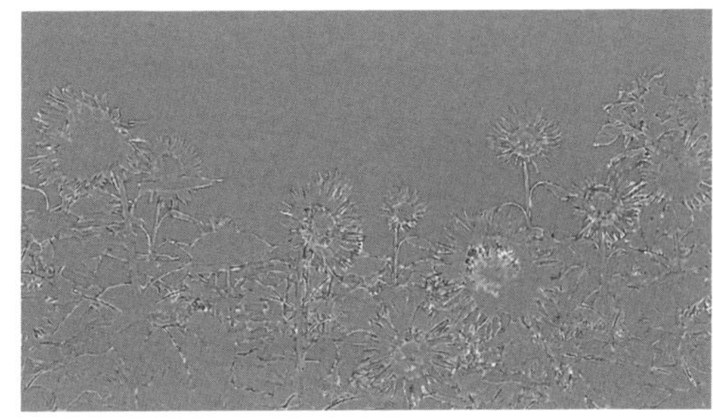

出力動画

エッジ検出（ラプラシアン・フィルタ）

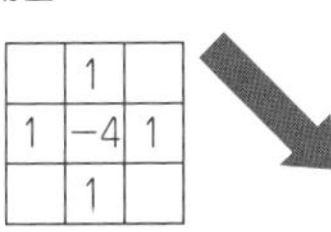

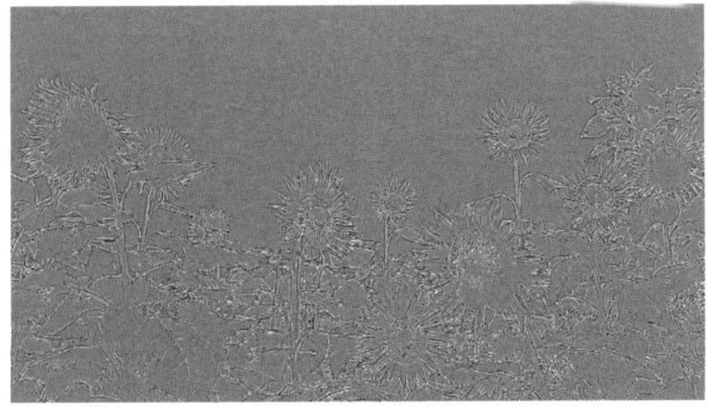

図A　平滑化を伴うエッジ抽出…静止画像の平滑化処理とエッジ抽出処理を組み合わせる

●実行結果

平滑化を伴うエッジ抽出のプログラムを**リストA**に示します．実行結果は，ダウンロード・データに収録しています．

平滑化を伴うエッジ抽出は特に珍しくない画像処理ですが，フレームを統合して動画化したときに動画特有の問題が発生します．

図Aからも分かるように，1枚のフレームを見る限りは問題ありません．しかし動画で見ると，輪郭部分で色のちらつきが発生します．

これは中央値フィルタをR，G，Bの各チャネルごとに行うと，R，G，Bの比重が変化して色が変わってしまうためです．一般的な動画なら30fps程度のため，ほぼ点滅のような速度でフレームが変化しています．このため，色がちらつくようになります．

動画はフレームという画像の集まりですが，各フレームに対して画像処理を適用して動画化すると，予想外の課題を生じることがたくさんあります．パズル感覚で，これからの問題の解決法を考案するのも，動画処理の楽しみ方と言えるでしょう．

リストA　平滑化を伴うエッジ抽出のプログラム（抜粋）

```
int main(){
  cv::VideoCapture cap("video/入力動画.avi");
  ESVP(cap, 3, 3.0);//平滑化を伴うエッジ検出動画処理
}

//平滑化を伴うエッジ検出動画処理
void ESVP(cv::VideoCapture cap, int tmax, double s){
  int v_w = cap.get(cv::CAP_PROP_FRAME_WIDTH);//横の大きさ
  int v_h = cap.get(cv::CAP_PROP_FRAME_HEIGHT);//縦の大きさ
  int max_frame = cap.get(cv::CAP_PROP_FRAME_COUNT);//フレーム数
  int fps = cap.get(cv::CAP_PROP_FPS);//フレーム・レート

  cv::Mat Image[2];//フレーム処理用の画像
  int t;//平滑化適用回数の変数
  cv::VideoWriter writer("video/出力動画.avi", cv::VideoWriter::fourcc('X', 'V', 'I', 'D'), fps, cv::Size(
                                                                        v_w, v_h), true);//動画の保存

  for (int i = 0; i < max_frame; i++){
    cap >> Image[0];//1フレーム分取り出してImageに保持
    Image[1] = Image[0].clone();//平滑化用の画像コピー
    HP(Image[0], Image[1], s); Image[0] = Image[1].clone();//エッジ検出

    for (t = 0; t < tmax; t++) {
      MF(Image[0], Image[1]);
      Image[0] = Image[1].clone();
    }//平滑化
    writer << Image[0];//出力フレームの書き込み
    //1フレーム前として保持
  }
}

//ハイパス・フィルタ
void HP(cv::Mat img, cv::Mat img1, double s){
  int x, y;//画素値のx座標　画素値のy座標
  int B[6], G[6], R[6];
  /*
  ウィンドウ内の定義
      1
    2 0 4
```

```
      3
  */

  for (y = 1; y < img.rows - 1; y++) {
    for (x = 1; x < img.cols - 1; x++) {
      B[0] = img.at<cv::Vec3b>(y, x)[0];
      G[0] = img.at<cv::Vec3b>(y, x)[1];
      R[0] = img.at<cv::Vec3b>(y, x)[2];

      B[1] = img.at<cv::Vec3b>(y - 1, x)[0];
      G[1] = img.at<cv::Vec3b>(y - 1, x)[1];
      R[1] = img.at<cv::Vec3b>(y - 1, x)[2];

      B[2] = img.at<cv::Vec3b>(y, x - 1)[0];
      G[2] = img.at<cv::Vec3b>(y, x - 1)[1];
      R[2] = img.at<cv::Vec3b>(y, x - 1)[2];

      B[3] = img.at<cv::Vec3b>(y + 1, x)[0];
      G[3] = img.at<cv::Vec3b>(y + 1, x)[1];
      R[3] = img.at<cv::Vec3b>(y + 1, x)[2];

      B[4] = img.at<cv::Vec3b>(y, x + 1)[0];
      G[4] = img.at<cv::Vec3b>(y, x + 1)[1];
      R[4] = img.at<cv::Vec3b>(y, x + 1)[2];

      B[5] = B[1] + B[2] + B[3] + B[4] - 4 * B[0];
      G[5] = G[1] + G[2] + G[3] + G[4] - 4 * G[0];
      R[5] = R[1] + R[2] + R[3] + R[4] - 4 * R[0];

      B[5] = int(double(B[5]) * s);
      G[5] = int(double(G[5]) * s);
      R[5] = int(double(R[5]) * s);

      B[5] += 127; G[5] += 127; R[5] += 127;

      if (B[5] > 255) {
        B[5] = 255;
      }
      if (G[5] > 255) {
        G[5] = 255;
      }
      if (R[5] > 255) {
        R[5] = 255;
      }
      if (B[5] < 0) {
        B[5] = 0;
      }
      if (G[5] < 0) {
        G[5] = 0;
      }
      if (R[5] < 0) {
        R[5] = 0;
      }

      img1.at<cv::Vec3b>(y, x)[0] = B[5];
      img1.at<cv::Vec3b>(y, x)[1] = G[5];
      img1.at<cv::Vec3b>(y, x)[2] = R[5];
    }
  }
}

//中央値フィルタ
void MF(cv::Mat img, cv::Mat img1){
  int x, y;//画素値のx座標　画素値のy座標
  int i, j, m;//ウィンドウ内の座標, 配列番号
  int B[10], G[10], R[10];
  int sw, tB, tG, tR, n;
  /*
  ウィンドウ内の定義
    0 1 2
    3 4 5
    6 7 8
  */
```

```
  for (y = 1; y < img.rows - 1; y++) {
    for (x = 1; x < img.cols - 1; x++) {
      m = 0;
      for (j = -1; j <= 1; j++) {
        for (i = -1; i <= 1; i++) {
          B[m] = img.at<cv::Vec3b>(y + j, x + i)[0];
          G[m] = img.at<cv::Vec3b>(y + j, x + i)[1];
          R[m] = img.at<cv::Vec3b>(y + j, x + i)[2];
          m++;
        }
      }
      sw = 1;
      while (sw > 0){
        sw = 0;
        for (n = 0; n < 9 - 1; n++){
          if (B[n] > B[n + 1]) {
            tB = B[n + 1];
            B[n + 1] = B[n];
            B[n] = tB;
            sw++;
          }
          if (G[n] > G[n + 1]) {
            tG = G[n + 1];
            G[n + 1] = G[n];
            G[n] = tG;
            sw++;
          }
          if (R[n] > R[n + 1]) {
            tR = R[n + 1];
            R[n + 1] = R[n];
            R[n] = tR;
            sw++;
          }
        }
      }
      B[9] = B[4]; G[9] = G[4]; R[9] = R[4];
      img1.at<cv::Vec3b>(y, x)[0] = B[9];
      img1.at<cv::Vec3b>(y, x)[1] = G[9];
      img1.at<cv::Vec3b>(y, x)[2] = R[9];
    }
  }
}
```

第3部　応用事例

第1章 第1部の基本処理を組み合わせて「ひび割れ検出」

●個別処理の掛け算が大きな処理を成し遂げる

紹介するひび割れ検出システムは，これまでのような単独の画像処理ではなく，その組み合わせに重点を置いた内容です．これは単独の画像処理のように，試したら終わるのではなく，システムだからこそ処理の具体的な目的が存在し，そのためにチューニングすべきパラメータを持ち，そして定量的に評価できる性能を有しています．また，このシステムの改良過程はパズルのような歯応えと楽しみがあり，その過程で得られる知見や感じた困難さは生きた知識になります．

●身近な事象，ひび割れを例に

ひび割れはわれわれにとって身近な存在です．道路面，ビルや住宅の壁面，絵画やガラス窓，あるいは工場の加工品など，普段目にしないものまで含めると，バリエーションには限りがありません．そして，それらは多くの分野で検出対象として研究されています．特に建築物や配管などに生じたものは人命にもかかわるため，今も多くの専門家や技術者が高精度な検出技術の開発に励んでいます．中でも画像処理を使用した検出技術はその主流の1つであり，近年はAI技術の発展に伴って，ますます高精度になっています．

●AIに頼らない画像処理で解く

ひと口にひび割れと言ってもバリエーションは豊かです．太さ，長さ，暗さ，形状，もちろん何に生じたのかという背景も含めると膨大なパターンがあります．これらを効率的に画像処理で検出するなら，対象となるひび割れを学習したAIによる検出システムは，間違いなく最有力候補でしょう．

ですが，その検出システムがひび割れの，

- どんな特徴を学習しているのか
- どんな課題を克服/達成しているのか

について，ニューラル・ネットワークに頼るAIには説明が難しいとされます．画像処理であれば，上記を説明可能です．また，この情報はシステム導入を検討しているユーザにとっても貴重な判断材料になります．

プログラムの入手先は
https://interface.cqpub.co.jp/opencv-1/

ステップ1…画像の特徴を把握する

最初にすべきことは，システムの対象が何であるかを把握することです．具体的には，検出対象となるひび割れ画像が，どんな特徴を備えているかを分析します．これによって，ひび割れ検出システムにおいて，

- どんな画像特徴が使用できるか
- どんな課題を克服すべきか

を把握しつつ，システムの設計思想を固めるわけです．図1の元画像を見てください．画像全体にひび割れが見られます．これが今回の検出対象です．

●特徴C…ひび割れは背景よりおおむね暗い

ひび割れの形状は複雑で，太さもばらばらです．ただし，明るさは背景（抽出対象外のこと）よりもおおむね暗いことが分かります．これらを整理して特徴Cとします（図2）．特徴Cのうち，背景よりおおむね暗いことは，ひび割れ全体に共通している画像特徴であるため，システムの重要な要素となりそうです．反対に，太さや形状はばらばらなので，有用な特徴というより課題寄りの画像特徴と考えられます．

●特徴A…全体的に緩やかな濃淡変動がある

背景に着目します．ざっと見ると全体的に薄いグレー色ですが，シミや材質の変化が作る模様が，波のように緩やかな濃淡変動として現れています．特に材質の変化が生じている画像左下の方は非常に暗くなっています．こうした画像特徴を特徴Aとします．特徴Cの「背景よりもおおむね暗い」にとって，この背景の濃淡変動はやっかいです．これは間違いなく克服すべき課題の1つになります．

●特徴B…コンクリート表面の凹凸が作る突発的な濃淡変動がある

細部に着目します．すると，緩やかな濃淡変動だけではなく，コンクリート表面の凹凸が作る突発的な濃淡変動も見られます．これを特徴Bとします．該当する領域は比較的小さいので，特徴Aほどではないにせよ，これも克服すべき課題と考えられます．

図1
コンクリート上にできたひび割れ
（今回の検出対象）

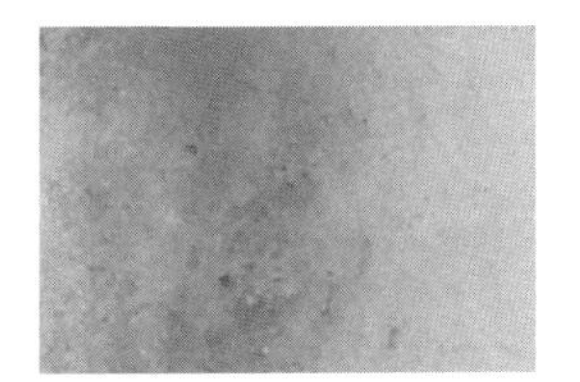
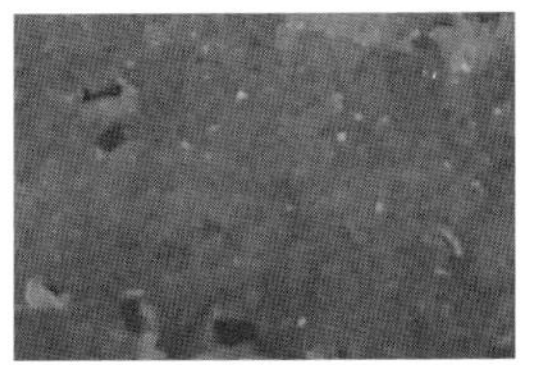

(a) 特徴A：緩やかな濃淡変動

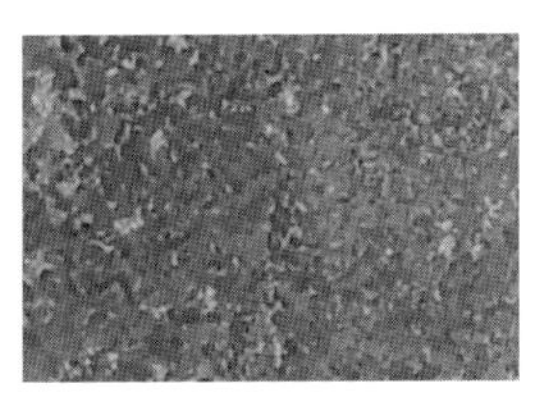

(b) 特徴B：突発的な濃淡変動

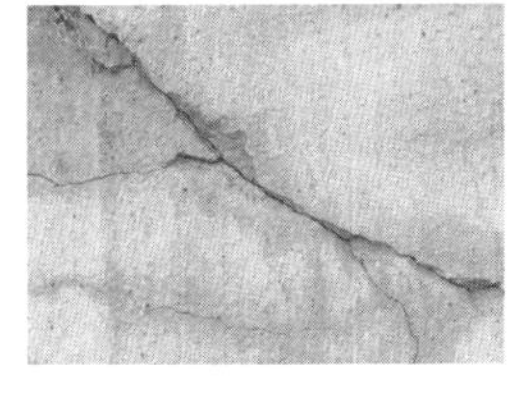

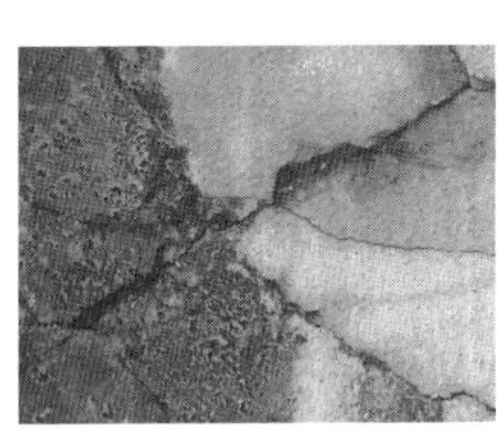

(c) 特徴C：背景よりおおむね暗く太さの異なるひび割れ

図2　図1のひび割れ画像の特徴を分析した結果

こうして，まずはひび割れ画像の特徴を3つ(A，B，C)捉えることができました．

ステップ2…検出を阻む課題を顕在化

ひび割れには特徴C「背景よりおおむね暗い」がありました．まずはこの特徴を素直に使って，画像処理によってひび割れ検出を試してみます．

●しきい値処理での課題

画素値の明るさを基準として，画像を2領域に分割する方法と言えばしきい値処理です．任意に指定した値をしきい値とし，しきい値以上の画素値を持つ画素は白色(画素値 = 255)にし，しきい値より小さい画素値を持つ画素は黒色(画素値 = 0)にする，という基礎的な画像処理です．

ひび割れがおおむね暗い領域であるなら，しきい値を背景の画素値と，ひび割れの画素値の間に設定することで，ひび割れは黒，背景は白として検出できます．とはいえ，具体的にどんなしきい値が良いかはまだ分からないので，しきい値を適当に変えながら2値化して検出結果の様子を見てみます．

●しきい値を変えながら2値化した結果

▶特徴Aによって過剰抽出が生じる

どんな風にしきい値を設定しても，2値化結果には特徴A(緩やかな背景の濃淡変動)が影響し，良好な検出結果を得られないことが分かりました．**図3**(**a**)は，できるだけひび割れの検出率を上げようとしきい値を高くした例なのですが，**図1**左下にある暗い背景も合わせて検出してしまっています．このように，本来は検出・抽出すべきでない領域をも誤って検出してしまうことを過剰抽出と呼びます．これは，**図1**左下の暗い背景が，ひび割れと同等の暗い画素値を持っていることが原因です．

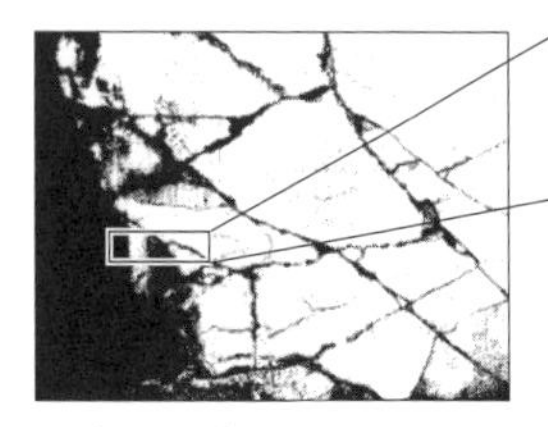
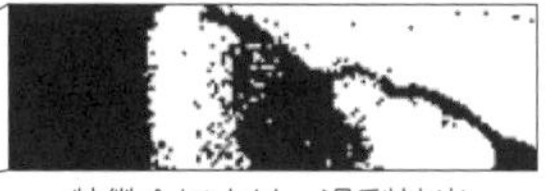

（a）ひび割れの再現性を重視した2値化例（しきい値150）

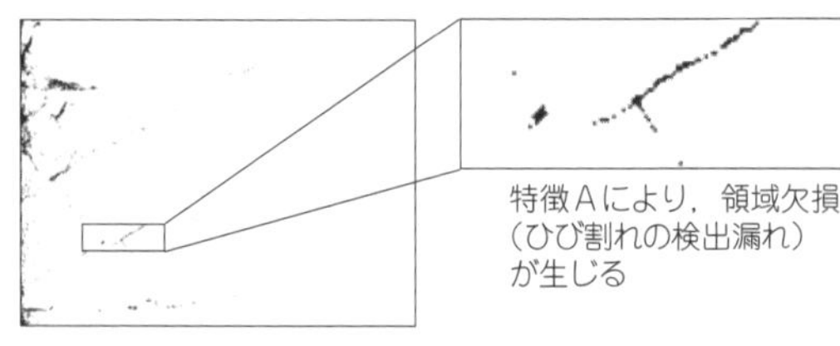

（b）低ノイズを重視した2値化例（しきい値120）

図3　ひび割れ検出に「しきい値処理」を用いたときの課題と特徴分析
特徴Aが主要因の画像に対して特徴Cをベースに検出すると，このような2つの課題「過剰抽出，領域欠損」が生じる

▶特徴Aによって領域欠損が生じる

反対に，過剰抽出を改善しようとしきい値を低く設定していくと，**図3(a)** に生じていた過剰抽出は改善されますが，**図3(b)** ではせっかく検出していたひび割れがどんどん消えていってしまいます．

このように，本来は検出・抽出すべき領域が消えてしまうことを領域欠損と呼びます．**図3(a)** 左下の暗い背景の検出を抑制しようとすると，同等の画素値を持つひび割れも抑制されてしまうことで生じます．

過剰抽出と領域欠損はトレードオフの関係にあり，こうした検出アルゴリズムで必ず生じる問題です．そして今回の問題は特徴A（緩やかな背景の濃淡変動）が原因で起きていること，そして，それは画像処理「しきい値処理」単体では解決できないことが明らかになりました．

ステップ3…洗い出した課題から画像モデルを作る

●画像モデルを作る理由

画像特徴と課題の洗い出しができたら，システム設計にかかります．ですが，いきなり実際のひび割れ画像を対象としながらシステムを設計するよりも，可能ならば分析した画像特徴を反映した画像モデルを作成して，それに対してシステムを設計することをお勧めします．

理由は2つあります．

1，設計が特定の画像に特化する危険がない
2，評価・検証が容易になる

1について，システム設計でありがちなことですが，1つの画像に固執してシステムの改良を続けていくと，その画像に特化し過ぎて汎用性を損ない，平均的なシステムの性能を悪くしてしまうことがあります．これを回避するためです．

2について，画像モデルを作成する際に，その正解画像や特徴値を把握しておくと，画像モデルに対するシステムの検出結果を正確に評価できるようになります．具体的には，

- 太さ5画素までのひび割れが検出できる
- 画素の暗さ値50以下のひび割れは精度が50%

といったことです．しかし，これをモデル画像ではなく実際のひび割れ画像で実施する場合，同じように対象画像の正解画像を作成しなくてはいけません．一見，モデル画像と同じ労力のように思えますが，実

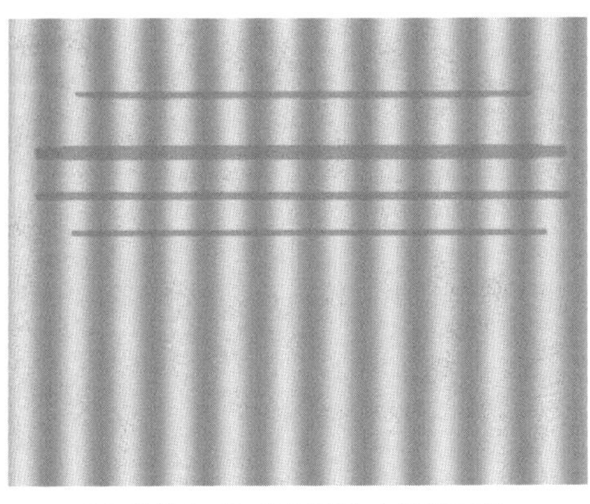

（a）特徴A，B，Cを想定した画像モデル

（b）特徴A：緩やかな濃淡変動

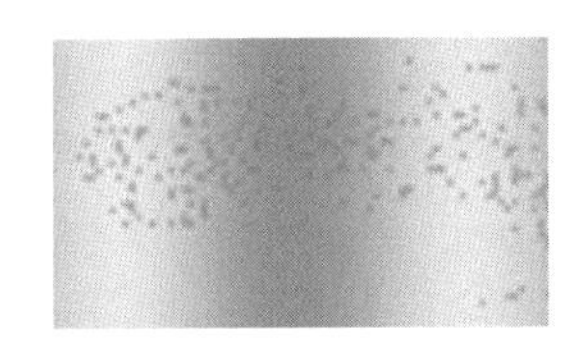

（c）特徴B：突発的な濃淡変動

（d）特徴C：背景よりおおむね暗く太さの異なるひび割れ

図4　ひび割れ検出のための画像モデル作成とその画像特徴

際のひび割れは形状が複雑で太さもばらばらです．中には目視でも判定の難しいものがあり，正解画像の作成はモデル画像と比べてはるかに困難です．そして何より，実際のひび割れ画像にはまだ設計者が分析・把握していない画像特徴が含まれているため，その状況下ではシステムの正確な評価・分析ができません．

●画像モデル作成で気をつけた点

ここまでの説明を踏まえて，**図4**のような画像モデルを作成しました．この画像は，これまで分析してきた特徴A，B，Cを，濃淡揺らぎ処理，ノイズ付加，太さの異なる暗い線状領域を加えることにより再現しています．

特徴A：背景となる道路やコンクリート面には緩やかな濃淡変動がある→濃淡揺らぎ処理追加
特徴B：ノイズや小石などの影響で突発的なコントラスト変動がある→ノイズを付加
特徴C：ひび割れの特徴は背景よりおおむね暗く太さはさまざま→暗い線状領域の印加

今回は定性的な評価をしやすくするため，濃淡の揺らぎは1方向とし，ひび割れを模した暗い線状領域も1方向かつ濃淡揺らぎに直交するようにしました．つまり，本書で紹介するひび割れ検出システムは，これを対象に設計･チューニングしていくことになります．もし，もっと高度なシステムを目指す場合は，より困難な画像モデルを用意することになります．例えば，濃淡揺らぎの周期を変化させる，線状領域の種類を増やすなどです．ただし，これらはまず，簡単なモデルに対して満足な結果を得てから挑戦していくようにしましょう．

ステップ4…画像モデルの適性を確認する

作成した画像モデルがシステム設計に対して適切かどうかを確認します．ポイントはしきい値処理によるひび割れ検出を試みた場合，実際のひび割れ画像で生じた課題が見られるかどうかです．しきい値を変えて2値化してみた結果は**図5**の通りです．この画像モデルでも，過剰抽出や領域欠損が見られました．実際のひび割れ画像を分析して得た画像特徴・課題を継承していることが分かります．

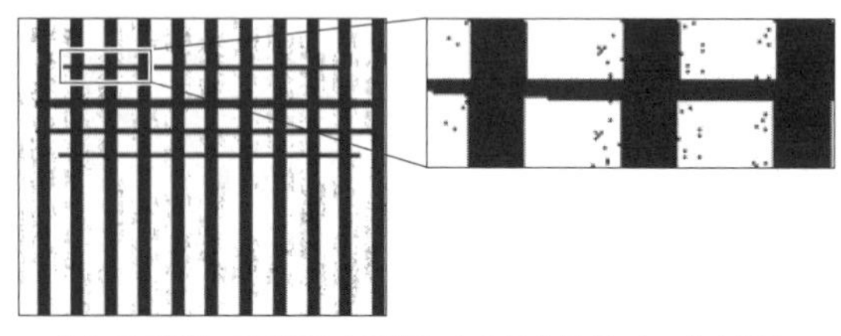

(a) ひび割れの再現性を重視した2値化例（しきい値150）
→特徴Aによって過剰抽出が生じる

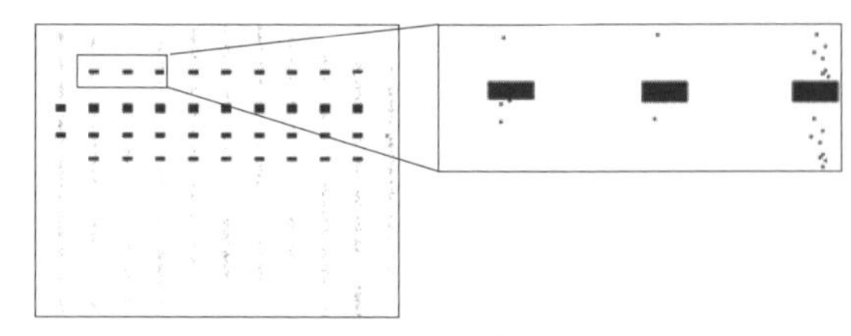

(b) 低ノイズを重視した2値化例（しきい値120）
→特徴Aによって領域欠損が生じる

図5　画像モデルとしての適性を確認した結果…対象画像の課題を継承している

この画像モデルを使用することのメリットをここでも確認します．**図5**(a)の過剰抽出について，まず定性的に，濃淡変動の過剰抽出の有無は「縦の線分があるか否か」ですぐに判断できます．同じように，**図5**(b)の領域欠損においても，ひび割れの領域欠損は「横の線分があるか否か」ですぐに判断できます．また，いずれにおいても正解画像の作成は容易であるため，定量的な評価も正確に行うことができます．

ステップ5…「ひび割れ検出システム」を設計する

●特徴Aの克服：ブラック・トップハット処理

特徴A（緩やかな濃淡変動を持つ背景）から特徴C（背景よりおおむね暗い領域）を検出する場合，ブラック・トップハット処理が効果的です．詳細は割愛しますが，ブラック・トップハット処理はモルフォロジー演算の一種であり，最大値フィルタと最小値フィルタ，および画像差分を用いることで，濃淡変動のある背景から暗い領域を検出することができる処理です(1)．

簡単な流れは**図6**(b)に示した通りであり，モデル画像への適用結果は**図6**(a)の通りです．画像モデルへの適用結果を見ると，ひび割れに相当する領域が明るく強調され，反対に背景は暗くなっていることが分かります．前よりもひび割れ領域が検出しやすそうですが，明るさ関係が背景と逆転しているため，後処理が必要です．

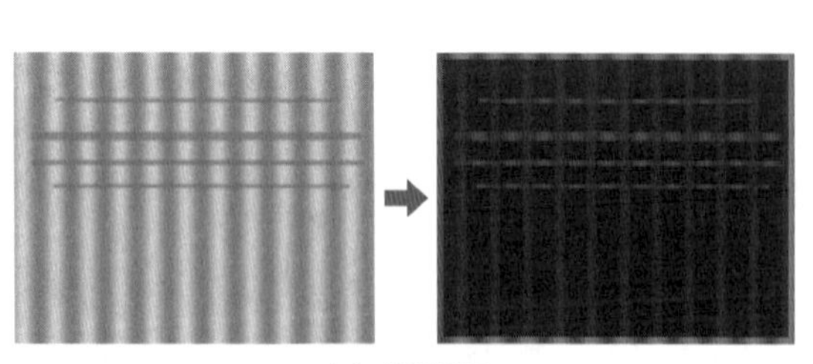

(a) 処理概要

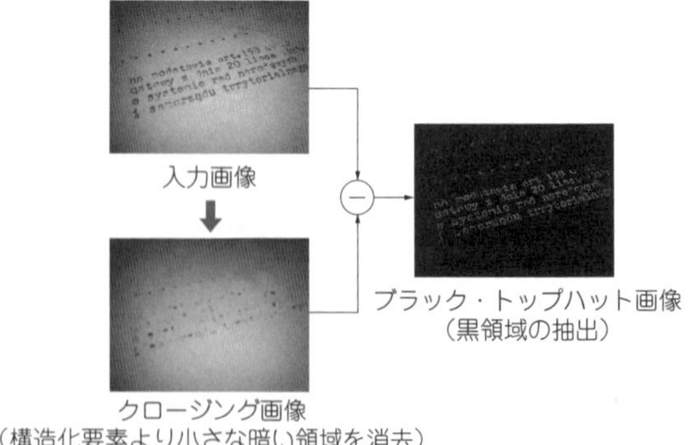

(b) 仕組み

図6　ブラック・トップハット処理
緩やかな濃淡変動を持つ背景から，より暗い領域を検出する手法．特徴Aを克服するために用いる

ステップ6…輝度反転処理としきい値処理

●明るさを元に戻してから2値化

反転した明るさ関係を元に戻すため，輝度反転を適用します．図7(a)の左と中央の画像を見ると，輝度反転によって明るさ関係が戻っています．この画像をしきい値処理（しきい値は試しに230）した結果が図7(a)右です．ここで特徴B（突発的な濃淡変動）の影響が点々とノイズとして確認できるものの，図5に見られた結果に比べると，検出結果は劇的に改善しています．

●メディアン・フィルタで突発ノイズを除去

ここで特徴Bの影響であるノイズの対処をしていきます．こうした突発的な濃淡変動は，飛び値の除去に効果があるメディアン・フィルタによって改善が期待できます．図7(b)右が適用結果です．結果は，特徴Bの影響を大きく軽減でき，良好なひび割れ検出を達成していることが分かります．現時点で，モルフォロジー演算のパラメータやしきい値処理のしきい値は経験的に決定していますが，まずシステムの基本設計はこれで良さそうです．パラメータのチューニングと考察は後ほど行っていきます．

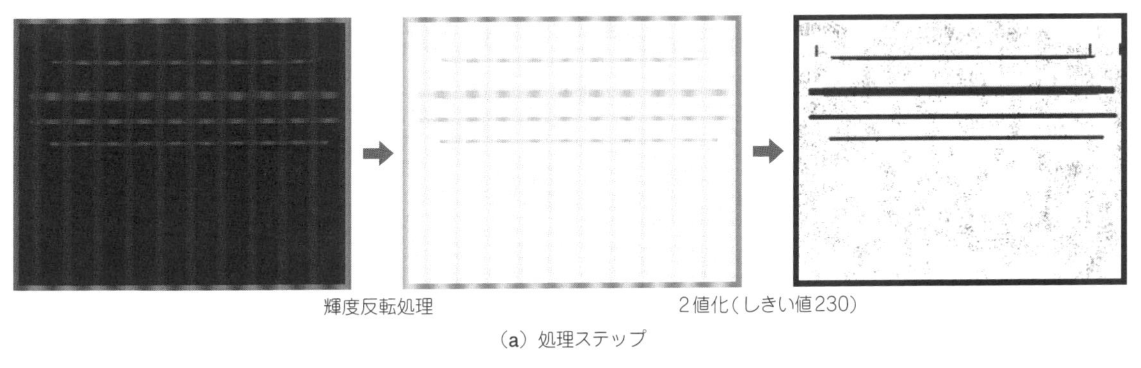

(a) 処理ステップ

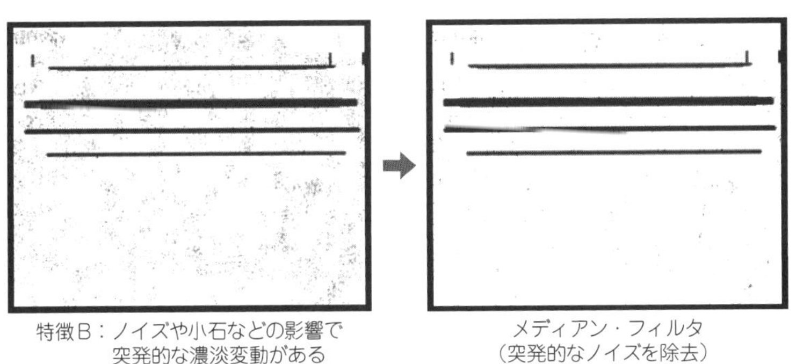

(b) (a)の処理後の画像にメディアン・フィルタを施し突発的なノイズを除去

図7 画像モデルに一連のフィルタ処理を施す…ひび割れは良好に検出されているが，特徴Bの影響が残存している

ステップ7…ひび割れ検出の全体像を確認

ひび割れ検出システムの全体像を**図8**のフローチャートとともに振り返ります．**図8**右側では，各処理が画像にどんな効果をもたらしたかを，処理結果の画像および分析した特徴に対するコメントで示しています．こうした図も作成しておくと，画像モデルや実際のひび割れ画像にとって，

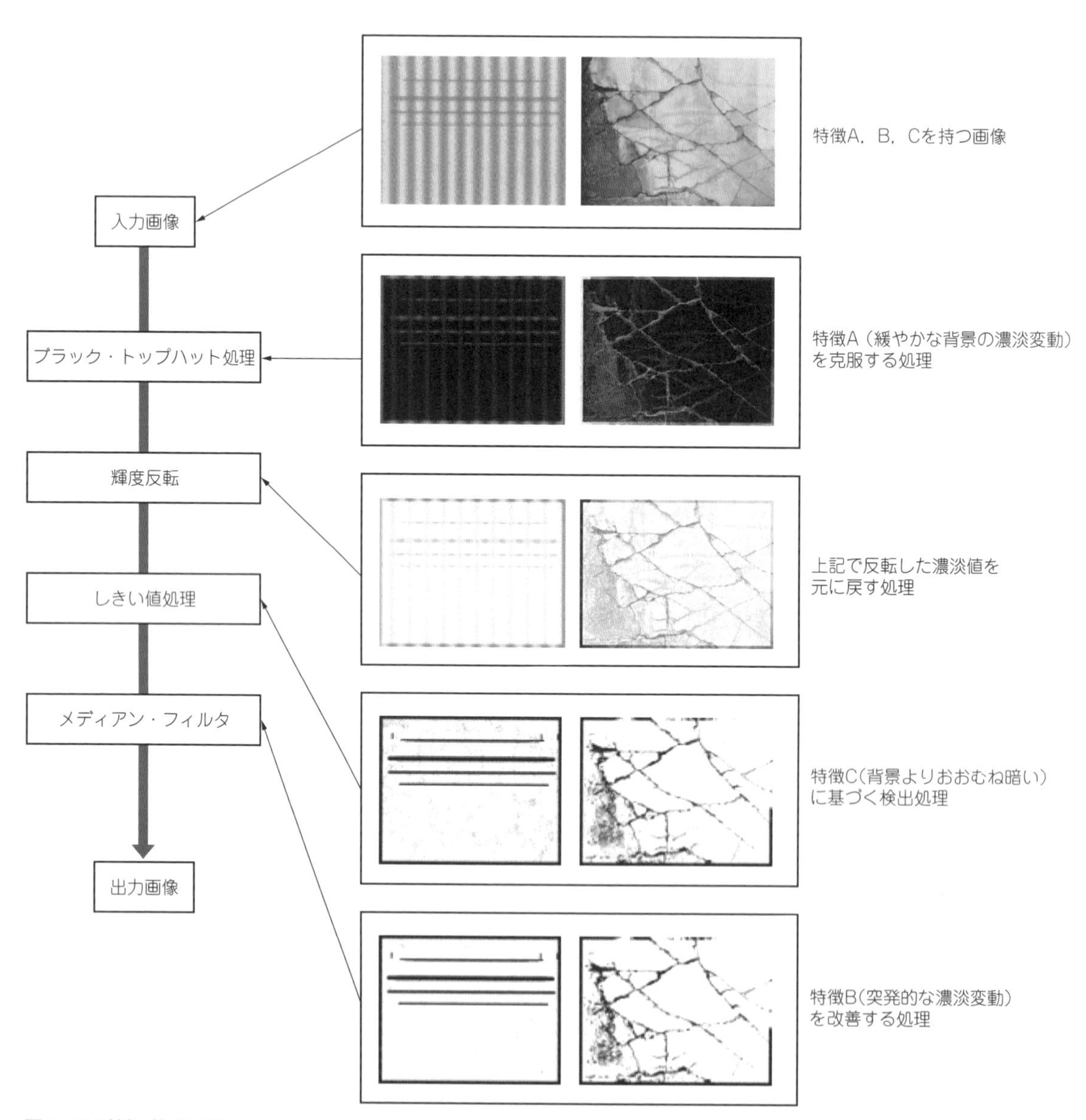

図8　ひび割れ検出の流れ
対象画像の特徴をモデル化し，モデルに沿った処理をパズルのように組み合わせる

リスト1　ひび割れ検出のプログラム（抜粋）
基本の画像処理の組み合わせ

```
void CH(cv::Mat img);//****< MATグレー化処理 >****

void MD(cv::Mat img, cv::Mat imgs);//****<ダイレーション処理>****
void ME(cv::Mat img, cv::Mat imgs);//****<エロージョン処理>****

void MC(cv::Mat img, cv::Mat imgs, int t);//****<クロージング処理>****

void BT(cv::Mat img, cv::Mat imgs, int t);//***< ブラックトップハット >***

void NP(cv::Mat img);//****< 輝度反転処理 >****
void OT(cv::Mat img);//***< 判別分析法 >***//
void TH(cv::Mat img, int t);//****< 任意閾値での2値化 >****

void MF(cv::Mat img, int w);//****< 中央値フィルタ>****
```

- 要となる処理
- 改善すべき処理
- システムの課題

などを発見，整理しやすくなります．

ひび割れ検出のプログラムは，基本的な画像処理の組み合わせです（**リスト1**）．

ステップ8…評価と考察

●パラメータの整理

画像モデルに対して設計したひび割れ検出システムを，実際のひび割れ画像に適用した結果を**図9**に示します．画像モデルで得られた有効性が実際の画像でも確認できました．しかし，課題についても同じように確認できます．もちろんこの結果は，システムを構成する各画像処理のパラメータを調整することで変化します．主だったものを整理していくと，

- モルフォロジー演算のパラメータ
- しきい値処理のしきい値
- メディアン・フィルタのサイズ

などです．最初に対象画像の画像特徴を分析し，画像モデルの設計も行ったことで，どの処理のパラメータが，結果にどのように影響するかが把握しやすくなっています．

●システムの定量的な評価

パラメータのチューニングを行うには，結果の定量的な評価が欠かせません．**図10**に，領域検出分野ではメジャーな評価指標を紹介します．

- 適合率…システムが過剰抽出となったときにペナルティを与える
- 再現率…システムが領域欠損となったときにペナルティを与える

この2つはトレードオフの関係にあるため，総合評価値には2つの調和平均がしばしば利用されます．

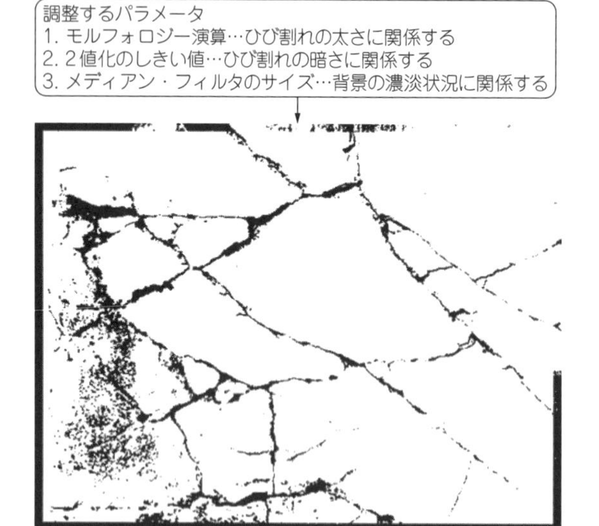

図9　設計したひび割れ検出システムで図1のひび割れを検出した結果
評価結果と，調整した画像処理のパラメータ

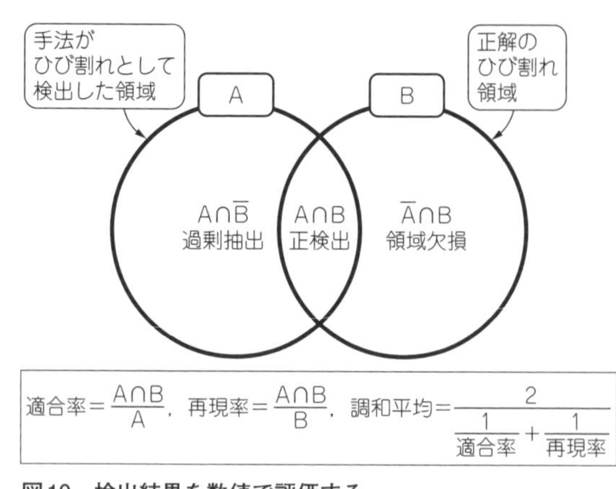

$$適合率=\frac{A\cap B}{A},\quad 再現率=\frac{A\cap B}{B},\quad 調和平均=\frac{2}{\frac{1}{適合率}+\frac{1}{再現率}}$$

図10　検出結果を数値で評価する

具体的な概念と計算方法を確認します．システムが検出できた領域をA，正解として検出すべき領域をBとしたとき，適合率と再現率は**図10**に示す計算式で求めることができます．どちらも分子は同じ「正検出」ですが，分母が異なることに気をつけてください．また，この評価法における最高の評価値はA＝Bのときに達成され，つまり，

適合率＝再現率＝調和平均＝1.0

となります．つまり，パラメータのチューニングは，調和平均が1.0に近づくようしていけばよいわけです．

●パラメータ：しきい値処理の考察

ここでは，システムのパラメータの1つであるしきい値処理の「しきい値」について考察してみます．ひび割れ画像が持つ課題の克服にはブラック・トップハット処理が大きく貢献していますが，最終的な精度を左右するのは，ひび割れか背景かを決めるしきい値処理です．**図11(a)(b)**は，いずれも比較的良好な結果ですが，しきい値は画像に合わせて手動で決定しています．もし，対象とするひび割れの暗さがある程度定まっているなら，しきい値をそれに合わせて固定してしまってもよいかもしれません．しかし，より広範囲のひび割れを対象とした汎用性の高いシステムを設計するなら，画像ごとにしきい値を自動決定する機能は不可欠です．

濃淡値を手掛かりとする場合は，判別分析法は最も検討価値の高い処理の1つです．適用結果は**図11(c)(d)**の通りです．画像モデルに対しては領域欠損が大きく生じていますが，実際のひび割れ画像には有効に働いています．さらに高度な処理を試みるなら，特徴Aを再度吟味し，領域ごとにしきい値を変える局

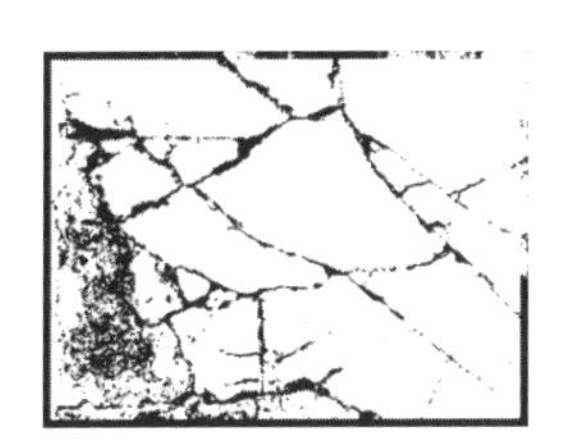

(a) ひび割れ画像に対して しきい値200＋ メディアン・フィルタ

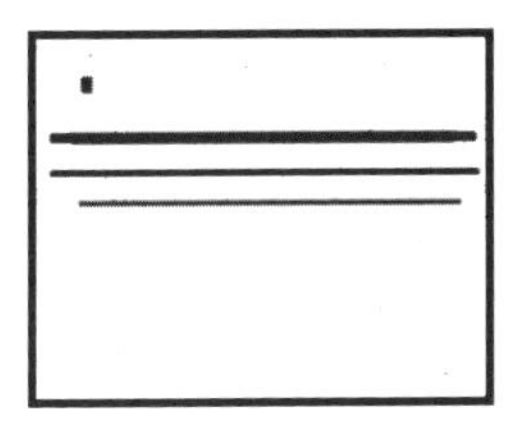

(b) 画像モデルに対して しきい値228＋ メディアン・フィルタ

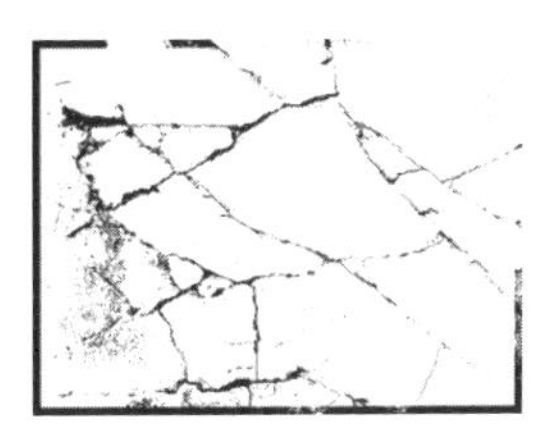

(c) ひび割れ画像に対して 判別分析法

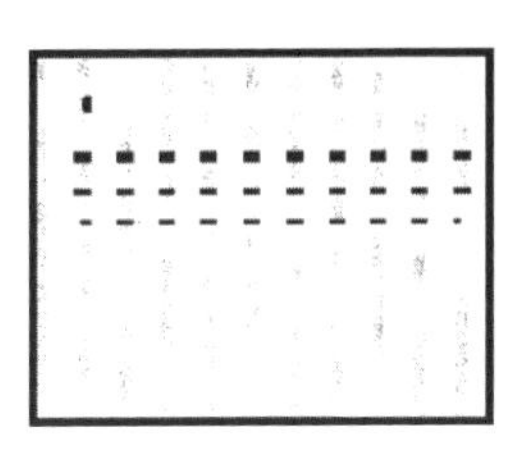

(d) 画像モデルに対して 判別分析法

図11　2値化の際のしきい値のチューニング

特徴Cに基づく2値化ではしきい値選択が重要．対象とするひび割れの暗さや背景の濃淡値が手掛かりとなるが，何も手掛かりがない場合はまず判別分析法がお勧め．より高度な手法を試みるなら局所的な2値化や2値化結果の形状を評価しつつしきい値を決める手法を検討する

所的2値化法も検討候補です．あるいは，今回は特徴として取り上げなかった「ひび割れの形状はさまざま・複雑」といった形状特徴を生かして，しきい値処理結果の形状特徴を評価してしきい値決定を行う手法も検討候補になります．

第3部　応用事例

第2章 HSV表色系を使用した領域抽出

色情報は画像処理全般において最も重要な指針のひとつです．例えば「新鮮な小松菜は鮮やかで明るい緑色している」「錆(さび)は暗いくすんだ赤色をしている」など，人も色情報からモノの状態をしばしば判別しています．この判断をディジタル画像処理で自動化するにはどうすればよいでしょうか．ディジタル画像の色は，**図1**のようにR（赤色），G（緑色），B（青色）の光が，強度を変えながら発光することで実現しています．このような表色系をRGB表色系と呼びます．しかし，この方法は感覚的な色指定には不向きです．なぜなら，どのようにRGBの値を指定すれば，くすんだ暗い緑色になるか，簡単には分からないからです．そのような場合はHSV表色系が便利です．人の感覚に近い基準で色情報を指定できます．ここではHSV表色系を使用した領域抽出を紹介します．

カラー画像は，
https://interface.cqpub.co.jp/opencv-32/
で確認できます

図1　RGB888であればR：0～255，G：0～255，B：0～255の範囲で色を表現するものの，「くすんだ暗い緑色」などといった感覚的な指定は難しい

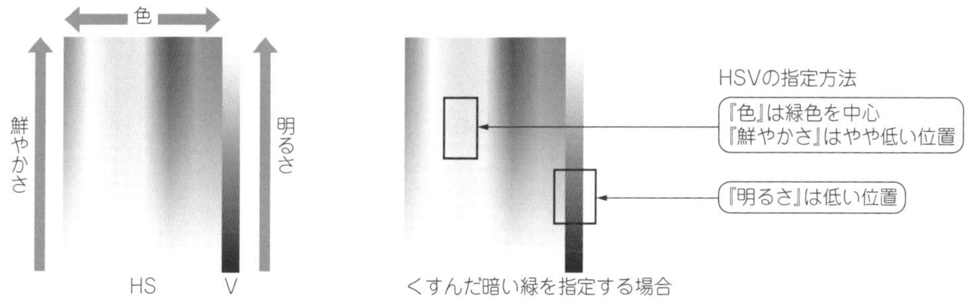

図2　HSV表色系は「明るさ/鮮やかさ/色」で指定できるため，くすんだ暗い緑色などを感覚で指定できる

図3
廃虚内で発生しているこけ．今回はその領域を抽出し，その割合を算出する

●仕組み：HSV表色系

HSV表色系は，**図2**のようにH：色，S：鮮やかさ，V：明るさという，人の感覚に近い指標で色を指定します．正確には，Hは色相，Sは彩度，Vは輝度と呼びます．例に挙げた「くすんだ暗い緑色」も容易に指定できます．今回の例では，**図3**に示すような「廃虚に発生したこけ」をターゲットとして検出を試みました．

ここで，抽出領域となるHSVの値の範囲は，OpenCVの機能であるトラックバーを使って直観的に指定できるようにします．つまり，トラックバーは各HSVにおいて検出する最大値と最小値を指定することになります．つまり，合計で6つの値です．こうして指定されたHSVの値域を全て満たす領域が目的の領域となります．

リスト1では，検出した領域の簡単な分析として，検出した領域が画像内に占める割合を出力するようにしています．

リスト1　HSV表色系を利用した領域抽出

```
//抽出のループ抜粋
  while (1) {

    Image2 = Image.clone();//入力画像から複製された対象領域抽出用の画像

    target=
      HSVE(Image, Image2, Hmin, Hmax, Smin, Smax, Vmin, Vmax,1);//領域抽出

    cv::imshow("検出結果確認", Image2); //画像の表示

    printf("対象領域の割合は%f% \n", 100*target / (Image.cols*Image.rows));//割合計算

    int key = cv::waitKey(1); //キー入力
    if (key == 'q') {//qキーで終了

      cv::destroyWindow("検出結果確認"); //ウィンドウを閉じる

      break; //whileループから抜ける
    }

  }
//抽出のループ抜粋


//****< HSV表色系を使用した領域抽出の抜粋 >****

double HSVE(cv::Mat img, cv::Mat img2, int h1, int h2, int s1, int s2, int v1, int v2, uchar mode)
                                                                    //****< HSVに基づく領域抽出操作 >****
{

  cv::Mat img0 = img.clone();//入力画像の複製

  cvtColor(img0, img0, cv::COLOR_BGR2HSV);//画像のHSV化

  double region=0;//対象領域の画素数格納用

  for (y = 0; y < img.rows; y++) {
    for (x = 0; x < img.cols; x++) {

      //(1/)----< 入力画像から画素値を読み込む >----

      H = img0.at<cv::Vec3b>(y, x)[0];//色相
      S = img0.at<cv::Vec3b>(y, x)[1];//彩度
      V = img0.at<cv::Vec3b>(y, x)[2];//輝度

      //(/1)----------------------

      //トラックバーで指定した値域の範囲かどうか
      if (H >= h1 && H <= h2 && S >= s1 && S <= s2 && V >= v1 && V <= v2)
      {
        region++;//対象領域なら加算

        if (mode == 1) {//赤で表示したい//明確に対象など

          img2.at<cv::Vec3b>(y, x)[0] = 0;
          img2.at<cv::Vec3b>(y, x)[1] = cvRound(0.5*img2.at<cv::Vec3b>(y, x)[1]);
          img2.at<cv::Vec3b>(y, x)[2] = 255;

        }
        else {//青で表示したい//明確に背景など * mode で表示色を変えられる
          img2.at<cv::Vec3b>(y, x)[0] = 255;
          img2.at<cv::Vec3b>(y, x)[1] = cvRound(0.5 * img2.at<cv::Vec3b>(y, x)[1]);
          img2.at<cv::Vec3b>(y, x)[2] = 0;

        }
      }

    }
  }

    return region;//抽出画素数を表示

}
//****< HSV表色系を使用した領域抽出の抜粋 >****
```

（a）トラックバーを使用してHSVの検出域を調整する

（b）こけの領域を良好に検出できている

対象領域の割合は12.518776%
対象領域の割合は12.518776%

（c）その割合は廃虚内の約12.5%．割合の計算方法は「検出領域の画素数÷画像全体の画素数」

図4　HSV表色系を利用した画像処理の結果

●出力結果

図4に出力結果を示します．画像内からこけの領域が良好に検出されるとともに，画像全体におけるその割合も表示されていることが分かります．また，トラックバーで調整・指定するHSVの各値（最大値と最小値）の初期値は，筆者がこの画像を参照しながらチューニングしたものを使っています．また，本プログラムは「q」キーを押すことで終了します．

このように，RGB表色系では指定が難しい微妙な色変化を持つ領域も，HSV表色系なら直観的かつ高精度に検出できます．画像から抽出したいモノがあれば，本プログラムを使ってHSV情報を把握し，「USBカメラからのリアルタイム検出（桜の開花把握など）」や「検出割合に応じた警告発信（建築材の劣化など）」など実践的な画像処理につなげていきましょう．

第3部　応用事例

第3章 マーカにシールを利用したカメラ位置のずれ検知

「カメラ画像を使って物体位置を対象物に近付ける」と，文章だけ見ても大変困難な印象を受けます．しかし，もしも誘導に必要となる目印(マーカ)をシールに置き換えることができれば，驚くほど簡単かつ飛躍的に実現へ近づくことができます．ここではUSBカメラを物体の目とし，そしてシールを目印(マーカ)として対象物を認識しつつ，物体が対象物に対してどのようにずれているのかを表示できるシステム例を紹介します．

■仕組み

●1，シールの認識

目印となるシールはHSV表色系を使って検出を試みるため，シンプルで発色の鮮やかなものが良いです．今回は**図1**に示すような赤色/緑色/橙色の丸いシールを使用します．このとき，もしも暗い場所での誘導が目的であれば，シールではなくLEDランプなどを使用するのが良いかもしれません．そしてシールの認識に使用したHSVのパラメータは**表1**の通りですが，この数値は参考程度としてください．より良い精度目指すために，ぜひここは実環境でシール認識のみの予備実験を行い，検出精度の高いパラメータを使用するようにしましょう．

検出パラメータが決まったら，その検出結果の座標の平均値を検出位置とします．これで目印となるシールの中心位置になればパラメータ調整は完了です．のちのずれの計算精度を大きく左右するため，入念に調整しましょう．

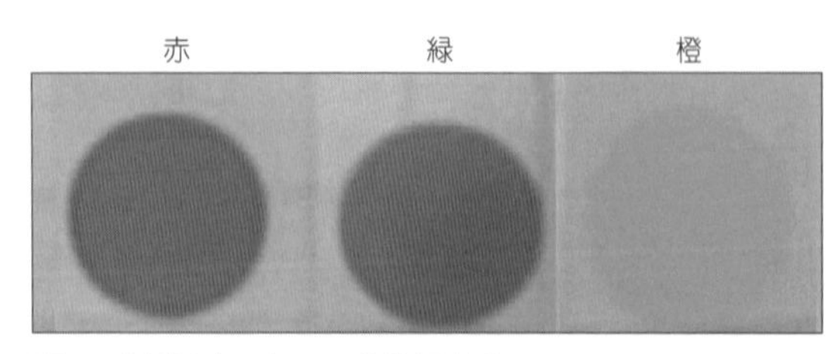

図1　今回は丸いシールを使用する
左から赤，緑，橙

表1　シールの認識に使用したHSVのパラメータ

色	HSV	最大	最小
赤	H(色相)	75	45
	S(彩度)	255	200
	V(輝度)	255	100
緑	H(色相)	75	45
	S(彩度)	255	120
	V(輝度)	200	50
橙	H(色相)	30	15
	S(彩度)	255	200
	V(輝度)	255	100

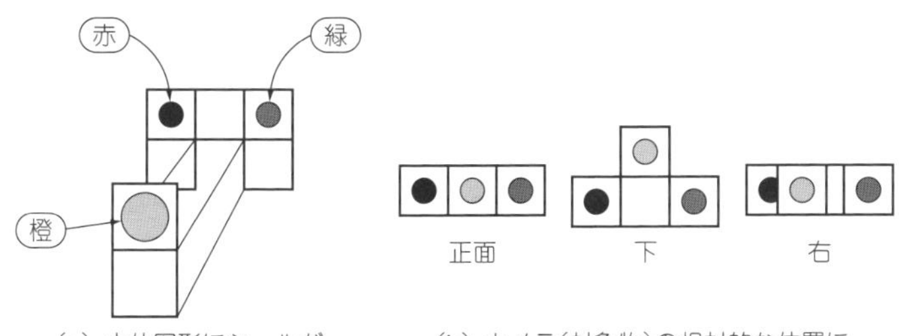

(a) 立体図形にシールが貼られているとする

(b) カメラ(対象物)の相対的な位置によってシールの見え方が変わる

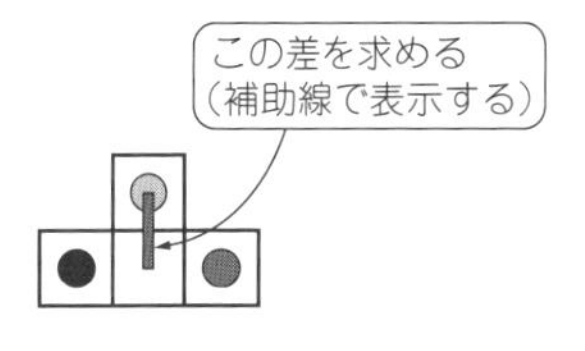

(c) 赤と緑の中点と橙の差を求めることでカメラの相対的な位置が分かる．必要に応じて補助線を表示すると直感的で分かりやすくなる

図2 シールからずれの量を求める

●2，シールの認識結果からずれの量を計算

まずは図2に示した立体図形について説明します．この図形が物体の誘導先を想定したものであり，目印となるシールが貼られています．そしてカメラ(誘導対象の物体の目)が真正面から見ると信号機のように赤/橙/緑と並んで見えます．しかし，下側にカメラがずれると橙色の目印は上にずれ，左側にずれると右にずれます．何に対してずれているのかを厳密に言うと，それは赤色の目印と緑色の目印の中点からだと分かります．つまり，この中点からのずれた方向とその量から，対象物が誘導先に対して左右上下でどのぐらいずれているかを判断できます．

●3，ずれの量から移動方向の指示

目視する人がずれを把握しやすくするためには，図2(c)のような補助線を入れると良いでしょう．例えば，赤色と緑色の目印が作る中点と橙色の目印を結ぶ補助線は，ずれの量と方向を示すことになるため，検証段階では必須と言えるかもしれません．

ではこの中点位置を求めて，実際にずれの量を計算してみましょう．プログラムをリスト1に示します．

まず，座標を次のように定義します．

- 赤色の目印の座標(rx，ry)
- 緑色の目印の座標(gx，xy)
- 橙色の目印の座標(ox，oy)

すると，赤色と緑色の中点の座標は

$$\left(\frac{rx+gx}{2},\ \frac{ry+gy}{2}\right)$$

になります．すると，この中点と橙色の目印とのずれは

$$\left(\frac{rx+gx}{2}-ox,\ \frac{ry+gy}{2}-oy\right)$$

で計算できます．これらを誘導(navigate)するための座標として，(nvx，nvy)とします．すると，nvxが正の値のときはカメラは右へずれていることになります．従って，左に誘導するように指示すれば良いのです．反対に負の値のときは左へずれていることになるため右に誘導します．そしてnvyにつ

リスト1　カメラ位置のずれを検知するプログラム

```
#include <iostream>
#include "opencv2/opencv.hpp"

void HSVC(cv::Mat img, int h1, int h2, int s1, int s2, int v1, int v2, double* avex, double* avey);
                                                          //HSVからシール検出し，その重心座標をポインタで返す

int main()
{
    //シール検出用のパラメータ
    //緑色
    int gVmax = 200, gVmin = 50, gSmax = 255, gSmin = 120, gHmax = 75, gHmin = 45;

    //赤色
    int rVmax = 255, rVmin = 100, rSmax = 255, rSmin = 200, rHmax = 10, rHmin = 0;

    //橙色
    int oVmax = 255, oVmin = 100, oSmax = 255, oSmin = 200, oHmax = 30, oHmin = 15;
    //シール検出用のパラメータ

    //シール座標
    double gx, gy, rx, ry, ox, oy;


    //カメラによる検出と保存
    cv::VideoCapture camera(0); //カメラの起動

    if (!camera.isOpened()) { //エラー処理

        printf("camera.error\n");
        return -1;
    }

    cv::Mat frame, framed; //入力フレーム，検出フレーム
    int key;//キーの定義
    int no = 1;//保存ナンバー

    printf("USBカメラ起動中\n");

    while (camera.read(frame)) { //検出ループ

        key = cv::waitKey(1); //この入力を表示画像が受け付ける
        std::ostringstream oss; // 画像保存ナンバー
        oss << no;//ossにナンバーを代入

        cv::imshow("画像表示", frame); //画像の表示

        framed = frame.clone();

        HSVC(framed, gHmin, gHmax, gSmin, gSmax, gVmin, gVmax, &gx, &gy);//緑のシール検出
        HSVC(framed, rHmin, rHmax, rSmin, rSmax, rVmin, rVmax, &rx, &ry);//赤のシール検出
        HSVC(framed, oHmin, oHmax, oSmin, oSmax, oVmin, oVmax, &ox, &oy);//橙のシール検出

        //緑と橙を結ぶ黄線:
        cv::line(framed, cv::Point(gx, gy), cv::Point(ox, oy), cv::Scalar(0, 255, 255), 10);

        //赤と橙を結ぶ黄線:
        cv::line(framed, cv::Point(rx, ry), cv::Point(ox, oy), cv::Scalar(0, 255, 255), 10);

        //橙と(赤と緑の中点)を結ぶ青線
        cv::line(framed, cv::Point(ox, oy), cv::Point((rx+gx)/2, (ry+gy)/2), cv::Scalar(255, 0, 0), 10);

        //水平と垂直の判定//プラスだと上/左に誘導
        int nvy = (gy + ry) / 2 - oy, nvx = (rx + gx) / 2-ox;

        //許容誤差(画素)
        int aer = 10;

        if (nvx <= aer && nvx >= -aer && nvy <= aer && nvy >= -aer) {

            cv::putText(framed, "Correct", cv::Point(0,50), cv::FONT_HERSHEY_PLAIN, 4, (0, 255, 255), 2,
                                                                                        cv::LINE_AA);
```

```
        //      printf("適正位置です\n");
        }
        else{
            if (nvx > aer) { cv::putText(framed, "Left", cv::Point(0, 50), cv::FONT_HERSHEY_PLAIN, 2,
                                                    (0, 0, 0), 2, cv::LINE_AA);/*printf("左へ移動してください\n");*/ }
            if (nvx < -aer ) { cv::putText(framed, "Right", cv::Point(0, 50), cv::FONT_HERSHEY_PLAIN, 2,
                                                    (0, 0, 0), 2, cv::LINE_AA); /*printf("右へ移動してください\n");*/ }
            if (nvy > aer) { cv::putText(framed, "Up", cv::Point(0, 100), cv::FONT_HERSHEY_PLAIN, 2, (0, 0, 0),
                                                    2, cv::LINE_AA);/*printf("上へ移動してください\n");*/ }
            if (nvy < -aer) { cv::putText(framed, "Down", cv::Point(0, 100), cv::FONT_HERSHEY_PLAIN, 2,
                                                    (0, 0, 0), 2, cv::LINE_AA);/*printf("下へ移動してください\n");*/ }
        //      printf("水平ナビ%d 垂直ナビ%d\n", nvx, nvy);

        }

        cv::imshow("検出画像表示", framed); //画像の表示

        if (key == 's') {

            cv::imwrite("画像/入力画像No" + oss.str() + ".bmp",frame);
            cv::imwrite("画像/出力画像No" + oss.str() + ".bmp", framed);
            printf("%d枚目を保存しました\n", no);
            no++;
        }

            if (key == 'q') {

            cv::destroyWindow("画像表示"); //ウィンドウを閉じる
            cv::destroyWindow("検出画像表示"); //ウィンドウを閉じる
            camera.release();

            break; //whileループから抜ける
        }
    }
}

//HSVからシール検出し，その重心座標をポインタで返す
void HSVC(cv::Mat img, int h1, int h2, int s1, int s2, int v1, int v2, double* avex, double* avey)
{
    int x, y;
    //画素値のx座標，画素値のy座標

    int H, S, V, P, B, G, R;

    cv::Mat img0 = img.clone();//画像の複製

    //統計値
    double ax = 0, ay = 0, n = 0, totalx = 0, totaly = 0;

    cvtColor(img0, img0, cv::COLOR_BGR2HSV);
    //画像のHSV化

    for (y = 0; y < img.rows; y++) {
        for (x = 0; x < img.cols; x++) {

            //入力画像から画素値を読み込む
            H = img0.at<cv::Vec3b>(y, x)[0];
            S = img0.at<cv::Vec3b>(y, x)[1];
            V = img0.at<cv::Vec3b>(y, x)[2];
            if (H >= h1 && H <= h2 && S >= s1 && S <= s2 && V >= v1 && V <= v2)
            {
                n++;//座標の個数
                totalx = totalx + x; totaly = totaly + y;//座標の合計値
            }

        }
    }
    *avex = totalx / n; *avey = totaly / n;//x,yの平均≒重心

    //重心位置に円を描画．シールとは異なる色で描画すること．背景が複雑，多くの色のシールを使用する場合は描画しない方が良い
    cv::circle(img, cv::Point(*avex, *avey), 20, cv::Scalar(255, 0, 255), 10);

}
```

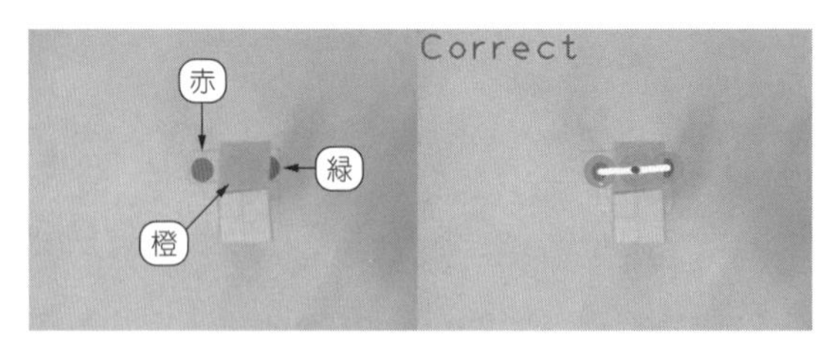

(a)「Correct」が表示されている場合はカメラ(対象物)の位置は真正面

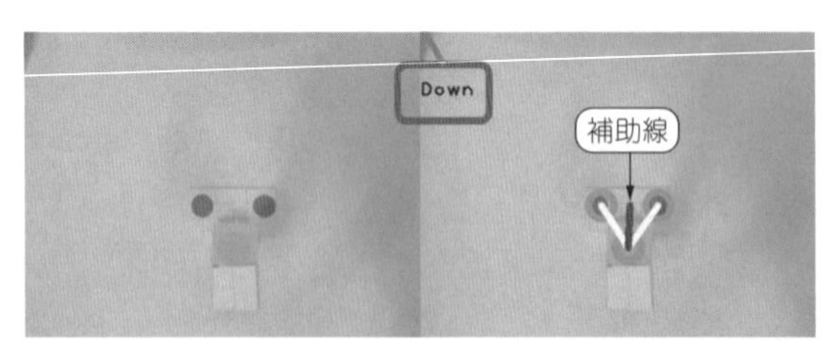

(b)「Down」が表示されたらカメラの位置を下に移動

(c)「Left Down」が表示されたらカメラの位置を左下に移動

図3　プログラムの実行結果例

いても同様で,正の値のときは上に誘導し,負の値のときは下に誘導するようにします.これらを画面に表示するにはライブラリ`cv::putText`を使用すると良いでしょう.

さてこのとき,「どの程度のずれを許すのか」は重要な問題です.許容量がないと誘導は全くスムーズにいかず,反対に許容量が大きいと誘導が意味をなさなくなります.今回はその許容量を`aer`と定義し,10画素としました.そして,左右上下でそれぞれ`aer`分だけ許容する場合,条件式は,

```
(nvx <= aer && nvx >= -aer && nvy <= aer && nvy >= -aer)
```

となります.この`aer`を調整すれば,ずれた量の許容度を調整できます.

■実行結果

実行結果を**図3**にそれぞれ示します.目印となるシールと補助線が正しく検出されつつ,真正面に位置しているときは「Correct」,下へ誘導するときは「Down」のように誘導を促されていることが分かります.

*　　　　　　*

このように,シールを使用することでカメラ誘導の基礎となるずれの検知と簡単な誘導を行うことができます.このほか,例えば

- 赤と緑のy座標のずれから傾きを検知する
- 赤と緑の線分の長さから距離を求める

など,さらに有効な拡張が期待できます.ぜひ工作用紙とシールを手にして楽しみながら設計してみましょう.

第4章
2枚の画像を任意の横サイズでステレオ画像化する

ステレオ画像は，視差を持つ2枚の画像を1セットとして横へつなげた画像であり，VRゴーグルや裸眼による平行法で鑑賞することで立体的に見ることができます．この処理は，視差を持つ2枚の画像をそれぞれ左画像，右画像として指定し，そして最終的な横サイズを入力することで，任意サイズのステレオ画像にできます．

●仕組み

まずは視差を持つ2枚の画像の取得方法について説明します．被写体を決めたら，スマートフォンのカメラ機能など，お好きなカメラで水平に注意しながら撮影してください．取得した写真を「左画像」とします．次に，カメラの水平を保ちながら，撮影位置を右に移動し，再び撮影してください．このとき，カメラの角度や高さは変えないよう気をつけてください．取得した写真を「右画像」とします．参考までに**写真1**の治具を作って撮影しています．

これで視差を持つ2枚の画像は取得できます．このとき，右に移動した距離が視差となります．この2枚の画像のうち「左画像」は左に配置し，「右画像」は右側に配置した画像がステレオ画像です．

具体的にどのような処理がなされるか**図1**で説明します．本処理では新たに生成されるステレオ画像の横サイズをまず指定します．仮にそのサイズがXだとすると，左画像，右画像のサイズはそれぞれ$X/2$です．そしてステレオ画像における空間座標で言えば，左画像の横サイズは0から$X/2-1$まで，右画像の横幅は$X/2$からXまでとなります．なお，指定したサイズへの拡縮には，画像の補間処理としては著名なバイキュービック補間法を採用しています(**リスト1**)．

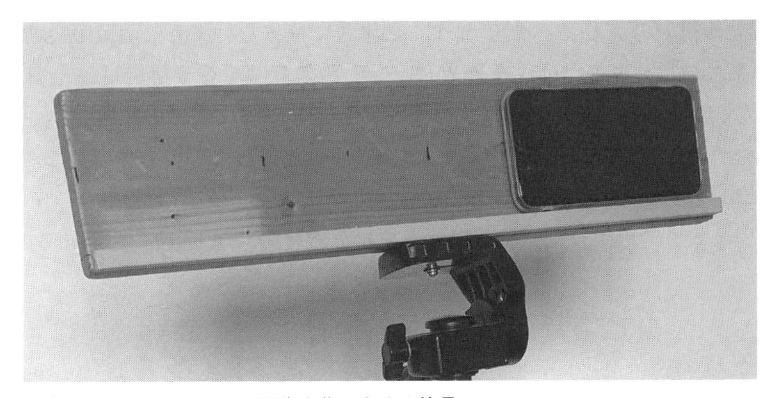

写真1　スマホでステレオ画像を作るための治具

リスト1　スマホで撮影した1枚画像をステレオ画像に加工する

```
void SI(cv::Mat imgl, cv::Mat imgr, int X)
{
  int x, y;
  //画素値のx座標　画素値のy座標

  int Y = cvRound((imgl.rows*X) / (2 * imgl.cols));
  //生成するステレオ画像の半分の縦横比に併せて高さを作成

  cv::Mat imgs = cv::Mat(Y, X, CV_8UC3);
  //作成するステレオ画像のサイズを指定して宣言

  //読み込んだ2枚の画像をステレオ画像の片面サイズに拡縮(バイキュービック補間法を使用)
  BQ(imgl, X / 2, Y, -1.0); cv::Mat imgsl = cv::imread("画像/バイキュービック補間画像.bmp", -1);
  BQ(imgr, X / 2, Y, -1.0); cv::Mat imgsr = cv::imread("画像/バイキュービック補間画像.bmp", -1);

  int L, R, c;

  //ステレオ画像を作成するルーチン
  for (c = 0; c <= 2; c++) {//BGRのループ
    for (y = 0; y < Y; y++) {//xyのループ
      for (x = 0; x < X / 2; x++) {//ステレオの左右に代入していく

        //(1/)----< 入力画像から画素値を読み込む >----

        L = imgsl.at<cv::Vec3b>(y, x)[c];
        R = imgsr.at<cv::Vec3b>(y, x + X / 2)[c];
        //(/1)----------------------


        //(3/)-------------------------------
        imgs.at<cv::Vec3b>(y, x)[c] = L;
        imgs.at<cv::Vec3b>(y, x + X / 2)[c] = R;
        //(/3)-------------------------------

      }
    }
  }

  cv::imwrite("画像/ステレオ画像.bmp", imgs);

}
```

●実行結果：視差画像に対する効果

図1(c)から，視差を持つ2枚の画像が横につながっていることが分かります．早速，この画像をVRゴーグルや裸眼による立体視で確認してみましょう．立体的に見えないでしょうか．もしもこの画像から，ステレオ・マッチングなどで視差マップを作成したり，距離計測を行う場合は，左右の画像の高さや回転角度を1画素単位で厳密に合わせる必要があります．しかし，立体視での鑑賞や，他の画像処理を適用して鑑賞を楽しむのであれば，左右での高さや角度が若干ことなっていても楽しむことができます．

これまでステレオ画像の取得はハードルが高く，専門家による取得が中心になっていましたが，本書を読んでこのプログラムを使用すれば，誰もが簡単に自分だけのステレオ画像を作成できます．

(a-1) 左画像　　(a-2) 右画像

(a) 入力は視差を持つ2枚の画像

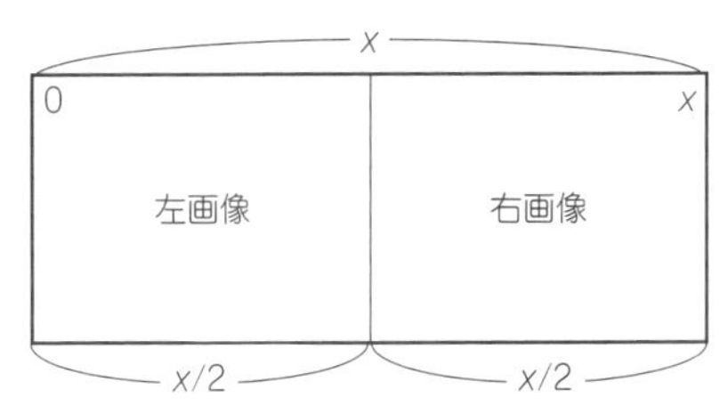

(b) ステレオ画像の横サイズをxとして指定
(バイキュービック補間法)

(c) ステレオ画像

図1　手持ちスマホで簡単，ステレオ画像の生成ステップ

第3部　応用事例

第5章 ステレオ画像から距離計測…SADによるステレオ・マッチング

ステレオ画像からの距離計測を学ぶ場合，その入門として真っ先に上がる画像処理技術といえば「SADを使用したステレオ・マッチング」でしょう．SADはSum of Absolute Difference，絶対値の差の和のことです．後述します．

ステレオ・マッチングとは，ステレオ画像の左半分と右半分の水平位置がどのぐらいずれているか（視差と言う）を求めて，そのずれ量をカメラに対する距離と解釈して画像化する処理です．このズレ量を求めるためには「何が」「どの位置にあるか」という技術，つまり，類似度計算が必要となります．本処理はこの類似度計算にSADを用いたもっとも基本的な処理であり，ステレオ・マッチングのイロハが詰まっています．

●仕組み

ステレオ・マッチングの基本的な概念について学びましょう．ステレオ・マッチングは，ステレオ画像の「左半分と右半分（以後，左画像と右画像）が水平方向でどのぐらいズレているか」というズレ量を求める技術です．**図1**を見てみてみましょう．図には，ステレオ画像を左画像と右画像の2枚に分割し，縦に並べたものがあります．この2枚の画像を見比べると，画像中央に立っている丸太の位置が，水平方向でズレていることが分かります．そしてそのズレ方は「左画像における物体は，右画像では左に移動している」というものです．これは，「左画像は左目に対応する画像」「右画像は右目に対応する画像」という点を考えれば簡単です．

簡単な実験で確認しましょう．鼻先の少し前に人差し指を立ててください．そして，右目を閉じて見たときと，左目を閉じて見たときで，人差し指がどう動いたかを確認してください．左目では右寄りに，右目では左寄りに見えたはずです．この人差し指が移動した距離こそ視差であり，これをステレオ画像から求めることがステレオ・マッチングです．

●類似度計算

では，「何が，どこに動いたか」を特定する技術といえば，パターン・マッチングであり，類似度計算の出番です．この処理では最も基本的な類似度計算法であるSADを用います．SADは**図2**の通り，比較したい2つの画像（ウィンドウ）に対して，対応する画素値の差の絶対値を合計し，これを類似度として，最も似ている位置を特定します．ここで，求める値は「差の絶対値」であるため，この値が小さいほど似ている点に注意しましょう．

では，上記の「左画像における物体は，右画像では左に移動している」という点を踏まえて類似度計算を行うと，「右画像の物体は，左画像の同じ位置から，右方向に類似度計算しながら探していく」ことに

位置ずれ＝視差
左画像の丸太（物体位置）は，右画像では左に移動して見える．
この位置のずれが視差で，ずれが大きいほどカメラに近い

ずれの大きさからカメラに対する距離が分かる

画像の類似度計算（SAD）を使うと物体位置特定ができるので，
『何が』『どこに（どのくらい）』ずれたかを特定できる

図1　左画像と右画像の位置ずれが視差情報となる

A	B	C
D	E	F
G	H	I

左画像

a	b	c
d	e	f
g	h	i

右画像

SAD＝|A－a|＋|B－b|＋|C－c|＋…＋|I－i|
このSADが最小となる位置がずれた位置

図2
絶対値の差の和
SADの求め方

なります．そして特定した位置が水平方向で何画素分ずれているか，その大きさを画素値の明るさで表したのが図の距離画像となります．

●実行結果

図3に出力された距離画像を示します．カメラから距離の近い画像ほど明るく表示されています．この明るさは，視差（水平方向のズレ）の大きさです．大まかではあるものの，ステレオ画像から距離が把握できるようになりました．カメラから近い位置にある丸太は白色となり，竹藪などカメラから遠くのものは灰色や黒色で表示されています．地面などは遠ざかるにつれてグラデーションになっているため，

図3
距離画像…近い方が明るい（白い）

感覚的にも分かりやすい結果になっています．

一方，遠い距離にもかかわらず白い領域があったり，逆に近い距離にもかかわらず黒い領域があったりもしています．これはマッチング・ミスです．マッチング精度は距離画像の品質に直結するため，いかに高精度なマッチングを実現できるかが最も重要な課題です．

●マッチング精度向上のためのポイント

最後にマッチング精度を向上させるためのポイントを整理しておきます．

1，良質なステレオ画像を取得すること
2，類似度計算方法が画像の性質に合っていること
3，ウィンドウ・サイズと最大探索距離の設定が適切であること

1について，ステレオ画像を取得するときは2枚の画像を撮影することになりますが，その際に左右画像において高さやピント，傾き，照明などの撮影条件が異なっていると，正確なマッチングが行えなくなります．従って，正しく画像を撮影することが必須条件と言えます．わずか1画素の違いでマッチング精度に大きな差が生まれます．

2は，類似度計算はSAD以外にもさまざまなものがあります．例えば，NCCという類似度計算は，照明変化に強い計算方法です．左画像と右画像の照明条件が違ってしまったときは，利用を検討する価値があるでしょう．

3は，類似度計算を行う範囲にかかわるものです．具体的には，

- どれぐらいの範囲で類似度計算をするか
- どこまでの視差（ズレ量）を想定するか

ということです．まず，両者は大きいほど計算コストが増します．そして両者ともに，小さすぎると正確なマッチングが行えないという点が共通しています．計算コストを度外視すれば，どちらも大きいほど良いかというと，それも異なります．後者については，撮影条件（左画像と右画像を撮影する際に，カメラをどのぐらい水平に動かしたか）から決定できますが，前者は画像によって手探りで求めていく必要があります．手掛かりの1つとなるのは，「左右にはズレるが，上下にはズレない」という点です．つまり，類似度計算のために設定するウィンドウは，縦長よりも横長にすべきということが分かります．手間がか

リスト1　SADによる2画像の類似度計算

```
//SADを計算するウィンドウ
for (y = (wy - 1) / 2; y < Y - (wy - 1) / 2; y++) {
  for (x = (wx - 1) / 2; x < X / 2 - (wx - 1) / 2; x++) {


    sadmin = 10000000;//最小SADの初期値。十分大きな値を指定する

    XD = x + ds; //目安となる探索範囲
    if (X / 2 - (wx - 1) / 2 < XD) { XD = X / 2 - (wx - 1) / 2; }

    for (lx = x; lx < XD; lx = lx++) {//lxのループ//左画像を探索していく

      sad = 0;//sadの初期化

      //(2/)----<ウィンドウ内の座標指定>----
      for (j = y - (wy - 1) / 2; j <= y + (wy - 1) / 2; j++) {
        for (i = x - (wx - 1) / 2; i <= x + (wx - 1) / 2; i++) {

          li = i - x + lx;//lxはiを基準に動かしつつ、xの代わりにlxを参照する


          if (i >= 0 && j >= 0 && i < X / 2 && j < Y && li >= 0 && li < X / 2) {
            //     printf("(%d %d )( %d %d)\n", i,j,ri,j);

            sr = imgr.at<cv::Vec3b>(j, i)[0];//左画像//複製分
            sl = imglc.at<cv::Vec3b>(j, li)[0];//右画像
            sad += abs(sr - sl);//左右の誤差をコストとする//SADの計算
          }
        }
      }
      //(/2)----<ウィンドウ内の座標指定 >----
      if (sad < sadmin) { sadmin = sad; mx = lx - x; }//SADが最小時のrxをmxに保存
      if (mxmax < mx) { mxmax = mx; }



    }//rxのループ

    P = mx; //距離の格納
    COS2[y][x] = sadmin;//コストの格納

    DIS2[y][x] = P;//距離画像の画素値とする

  }
}
```

かるようですが，このウィンドウ・サイズの設定は，ステレオ・マッチングを楽しむ醍醐味の1つです．色々なウィンドウ・サイズを試して，生成される距離画像の違いを楽しみつつ，特性を学んでいきましょう．

●プログラムの解説

リスト1はSADを計算するウィンドウ内の流れを抜粋しています．ウィンドウ・サイズはwx×wyとなり，探索範囲はdsです．このdsは最大の視差（ズレ量）が分かっている場合はその値を採用すればよいですが，不明な場合は何度か試行錯誤する必要があります．誤差SADはabs(sr-ls)によってステレオ画像の左右差を絶対値で計算し，探索範囲内で最小となる箇所を探します．

また同時に，その箇所が本来の位置から何画素ぶん水平にずれているかが視差であり，その値がmxとして計算され，距離画像の画素値となります．

第3部　応用事例

第6章
垂直成分を手掛かりとした水平エッジ付きSADによるステレオ・マッチング

ステレオ画像から距離画像を作成する場合，パターン・マッチングの精度が重要であることを前章で述べました．本章の処理では，マッチング箇所を画像特徴（垂直方向のエッジ）が強い領域に限定することで，領域は限定的ながら信頼性の高い距離画像を得ることができます．

●仕組み

この処理は，前章「SADを使用したステレオマッチング」のしきい値として，水平ソーベル・フィルタを使用する処理です．**図1**の「水平方向のソーベル・エッジ強度画像」を見てみましょう．縦方向のエッジが出ています．これは，水平ソーベル・フィルタを適用後，エッジを絶対値にしてから任意のしきい値で2値化することで得られます．

ソーベル・エッジは平滑化を伴ったエッジ検出処理のため，ノイズの影響を抑制しつつエッジを検出できます．このエッジ検出結果内でのみステレオ・マッチングを行うことで，処理を高速化しつつ信頼性の高いマッチング結果を得ることができます．

●実行結果

図2に入力となるステレオ画像と距離画像，および出力画像（距離画像とステレオ画像の半分を繋げた画像）を示します．距離画像では，ステレオ・マッチングの結果がソーベルエッジの検出結果の範囲内に限定されていることが分かります．どの程度までマッチングさせるかは，水平ソーベル・フィルタに用いるしきい値によって限定できます．しきい値を緩くすると，多くのマッチング結果が得られる一方で，

図1
水平方向のソーベル・エッジの強度（絶対値）画像

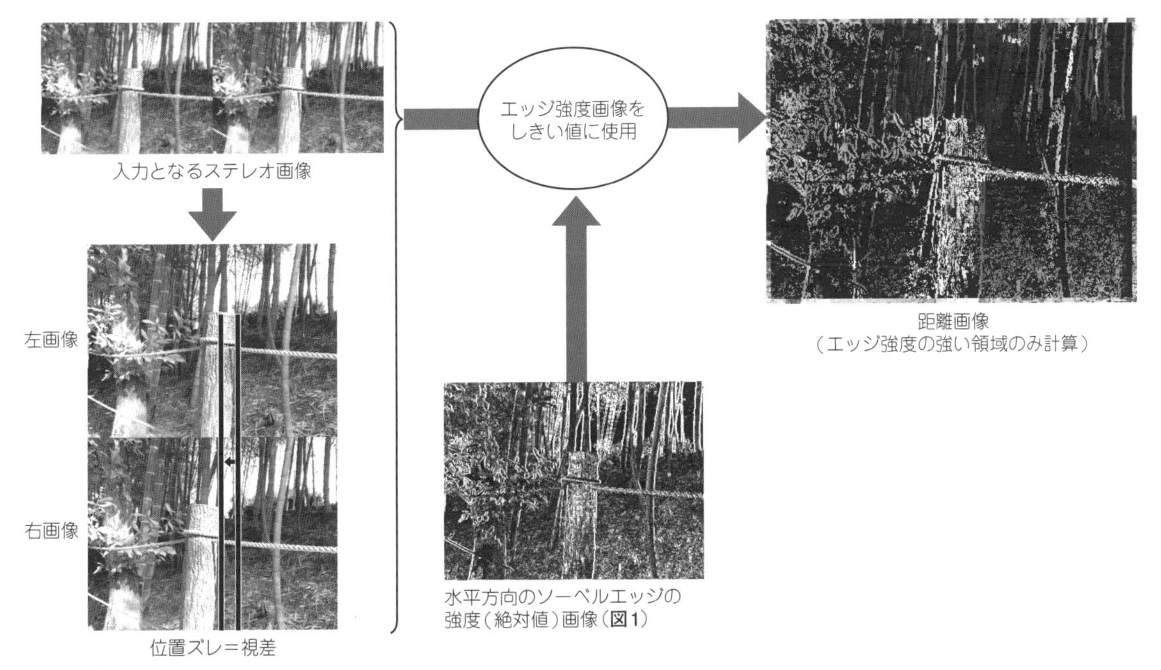

図2　実行結果

計算コストが増大しつつ信頼性の低いマッチング結果も含まれてきます．逆にしきい値を厳しくすると，処理が早くなり，信頼性の高いマッチング結果が得られますが，マッチング結果の範囲は少なくなります．

●魚眼レンズで撮影したステレオ画像にも適用する

ここで，マッチング結果の信頼性の高さに期待して，本来はそのままステレオ・マッチングが適用できない魚眼レンズで撮影されたステレオ画像（VR180度用）にも適用してみました．その結果も同じように示します．距離画像［図3（c）］を見ると，画像中央のベンチはカメラに近いほど白く，奥に行くほど黒色のグラデーションになっていることが分かります．距離画像として一定の有効性が確認できますが，もしも水平ソーベル・フィルタを使用しないでマッチングを行うと，得られる距離画像は多数のマッチング・ミスを含んだものとなってしまいます．魚眼レンズで撮影された画像は，画像中央から外に向かうほど歪みが大きくなるため，本来はこれらの補正なしにステレオ・マッチングすることはできません．しかし，水平ソーベル・フィルタを手掛かりとすることで［図3（d）］，限定的ながら意味のある距離画像を獲得できるようになることが分かります．しきい値を変えることで距離画像はどんな風に変換するのか，実際に試してみましょう．

（a）入力画像

（b）出力画像

（c）距離画像，（b）の左側を拡大したもの

（d）水平ソーベル・フィルタを適用した強度（絶対値）画像

図3　魚眼レンズで撮影されたステレオ画像にも適用してみる

第3部　応用事例

第7章 立体感最大のエッジ検出結果を獲得する「視差情報評価に基づくケニー・エッジ検出」

ステレオ画像からエッジ検出をする際に，やはり立体視したときの品質が重要です．そして，エッジが高周波成分から検出されることを踏まえると，元のステレオ画像が持つ視差精度をどれだけ維持できるかが重要です．この処理は視差情報評価画像を用いることで，元の高周波成分が持つ視差精度をできるだけ維持したケニー・エッジ検出結果を獲得できます[(1)]．

●仕組み

この処理は，ケニー・エッジ検出で使用するしきい値2つを変えていきながら画像にケニー・エッジ検出法を適用し，そのエッジ検出結果の視差精度を視差情報評価画像で評価し，その評価結果が最大となるケニー・エッジ検出結果を出力します．

視差情報評価画像とは，元のステレオ画像が持つ視差と，画像処理後の持つ視差を比較することで，画像処理結果を3項目で評価する処理です．ただし，ここで用いる視差精度とは，ステレオ画像の高周波成分が持つ視差情報が基準となります．

3項目とはそれぞれ，

- G（緑色）：良好な立体感を維持した領域
- B（青色）：立体感が損失した領域
- R（赤色）：不正な立体感が出現した領域

であり，この3項目の割合を画像や数値で出力できます．本処理では，G－Rを評価値として用いて，その値が最大（最も立体感の品質が高い）となる2値化結果を出力します．

●実行結果

図1に入力となるステレオ画像と，出力画像となる立体感最大のケニー・エッジ検出結果を示します．普通に目視しても，エッジ検出結果の左右を見比べると，おおむね同等のエッジ検出結果になっていることが分かります．もし，左右で異なるエッジを検出してしまうと，それは不正な視差となって正しい立体視ができません．そのため，こうして視差情報評価画像を使って左右の視差情報を元の高周波成分に近付けることが重要となります．

また，今回はケニー・エッジ検出のしきい値を画像全体から求めていますが，画像をブロックに分割して適用することで，局所的なしきい値を求めたより高品質な結果が得られます[(1)]．

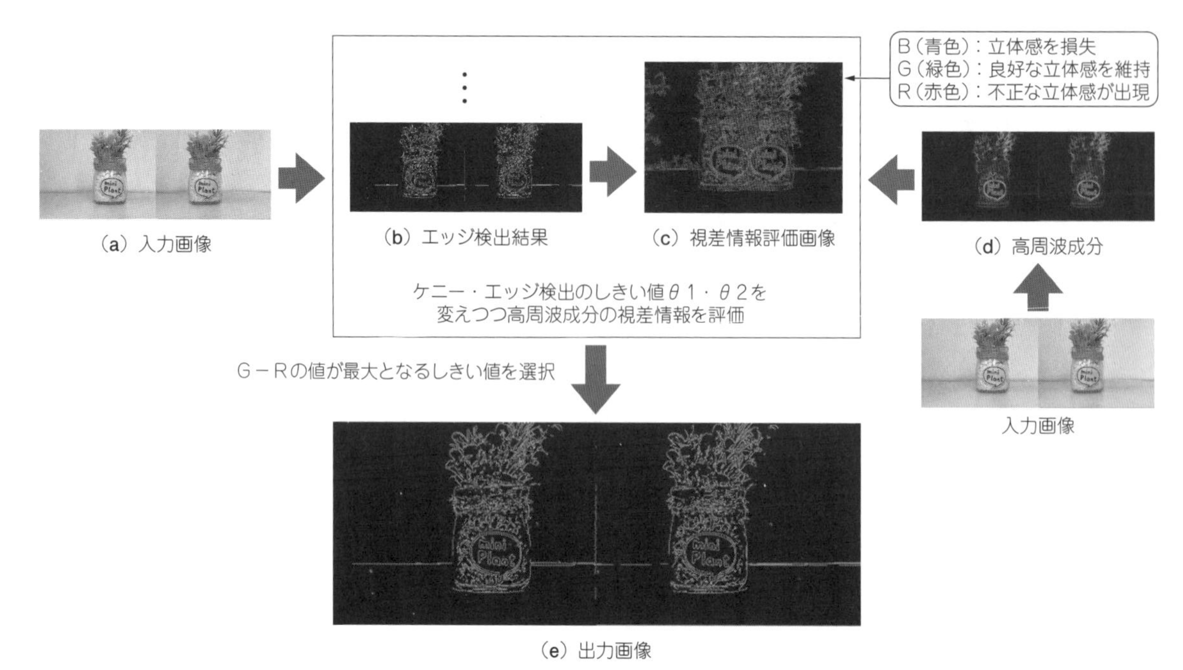

図1　視差情報評価に基づくケニー・エッジ検出

●プログラム

プログラムを**リスト1**に示します．ケニー・エッジにはパラメータとして2つのしきい値(t1, t2)があります．これを任意の量子化幅tpを刻み幅として全しきい値パターンでエッジ生成を行い，その都度，視差精度を関数EPIIおよびTEPH2で評価しています．

そして，最大の評価となったときのしきい値T1, T2でケニー・エッジを生成することで，最良の視差精度評価を持つケニー・エッジ結果を得ることができます．

このとき，tpは細かいほど高精度(ただし計算コスト増大)となり，そしてEPIIにおけるしきい値(初期値は10)によって「より細かなエッジを出すか・否か」を調整できます．

◆参考文献◆

(1) 吉田 大海；ステレオ画像のエッジ評価法とケニー・エッジ検出法への応用，情報処理学会論文誌，63巻9号，2022.

リスト1　視差情報評価に基づくケニー・エッジ検出

```
for (t1 = 0; t1 <= 255; t1 = t1 + tp)//閾値t1
{
 t1n << t1;

 for (t2 = t1; t2 <= 255; t2 = t2 + tp)//閾値t2
 {
  t2n << t2;

  ～中略～

  //OpenCVを使用したケニーエッジ作成
  cv::cvtColor(ImageT, ImageT, cv::COLOR_RGB2GRAY);
  cv::Canny(ImageT, ImageT, double(t1), double(t2), 3);
  cv::cvtColor(ImageT, ImageT, cv::COLOR_GRAY2RGB);


  //評価画像の作成//Image0が視差情報評価画像になる
  EPII(ImageO, ImageT, 10);//通常は10、1～20程度で運用

  ～中略～

  //評価の数値化: 代入
  evc = TEPH2(ImageO);

  //最大値と比較
  if (evc > ev) {//更新
   ev = evc; T1 = t1, T2 = t2;

   T1n.str("");  T2n.str("");//ナンバーの初期化
   T1n << T1; T2n << T2;//最大評価の閾値をファイル名に付けるために格納
  }

  t2n.str("");//ナンバーの初期化
 }
 t1n.str("");//ナンバーの初期化
}
```

第3部　応用事例

第8章 カメラとフレーム間差分を使用した動き検知

カメラを使ったリアルタイム処理の代表と言えば，やはり動き検知ではないでしょうか．閉店後の貴金属店に強盗が押し入り，翌日になって事態を把握した店員が警察に通報する，そのような事態が起きたときの監視カメラ映像を報道番組で見ることがあります．

カメラ映像から侵入者を検知するには，高度なAI技術が必要になると諦める方も居るかも知れません．ですが，環境を限定すれば「フレーム間差分」で簡単かつ安価に実現できます．

●仕組み：フレーム間差分

カメラの映像は動画であり，動画はフレームという静止画の集まりでできています．例えば，アニメ映像は1秒間に何枚もの絵（フレーム）を高速で切り替えることで実現していますが，それと同様です．ここで動きとは，フレーム間に生じた変化と捉えることができるため，フレーム間差分によって検出できます．

●検知結果

図1に結果を示します．ここではフレーム間差分が変化したとき，その画素を白画素で表示するようにしています．その結果，カメラ映像に変化がないときは何も現れませんが，動きがあると白い領域が出現しています．

しかし，システムの環境によってはカメラ映像に動画ノイズが生じ，動きのない映像でもフレーム間差分に変化を生じることがあります．**図2**を見てみましょう．微細な変化でも検知する設定，つまり，**図2(a)**のしきい値0では，静止状態でも動画ノイズを誤検知してしまいます．そのため，「画素値がどのぐらい変化したらノイズではなく動きであるか」を判定するしきい値が重要になります．この変化というのは画素値の変化です．

図2(b)では，しきい値を50，つまり画素値に50以上の変化が生じた場合，その画素を動きとして白色で表示するように設定しています．しきい値50では静止時には検知されず，動いた時に検知されていることが分かります．反対に，しきい値0では，静止時でも動いた時でも検知され，区別がつきにくくなっています．

●検知の数値化

フレーム間差分としきい値によって動きを検知できるようになりました．ここで動きを数値化してみます．ここでは，動きとして検知した画素の数を表示します．これによって，次の段階として，無視しても良い動きと無視できない動きの区別もできるようになります．**図2**では，カメラに生じた微弱な変化

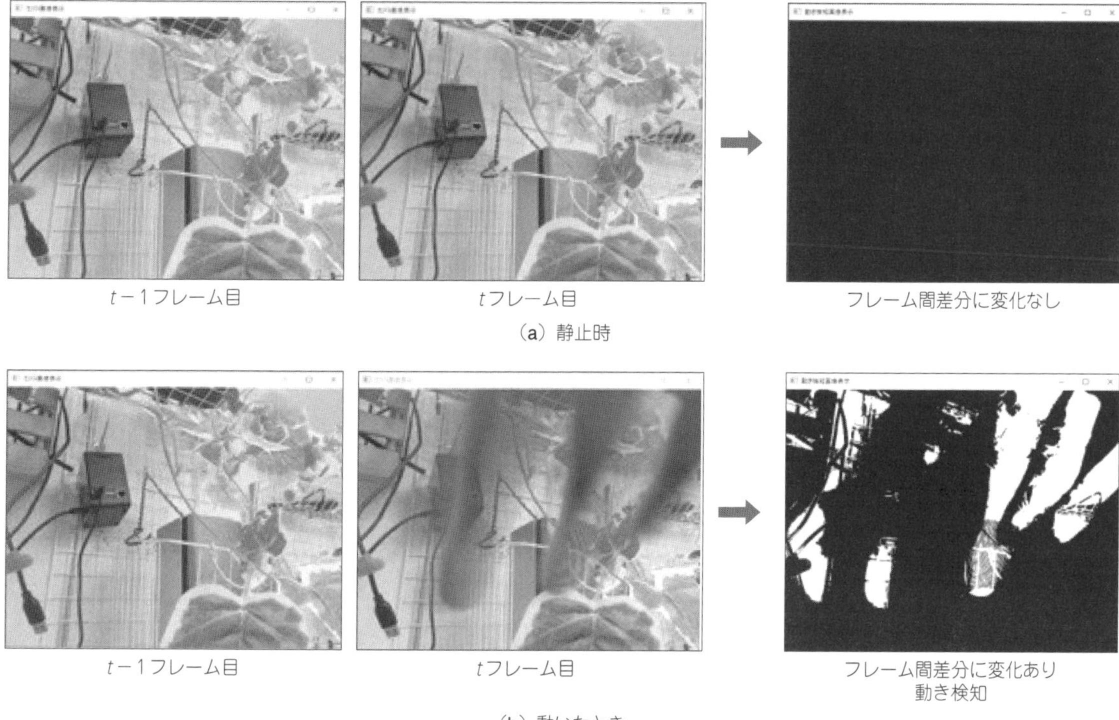

図1　フレーム間差分で動き検知

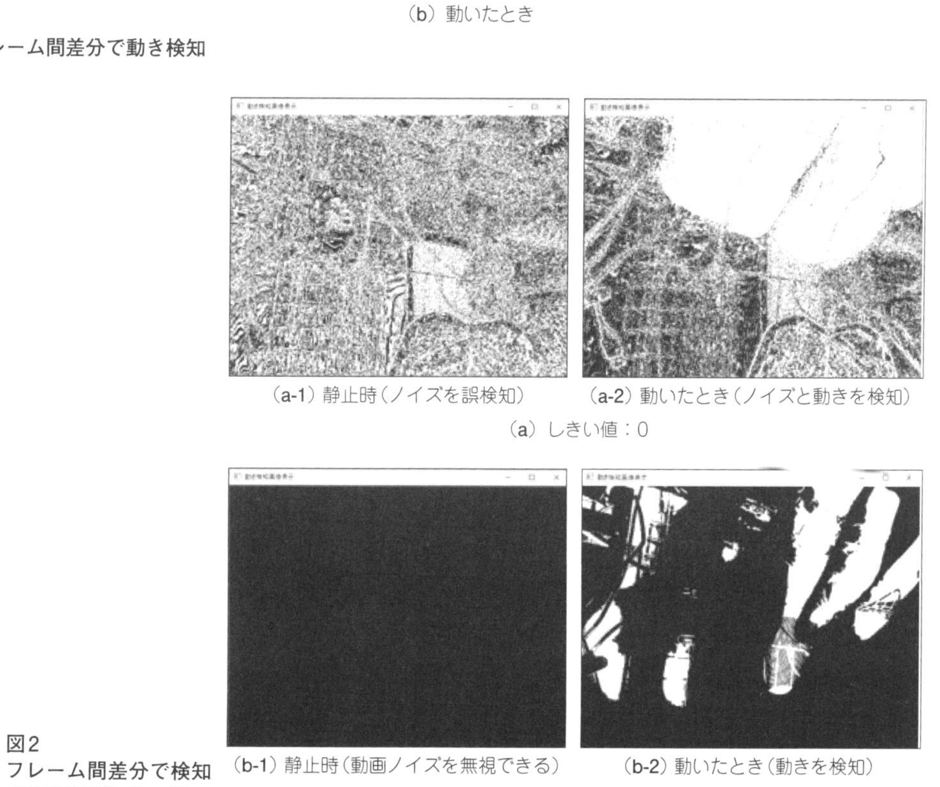

**図2
フレーム間差分で検知する画素のしきい値**

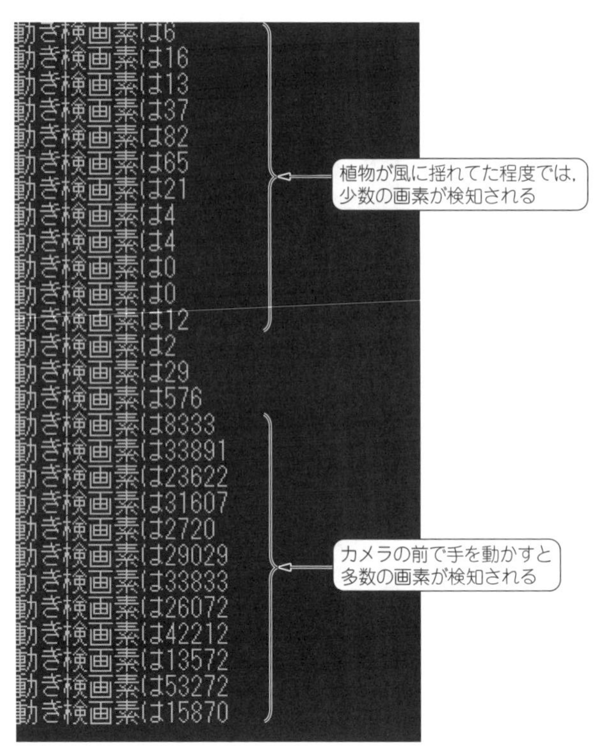

図3
検知結果を数値化した

(例えばカメラ前の植物が揺れる) ぐらいなら，数十画素の変化です．しかし，カメラ前で手を動かすなどすると数万単位もの画素の変化になります．これによって動きの検知だけでなく，動き自体の評価も行えます．

このように，単純なカメラ画像処理であっても，条件を限定することで実用的な動き検知システムを作ることができます．例えば，室内(あるいは店内)の固定カメラ(ノートPC + USBカメラ)として試験的に採用してみて，不審者を検知するにはどんなしきい値が有用かを検証すると，楽しみながら実用的なシステムを構築できるのはないでしょうか．

●プログラム

プログラムを**リスト1**に示します．`CAMERA.read(frame)`で，現フレームの画像情報を`frame`に格納します．フレーム間差分による動き検知は時刻の異なるもう1つのフレームが必要となるため，ループの最後に現フレームを`frameb`に複製し，ストックしておきます．仮にこのときの時刻をtとすると，次のループで取得される`frame`は$t+1$のときのフレームです．これによって，時刻の異なる2つのフレーム(`frame`と`frameb`)が取得できるため，フレーム間差分による動き検知を実現できます．関数`FDD`は，2つのフレーム(`img`，`img2`)としきい値を入力とし，フレーム間差分の値がしきい値を超えたかどうかを判定する関数です．しきい値を超えた領域は白色に変わり，またその画素数が出力されます．

リスト1　フレーム間差分を利用した動き検知

```
  //③カメラのフレームを処理するためのループ
  while (CAMERA.read(frame)) { //現フレームを取得

    key = cv::waitKey(1); //この入力を表示画像が受け付ける
    std::ostringstream oss; // 画像保存ナンバー
    oss << no;//ossにナンバーを代入

    //⑤処理したフレームの表示
    cv::imshow("カメラ画像表示", frame);


      if (c != 0) {

      //動きの検知
      dcount =FDD(frameb,frame,Move);
      cv::imshow("動き検知画像表示", frameb); //画像の表示
      printf("動き検画素は%d\n",dcount);
           }


      frameb = frame.clone();//一つ前のフレームを取得

      c = 1;//取得出来たら検知開始

  }//カメラのフレームを処理するためのループ終了




//****< フレーム間差分検出 >****
int FDD(cv::Mat img, cv::Mat img2, int t)
{
  int x, y;
  //画素値のx座標、y座標

  int X = img.cols, Y = img.rows;
  //画像の横画素数X, 画像の縦画素数Y

  int BF, F,P;//1フレーム前と現フレーム

  int count = 0;//検知画素をカウント

  CH(img); CH(img2);

  for (y = 0; y < Y; y++) {
    for (x = 0; x < X; x++) {

      //----< 入力画像から画素値を読み込む >----
      BF = img.at<cv::Vec3b>(y, x)[1];//一つ前のフレーム
      F = img2.at<cv::Vec3b>(y, x)[1];//現フレーム

      P = abs(BF - F);//フレーム間差分

      if (P > t) { P = 255; count++; }
      else { P=0; }

      img.at<cv::Vec3b>(y, x)[0] = P;
      img.at<cv::Vec3b>(y, x)[1] = P;
      img.at<cv::Vec3b>(y, x)[2] = P;

    }
  }

  return count;

}
//****< フレーム間差分検出 >****
```

第4部　画像の評価

第1章 領域抽出結果のノイズ評価

領域抽出は代表的な画像処理です．現代社会では人物抽出／文字抽出／車両抽出など，挙げればキリがないほど領域抽出技術が使われています．数多く存在するそれらがどのぐらいの精度を持つのか，優劣をどうつければ良いのか，そしてなにより，手法を改良するためにも評価する方法が必要です．

1-1 適合率

性能を評価する方法の1つに適合率（Precision）があります．適合率は，領域抽出結果にどのぐらいノイズ（不要な領域）が少ないかを示す指標です．抽出結果にノイズが含まれているほど評価値は低くなり，ノイズが少ないほど評価値が高くなります．適合率は領域抽出の代表的な性能評価法ですが，統計学や機械学習，AI分野にも登場する重要な概念です．

●仕組み

適合率を計算するために必要となる画像は2つです．1つは評価対象となる領域抽出システムが出力した出力画像と，もう1つは理想的な領域抽出結果を示す正解画像です．この出力画像が正解画像に近いほど高い評価になります．ここで，「近い」の考え方は複数あり，適合率はいかに正解と無関係な領域が少ないか，つまり，いかにノイズが少ないかが指標になります．

図1に正解画像と出力画像との例を示します．正解画像は「あ」と白色の領域で表現されています．一方で出力画像の方を見てみると，2つの問題点が見当たります．1つは「あ」の領域に抽出漏れがあること

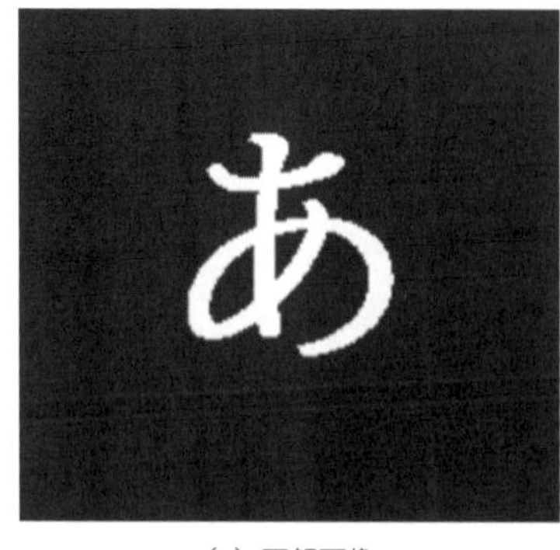

（a）正解画像

（b）出力画像

図1 適合率の計算に必要な画像

表1　図2に対応する評価指標

	正解は対象（白）	正解は背景（黒）
対象（白）として出力	TP (True Positive)	FP (False Positive)
背景（黒）として出力	FN (False Negative)	TN (True Negative)

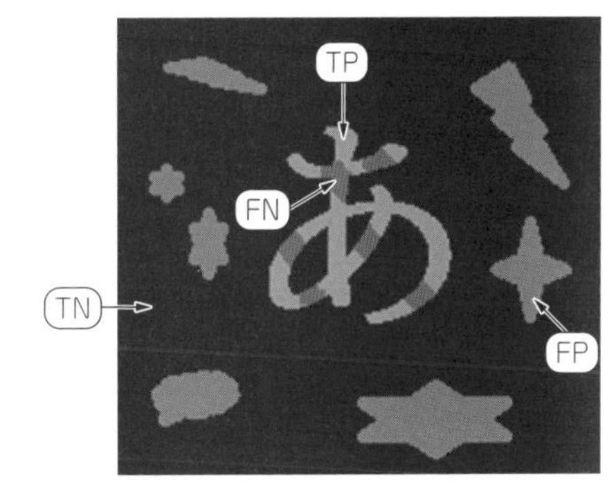

図2　評価指標の概念図

で，これは領域欠損と呼ばれます．そして，もう1つは「あ」とは無関係な領域が周囲に抽出されていることで，これは過剰抽出と呼ばれます．領域抽出の分野とこの領域欠損，過剰抽出の問題は切っても切れない関係にあると言えます．

この問題とは反対に，正しい結果となっている領域も2つに分類できます．1つは「あ」の領域を正しく白色で抽出している領域，もう1つは「あ」以外を背景として黒色としている領域です．つまり，先の2つの領域と合せると，出力画像は4つの領域に分類されることが分かります．**表1**と**図2**はこれらの分類を表と概念図で示しています．これらは以降でも評価指標となります．

ここで，適合率が評価する領域は，まず過剰抽出として分類される領域であるFP（False Positive）と「あ」の領域を正しく白色で抽出している領域であるTP（True Positive）です．適合率を求める式は次の通りです．

$$適合率(Precision) = \frac{TP}{TP+FP}$$

このように分母にFPがあるため「あ」と無関係な領域が多いほど適合率が下がることが分かります．そして適合率は最大で1.0，最小で0.0となります．

●プログラムと実行結果

プログラムを**リスト1**に，実行結果を**図3**に示します．適合率の結果は0.287程度と低い結果となりました．これは大きな過剰抽出が生じていると判断できます．従って，適合率を改善していくためには，領域抽出法で発生しているノイズを低下させる方に改良する必要があることが分かります．

●警察と泥棒の関係で表現…誤認逮捕を許さない指標

適合率を警察と泥棒の関係で説明するなら，誤認逮捕を許さない指標と言えます．それは悪く言い換えると取り逃し（領域欠損）を許す指標とも言えますが，この点は別頁の評価指標の再現率が補うことができます．領域抽出システムを作ったら，その性能を適合率で評価してみましょう．

リスト1　適合率を求めるプログラム

```
#include <iostream>
#include "opencv2/opencv.hpp"

double PR(cv::Mat opimg, cv::Mat gtimg);//適合率

int main()
{
    //出力画像としてOPImageを読み込みます
    cv::Mat OPImage = cv::imread("画像/出力画像.bmp", -1);

    //正解画像としてGTImageを読み込みます
    cv::Mat GTImage = cv::imread("画像/正解画像.bmp", -1);

    printf("適合率は%f\n",PR(OPImage,GTImage));
}

//適合率
double PR(cv::Mat opimg, cv::Mat gtimg)
{
    int x, y;
    //画素値のx座標, y座標

    int X = opimg.cols, Y = opimg.rows;
    //画像の横画素数X, 画像の縦画素数Y

    int O,G;
    //カラー・チャネルBGR, 計算結果P

    double TP=0, TN=0, FP=0, FN=0;
    double PR;

    for (y = 0; y < Y; y++) {
        for (x = 0; x < X; x++) {

            O = opimg.at<cv::Vec3b>(y, x)[0];//出力画像から画素値を読み込む. 2値のため1チャネル
            G = gtimg.at<cv::Vec3b>(y, x)[0];//正解画像から画素値を読み込む. 2値のため1チャネル

            //TP: 対象(白色)と出力し, 正解は対象(白色)だった領域数
            if (O == 255 && G == 255) { TP++; }

            //TN: 背景(黒色)と出力し, 正解は背景(黒色)だった領域数
            if (O == 0 && G == 0) { TN++; }

            //FP: 対象(白色)と出力し, 正解は背景(黒色)だった領域数
            if (O == 255 && G == 0) { FP++; }

            //FN: 背景(黒色)と出力し, 正解は対象(白色)だった領域数
            if (O == 0 && G == 255) { FN++; }

        }
    }

    //適合率
    PR = TP / (TP + FP);
    return(PR);


}
```

```
Microsoft Visual Studio デバッグ コンソール
適合率は0.287314
```

図3　プログラムの実行結果（適合率）
大きな過剰抽出が生じていると判断できる

1-2 再現率

●領域抽出結果の取りこぼしを評価

領域抽出は代表的な画像処理です．例えば医療分野において血管領域を抽出するとき，血管の細かな部分まで抽出できているかという評価は重要になると考えられます．そうした性能を評価する方法として，再現率（Recall）があります．

この再現率は，領域抽出結果が抽出対象を取りこぼしていないかを示す指標です．抽出結果に取りこぼしがあるほど評価値は低くなり，反対に領域を網羅できているほど評価値が高くなります．再現率は領域抽出の代表的な性能評価法でありながら，なおかつ統計学や機械学習，AI分野にも登場する重要な概念です．

●仕組み

再現率を計算するために必要となる画像は先ほどと同じ出力画像と正解画像の2つです．また，評価も同じように出力画像が正解画像に近いほど高い評価になり，さらに「近い」の考え方も複数あり，再現率はいかに正解の対象領域の取りこぼしが少ないか，つまり，いかに取りこぼしが少ないかが指標になります．

図1（a）を正解画像とした場合の出力画像を**図4**に示します．出力画像の方は，先に述べたように領域欠損と過剰抽出の問題があります．正しい結果となっている領域も先に述べたように2つの領域に分類でき，2つの領域と合せると出力画像は4つの領域に分類されることが分かります．

ここで再現率が評価する領域は，まず領域欠損として分類される領域であるFN（False Negative）と先に述べたTP（True Positive）です．再現率の式

$$再現率(Recall) = \frac{TP}{TP+FN}$$

が示す通り，分母にFNがあるため，「あ」の領域の取りこぼしが多いほど再現率が下がることが分かります．そして再現率は最大で1.0，最小で0.0となります．

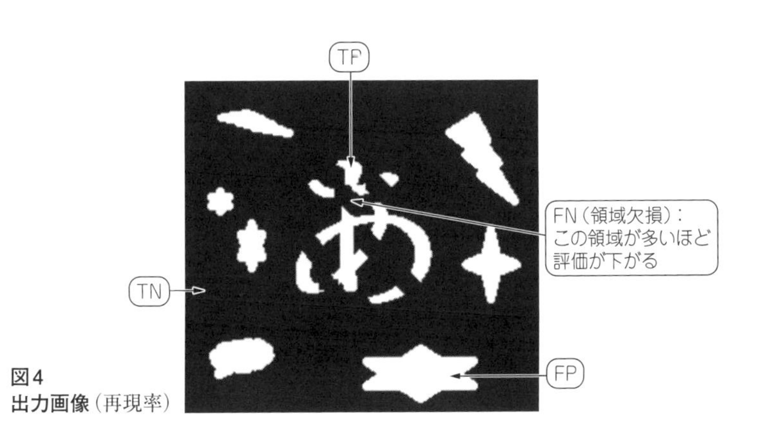

図4
出力画像（再現率）

リスト2　再現率を求めるプログラム

```
#include <iostream>
#include "opencv2/opencv.hpp"

double RC(cv::Mat opimg, cv::Mat gtimg);//****< 再現率 >****

int main()
{
    //出力画像としてOPImageを読み込みます
    cv::Mat OPImage = cv::imread("画像/出力画像.bmp", -1);

    //正解画像としてGTImageを読み込みます
    cv::Mat GTImage = cv::imread("画像/正解画像.bmp", -1);

    printf("再現率は%f\n", RC(OPImage, GTImage));

}


//再現率
double RC(cv::Mat opimg, cv::Mat gtimg)
{
    int x, y;
    //画素値のx座標, y座標

    int X = opimg.cols, Y = opimg.rows;
    //画像の横画素数X, 画像の縦画素数Y

    int O, G;
    //カラー・チャネルBGR, 計算結果P

    double TP = 0, TN = 0, FP = 0, FN = 0;
    double RC;

    for (y = 0; y < Y; y++) {
        for (x = 0; x < X; x++) {

            O = opimg.at<cv::Vec3b>(y, x)[0];//出力画像から画素値を読み込む. 2値のため1チャネル
            G = gtimg.at<cv::Vec3b>(y, x)[0];//正解画像から画素値を読み込む. 2値のため1チャネル


            //TP: 対象(白色)と出力し, 正解は対象(白色)だった領域数
            if (O == 255 && G == 255) { TP++; }

            //TN: 背景(黒色)と出力し, 正解は背景(黒色)だった領域数
            if (O == 0 && G == 0) { TN++; }

            //FP: 対象(白色)と出力し, 正解は背景(黒色)だった領域数
            if (O == 255 && G == 0) { FP++; }

            //FN: 背景(黒色)と出力し, 正解は対象(白色)だった領域数
            if (O == 0 && G == 255) { FN++; }
        }
    }

    //再現率
    RC = TP / (TP + FN);
    return(RC);

}
```

```
Microsoft Visual Studio デバッグ コンソール
再現率は0.762983
```

図5　プログラムの実行結果(再現率)

●プログラムと実行結果

プログラムを**リスト2**に，実行結果を**図5**に示します．再現率の結果は0.763程度とまずまず高い結果となりました．しかし画像を見ると，まだまだ改善の余地を感じます．ここからさらに再現率を改善していくためには，領域欠損が発生している領域を中心に手法をチューニングしていく必要があります．

●警察と泥棒の関係で表現…取り逃しを許さない指標

再現率も警察と泥棒の関係で説明するなら，取り逃しを許さない指標と言えます．それは悪く言い換えると誤認逮捕（過剰抽出）を許す指標とも言えますが，この点は別項の評価指標の適合率が補うことができます．領域抽出システムを作ったら，その性能を再現率と適合率で評価してみましょう．

1-3 F値

●領域抽出結果をバランスよく評価

領域抽出は代表的な画像処理であり，その評価方法も複数あります．例えば適合率（Precision）は，ノイズの少なさを評価でき，再現率（Recall）は領域の再現度を評価できます．しかし，この2つの評価だけでは一長一短です．具体的には，適合率は抽出漏れである領域欠損が生じてもペナルティがなく，再現率はノイズの出現である過剰抽出が生じてもペナルティがありません．従って，両者をバランスよく評価できる方法が領域抽出には求められます．ここで説明するF値がまさにそれを実現できるため，領域抽出評価の決定版とも言えます．

●仕組み

F値の計算は適合率と再現率の調和平均によって定義されます．調和平均の求め方は，

$$\text{F値（調和平均）} = 2 \times \text{適合率} \times \frac{\text{再現率}}{\text{適合率} + \text{再現率}}$$

の通りですが，式だけではイメージしにくいと思います．そして，この調和平均は一般的な平均とどのような違いがあるのでしょうか．

まずは調和平均を図形で表現してみましょう．**図6**を見てみてください．適合率と再現率を2本の棒に見立て，2つの棒の頭から互いの足元に向けて直線を引きます．すると交点ができますが，この交点の高さを持つ棒を2倍した高さが調和平均です．そして，この交点を使用する最大の魅力は，2つの棒がバランスよく高くないと高くならないことです．

次に**図7**を見てください．適合率の棒が極端に低くなっています．すると，再現率の棒がいかに大きくとも，交点の棒は大きくなりません．一般的な平均値だと片方が1.0，もう片方が0.0なら0.5になりますが，調和平均では0.0です．そして，両方ともが0.5になると調和平均の結果は0.5になります．つまり，F値は適合率（ノイズの少なさ）と再現率（抽出漏れの少なさ）をバランスよく実現して初めて高くなる評価値です．なお，F値は最大で1.0，最小で0.0となります．

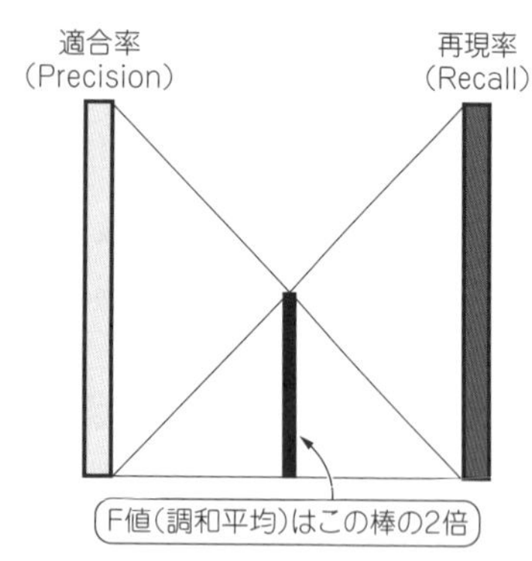

図6　調和平均を図形でみる

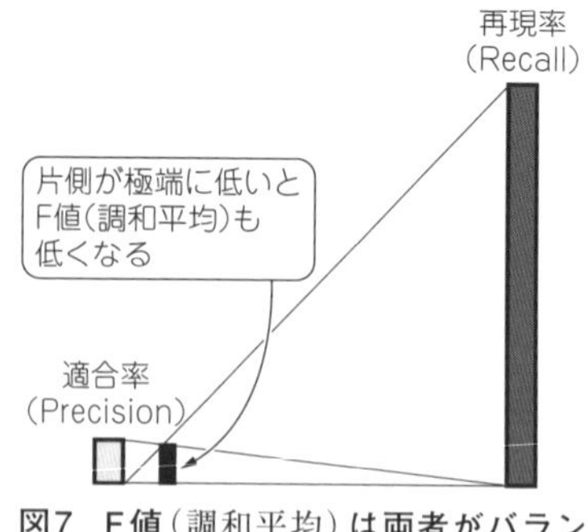

図7　F値（調和平均）は両者がバランスよく高くないと大きくならないのが平均との大きな違い

図8　出力画像（F値）

リスト3　F値を求めるプログラム

```
#include <iostream>
#include "opencv2/opencv.hpp"

double PR(cv::Mat opimg, cv::Mat gtimg);//適合率
double RC(cv::Mat opimg, cv::Mat gtimg);//再現率
double FM(double pr, double rc);//F値

int main()
{
    //出力画像としてOPImageを読み込みます
    cv::Mat OPImage = cv::imread("画像/出力画像.bmp", -1);

    //正解画像としてGTImageを読み込みます
    cv::Mat GTImage = cv::imread("画像/正解画像.bmp", -1);

    printf("F値は%f\n", FM( PR(OPImage, GTImage), RC(OPImage, GTImage)));

}

//適合率
double PR(cv::Mat opimg, cv::Mat gtimg){

(略)

}


//再現率
double RC(cv::Mat opimg, cv::Mat gtimg){

(略)

}


//F値
double FM(double pr, double rc){
    double fm;

    //適合率と再現率の調和平均
    fm = 2 * pr * rc / (pr + rc);

    return(fm);

}
```

Microsoft Visual Studio デバッグ コンソール
F値は0.417436

図9
プログラムの実行結果（F値）

図1（a）を正解画像とした場合の出力画像を図8に示します.

●プログラムと実行結果

プログラムをリスト3に，実行結果を図9に示します．F値の結果は0.417程度と低い結果となっています．これは出力画像と正解画像を見比べて判断すると過剰抽出，つまり適合率の方により大きな問題があると推測できます．実際に内訳の数値を見ると，適合率は約0.287であり，再現率は約0.763となっていました．従って，F値を向上させるには，まず過剰抽出問題に取り組む必要があることが分かります．

●警察と泥棒の関係で表現…取り逃しも誤認逮捕も許さないバランスの良い指標

F値も警察と泥棒の関係で説明するなら，取り逃しを許さない，誤認逮捕を許さないをバランスよく両立しないと高くならない指標と言えます．つまり，性能評価の決定版とも言えるでしょう．領域抽出システムを作成したら，そのF値を高める方向にチューニングしていけば間違いありません．

1-4 正解率

●領域抽出結果を総合的に評価

これまで説明した適合率，再現率，F値は評価基準が一長一短であったり，あるいは総合的な評価ができても段階的な計算が必要になるなど一手間が必要になります．ここで取り扱う正解率（Accuracy）は，領域検出で問題となる領域欠損，過剰抽出の2つをまとめて評価できる便利な指標です．とりあえず簡単に総合評価したいときには，検討しても良い指標と言えます．

●仕組み

正解率を計算するために必要となる画像は先ほどと同じ出力画像と正解画像の2つです．また，評価も同じように出力画像が正解画像に近いほど高い評価になります．さらに，「近い」の考え方も複数あり，正解率はいかに正解と無関係な領域が少ないか，つまり，いかにノイズが少ないかが指標になります．

図1（a）を正解画像とした場合の出力画像を図10に示します．出力画像の方は，先に述べたように領域欠損と過剰抽出の問題があります．正しい結果となっている領域も先に述べたように2つの領域に分類でき，2つの領域と合せると出力画像は4つの領域に分類されることが分かります．

ここで正解率は，先に述べたFP，TP，FNの3種類に加え，背景として正しく黒色で抽出された領域のTN（True Negative）を使用します．正解率の式

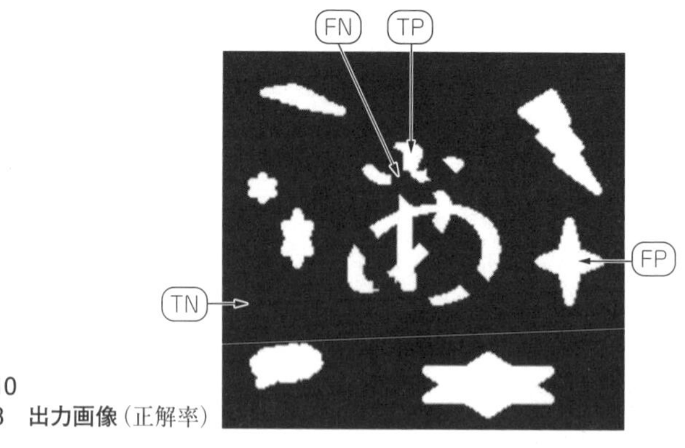

図10
図8　出力画像（正解率）

$$正解率(\mathrm{Accuracy}) = TP + \frac{TN}{TP + TN + FP + FN}$$

が示す通り，分母にFPとFNがあるため，過剰抽出または領域欠損の領域が多いほど正解率が下がることが分かります．そして正解率は最大で1.0，最小で0.0となります．

●プログラムと実行結果

プログラムを**リスト4**に実行結果を**図11**に示します．正解率の結果は0.876程度と高い結果となりましたが，出力画像と正解画像とを見比べるとまだまだ改善の余地を感じられると思います．ではどのように改善すべきでしょうか，過剰抽出の方が深刻でしょうか．それとも，領域欠損の方が深刻なのでしょうか．

実は正解率の弱点がここにあります．まとめて一気に総合評価ができる分，原因の分解は不得手なのです．こういう場合，計算に一手間のかかるF値であれば適合率と再現率に分解し，原因の特定と追及を容易にできます．

●警察と泥棒の関係で表現…泥棒である/泥棒でないと総合判定する指標

正解率も警察と泥棒の関係で説明するなら，泥棒である，泥棒でないと総合判定する指標と言えます．ただし総合故に，どちらが得意か（不得意か）を分析する力はF値に劣ってしまいます．しかし，原因分析が目的ではなく，多数の手法に対してスピーディに性能順序付けを行うことが目的なら，正解率は優秀な指標です．別頁に記載した評価指標の適合率，再現率，F値と読み比べて目的にあった評価指標を採用しましょう．

リスト4　正解率を求めるプログラム

```
#include <iostream>
#include "opencv2/opencv.hpp"

double AC(cv::Mat opimg, cv::Mat gtimg);;//****< 正解率 >****

int main()
{
    //出力画像としてOPImageを読み込みます
    cv::Mat OPImage = cv::imread("画像/出力画像.bmp", -1);

    //正解画像としてGTImageを読み込みます
    cv::Mat GTImage = cv::imread("画像/正解画像.bmp", -1);

    printf("正解率は%f\n", AC(OPImage, GTImage));
}

//正解率
double AC(cv::Mat opimg, cv::Mat gtimg)
{
    int x, y;
    //画素値のx座標, y座標

    int X = opimg.cols, Y = opimg.rows;
    //画像の横画素数X, 画像の縦画素数Y

    int O, G;
    //カラー・チャネルBGR, 計算結果P

    double TP = 0, TN = 0, FP = 0, FN = 0;
    double AC;

    for (y = 0; y < Y; y++) {
        for (x = 0; x < X; x++) {
            O = opimg.at<cv::Vec3b>(y, x)[0];//出力画像から画素値を読み込む. 2値のため1チャネル
            G = gtimg.at<cv::Vec3b>(y, x)[0];//正解画像から画素値を読み込む. 2値のため1チャネル

            //TP: 対象(白色)と出力し, 正解は対象(白色)だった領域数
            if (O == 255 && G == 255) { TP++; }

            //TN: 背景(黒色)と出力し, 正解は背景(黒色)だった領域数
            if (O == 0 && G == 0) { TN++; }

            //FP: 対象(白色)と出力し, 正解は背景(黒色)だった領域数
            if (O == 255 && G == 0) { FP++; }

            //FN: 背景(黒色)と出力し, 正解は対象(白色)だった領域数
            if (O == 0 && G == 255) { FN++; }

        }
    }

    //正解率
    AC =( TP+TN) / (TP + TN + FP + FN);
    return(AC);
}
```

Microsoft Visual Studio デバッグ コンソール

正解率は0.876110

図11　プログラムの実行結果(正解率)

第4部　画像の評価

第2章 画質の評価方法

本章では，画質劣化を評価する$RMSE$，ノイズの割り合いを評価する$PSNR$，画像の輝度/彩度/色相の$RMSE$といった画質の評価方法について説明します．

2-1 RMSE

●画質劣化の評価

画像は圧縮や伝送を行うと，色の劣化やノイズの発生により画質が変化することがあります．そのため，画像の圧縮法や伝送法を開発/改善する過程では画像の定量的な画質評価は必須です．ここで説明する$RMSE$（Root Mean Squared Error）は代表的な画質評価法です．オリジナルの画像を正解としたとき，評価対象画像の画素値が平均的にどのぐらい変化したかをユークリッド距離で計算します．これにより，元からどのぐらい画質が変化したかを評価できます．

●仕組み

$RMSE$を計算するために必要となる画像は2つです．1つは理想的な画質となるオリジナルの正解画像で，もう1つは評価対象となる画質が変化した出力画像です．$RMSE$はこの出力画像が正解画像に近いほど高い評価になります．ここで定義する「近い」とは，BGRの画素値の近さであり，$RMSE$出力画像の画素と正解画像の画素のユークリッド距離が指標になります．

図1に正解画像と2種類の出力画像の例を示します．正解画像は無劣化の赤ちゃんの画像で，出力画像は2種類用意しています．1つは強いJPEG圧縮をかけた画像であり，部分拡大を見ると凸凹としたブロック状のノイズが生じていることが分かります．もう1つはガウス雑音を付加した画像であり，部分拡大を見ると砂のようなノイズが発生していることが分かります．

ここで，$RMSE$の計算式は次に示す通りです．

$$RMSE = \sqrt{\frac{1}{N}\sum_{i=1}^{N}(G_i - O_i)^2}$$

iは画素位置であり，本来は$(x,\ y)$座標として2次元で管理する変数を1次元で管理している変数だと考えてください．画像の左上から画素を順番に1，2，3…とカウントしていくイメージです．そしてG_iは正解画像のi番目の画素値であり，O_iは出力画像のi番目の画素値です．Nは正解画像または出力画像の画素数です．この2つの画素値の平均的なユークリッド距離（**図2**）を誤差として求めるのが$RMSE$です．従って，画質が全く変化しない場合の$RMSE$は0となり，最大（最悪）の値は255を取ります．

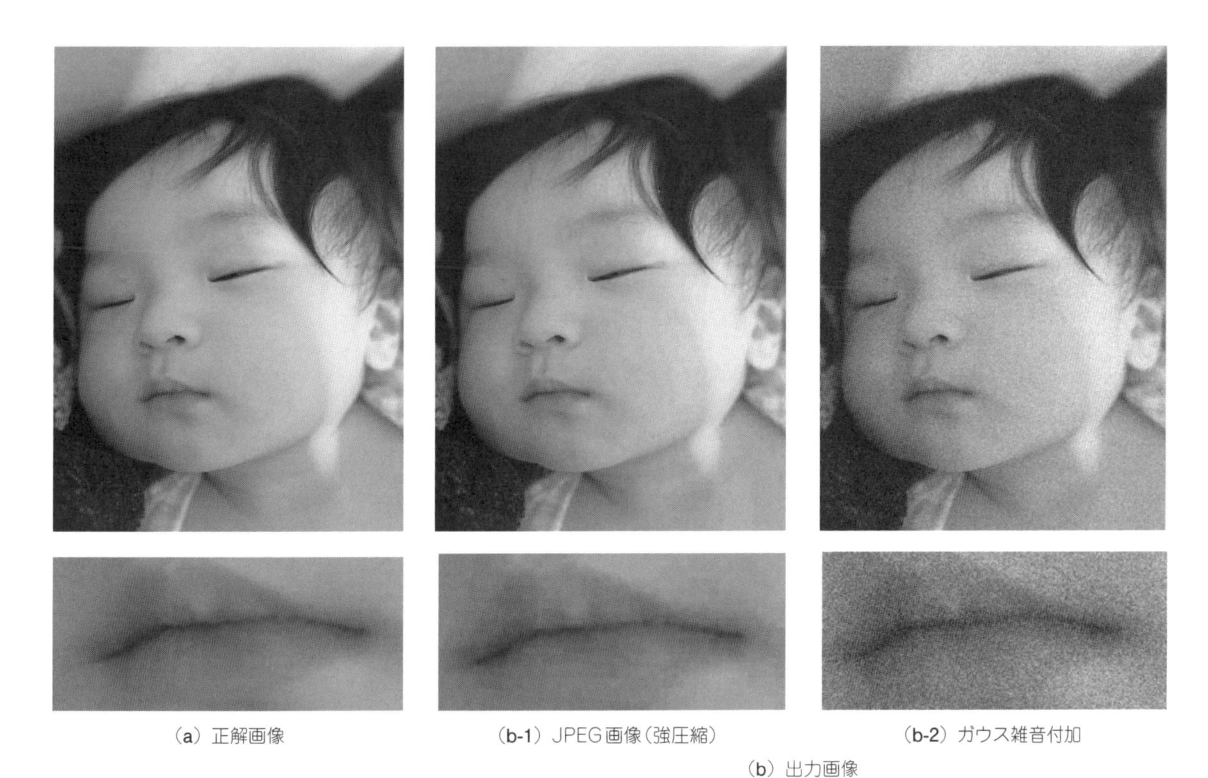
(a) 正解画像　(b-1) JPEG画像(強圧縮)　(b-2) ガウス雑音付加
(b) 出力画像

図1　*RMSE*の計算に必要な正解画像と出力画像

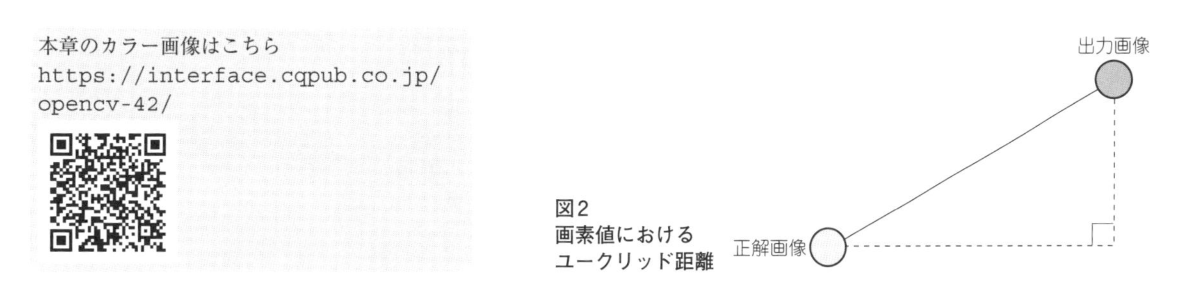

図2　画素値におけるユークリッド距離

●プログラムと実行結果

プログラムを**リスト1**に実行結果を**図3**に示します．JPEG画像(強圧縮)の評価結果は約4.66となり，ガウス雑音を付加した画像の評価結果は約29.9となりました．従って，画質はガウス雑音を付加した画像の方が悪いという判断になります．この結果は目視で見た感覚と一致するのではないでしょうか．

さてここで，ガウス雑音の除去にはガウシアン・フィルタが有効であると言われています．そこで，ガウス雑音が付加された画像にガウシアン・フィルタを適用してみます．結果は**図4**のようになり，画像で見ると**図5**となります．部分拡大を見てみると，やや輪郭がぼやけてしまったものの，砂のようなノイズが大きく軽減されていることが分かります．そして，この画像の*RMSE*は約6.26となりましたが評価値もそれを裏付けるように大きく改善していることが分かります．従って，ガウス雑音の除去にはガウ

リスト1　*RMSE*を計算するプログラム

```
#include <iostream>
#include "opencv2/opencv.hpp"

double RMSE(cv::Mat opimg, cv::Mat gtimg);//****< RMSE(BGR対応) >****

void HSV(cv::Mat opimg);//****< HSVの加工 >****

int main()
{
    //出力画像としてOPImageを読み込みます
    cv::Mat OPImage = cv::imread("画像/赤ちゃんガウス雑音.bmp", -1);

    //正解画像としてGTImageを読み込みます
    cv::Mat GTImage = cv::imread("画像/赤ちゃん正解.bmp", -1);

    printf("2乗平均平方根誤差は%f\n", RMSE(OPImage, GTImage));

}


//RMSE(BGR対応)
double RMSE(cv::Mat opimg, cv::Mat gtimg)
{
    int x, y;
    //画素値のx座標, y座標

    int X = opimg.cols, Y = opimg.rows;
    //画像の横画素数X, 画像の縦画素数Y

    int O, G;
    //カラー・チャネルBGR, 計算結果P

    double BE = 0, GE = 0, RE = 0;
    double RMSE=0;

    for (y = 0; y < Y; y++) {
        for (x = 0; x < X; x++) {
            O = opimg.at<cv::Vec3b>(y, x)[0];//出力画像のBから画素値を読み込む
            G = gtimg.at<cv::Vec3b>(y, x)[0];//正解画像のBから画素値を読み込む
            BE = (O - G)*(O-G);//2乗誤差

            O = opimg.at<cv::Vec3b>(y, x)[1];//出力画像のGから画素値を読み込む
            G = gtimg.at<cv::Vec3b>(y, x)[1];//正解画像のGから画素値を読み込む
            GE = (O - G) * (O - G);//2乗誤差

            O = opimg.at<cv::Vec3b>(y, x)[2];//出力画像のRから画素値を読み込む
            G = gtimg.at<cv::Vec3b>(y, x)[2];//正解画像のRから画素値を読み込む
            RE = (O - G) * (O - G);//2乗誤差

            RMSE = RMSE + BE + GE + RE;//BGRの2乗誤差を累積

        }
    }

    RMSE = RMSE / (X * Y * 3);//2乗誤差の平均. 3チャネル×画素数が総数

    RMSE = sqrt(RMSE);//平方根. 2乗平均平方根誤差

    return(RMSE);

}
```

選択Microsoft Visual Studio デバッグ コンソール
二乗平均平方根誤差は4.664471

(a) JPEG画像(強圧縮)

Microsoft Visual Studio デバッグ コンソール
二乗平均平方根誤差は29.859506

(b) ガウス雑音付加

図3　実行結果(*RMSE*)

Microsoft Visual Studio デバッグ コンソール
二乗平均平方根誤差は6.257412

図4　実行結果(*RMSE*, ガウシアン・フィルタ適用)

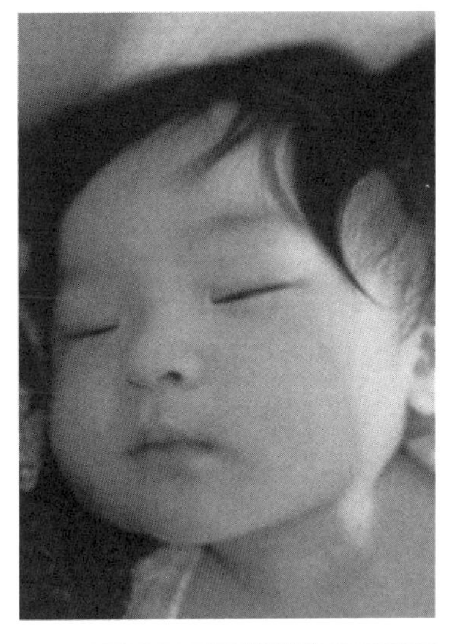

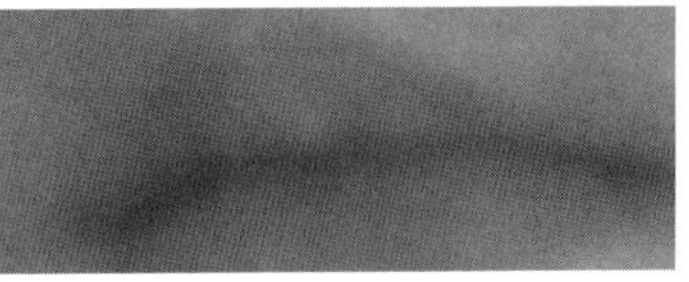

図5
図1(b-2)と比べると砂のようなノイズが大きく軽減されている

シアン・フィルタが有効であることが数値的にも判断できます.

このように, *RMSE*は画質の評価に非常に有用な評価法です. 今回は画像全体を評価していますが, 例えば画像修復結果を評価する場合に修復箇所に限定して*RMSE*を算出するなど, 有効な応用先が幾つもあります. 画質評価法を探している場合にはまずこの*RMSE*を試すのが良いでしょう.

2-2　PSNR

●ノイズの割合を評価

信号対雑音比(*SNR*)は信号処理全般の分野で幅広く評価されている評価法です. 中でも対象を画像に限ったものとなると, 信号のピーク値(画像に置ける最大画素値である255)との比率を使用した*PSNR*が有名です. 分野をまたいだ知名度の高さもあるため, 画像の圧縮や伝送による画質劣化を評価し, その結果を広く共有したい場合は最も採用すべき画質評価法の1つと言えます.

●仕組み

*PSNR*を計算するために必要となる画像は正解画像と出力画像の2つです. *PSNR*はこの正解画像と出力画像との*MSE*, つまり, 平均2乗誤差を分母とした評価値です. 従って, 誤差が小さいほど*PSNR*は高い値, つまり, 高評価であることを意味します. なお, 他の画像評価法である*RMSE*は値が小さいほど高評価であるため, 両方を扱うときには違いに気を付けてください.

リスト2　*PSNR*を計算するプログラム

```
#include <iostream>
#include <math.h>
#include "opencv2/opencv.hpp"

double PSNR(cv::Mat opimg, cv::Mat gtimg);//ピーク信号対雑音比

int main()
{
    //出力画像としてOPImageを読み込みます
    cv::Mat OPImage = cv::imread("画像/赤ちゃんガウス雑音.bmp", -1);

    //正解画像としてGTImageを読み込みます
    cv::Mat GTImage = cv::imread("画像/赤ちゃん正解.bmp", -1);

    printf("ピーク信号対雑音比は%f\n", PSNR(OPImage, GTImage));

}

//ピーク信号対雑音比
double PSNR(cv::Mat opimg, cv::Mat gtimg)
{
    int x, y;
    //画素値のx座標, y座標

    int X = opimg.cols, Y = opimg.rows;
    //画像の横画素数X, 画像の縦画素数Y

    int O, G;
    //カラー・チャネルBGR, 計算結果P

    double BE = 0, GE = 0, RE = 0;
    double PSNR, MSE = 0;

    for (y = 0; y < Y; y++) {
        for (x = 0; x < X; x++) {
            O = opimg.at<cv::Vec3b>(y, x)[0];//出力画像のBから画素値を読み込む
            G = gtimg.at<cv::Vec3b>(y, x)[0];//正解画像のBから画素値を読み込む
            BE = (O - G) * (O - G);//2乗誤差

            O = opimg.at<cv::Vec3b>(y, x)[1];//出力画像のGから画素値を読み込む
            G = gtimg.at<cv::Vec3b>(y, x)[1];//正解画像のGから画素値を読み込む
            GE = (O - G) * (O - G);//2乗誤差

            O = opimg.at<cv::Vec3b>(y, x)[2];//出力画像のRから画素値を読み込む
            G = gtimg.at<cv::Vec3b>(y, x)[2];//正解画像のRから画素値を読み込む
            RE = (O - G) * (O - G);//2乗誤差

            MSE = MSE + BE + GE + RE;//BGRの2乗誤差を累積

        }
    }

 if (MSE == 0) { MSE = 0.0000000001; }//0割り防止
    MSE = MSE / (X * Y * 3);//2乗誤差の平均. 3チャネル×画素数が総数

    PSNR = 10 * log10(255 * 255 / (MSE));

    return(PSNR);

}
```

*PSNR*は次の式から計算できます.

$$PNSR = 10\log_{10}\frac{MAX^2}{MSE}$$

表1　画像ごとのPSNRの評価結果
画質が良いほどPSNRが高くなる．最大値は誤差ゼロ（$MSE = 0$）のときだが，PSNR計算時にゼロ割が発生してしまうため注意

	JPEG画像（強圧縮）	ガウス雑音付加	ガウシアン・フィルタ適用
PSNR	35	19	32

MSEは正解画像と出力画像の平均2乗誤差でMAXは画像が取り得る最大の画素値（255）です．

まず，誤差であるMSEの式を次に示します．

$$MSE = \frac{1}{N}\sum_{i=1}^{N}(G_i - O_i)^2$$

式中のiは画素位置，G_iは正解画像のi番目の画素値，O_iは出力画像のi番目の画素値です．また，Nは正解画像または出力画像の画素数です．このMSEを計算して分母とし，次に画像のピーク値（最大画素値である255の2乗）を計算して分子とします．この部分に注目すると，入力画像の取りえる範囲の中で，誤差はどのぐらい大きいのかいう比率（相対的な目立ち具合）を見ていることが分かります．これを常用対数（底が10のlog）の真数としてさらに10倍したものが$PSNR$です．常用対数を使うことで，この値は10の何乗かという私達の感覚に近い指標となります．

●プログラムと実行結果

プラグラムを**リスト2**に示します．今回は正解画像［**図1（a）**］と3種類の出力画像［**図1（b-1）**，**図1（b-2）**，**図5**］を例とした$PSNR$の評価を行います．

評価結果は**表1**の通りです．JPEG画像（強圧縮）の評価結果は約35，ガウス雑音を付加した画像の評価結果は約19，そしてガウシアン・フィルタを適用した画像の評価結果は約32となりました．この結果から，JPEG画像（強圧縮）が最も良好な画質であり，ガウス雑音を付加した画像が最も悪い画質であることが分かります．そして，ガウシアン・フィルタの使用によってガウス雑音を付加した画像の画質は改善することも分かります．これらの結果は，おおむね目視による評価と一致するのではないでしょうか．

最後の注意点として，$PSNR$は無劣化（正解画像と全く同じ）な画像を評価すると，分母を誤差として計算する関係でゼロ除算が発生してしまいます．そのため，プログラム上はMSEが0となった場合はMSEに非常に小さな数値を入れるなどの対処をし，エラーが発生しないように注意しましょう．

2-3　輝度のRMSE

●明るさの変化に特化して評価

画質の性能評価法は数多くありますが，ここで説明する輝度の$RMSE$は代表的なモノクロ画像の画質評価法であり，そして明るさに特化した評価法です．この処理の主な用途はモノクロ画像の評価になりますが，特色としては色の変化，色の鮮やかさに惑わされず，明るさの変化のみを評価できる点です．この評価法はオリジナルの画像が持つ輝度を正解とし，評価対象画像の輝度が平均的にどのぐらい変化したかをユークリッド距離で計算します．これにより，元からどのぐらい画像の明るさが変化したかを評価できます．

●仕組み

輝度の$RMSE$を計算するために必要となる画像は正解画像と出力画像の2つです．輝度の$RMSE$はこの出力画像が正解画像に近い輝度を持つほど高い評価になります．ここで定義する「近い」とは輝度のユークリッド距離です．

図6に正解画像と出力画像の例を示します．正解画像は鮮やかな虹色の画像であり，そして出力画像はそれを暗くしたものです．ここで，輝度の$RMSE$の計算式は次に示す通りです．

$$輝度のRMSE=\sqrt{\frac{1}{N}\sum_{i=1}^{N}(GV_i-OV_i)^2}$$

式中のiは画素位置，GV_iは正解画像の輝度におけるi番目の画素値，OV_iは出力画像の輝度におけるi番目の画素値です．また，Nは正解画像または出力画像の画素数です．

この2つの画素値の平均的なユークリッド距離を誤差として求めるのが輝度の$RMSE$です．従って，画質の輝度が全く変化しない場合の$RMSE$は0となり，最大（最悪）の値は255を取ります．

●プログラムと実行結果

プログラムを**リスト3**に示します．今回は輝度の$RMSE$の性能をより分かりやすくするため，暗くした画像［**図6（b）**］のほかに**図7**のような2枚の画像を加えました．1つは，明るさは変えず色相のみを変えた変色した画像，もう1つは明るさは変えず彩度のみを変えた色褪せた画像です．これら2つを加えて評価しました．

評価結果は**表2**の通りです．輝度が変化した暗くした画像のみ，評価値が悪化していることが分かります．他の2枚は輝度が維持されているため評価値は無劣化を示す0となりました．このように，輝度に対して$RMSE$を計算することで，鮮やかさに特化した画質評価を行うことができます．

最後に，この処理がなぜ色，鮮やかさを無視して明るさのみを評価できるのか，それをもう少し簡単かつラフに理解するなら，画像をモノクロ化してから誤差計算していると考えるのが良いでしょう．事実，画像の輝度はモノクロ画像生成にしばしば用いられる方法でもあるからです．

（a）正解画像

（b）出力画像（正解画像を暗くしたもの）

図6
輝度の*RMSE*の計算に必要な正解画像と出力画像

リスト3　輝度の*RMSE*を計算するプログラム

```
#include <iostream>
#include <math.h>
#include "opencv2/opencv.hpp"

double VRMSE(cv::Mat opimg, cv::Mat gtimg);//輝度のRMSE

int main()
{
    //出力画像としてOPImageを読み込みます
    cv::Mat OPImage = cv::imread("画像/HSV暗.bmp", -1);

    //正解画像としてGTImageを読み込みます
    cv::Mat GTImage = cv::imread("画像/HSV正解.bmp", -1);

    printf("輝度の2乗平均平方根誤差は%f\n", VRMSE(OPImage, GTImage));


}

//輝度のRMSE
double VRMSE(cv::Mat opimg, cv::Mat gtimg)
{
    int x, y;
    //画素値のx座標, y座標

    int X = opimg.cols, Y = opimg.rows;
    //画像の横画素数X, 画像の縦画素数Y

    int O, G;
    //出力画像と正解画像の画素値

    double VRMSE = 0;
    //輝度は0～255

    cvtColor(opimg, opimg, cv::COLOR_BGR2HSV);
    cvtColor(gtimg, gtimg, cv::COLOR_BGR2HSV);

    for (y = 0; y < Y; y++) {
        for (x = 0; x < X; x++) {
            O = opimg.at<cv::Vec3b>(y, x)[2];//出力画像のVから画素値を読み込む
            G = gtimg.at<cv::Vec3b>(y, x)[2];//正解画像のVから画素値を読み込む

            VRMSE = VRMSE + (O - G) * (O - G);//Vの2乗誤差を累積

        }
    }

    VRMSE = VRMSE / (X * Y);//2乗誤差の平均

    VRMSE = sqrt(VRMSE);//平方根. 2乗平均平方根誤差

    return(VRMSE);

    cvtColor(opimg, opimg, cv::COLOR_HSV2BGR);
    cvtColor(gtimg, gtimg, cv::COLOR_HSV2BGR);

}
```

(a) 色褪せた画像

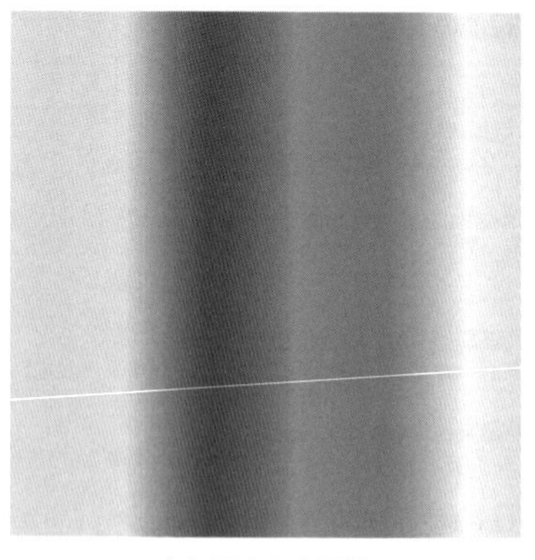

(b) 変色した画像

図7
新たに2つの画像を追加する

表2　輝度のRMSEの評価結果
各画像の評価結果の通り，輝度のRMSEは色や鮮やかさの変化に惑わされることなく，輝度のみに生じた変化を評価することができる

	色褪せた画像	変色した画像	暗くした画像
輝度のRMSE	0	0	127

2-4　彩度のRMSE

●鮮やかさの変化に特化して評価

画質の性能評価法は数多くありますが，ここで説明する彩度の*RMSE*は色の鮮やかさに特化した評価法です．具体的には画像の色褪せが主なターゲットになりますが反対に，より鮮やかに濃くなってしまう場合も評価できます．これはオリジナルの画像が持つ彩度を正解とし，評価対象画像の彩度が平均的にどのぐらい変化したかをユークリッド距離で計算する方法です．これにより，元からどのぐらい画像の鮮やかさが変化したかを評価できます．

●仕組み

彩度の*RMSE*を計算するために必要となる画像は正解画像と出力画像の2つです．彩度の*RMSE*はこの出力画像が正解画像に近い彩度を持つほど高い評価になります．ここで定義する「近い」とは彩度のユークリッド距離です．

今回使う正解画像は**図6(a)**で出力画像は**図7(a)**です．ここで，彩度の*RMSE*の計算式は次の通りです．

$$\text{彩度の}RMSE=\sqrt{\frac{1}{N}\sum_{i=1}^{N}(GS_i-OS_i)^2}$$

式中のiは画素位置，GS_iは正解画像の彩度におけるi番目の画素値，OS_iは出力画像の彩度におけるi番目の画素値です．Nは正解画像または出力画像の画素数です．

この2つの画素値の平均的なユークリッド距離を誤差として求めるのが彩度の*RMSE*です．従って，

リスト4　彩度のRMSEを計算するプログラム

```
#include <iostream>
#include <math.h>
#include "opencv2/opencv.hpp"

double SRMSE(cv::Mat opimg, cv::Mat gtimg);//彩度のRMSE

int main()
{
    //出力画像としてOPImageを読み込みます
    cv::Mat OPImage = cv::imread("画像/HSV褪色.bmp", -1);

    //正解画像としてGTImageを読み込みます
    cv::Mat GTImage = cv::imread("画像/HSV正解.bmp", -1);

    printf("彩度の2乗平均平方根誤差は%f\n", SRMSE(OPImage, GTImage));

}

//彩度のRMSE
double SRMSE(cv::Mat opimg, cv::Mat gtimg)
{
    int x, y;
    //画素値のx座標, y座標

    int X = opimg.cols, Y = opimg.rows;
    //画像の横画素数X, 画像の縦画素数Y

    int O, G;
    //出力画像と正解画像の画素値

    double SRMSE = 0;
    //彩度は0～255

    cvtColor(opimg, opimg, cv::COLOR_BGR2HSV);
    cvtColor(gtimg, gtimg, cv::COLOR_BGR2HSV);

    for (y = 0; y < Y; y++) {
        for (x = 0; x < X; x++) {
            O = opimg.at<cv::Vec3b>(y, x)[1];//出力画像のSから画素値を読み込む
            G = gtimg.at<cv::Vec3b>(y, x)[1];//正解画像のSから画素値を読み込む

            SRMSE = SRMSE + (O - G) * (O - G);//Sの2乗誤差を累積

        }
    }

    SRMSE = SRMSE / (X * Y);//2乗誤差の平均

    SRMSE = sqrt(SRMSE);//平方根. 2乗平均平方根誤差

    return(SRMSE);

    cvtColor(opimg, opimg, cv::COLOR_HSV2BGR);
    cvtColor(gtimg, gtimg, cv::COLOR_HSV2BGR);

}
```

画質の彩度が全く変化しない場合の*RMSE*は0となり，最大(最悪)の値は255を取ります．

●プログラムと実行結果

プログラムを**リスト4**に示します．今回は彩度のRMSEの性能をより分かりやすくするため，色褪せた画像[**図7(a)**]のほかに2枚の画像[**図7(b)**，**図6(b)**]を加えました．

表3　彩度の*RMSE*の評価結果
各画像の評価結果の通り，彩度のRMSEは色や明るさの変化に惑わされることなく，鮮やかさのみに生じた変化を評価することができる

	色褪せた画像	変色した画像	暗くした画像
彩度のRMSE	126	0	0

評価結果は**表3**の通りです．鮮やかさが失われた色褪せた画像のみ，評価値が悪化していることが分かります．他の2枚は鮮やかさが維持されているため評価値は無劣化を示す0となりました．このように，彩度に対して*RMSE*を計算することで，鮮やかさに特化した画質評価を行うことができます．検討中の画像伝送法や画像圧縮法を鮮やかさの点で改良したい場合は，この彩度の*RMSE*を評価として採用してはいかがでしょうか．

2-5　色相の*RMSE*

●色の変化に特化して評価

画質の性能評価法は数多くありますが，ここで説明する色相の*RMSE*は色の変化に特化した評価法です．より詳細には，鮮やかさや明るさの変化に惑わされず，純粋に色が変わったのかどうかを知りたい場合にうってつけの処理です．これはオリジナルの画像が持つ色相を正解とし，評価対象画像の色相が平均的にどのぐらい変化したかをユークリッド距離で計算することで実現しています．これにより，元画像からどのぐらい色が変わったかを評価できます．

●仕組み

色相の*RMSE*を計算するために必要となる画像は正解画像と出力画像の2つです．色相の*RMSE*はこの出力画像が正解画像に近い色相を持つほど高い評価になります．ここで定義する「近い」とは色相のユークリッド距離です．色相とは，「何色か」を一周（0 ～ 359°，**図8**）で表わす表色系です．

今回使う正解画像は**図6**（a）で出力画像は**図7**（b）です．正解画像は鮮やかな虹色の画像であり，そして出力画像はその色のみを変化させたものです．ここで，色相の*RMSE*の計算式は次の通りです．

$$色相のRMSE=\sqrt{\frac{1}{N}\sum_{i=1}^{N}(GH_i-OH_i)^2}$$

式中のiは画素位置，GH_iは正解画像の色相におけるi番目の画素値，OH_iは出力画像の彩度におけるi番目の画素値です．Nは正解画像または出力画像の画素数です．

この2つの画素値の平均的なユークリッド距離を誤差として求めるのが色相の*RMSE*です．従って，

図8　色相は「何色か」を一周（0 ～ 359°）で表す表色系

リスト5　色相の*RMSE*を計算するプログラム

```
#include <iostream>
#include <math.h>
#include "opencv2/opencv.hpp"

double HRMSE(cv::Mat opimg, cv::Mat gtimg);//****< 色相のRMSE >****

int main()
{
    //出力画像としてOPImageを読み込みます
    cv::Mat OPImage = cv::imread("画像/HSV変色.bmp", -1);

    //正解画像としてGTImageを読み込みます
    cv::Mat GTImage = cv::imread("画像/HSV正解.bmp", -1);

    printf("色相の2乗平均平方根誤差は%f\n", HRMSE(OPImage, GTImage));
}


//色相のRMSE
double HRMSE(cv::Mat opimg, cv::Mat gtimg)
{
    int x, y;
    //画素値のx座標, y座標

    int X = opimg.cols, Y = opimg.rows;
    //画像の横画素数X, 画像の縦画素数Y

    int O, G;
    //出力画像と正解画像の画素値

    double HRMSE = 0;
    //opencvの色相は0～179, 本来は0～360

    cvtColor(opimg, opimg, cv::COLOR_BGR2HSV);
    cvtColor(gtimg, gtimg, cv::COLOR_BGR2HSV);

    for (y = 0; y < Y; y++) {
        for (x = 0; x < X; x++) {
            //本来の角度に合せて2倍
            O = 2*opimg.at<cv::Vec3b>(y, x)[0];//出力画像のHから画素値を読み込む
            G = 2*gtimg.at<cv::Vec3b>(y, x)[0];//正解画像のHから画素値を読み込む

            HRMSE = HRMSE + (O-G)*(O-G);//Hの2乗誤差を累積

        }
    }

    HRMSE = HRMSE / (X * Y );//2乗誤差の平均

    HRMSE = sqrt(HRMSE);//平方根. 2乗平均平方根誤差

    return(HRMSE);

    cvtColor(opimg, opimg, cv::COLOR_HSV2BGR);
    cvtColor(gtimg, gtimg, cv::COLOR_HSV2BGR);
}
```

画質の何色かが全く変化しない場合の*RMSE*は0となり，最大(最悪)の値は359を取ります．

●プログラムと実行結果

プログラムを**リスト5**に示します．今回は色相の*RMSE*の性能をより分かりやすくするため，変色した画像［**図7(b)**］のほかに2枚の画像［**図7(a)**，**図6(b)**］を加えました．

評価結果は**表4**の通りです．色が変化した変色した画像のみ，評価値が悪化していることが分かります．

表4　色相の*RMSE*の評価結果
各画像の評価結果の通り，色相の*RMSE*は鮮やかさや明るさの変化にまどわされることなく，色のみに生じた変化を評価することができる

	色褪せた画像	変色した画像	暗くした画像
色相のRMSE	0	161	0

他の2枚は色は変化していないため評価値は無劣化を示す0となりました．

このように，色相に対して*RMSE*を計算することで，色の変化に特化した画質評価法を行うことができます．もしも検討中の画像伝送法や画像圧縮法を純粋に色のみの点で改良したい場合は，この色相の*RMSE*を評価として採用してはいかがでしょうか．

第3章　動画への応用

画質評価は本書で紹介した通り数多くの方法がありますが，それらを応用して動画の画質評価もできます．本章では，画質の評価を動画にも適用する方法について説明します．

■静止画ごとに評価すればいい

図1に示す通り，そもそも動画はフレームという静止画の集まりであり，それらを高速（1秒間あたり15～60程度，単位はfps）に切り替えながら表示しています．従って，例えば30fpsの動画を1秒間分だけ画質評価したいとすると，それは30枚の静止画を画質評価することとほぼ同じです．

■評価方法…グラフ化して統計量を求める

上記の考え方で動画の画質評価を行うと，評価結果はフレームの枚数分出ることになります．これらをそのまま動画の評価結果とするのは少々乱暴です．なにせ30fpsで30分の動画なら，54000枚分の評価結果となります．従って，これらは横軸にフレーム数，縦軸を画質評価とする評価グラフにまとめ，そこから統計量を求めるのが良いでしょう．

●代表的な統計量

以降では，幾つか代表的な統計量を示しておきます．

▶平均値

動画における平均的な画質を知ることができます．代表的な統計量であり，動画評価結果として何か1つだけ採用するならこの値が候補になります．

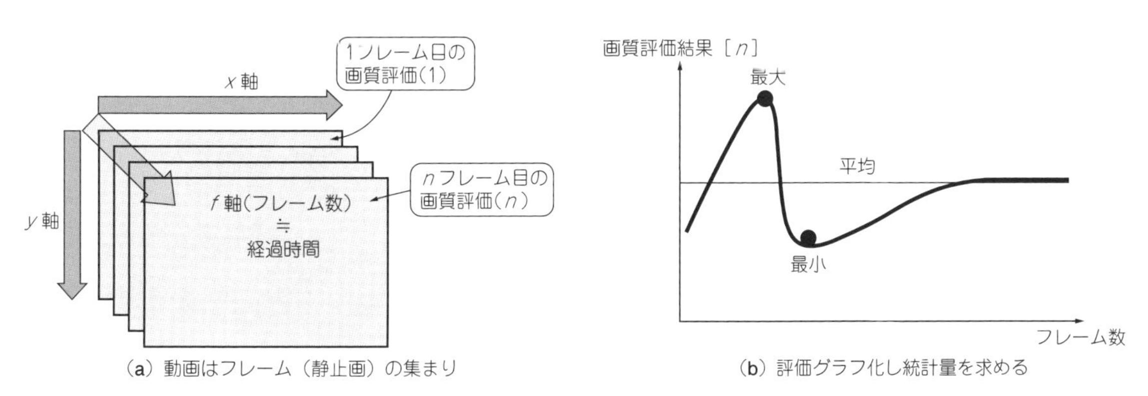

（a）動画はフレーム（静止画）の集まり

（b）評価グラフ化し統計量を求める

図1　動画はフレーム単位で画質評価を行い統計量を求めることで画質評価ができる

▶最大値/最小値

動画における最良の画質と最悪の画質を知ることができます．使用する画質評価法によって，最良が最大ではなく最小になることもあるため注意しましょう．

▶分散/標準偏差

動画の画質がどのぐらい安定しているかを知ることができます．分散や標準偏差が小さいほど，動画の画質は安定していると判断できます．動画評価結果としては平均値と標準偏差（あるいは分散）があれば及第点と言えます．

▶中央値

動画内の真ん中の画質を知ることができます．平均値と似て非なるもので，もし，動画内にある外れ値（わずかなフレーム数だけ出現する極端に悪い画質あるいは極端に良い画質）がある場合，平均値はその影響を受けてしまいます．一方，中央値は値の並べ替えによって決まるため，外れ値の値が大きくともその影響を受けずに済みます．

▶最頻値

動画内で最も現れる画質を知ることができます．中央値や平均値と似た性質ですが，一番表示されている実際の画質という点で，最も動画の実態を知ることができる値と言えます．

●大きく外れた値がある場合の対処法

中央値のところでも触れましたが，もし評価グラフを見て特定のフレームだけ極端に値が大きい（あるいは極端に値が小さい）ということがあれば，それは外れ値として扱い，上記の統計量計算からは除外して計算する方が良いでしょう．また同時に，どうしてこのフレームだけこのような値になってしまったのかという課題として捉え，評価法の見直しやフレームの性質把握を行うことが重要です．さらに，前述した統計量は動画への応用として紹介しましたが，静止画のデータセット分析にも応用できる統計量です．この手法がこの画像セットにどれぐらい有効か知りたいというときにも参照してみてください．

著者略歴

吉田 大海（よしだ・ひろみ）

1984年　兵庫県宝塚市に生まれる
2012年　神戸大学大学院海事科学研究科博士後期課程修了　博士（工学）取得
2012年　神戸大学海事科学部　学術推進研究員
2013年　大阪大学基礎工学部システム科学科　助教
2019年　近畿大学工学部電子情報工学科　講師　現在に至る
専門　　画像処理

初めてのOpenCV画像処理

2025年5月1日　初版発行

著　者　吉田 大海
発行人　櫻田 洋一
発行所　CQ出版株式会社
〒112-8619　東京都文京区千石4-29-14
電話　編集　03-5395-2122
販売　03-5395-2141

ISBN978-4-7898-3148-2

乱丁，落丁本はお取り替えします．
定価はカバーに表示してあります．

編集担当者　野村 英樹
DTP　クニメディア株式会社
イラスト　神崎 真理子
印刷・製本　三共グラフィック株式会社
Printed in Japan